최신
건축설비

공학박사 **최영식**
최현상 공저

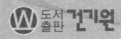
도서
출판 건기원

머 리 말

건축설비의 목적이라면 재실자의 생활을 보다 쾌적하게, 보다 안전하게 지원하는 것이라고 말할 수 있다. 여기에는 쾌적한 실내환경의 정비와 개선, 위생적인 급배수, 편리한 첨단정보전달 등도 포함되어 있다. 건축물에서 차지하는 설비비의 재정적 비율은 국민소득의 증대와 함께 현저히 증가하고 있으며 실제 병원이나 호텔건축의 경우 그 비율이 70 %를 넘는 경우도 있다.

최근 지구촌에서 발생하는 지구 온난화 현상 또한 건축설비 기술에 상당한 영향을 미치고 있다. 영국 기상청에서 2002년 1~6월의 세계 평균기온이 평년의 15 ℃보다 0.57 ℃ 높은 15.57 ℃를 기록하여 기온 측정이 시작된 이래 최고치를 기록했다. 이와 같은 현상이 1970년대 이래 뚜렷한 상승세를 지속하고 있음에 주목해야 할 것이다. 그 주요원인은 유엔 산하 기후변화 정부간 패널(IPCC)에서 지적한 대로 온실가스 방출로 인한 지구 온난화 현상에 따라 기온이 지속적으로 상승하고 있는 것으로 보인다.

따라서 더 이상 기후는 불변의 패턴이 아니고 자연재해나 인간의 활동에 의해 얼마든지 변화할 수 있고 그 변화로 건축물에 극명하게 영향을 미칠 수 있음을 재인식하여 이에 대응할 수 있는 실내건축환경 조성 구축에 필요한 건축설비공학 교육의 비중 또한 비약적으로 높여야 할 필요가 있으며 대학에서 미래 건축을 공부하는 예비 건축가들은 다양한 건축설비 내용에 대하여 사전에 충분히 습득해 놓을 필요가 있다.

이 책은 대학 건축과의 건축설비 교재로 그 동안 저자가 강단에서 33년간 강의해 온 것을 토대로 건축과 학생들이 건축설비를 보다 알기 쉽게 학습할 수 있도록 하는 데 역점을 두었으며 또한 새롭게 건축 또는 건축설비 실무를 시작하는 예비 기술자의 건축설비 입문서로서도 활용할 수 있도록 용어해설에 대한 주석을 각 쪽의 하단에 각주를 달아 놓음으로써 누구나 알기 쉽게 학습할 수 있도록 편집에 초점을 맞추었다.

한편 점차 초고층화 · 대형화 · 복잡화 · 기능화 · 정보화되어 가는 현대 건축 현장의 경향을 감안하여 이 책의 편성을 전 3편으로 다음과 같이 구성하였다.

　　제1편　급 · 배수 위생설비
　　제2편　전기설비
　　제3편　공기조화설비

또한 각 편 각 장마다 학습한 내용의 요점을 중심으로 예제와 문제를 수록하였다. 예제와 문제는 각종 건축 관련 자격시험과 건축사 및 기술사 시험에 대비한 핵심정리 자료가 될 수 있을 것으로 생각된다. 아울러 각 편의 끝에는 연구논문이나 학술논문 또는 각종 보고서 작성에 필요한 참고문헌을 정리해 넣었고 부록에는 건축설비 관련 Key-Words와 단위환산표 및 비교표, 찾아보기를 정리해 놓았다.

부족한 점이 적지 않을 것으로 생각되나 이 책으로 여러분이 건축설비를 이해하는 데 다소라도 도움이 될 수 있기를 충심으로 바라며 장래 우수한 건축 기술자가 되기를 진심으로 희망한다.

끝으로 그 동안 저자를 건축설비 공학분야의 길로 인도해 주신 전 성균관대학교 권택진 교수님과 전 한양대학교 손장열 교수님 그리고 일본 유학중 박사과정에서 건축설비 공학의 기초적 학문을 열정적으로 지도해 주신 나고야공업대학 호리꼬시데쯔미(堀越哲美) 지도 교수님과 건축설비 현장의 실무지식을 일깨워 주신 일본 나고야 日建設計 설비부 시미즈(淸水康宏) 부장님에게 깊이 감사드린다.

아울러 이 책의 출판에 적극적으로 협력해 주신 도서출판 건기원에 감사를 드린다.

2014년 3월

저 자

차 례

제1편 급배수·위생설비

제7장 소화설비

제 2 편　전기설비

제 3 편 공기조화설비

부 록

제1편 급배수·위생설비

제1장 급배수·위생설비의 목적과 종류

1-1 급배수·위생설비의 목적

건물에서 물은 음료용·주방의 조리용·세면용·목욕용·세탁용·대소변기의 세정용·청소용·냉각용·급탕설비용·소화용수·공기조화설비의 기기보급수 등에 필요불가결한 것이다. 또한 실내에서 인간이 생활을 영위하기 위해서 물은 항상 위생적인 수질로 적절한 수압과 충분한 수량이 지속적으로 공급되어야 한다.

동시에 사용한 생활배수나 오수(汚水)·우수(雨水) 등은 건물 안에 장시간 체류하지 못하도록 신속하게 건물 밖으로 배출시켜 주어야 한다. 이때 공급된 물을 용도에 맞게 사용하고 오염된 물을 위생적으로 배출하기 위해서는 그 사용목적에 따라 적절한 위생기구가 설치되어 있어야 한다. 이것이 급배수·위생설비의 설치 목적이다.

건축에서 급배수·위생설비(plumbing systems)란 건물 내 또는 대지 내에 급수·급탕·배수 및 위생기구와 관련되는 급배수설비·소화설비·배수처리설비(오물정화조, 배수 재이용 처리시설, 우수 이용 처리시설, 실험 폐수 처리설비 등)·가스설비·세탁설비·주방설비·쓰레기 처리설비 등을 총칭한다.

표 1-1 급배수설비 공사비 구성비

건물 종별	구 성 비 [%]
독립주택	급배수설비 공사비/총공사비 = 12~17
집합주택	급배수설비 공사비/총공사비 = 10~15
사 무 소	급배수설비 공사비/총공사비 = 4~10
호 텔	급배수·서비스설비 공사비/총설비 공사비 = 20~30
병 원	급배수·서비스설비 공사비/총설비 공사비 = 25~35
학 원	급배수설비 공사비/총공사비 = 7~9

※ 출처 : 空氣調和·衛生工學會編, 給排水·衛生設備の實務の知識(改訂第2版), p.63.

이것은 다시 크게 나누어 사용자의 신체에 해가 되지 않고 불쾌감을 주지 않는 물이나 탕(湯)을 공급하는 **급수 · 급탕설비**, 이를 사용할 때 필요한 **위생기구설비**, 이를 신속하게 건물 밖으로 배출시키는 배수관 내의 오염공기나 세균 등이 실내에 침입할 수 없도록 하는 **배수 · 통기설비** 그리고 최종적으로 배수를 처리하는 **정화조설비** 등으로 구성되어 있다.

이처럼 급배수 · 위생설비는 건축에서 물의 사용에 따르는 사용자의 보건위생을 위한 설비라고도 생각할 수 있다. 인간이 개인생활과 사회생활을 영위함에 있어서 **"필요로 하는 위생적인 수질의 물을, 필요로 하는 장소에, 필요로 할 때, 필요로 하는 양의 물을, 적절한 수압으로 공급해 주는 것을 급수설비"**라 한다.

한편 건물의 사용자가 일상생활을 영위하면서 주방의 조리에 사용한 물, 세면과 목욕에 사용한 물, 대소변기의 세정에 사용한 물 등 물을 사용하고 나면 오수는 필연적으로 발생하기 마련이다. 이러한 오수를 신속히 배출시켜 주지 못하면 실내에 악취발생은 물론 인체에 해로운 병원균의 온상이 되기도 하므로 신속하게 건물 밖으로 제거해 주어야 한다.

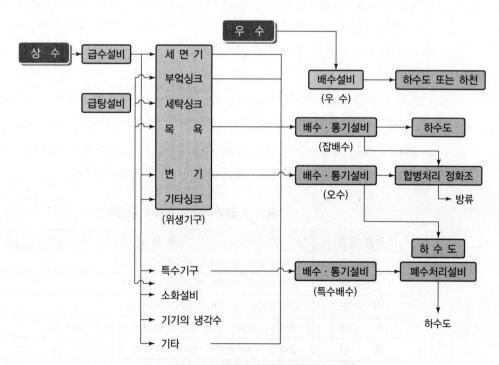

그림 1-1 급배수 · 위생설비 시스템

이와 같이 일상생활에서 물을 사용한 후 필연적으로 발생하는 오수와 우수를 포함하여 **"더러워진 물을 건물 내에서 건물 밖으로 직접 또는 정화조에서 처리하여 공공하수도로 신속하게 빠져나가게 하는 시설을 배수설비"**라 한다.

급배수 · 위생설비 역사상 가장 큰 사고 중 1933년 시카고에서 "진보의 세기박람회"가 열렸을 때 회의장 부근의 호텔에서 일어났던 사고가 있다. 당시 음료수 오염에 인한 이질 발생으로 인해 사망자 98명을 포함한 409명의 환자가 발생한 대형사고였다.

급배수 · 위생설비에 의한 이와 같은 대형사고가 일어나지 않도록 하기 위하여 법률에 의한 각종 규정을 정해 두고 있지만 이러한 규정이 제대로 지켜지지 않았을 때 우리의 생활은 위험한 상태에 노출될 수 있으며 물이 오염되기도 하고 배수가 잘 이루어지지 않아 건물의 실내환경이 파괴되기도 한다.

1-2 급배수 · 위생설비의 종류 및 기본 사항

급배수 · 위생설비를 크게 급수설비, 급탕설비, 위생기구설비, 배수 · 통기설비, 오수정화조설비 등으로 구분하고 있으며 소화설비, 가스설비, 주방기구설비, 세탁기기설비, 쓰레기처리설비도 여기에 포함시킬 수 있다.

급배수 · 위생설비의 안전과 위생에 관한 기본적인 사항들은 건축법 · 상수도법 · 하수도법 · 오수분뇨 및 축산폐수의 처리에 관한 법률 · 소방법 등의 법령과 이것을 바탕으로 하는 지방자치단체의 조례에 비교적 상세하게 그 규정이 설치되어 있다.

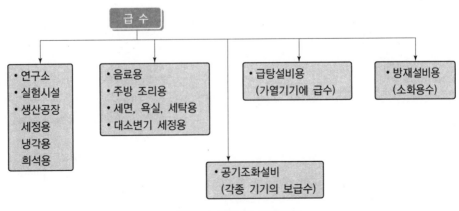

그림 1-2 급수의 사용범위

따라서 급배수 · 위생설비를 계획할 때에는 사전에 대상건물의 **용도, 구조, 규모** 등의 조건과 관계법규를 면밀히 검토해야 하며 경우에 따라서는 관계기관과 사전에 협의할 사항도 생각해 둘 필요가 있다.

급배수 · 위생설비의 계획과 설계를 설비만을 단독으로 생각할 수는 없으며 설계 초기 단계에서부터 건축 관련 정보와 충분한 사전협의가 필요하다. 이를테면 설계 대상 건물에 대한 건물의 **용도 및 종류, 건물의 개요(대지면적, 연면적, 구조 등), 사용인원 수** 등은 사전에 면밀히 파악해야 한다.

또한 실시설계를 하기 전에 해야 할 것 중 현장조사를 해야 하는데 현장조사는 경험이 풍부한 사람이 신중하게 해야 한다. 현장조사에 필요한 일반사항으로는 **주변의 지세, 토지의 고저, 주변환경, 지질조사, 기상조건, 주변의 도로상태, 교통 및 재료 운반방법** 등을 사전에 상세하게 조사해야 한다.

제2장 급수설비(water supply system)

인체가 생명을 영위하기 위해서는 많은 물을 필요로 한다. 보통 성인 한 사람이 하루에 체외로 배출하는 수분이 피부·호흡·대소변 등으로 약 2.6~2.9 l 정도가 된다. 따라서 인간이 생존을 유지하기 위해서는 하루에 최소한 3 l 정도의 물을 체내에 공급해 주지 않으면 안 된다. 이 밖에도 생활용수로 직접적으로는 세면·목욕·세탁·조리·대소변기의 세정·청소용 등으로 많은 물을 필요로 하며 간접적으로는 공업용과 소화용수 등으로 적지 않은 물을 필요로 한다.

2-1 급수원

수원(水源)은 수질(水質)이 양질이어야 하고 수량(水量)이 풍부하여야 할 뿐만 아니라 공급지에 가까이 있는 것이 바람직하다. 일반적으로 수원은 지표수(地表水)와 지하수(地下水)로 대별할 수 있고, 건물에서는 상수 및 우물(井水)을 급수원으로 한다.

(1) 지표수(surface water)

지표수는 하천수와 호수·저수지수 등으로 나눌 수 있으며 그 대부분은 우수가 지표면을 따라 유하(流下)·유입(流入)된 것이기 때문에 불순물이 섞여 있기도 하지만 가장 쉽게 얻을 수 있는 수원이라고 할 수 있다. 하천수는 수량은 많고 이용률은 높지만 호우(豪雨)나 홍수 때에는 탁도(濁度)가 높아지고 불순물이 많아져 수질이 좋지 않다. 저수지는 하천수에 비해 계절적으로 미생물(플랑크톤, plankton)이 발생하기도 하지만 수량이 많고 수질이 양호하여 저수(貯水) 기능을 갖고 있다.

(2) 지하수(ground water, subsoil water)

지하수, 복류수(伏流水, underground stream), 용수(湧水, artesian spring)로 대별할 수 있다. 지하수는 지표에서 얕은 부분에 쌓여 있는 모래와 자갈 사이에서 대수층(帶水層)을 형성하는 **천층수**(淺層水)와 대수층의 상하를 점토 등의 불침투부에 의해 끼어 있는 **심층수**(深層水)가 있다.

천층수는 중력작용에 의해 유동하는 자유수(自由水)로 그 수질은 대지의 정화작용이 불충분하기 때문에 그다지 좋지 않다. **심층수**는 피압수(被壓水)라고 불려지며 대지의 정화작용이 충분하기 때문에 수질은 양호하고 년간을 통하여 수량과 수온이 일정하므로 도시 상수도, 간이수도의 수원으로 적합하다.

복류수[1]는 하천 또는 호수의 모래, 자갈층에 함유된 물을 말하며 하천이나 호수로부터 침투한 물의 경우와 지하수인 경우가 있고 수질은 지표의 영향을 받지만 대체로 양호하다. **용수**[2]는 지하수가 지하수압 또는 지형의 관계로부터 지표에 끓어 오른 것이므로 수질은 지하수와 비슷하다.

상수도를 이용할 수 있는 지역은 상수도(city water)를 수원으로 하면 되지만 상수도를 이용할 수 없는 지역에서는 지하수·하천수 등의 다른 급수원을 구하지 않으면 안 된다. 상수도물은 음료용으로 적합한 물이 공급되지만 다른 급수원의 물을 음료용으로 사용할 경우에는 그 목적에 맞도록 정수처리를 필요로 하는 경우가 많다.

또한 최근의 건물들은 공기조화설비의 공급이 현저해짐에 따라 기계장치를 위한 냉각용수·대소변기의 세정용·청소용 등의 잡용수 사용량이 증가하여 상수도 외에도 급수원을 필요로 하는 경우가 많아졌다. 따라서 대규모 건축물의 경우에는 일반적으로 상수도와 우물물 두 계통의 급수배관을 각각 설치하는 경우가 많으며 저장탱크 또한 구별해서 설치하는 것이 보통이다. 일반적으로는 1일 사용수량이 50~70 m³ 이상일 경우에는 우물을 설치하는 것이 경제적이다.

(3) 상수(potable water)

상수란 음료에 알맞은 양질의 물을 말하며 식수 외에 요리·세탁·목욕용 등의 가사용이나 소화용·공업용·상업용 등에 사용된다. 1991년 말 우리나라 상수도 시설 용량은 16,870천톤/day으로 상수도 보급률은 80 %, 1인당 1일 사용수량은 376 *l* 이고, 2012년 말 우리나라 상수도 시설용량은 29,959천톤/day, 상수도 보급률은 98.1%, 1인당 1일 사용수량은 278 *l* 이다. 이처럼 물 사용량은 1997년 1인 1일 사용수량 409 *l* 를 정점으로 줄어들고 있음에 주목할 만하다. 이는 물에 대한 국민의식이 점점 높아지고 있기 때문이다.

---

1) **복류수**(伏流水 : underground stream) : 하천 밑바닥의 사리층 속을 빠른 속도로 흐르는 지하수
2) **용수**(湧水 : artesian spring) : 체수층(滯水層)에서 우물로 솟아 나오는 물

표 2-1 상수와 잡용수의 사용량 비율〔%〕

구 분		상 수	잡용수
공급개소		세면기, 수세기, 욕실 수채(주방, 탕비기, 세탁기)	변기세정, 청소, 오물 씻기, 냉각탑 보급수, 보일러 보급수, 소화용수
사용 비율	사무소	30~40	60~70
	병 원	60~70	30~40
	호 텔	60~70	30~40
	백화점	55~70	30~45
	학 교	40~50	50~60
	주 택	30~40	60~70

※ 출처 : 井上宇市 저, 건축설비 핸드북.

(4) 물의 경도(hardness of water)

물의 경도는 물에 포함되어 있는 칼슘·마그네슘·나트륨 등의 양을 말하며 경도의 표시에는 도(度) 또는 ppm이 사용된다. 1 l의 물속에 10 mg의 탄산칼슘이 함유된 것을 경도 1도라 하고 여기서 1 ppm이란 1 m^3의 물 안에 1 mg의 탄산칼슘이 포함되어 있는 상태를 말한다. 이때 경도가 큰물을 경수(hard water)라 하며 경수에는 비누의 용해가 어렵고 열 교환기나 배관 계통 등에 사용하면 그 내면에 석회질의 침전에 의한 스케일(scale)이 생성된다. 스케일은 수중에 용존되어 있는 여러 성분에 의하여 생성된 것이지만 대부분 칼슘염류가 주성분이다.

경수가 열 교환기나 배관 계통 등에 미치는 영향은 자연 상태의 경수를 가열하게 되면 석회질의 침전물과 불순물, 즉 스케일이 생성되어 이것이 열교환기의 관 및 배관 내면에 결정 상태로 부착되어 유체의 흐름을 방해하고 열전도에 영향을 미치게 되어 열효율이 나빠진다. 또한 스케일 생성으로 펌프의 소요 동력이 증가하게 되어 에너지 낭비도 초래하게 된다. 열 교환기의 전열면이나 배관계의 스케일 방지를 위해서는 경도를 이온교환 처리하거나 약품을 투입하여 경도 성분을 불용성으로 만드는 방법이 있다. 경도를 제거하기 위한 방법으로는 이온교환 처리법을 이용한 외처리 방법과 약품을 투입하여 화학작용 또는 물리작용에 의하는 내처리 방법이 있다.

❶ 외처리법

경수의 연화방법으로서 이온교환 수지법은 철, 망간, 칼슘 등을 흡부착하는 성능을 가진 수지를 사용하여 수중의 불순물을 제거하는 방법이다. 용도에 따라 달라지나 Na+ 이외의 양이온을 Na+로 이온교환하는 단순연화법이 적절하다.

❷ 내처리법

경수를 이온교환 처리해도 반드시 다음과 같은 내처리가 되어야 한다.

① 알칼리 농도를 조정하는 약품을 투입하는 방법으로 pH값을 조정함으로써 스케일 부착을 방지한다. 즉, pH가 높으면 수중의 경도 성분인 Ca, Mg 등의 화합물의 용해도가 감소하기 때문에 스케일 부착이 어렵게 된다.

② 연화재를 투입하여 경도 성분을 불용성의 화합물(슬러지3))로 만들어 스케일 부착을 방지하는 방법으로 이때 연화재로는 수산화나트륨(NaOH), 탄산나트륨(Na_2CO_3), 인산나트륨 등이 있다.

2-2 사용수량(使用水量)

국민 생활수준의 향상과 함께 물의 사용량은 급격히 증가하고 있고 음료수를 비롯하여 조리용, 세탁용, 목욕용, 청소용 외에도 영업용, 소화용, 공공용, 공업용 등 많은 양을 소비하고 있는 실정이다. **사용수량4)**은 국민성과 생활수준에 따라 현저한 차이를 나타낸다. 주요국 1인 1일 사용수량을 보면 미국 378 l/day, 독일 150 l/day, 일본 311 l/day, 호주 224 l/day, 덴마크 188 l/day, 한국 278 l/day 등이다.

표 2-2에 세계 주요도시의 1인당 1일의 평균 급수량을 나타내고 있다.

표 2-2 세계 주요도시의 1인당 1일 평균 급수량

도 시 명	1인당 1일 평균 급수량〔l〕	도 시 명	1인당 1일 평균 급수량〔l〕
시 카 고	870	동 경	310
로스앤젤레스	715	런 던	250
뉴 욕	590	로 마	200
시 애 틀	527	한 국(1947)	66
제 네 바	500	한 국(2006)	346
샌프란시스코	447	한 국(2012)	332

※ 출처 : 2012년 한국환경부 상수도 통계 및 1964년 일본 수도산업신문사 수도년감

---

3) 슬러지(sludge) : 하수처리 또는 정수(淨水) 과정에서 생긴 침전물로 오니(汚泥)라고도 한다. 지금까지는 혐기처리에 의해 오니를 안정화한 후 탈수하여 매립하는 방법으로 처분하였다. 처리된 오니의 최종처리는 건축재료나 도로건설의 재료로 이용하는 등 각종 연구가 진행되고 있으나 아직 결정적인 방법은 없고 매립 등의 방법으로 처리되고 있다.

4) **사용수량** : volume of water consumption

사용수량의 산정방법은 **건물 사용인원에 따른 산정방법, 건물면적에 따른 산정방법, 사용기구수에 따른 산정방법** 등이 있다.

(1) 건물 사용인원에 따른 산정방법

건물별 사용급수량은 건물의 규모와 설비내용에 따라 다르며 표 2-3에 **건물 종류별 1인당 1일 평균사용수량·사용시간·유효면적당 인원**을 나타내고 있다. 또한 각 건물의 사용인원이 명확할 경우에는 그 건물의 **유효면적**[5](복도·창고·계단 등 직접 거주하지 않는 곳의 면적을 제외한 면적)을 바탕으로 추정하는 방법도 있다. 이 경우 유효면적은 대체로 건물 총 바닥면적의 60~70 % 정도로 추정하는 것이 보통이다. 표 2-4에 **건물 바닥면적당 사용인원**을 나타내고 있다.

표 2-3 건물 종류별 1인당 1일 평균 사용수량·사용시간과 유효면적당 인원

건축물 종류	1일 평균사용수량〔*l*〕	1일 평균사용시간	유효 바닥면적당 인원
사 무 소	100~120	8	0.2 인/m²
관공서·은행	100~120	8	0.2 인/m²
병 원	고급 1,000 이상 중급 500 이상 기타 250 이상	10	1병실 바닥 면적당 3.5 인
사 찰·교 회	10	2	
극 장	30	5	
영 화 관	10	3	객석에 대하여 1.5 인
백 화 점	3	8	1.0 인/m²
점 포	100	7	0.16 인/m²
대 중 식 당	15	7	1.0 인/m²
나 이 트 클 럽	120~350		
주 택	160~200	8 ~ 10	
고 급 주 택	250	8 ~ 10	
아 파 트 먼 트	160~250	8 ~ 10	
기 숙 사	120	8	
호 텔	250~300	10	
여 관	200	10	
초등·중학교	40~50	5 ~ 6	
고등학교 이상	80	6	
도 서 관	25	6	0.1 인/m²
공 장	60~140	8	

※ 출처 : 공기조화 위생편람 p.1156.

---

5) 유효면적 : effective area

표 2-4 건물 바닥면적당 사용인원

건축물 종류	인원(유효면적당) *	비 고
사 무 실	$0.3{\sim}0.6$ 인/m^2	$0.5{\sim}1.0$ 평당 1인
일 반 건 축	$0.2{\sim}0.3$ 인/m^2	$1.1{\sim}1.7$ 평당 1인
학 교	$0.2{\sim}0.5$ 인/m^2	$0.7{\sim}1.7$ 평당 1인
공 장	$0.1{\sim}0.2$ 인/m^2	$1.7{\sim}3.3$ 평당 1인

* 유효면적이란 복도·변소·창고 등을 제외한 것으로 일반적으로 사무실·학교·
극장·병원은 $60{\sim}70\%$, 주택은 $42{\sim}53\%$이다.

표 2-5 연면적에 대한 유효면적의 비

건축 종별	유효면적 / 연면적 〔%〕
오 피 스 빌 딩	$55{\sim}57$
학 교	$58{\sim}60$
은 행	$46{\sim}48$
백 화 점	$64{\sim}66$
극 장	$53{\sim}55$
병 원	$45{\sim}48$
아 파 트·호 텔	$44{\sim}46$
주 택	$42{\sim}53$

표 2-6 위생기구 1개당 1일 사용수량 Q_f 〔l/d〕

건물 종류 위생기구	오피스 빌 딩	학 교	병 원	아파트	공 장	회 관 은 행	극 장 영화관
대변기(세정밸브)6)	1,200	800	1,000	240	1,000	800	1,000
대변기(세정수조)7)	900	600	750	200	750	600	770
소변기(세정밸브)	400	240	480	150	420	320	480
소변기(세정수조)	400	240	480	150	420	320	480
수 세 기	240	140	180	120	-	160	300
세 면 기	960	900	400	200	-	640	3,200
씽 크	1,200	720	600	500		960	-
청소 싱크(slop sink)	510	440	6,100	270		440	-
욕 조	-	-	-	750	-		

6) 세정밸브(flush valve) : 대변기나 소변기 등의 세정을 급수관의 물로 직접 행해질 때 사용하는 밸브로 연속적
으로 사용할 수 있으나 워터해머(수격작용)가 일어나기 쉽고 소음이 크다.

시간당 평균 급수량 $Q_h = Q \times N / T \, [l/\mathrm{h}]$

시간당 최대 급수량 $Q_H = Q_h \times (1.5 \sim 2.0) \, [l/\mathrm{h}]$

순간 최대 급수량 $Q_s = Q_h \times (3 \sim 5) \, [l/\mathrm{h}]$

　　　여기서 N : 사용인원
　　　　　Q : 1일 평균 사용수량 $[l/\mathrm{d}]$
　　　　　T : 1일 평균 사용시간(표 2 - 3 참조)

1일 급수량은 표 2 - 3의 1일 평균 사용수량에 사용인원을 곱하여 간단하게 구할 수 있다.

$$Q_d = Q \times N \, [l/\mathrm{d}] \quad \cdots\cdots\cdots\cdots\cdots\cdots\cdots\cdots\cdots\cdots\cdots \quad (2\text{-}1)$$

　　　여기서 Q_d : 1일당 필요급수량 $[l/\mathrm{d}]$
　　　　　Q : 1일 평균 사용수량 $[l/\mathrm{d} \cdot \mathrm{c}]$
　　　　　N : 사용인원

(2) 건물면적에 따른 산정방법

건물을 이용하는 사용인원이 확실하지 않을 경우에는 건물의 유효면적(표 2 - 5)과 유효면적당 사용인원(표 2 - 4)을 이용하여 식 2 - 2에 의해 구할 수 있다.

$$Q_d = A \times k \times a \times Q \, [l/\mathrm{d}] \quad \cdots\cdots\cdots\cdots\cdots\cdots\cdots\cdots\cdots \quad (2\text{-}2)$$

　　　여기서 A : 건물의 연면적 $[\mathrm{m}^2]$
　　　　　k : 유효 면적비 $[\%]$
　　　　　a : 유효 면적당 사용인원 $[\mathrm{인}/\mathrm{m}^2]$
　　　　　Q : 1일 평균 사용수량 $[l/\mathrm{d}]$

---

7) 세정수조(flush tank) : hi-tank식과 low-tank식이 있다.

(3) 사용기구수에 따른 산정방법

건물에 시설된 위생기구 수에 따라 산정하는 방법으로 다음 식 2 - 3에 따라 구할 수 있다.

$$Q_d = Q_f \times F \times p \; [l/\mathrm{d}] \quad\cdots\cdots\cdots\cdots\cdots\cdots\cdots\cdots\cdots \quad (2\text{-}3)$$

여기서 Q_f : 기구의 사용수량 $[l/\mathrm{d}]$
F : 기구 수 [개]
p : 기구의 동시사용률 [%]

(4) 동시사용률

건축물에 설치된 각종 위생기구가 동시에 사용되는 경우는 건물의 종류에 따라 다르다. 이를테면 극장, 학교, 경기장 등은 휴식시간 중에 집중적으로 사용되는 반면, 사무소 건축은 그렇지 않다. 한편, 동시사용률은 같은 종류의 기구일 경우와 서로 다른 종류의 기구가 섞여 있을 경우 동시사용률 또한 달라진다. 표 2 - 7은 서로 다른 기구가 섞여 있는 경우의 사무소 건축 등 일반적인 건축물에 대한 동시사용률의 참고 자료이다.

표 2-7 위생기구의 동시사용률[8)] P [%]

기 구 수	2	3	4	5	10	15	20	30	50	100	500	1,000
동시사용률 [%]	100	80	75	70	53	48	44	40	36	33	27	25

---

8) 위생기구의 동시사용률(probability of simultaneous use of fixtures) : 복수의 기구 중 임의의 수의 기구가 동시에 사용되고 있을 확률을 말한다.

연 습 문 제

[예제 1] 연면적 2,500m²의 사무소 건축에 필요한 급수량을 구하시오.

> **풀이** 식 2-2에 표를 이용한 값을 적용하여 구한다.
>
> $$Q_d = A \times k \times a \times Q$$
>
> $$A = 2,500\text{m}^2$$
>
> 표 2-5에서 $k = 56\%$
>
> 표 2-4에서 $a = 0.3$ 인/m²
>
> 표 2-3에서 $Q = 120\ l$
>
> $$\therefore\ Q_d = 2,500 \times 0.56 \times 0.3 \times 120$$
>
> $$= 50,400\ l\ /\text{d}$$

[예제 2] 학교 건축에 세정밸브 대변기 10개 및 소변기 20개, 세면기 5개, 청소싱크(slop sink) 2개가 있을 때 1일 필요 급수량은 얼마인가?

> **풀이** 식 2-3에 표를 이용한 값을 적용하여 구한다.
>
> $$Q_d = Q_f \times F \times P$$
>
> 세정밸브 대변기 : 800×10개 $= 8,000$
>
> 세정밸브 소변기 : 240×20개 $= 4,800$
>
> 세　　면　　기 : 900×5개 $= 4,500$
>
> 청　소　싱　크 : 440×2개 $=\ \ 880$
>
> ―――――――――――――――――
>
> 　　　　　　　　37개　　18,180 l
>
> 표 2-7에서 기구 수 37의 동시사용률은 39%이므로
>
> 18,180 $l \times 0.39 = 7,090\ l\ /\text{d}$

문 제

[문제 1] 연면적 2,000 m²의 은행 건축에 필요한 급수량을 구하시오.

[문제 2] 연면적 7,000 m²의 백화점 건축에 필요한 급수량을 구하시오.

[문제 3] 연면적 10,000 m²의 학교 건축에 필요한 급수량을 구하시오.

[문제 4] 백화점 건축에서 세정밸브 대변기 26대, 세정밸브 소변기 20대, 세면기 12대, 청소싱크 4대가 있을 때 하루 필요 급수량을 구하시오.

[문제 5] 병원 건축에서 세정밸브 대변기 20대, 세정밸브 소변기 16대, 세면기 16대, 청소싱크 6대가 있을 때 하루 필요 급수량을 구하시오.

[문제 6] 세정밸브와 세정탱크의 차이를 설명하고 스케치하시오.

[문제 7] 유효면적에 대하여 설명하시오.

[문제 8] 다음 용어에 대하여 설명하시오.

① Sludge
② 복류수
③ 용수
④ Flush Valve
⑤ Flush Tank

2-3 급수방식

상수도나 우물에서 얻은 물을 건물 내외에 급수하는 방식으로는 상수도직결방식, 고가수조방식, 압력수조방식, 병용식 등이 있다. 그림 2-1은 급수설비의 설계 순서를 나타낸 것이다.

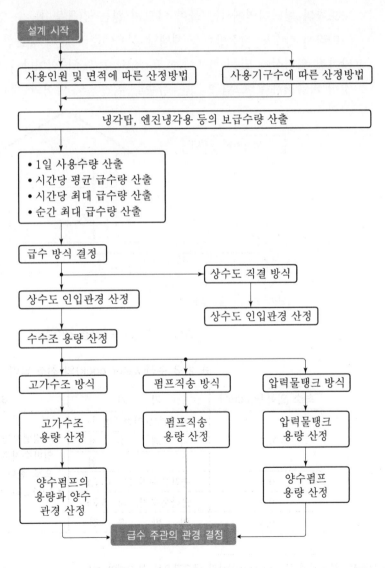

그림 2-1 급수설비 설계순서

(1) 상수도 직결방식(direct supply system)

이 방식은 도로 내의 상수도 본관에서 분수전(分水栓 : corporation cock)[9]을 거쳐 인입관을 따라 수도본관의 압력을 이용하여 건물 내의 각 위생기구에 급수하는 방식이다. 수도본관의 수압이 높을 경우에는 그 압력으로 급수하기가 용이하지만 대규모 건물 특히 고층 건물에서 사용수량이 많을 경우에는 이 방식은 일반적으로 채용할 수 없다. 특히 여름철 사용수량이 많을 때는 수압저하가 생기고 고지대나 수도관의 말단지역에서는 물이 나오지 않는 건물을 볼 수 있다.

따라서 상수도 직결방식을 채택할 경우에는 사전에 충분한 조사를 하여 수압이 낮아질 위험성이 있을 경우에는 고가(高架) 수조방식이나 압력탱크방식을 택하는 것이 바람직하다. 그림 2 - 2는 상수도 직결 급수방식의 예를 나타낸 것이다.

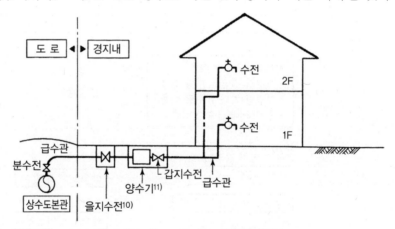

그림 2-2 상수도 직결 급수방식

표 2-8 수전(water cock)의 최소 압력

최소 압력 [kg/cm²]	기 기	비 고
0.7	세정밸브(일반대변기)	• 세정밸브는 최고 4.0 kg/cm², 일반수전은 최고 5.0 kg/cm²으로 한다.
	자 폐 수 전	
	샤 워	
0.5	순간온수기 (7~16호)	• 1.0 kg/cm² = 0.0980665 MPa (메가파스칼)
0.4	순간온수기 (4~5호)	
0.3	일 반 수 전	

---

9) **분수전** : 분수전에서는 50 mm 이하의 급수관으로 분기해야 한다.
10) **지수전** : 갑지수전(사용자 조절 가능)과 을지수전(사용자 조절 불가)이 있다.
11) **양수기**(water meter) : 유수량 측정장치

상수도 직결 급수방식은 일반주택이나 2층 건물 이하의 중소규모의 업무용 건물 등에 채용된다.

✪ 상수도 직결 급수방식의 특징

① 급수압력은 수도 본관의 압력에 따라 변화하므로 계획이나 설계를 할 때 여름철 급수 최대 수요시의 상수도 본관 압력 확인이 필요하다.

② 위생관리나 유지관리는 다른 방식에 비하면 하기 쉽다.

③ 수수조나 고가수조용 공간이 필요 없다.

④ 정전 시에도 급수가 가능하다.

상수도 직결 급수방식은 상수도 본관의 수압이 식 2 - 4를 만족할 때 이용할 수 있다. P를 상수도 본관의 필요압력이라 하면

$$P \geq P_1 + P_2 + P_3 \ [\mathrm{kg/cm^2}] \ \cdots\cdots\cdots\cdots\cdots\cdots\cdots\cdots\cdots\cdots\cdots \ (2\text{-}4)$$

여기서 P_1 : 수전 또는 기구의 필요압력 $[\mathrm{kg/cm^2}]$

P_2 : 상수도 본관에서 최고위 수전, 위생기구까지의 배관 마찰손실수두

P_3 : 상수도 본관에서 건물 내 가장 높이 위치한 수전까지의 수직높이 10 m에 대하여 약 1 kg/cm^{2}에 상당하는 수압 ($h/10$)

h : 수도 본관에서 최고위 수전까지의 높이 $[\mathrm{m}]$

P_1은 세정밸브(flush valve)의 경우 최저 0.7 kg/cm^2 [12], 일반수전의 경우 0.3 kg/cm^2, 샤워 전 또는 세정밸브일 경우 0.7 kg/cm^2 이 필요하며, P_2는 그림 2 - 3~그림 2 - 7의 마찰저항선도를 이용하여 구할 수 있으나 일반적으로 0.1~0.3 kg/cm^2 정도로 한다.

이를테면 그림 2 - 3에서 40 mm 강관 내 150 l/min의 물을 흐르게 하면 강관 1 m에 대해 약 130 mmAq [13]의 손실수두가 생긴다. P_3는 수직높이 10m에 대하여 약 1 kg/cm^{2}의 수압을 필요로 한다. 즉 압력과 수두의 관계에 있어서 $P = \omega H$ kg/m^2, $P = 1{,}000\,H$ kg/m^2, $P = 0.1H$ kg/m^{2}이므로 $P = H/10$가 된다.

---

12) 1 kg/cm^2 = 10 mAq = 10,000 mmAq

13) Aq : Aqua(라틴어의 물이라는 뜻으로 水柱라 함.)

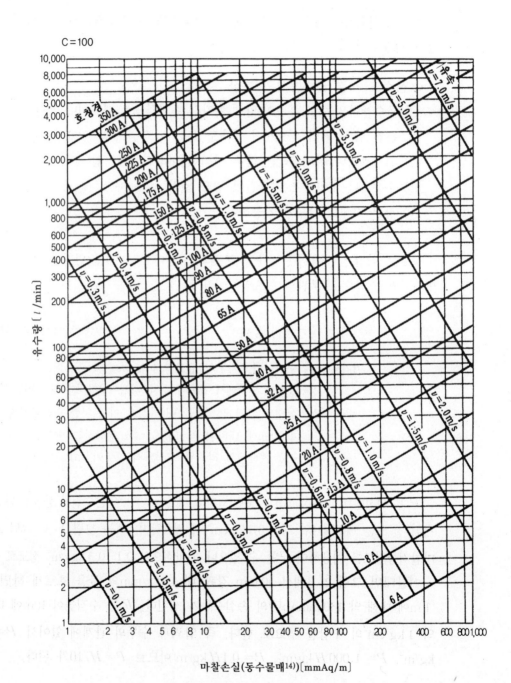

그림 2-3 배관용 탄소강 강관(JIS G 3452) 유량선도(HASS 206-1982)

---

14) **마찰손실**(hydraulic gradient) : 배관 구간의 단위길이당 생기는 마찰손실수두

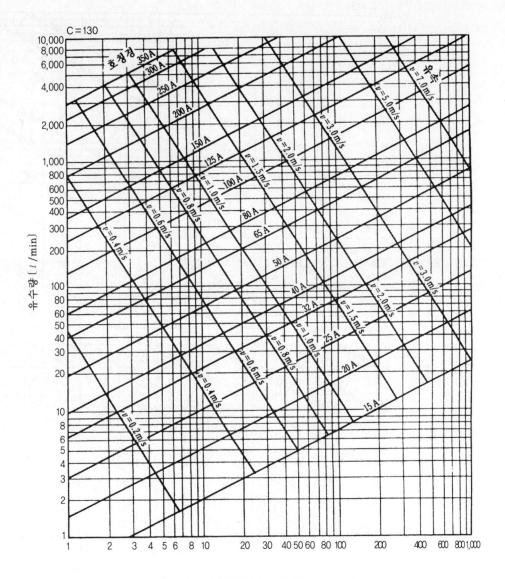

그림 2-4 경질염화비닐라이닝 강관 유량선도(HASS 206-1982)

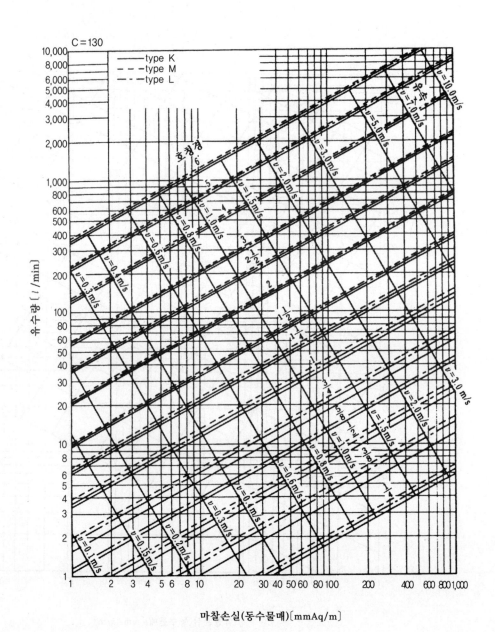

그림 2-5 동관 유량선도(HASS 206-1982)

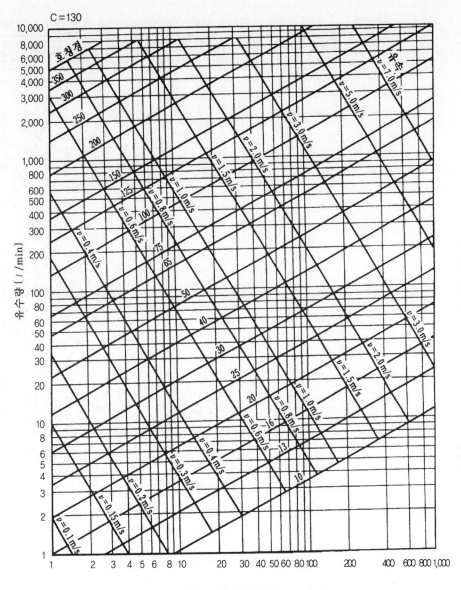

그림 2-6 경질염화비닐관 유량선도(HASS 206-1982)

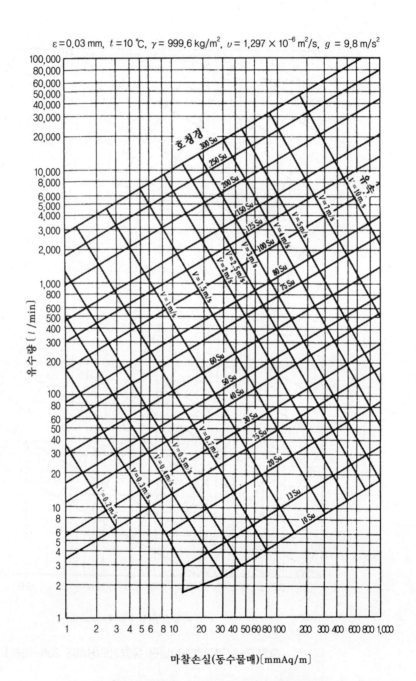

$\varepsilon = 0.03$ mm, $t = 10$ ℃, $\gamma = 999.6$ kg/m², $\upsilon = 1.297 \times 10^{-6}$ m²/s, $g = 9.8$ m/s²

마찰손실(동수물매)〔mmAq/m〕

그림 2-7 일반 배관용 스텐레스강 강관 유량선도(10 ℃)

〔1975년 牧野, 宮田 작성〕(스텐레스협회편 : 건축용 스텐레스배관, 昭58, P.53)

연 습 문 제

[예제 1] 상수도 직결 급수방식에서 건물 2층에 있는 세면기에 급수하려면 상수도 본관에 필요한 최저 수압은 얼마인가? 단, 강관의 구경은 15 mm, 배관 총길이 10m, 상수도 본관에서 2층 세면기까지의 수직높이는 5m이며 관내의 유수량(流水量)은 15 l /min 이다.

풀이 기구(세면기 수전)의 필요압력 P_1은

$$P_1 = 0.3 \, [\text{kg/cm}^2]$$

상수도 본관에서 세면기의 수전까지 배관마찰손실 P_2는

$$P_2 = \text{m당 마찰손실수두} \times \text{배관의 총길이}$$

그림 2 - 3에서 m당 마찰손실수두는 220 mmAq/m이므로

$$P_2 = 220 \, \text{mmAq/m} \times 10 \, \text{m}$$

$$= 2,200 \, \text{mmAq}$$

$$= 0.22 \, \text{kg/cm}^2$$

상수도 본관에서 세면기 수전까지의 수직높이에 상당하는 수압 P_3는

$$P_3 = h \, / \, 10 \; (h : \text{상수도 본관에서 세면기 수전까지의 수직높이})$$

따라서

$$P_3 = 0.5 \, [\text{kg/cm}^2]$$

식 2 - 4에 의하면

$$P \geqq 0.3 + 0.22 + 0.5 \, \text{이므로}$$

건물의 2층에 있는 세면기의 수전까지 급수하려면 상수도 본관의 수압 P는 최저 1.02 kg/cm^2 이상의 수압을 필요로 한다.

문 제

[문제 1] 상수도 직결 급수방식의 건물 2층에 있는 세정밸브 대변기에 급수하려면 상수도 본관에 필요한 최저수압은 얼마인가? 단, 상수도 본관에서 세정밸브 대변기까지의 수직높이는 4 m, 총배관 길이는 10 m, 강관의 구경은 25 mm, 관내의 유수량은 117 l /min 이다.

[문제 2] 상수도 직결 급수방식에서 2층 욕실의 샤워수전까지 급수하기 위한 상수도 본관의 수압은 어느 정도가 필요한가? 단, 강관의 구경은 15 mm, 관내의 유수량은 20 l /min, 배관 길이는 15 m, 2층까지의 수직높이는 6 m이다.

[문제 3] 상수도 직결 급수방식에서 상수도 본관으로부터 건물 내에 인입되는 순서를 스케치하시오.

[문제 4] 물의 경도와 배관관계에 미치는 영향 및 대책에 대하여 설명하시오.

[문제 5] 급수설비 설계순서를 스케치하시오.

[문제 6] 상수도 직결방식의 장·단점을 기술하시오.

[문제 7] 다음 용어에 대하여 설명하시오.

① 분수전

② 지수전

③ 양수기

(2) 고가수조(高架水槽)방식

고가수조 방식은 옥상물탱크방식, 타워수조방식, 고지급수방식 등이 있으며 특징은 다음과 같다.

① 급수 압력을 거의 일정한 값으로 급수할 수 있다.

② 단수가 되어도 수수조(受水槽)와 고가수조에서 급수할 수 있다.

③ 수수조와 고가수조용 전용설치 공간이 필요하다.

④ 수수조나 고가수조의 위생관리와 유지관리에 유의해야 한다.

1 옥상물탱크방식(elevated tank system)

상수도 본관에서 인입관에 의해 물을 1차적으로 수수(受水) 탱크에 저수(貯水)하고 최상층의 수전(water cock) 또는 위생기구까지 각각 최저 필요압력(표 2 - 8) 이상을 얻을 수 있는 높이에 설치한 옥상물탱크 또는 고가탱크에 양수펌프로 양수하여 옥상물탱크로부터 중력에 의하여 건물 내의 위생기구에 급수하는 방식이다.

또한 초고층 건물의 경우 급수압이 높아지므로 급수 압력이 $4\,kg/cm^2$ 정도를 넘지 않도록 중간탱크를 설치하든가 감압장치를 하여 급수압을 내려줄 필요가 있다.

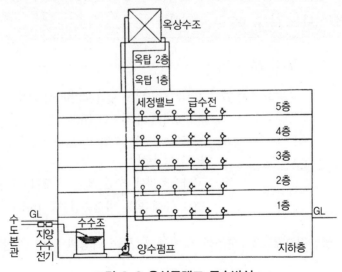

그림 2-8 옥상물탱크 급수방식

상수도 직결 급수방식으로 필요압력이 얻어지지 않을 경우 가장 많이 채용되고 있다. 수압이 부족하고 일정하지 않은 곳이나 단수가 잦은 곳에 항상 일정량의 물과 일정한 압력으로 급수할 수 있는 장점이 있다. 이때 옥상물탱크의 설치높이는 식 (2-5)를 만족하여야 한다.

$$H \geqq H_1 + H_2 \quad \text{......................................} \quad (2-5)$$

여기서 H : 건물의 가장 높은 곳 또는 최악의 조건에 있는 수전이나 위생기구에서 옥상물탱크 저수위면까지의 실제높이 [m]

H_1 : 건물의 가장 높은 곳 또는 최악의 조건에 있는 수전 또는 위생기구의 최저 필요압력(표 2-9)에 상당하는 높이 [m]

H_2 : 옥상물탱크에서 건물의 최고 높은 곳 또는 최악의 조건에 있는 수전 또는 위생기구까지의 밸브, 이음쇠, 직관 등에 의한 압력손실수두 [m]

❷ 고가수조의 설치높이

고가수조의 설치높이는 최상층에 설치하는 수전과 위생기구에 충분한 수압을 줄 수 있는 높이로 할 필요가 있다(그림 2-9의 H). 고가수조의 높이를 결정할 경우에는 다음 식 2-6으로 산정한다.

$$H \geqq H_1 + H_2 \quad \text{......................................} \quad (2-6)$$

여기서 H : 고가수조의 가장 낮은 수면에서 가장 높은 수전 또는 위생기구까지의 수직거리 [m]

H_1 : 최고위에 있는 수전 또는 위생기구의 필요압력에 상당하는 높이 [m]

H_2 : 고가수조에서 수전 또는 위생기구까지의 직관, 이음새, 밸브 등에 의한 마찰손실수두 [m] (표 2-12)

일반적으로 고가수조의 설치높이 H 는 다음과 같이 계산하면 된다.

$$H = (\underline{\text{기구필요압력} \times 10}) \times \underline{(1.1 \sim 1.2)} \, [\text{m}]$$

수압 kg/cm^2를 수두압 mH_2O로 환산한 값, 즉

$1 \, \text{kg/cm}^2 = 10 \, \text{mH}_2\text{O}$

배관의 압력손실 수두를 $10 \sim 20\%$로 예상하고 계산한 값

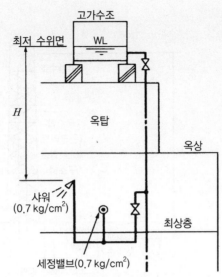

그림 2-9 고가수조의 설치높이(H)

❸ 타워수조방식(tower tank system)

옥상물탱크방식과 마찬가지로 수압이 부족하거나 수량이 불충분한 경우에 사용하는 급수방식으로 지상 3층에서 5층까지의 저층아파트 단지에 많이 사용된다. 이 방식은 수돗물을 일단 지하 저수조에 받은 후 양수펌프로 부지 내의 철골탑이나 철근콘크리트의 급수탑을 그림 2-10과 같이 설치하여 그 물을 중력식 배관에 의해 필요개소에 급수한다. 타워수조의 설치높이는 식 2-7을 만족하여야 한다.

$$H \geq P_1 \times 10 + P_2 \times 10 + h \quad\cdots\cdots\cdots\cdots\cdots\cdots\cdots\cdots (2\text{-}7)$$

여기서 H : 지면에서 타워수조까지의 높이 [m]
P_1 : 최고위의 기구 수전에서의 필요압력 [kg/cm²]
P_2 : 고가수조에서 최고위의 기구수전에 이르기까지의 관내마
찰손실압력 [kg/cm²]
h : 지면에서 최고위 기구수전까지의 수직높이 [m]

타워수조방식은 유지관리가 용이하고 누수, 결로, 소음 등의 문제점을 방지할 수 있는 장점이 있는 반면 용지비가 많이 들고 청소나 비상시 또는 고장 시에 전 단지에 단수가 될 우려가 있으며 시공이 어렵고 단지의 고저 차에 의한 동별 수압의 차가 크다는 단점이 있다.

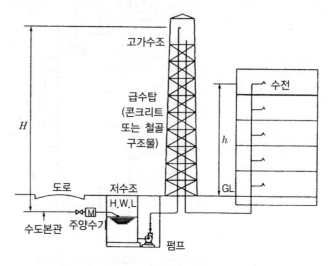

그림 2-10 타워수조방식

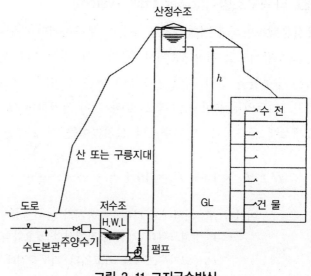

그림 2-11 고지급수방식

❹ 고지급수(高地給水)방식

대규모 단지 내에 고지대가 있을 경우에 사용되는 급수방식(그림 2 - 11)으로 다음과 같은 장·단점이 있다.

✪ 장점

① 자연유하식이므로 유지관리비가 저렴하다.
② 불용인 고지를 활용할 수 있게 하여 토지의 효율을 높일 수 있다.
③ 단지가 대규모일수록 유리하다.

✪ 단점

① 지형적인 조건에 제약을 받는다.
② 소규모 단지에는 적용이 곤란하다.
③ 청소 및 고장 시 전 단지에 단수가 된다.

❺ 수수(受水)탱크의 용량

수수탱크의 용량은 상수도 인입관이나 수원으로부터의 급수능력과 관계있으며 급수능력을 크게 하면 수수탱크는 작아도 된다. 1일 단위로 생각할 때 수수탱크의 용량은 식 2 - 8로 구할 수 있다.

$$V_s \geq Q_d - Q_s T + V_f \quad\text{...} \quad (2 - 8)$$

사용시간 외에 수수탱크의 수위는 다시 복원되어야 하기 때문에 식 2 - 9를 만족하여야 한다.

$$Q_s (24 - T) \geq V_s - V_f \quad\text{...} \quad (2 - 9)$$

여기서 V_s : 수수탱크의 용량 〔m³〕
Q_d : 1일 사용수량 〔m³〕
Q_s : 상수도 인입관 또는 수원으로부터의 급수능력 〔m³/h〕
T : 1일 평균 사용시간 〔h〕
V_f : 소화용수(消火用水) 〔m³〕

급수능력 Q_s 의 능력은 시간평균 예상급수량 정도로 확보하는 것이 바람직하며 상수도에 의한 경우는 상수도 본관의 압력 변화에 따라 변동하기 때문에 정확한 급수능력 Q_s 의 값은 파악하기가 어렵다. 따라서 단수를 고려하여 일반적으로 1일 사용수량 Q_d 의 1/2 정도에 소화용수 V_f 를 가산하여 구하는 것이 보통이다.

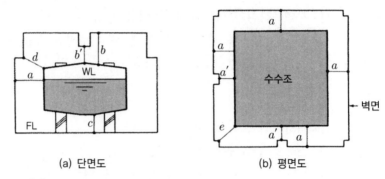

(a) 단면도   (b) 평면도

▶ 주기

① 표준적으로 a, $c \geqq 60$ cm, $b \geqq 100$ cm 정도로 한다.

② a', b', d, e 는 보수점검에 지장이 없을 정도로 한다.

③ 보·기둥은 맨홀(manhole)의 출입에 지장이 없는 곳에 위치하도록 한다.

그림 2-12 수수조의 설치

✪ 수수조 설계상의 주의점

① 수수조는 보수점검과 청소를 고려해서 2개의 조로 설치하는 것이 바람직하다.

② 통기관의 관경은 일반적으로 유입관의 1랭크 아래의 것으로 하고 최소 호칭경을 40 A, 최대 호칭경을 100 A로 한다.

③ 오버플로어 관경은 일반적으로 유입관경보다 2랭크 위의 것으로 한다.

④ 수수조의 유효수심은 계산상 수수조의 호칭 높이에서 약 500 mm 정도 뺀 값으로 한다.

연 습 문 제

[예제 1] 5,000명이 거주하는 아파트의 급수계획을 할 때 상수도 인입관으로부터의 유량을 800 l /min 확보 가능하다면 이 상수도 인입관으로 충분한가? 충분하다면 수수탱크의 용량은 몇 m³로 하면 좋은가?

풀이 상수도 인입관에서 1일간 유입되는 수량은

$$800\, l \text{/min} \times 60\, \text{min/h} \times 24\, \text{h/d} \div 1{,}000 = 1{,}152\, \text{m}^3\text{/d}$$

아파트의 1일 사용수량을 1인당 200 l /d (표 2 - 3)라 하면

$$\text{사용인원 } 5{,}000 \text{명} \times 0.2\, \text{m}^3\text{/c} \cdot \text{d} = 1{,}000\, \text{m}^3\text{/d}$$

이 값은 수도 인입관에서 하루에 유입되는 수량보다 작다.

$$\text{즉, } 1{,}152\, \text{m}^3\text{/d} \,\rangle\, 1{,}000\, \text{m}^3\text{/d} \text{ 이므로}$$

유량 800 l /min의 상수도 인입관이면 충분하다.

수수탱크의 용량은

$$\text{하루 사용수량} \quad Q_d = 1{,}000\, \text{m}^3$$

$$\text{시간당 급수능력} \quad Q_s = 800\, l \text{/min} \times 60\, \text{min/h} = 48\, \text{m}^3\text{/h}$$

1일 평균 사용시간 T는 표 2 - 3에서 10 h/d 으로 간주하면

수수탱크 용량은 식 2 - 8에서

$$V_s \geqq 1{,}000\, \text{m}^3\text{/d} - 48\, \text{m}^3\text{/h} \times 10\, \text{h} + V_f \text{ (소화용수)}$$

$$= 520\, \text{m}^3\text{/h} + V_f \text{ 가 된다.}$$

한편 야간에 수위가 복원되는지를 식 2 - 9에 의해 확인하면

$$48\, \text{m}^3\text{/h} \times (24 - 10) = 672\, \text{m}^3 \,\rangle\, 520\, \text{m}^3 \text{이므로}$$

수수탱크의 용량 V_s는 520 m³에 소화용수(消火用水) V_f를 가산한 것으로 하면 된다.

문 제

[문제 1] 8,000명의 재학생이 있는 초등학교 건축의 급수계획을 할 때 상수도 인입관으로부터의 유량을 800 l /min 확보 가능하다면 이 상수도 인입관으로 충분한가? 충분하다면 수수탱크의 용량은 몇 m³로 하면 좋은가?

[문제 2] 200명이 사용하는 사무소 건축의 급수계획을 할 때 상수도 인입관에서 400 l /min의 유량이 확보 가능하다면 이 상수도 인입관으로 충분한가?

[문제 3] 급수방식을 종류별로 열거하고 스케치하면서 간단히 설명하시오.

[문제 4] 옥상물탱크 설치높이에 대하여 설명하시오.

[문제 5] 수수탱크 용량에 대하여 쓰시오.

[문제 6] 수수조 설계상의 주의점을 쓰고 스케치하시오.

6 옥상물탱크의 용량

옥상물탱크의 용량은 시간 최대 급수량 Q_m의 1시간 분 이상 필요하지만 대규모 건물에서는 시간 평균 예상급수량 Q_m의 1.5배 정도, 소규모 건물에서는 시간 평균 예상급수량의 2~5배 정도가 정전 시를 대비하여 필요로 한다.

$$Q_E = Q_m \times (1.5 \sim 2) \, [\, l \,] \quad\text{(2 - 10)}$$

여기서 Q_E : 옥상물탱크의 용량 $[\, l \,]$

Q_m : 시간 최대 예상급수량 $[\, l\,/\mathrm{h}]$

(하루 사용수량 15 %, 즉 $Q_d \times 0.15$)

수조의 높이는 급수관의 위치와 최고수면에서 수조 상부 공간까지의 높이를 고려하여 유효수심으로 0.6~1.0 m를 가산한다. 또한 수수조의 용량 결정도 일반적으로 식 2 - 11과 같이 구하는 것이 보통이다.

$$Q_R \geqq Q_E \, [\, l \,] \quad\text{(2 - 11)}$$

여기서 Q_R : 수수조(受水槽) 용량 $[\, l \,]$

Q_E : 옥상물탱크 용량 $[\, l \,]$

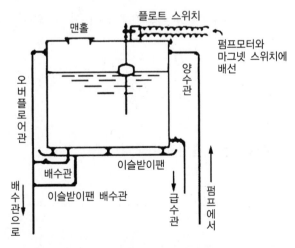

그림 2-13 옥상물탱크의 구성

❼ 양수(揚水)펌프 크기 결정

고가수조방식에서 양수펌프는 원심펌프와 터빈펌프가 쓰이고 동력은 가정용 소규모는 단상(單相) 교류, 대규모는 3상(三相) 교류의 전동기를 쓰며 전동기의 기동과 정지는 옥상물탱크에 설치된 플로트 스위치(float switch)[15]의 작용으로 펌프 모터의 마그네트 스위치(magnet switch)가 조작되어 전기회로가 개폐된다.

지하수수조에서 고가수조에 급수하는 펌프의 크기(용량)는 고가수조 용량의 물을 20~30분 이내에 양수할 수 있는 것, 즉 1시간의 양수 능력이 고가수조 용량의 2배 이상이 되는 펌프를 선정해야 한다. 펌프의 양수량은 식 2 - 12를 이용하여 구하고 펌프의 구경은 이 값을 표 2 - 10에 적용하여 구할 수 있다.

$$Q_P = Q_E \times 2 \quad \cdots\cdots\cdots\cdots\cdots\cdots\cdots\cdots\cdots\cdots\cdots\cdots\cdots\cdots\cdots\cdots \text{(2 - 12)}$$

여기서 Q_P : 펌프의 양수량 〔l/h〕
Q_E : 옥상물탱크의 용량 〔l〕

그러나 실제 펌프의 용량은 펌프의 구경, 양수량(揚水量), 양정(揚程)을 가지고 구할 수 있다. 즉, 유량(流量) Q는 유속 V에 관의 단면적 A를 곱한 값이므로

$$Q = VA \quad \cdots\cdots\cdots\cdots\cdots\cdots\cdots\cdots\cdots\cdots\cdots\cdots\cdots\cdots\cdots\cdots\cdots \text{(2 - 13)}$$

여기서 $A = \pi r^2 = \pi \cdot \left(\dfrac{d}{2}\right)^2 = \pi \cdot \dfrac{d^2}{4}$ 이므로

$$Q = V \cdot \frac{\pi \cdot d^2}{4}$$
$$d^2 = \frac{4Q}{\pi V}$$

따라서, 펌프 흡입관의 구경 d 는

$$d = \sqrt{\frac{4Q}{\pi V}} \quad \cdots\cdots\cdots\cdots\cdots\cdots\cdots\cdots\cdots\cdots\cdots\cdots\cdots \text{(2 - 14)}$$

---

15) **플로트 스위치**(float switch) : 액면의 상하에 따라 움직이는 플로트의 작동에 의해 전기를 개폐하는 스위치로서 직접 펌프를 운전 또는 정지시키거나 전기밸브를 작동해서 액의 유입을 조절하여 액면을 일정하게 유지하는 것에 사용한다.

여기서 d : 펌프 흡입관의 구경 [m]

Q : 양수량 [m³/sec]

V : 관내 물의 유속 [m/sec]

- 보통 볼류트펌프[16]의 유속 $V = 1.2 \sim 1.8$ m/sec
- 터빈펌프[17]의 유속 $V = 2 \sim 3$ m/sec를 적용한다.

또한 펌프의 축동력(軸動力) P 는 식 2 - 15, 식 2 - 16에 적용해서 구할 수 있다.

$$P = \frac{QH}{4,500\,E} \ \text{[PS]} \ \cdots\cdots\cdots\cdots\cdots\cdots\cdots\cdots\cdots\cdots \ (2\text{-}15)$$

$$P = \frac{QH}{6,120\,E} \ \text{[kW]} \ \cdots\cdots\cdots\cdots\cdots\cdots\cdots\cdots\cdots\cdots \ (2\text{-}16)$$

여기서 P : 펌프의 축동력 [PS 또는 kW]

E : 펌프 효율(펌프의 구조나 크기 등에 따라 다르지만 일반적으로 40~75 % 정도이다.)

γ : 물의 비중량 [kg/m²] (표 2 - 9)

Q : 양수량 [m³/min]

H : 전양정 [m]

이때 펌프의 전양정(total head) H 는

$$H = H_s + H_d + H_f \ \text{[m]} \ \cdots\cdots\cdots\cdots\cdots\cdots\cdots\cdots\cdots \ (2\text{-}17)$$

여기서 H : 펌프의 전양정 [m]

H_s : 흡수면에서 펌프 중심까지의 높이, 즉 흡입양정(suction head) [m]

H_d : 펌프 중심에서 토출수면까지 높이, 즉 토출양정(delivery head) [m]

H_f : 배관의 마찰손실(frictional loss head) [m]

배관의 마찰손실 H_f 의 계산은 배관 실 연장의 마찰손실과 표 2 - 12에서 구한 마찰손실을 가산해서 구한다.

---

16) **볼류트펌프**(volute pump) : 임펠러(impeller)를 빠르게 회전시킬 때 일어나는 원심력을 이용한 펌프로서 흔히 원심펌프라고도 한다. 20 m 미만의 저양정펌프로 양수량이 비교적 많을 때 사용한다.

17) **터빈펌프**(turbine pump) : 물의 흐름을 조절하기 위하여 임펠러(impeller) 이외에 안내날개(guide vane)를 설치한 펌프로서 20 m 이상의 고양정에 사용한다.

표 2-9 물의 물성표

온도 [℃]	비중량 γ [kg/m²]	비열 C_p $\left[\dfrac{kcal}{kg℃}\right]$	점성계수 η [kg s/m]	동점성계수 ν [m²/s]	열전도율 γ $\left[\dfrac{kcal}{m\,h℃}\right]$	온도전도율 α [m²/l]	플란틀수 [Pr]	팽창률 β [l/℃]	표면장력 [kg/m]
			$\times 10^{-4}$	$\times 10^{-6}$		$\times 10^{-4}$		$\times 10^{-3}$	$\times 10^{-2}$
0	999.9	1.008	1.829	1.790	0.489	4.85	13.3	-0.06	7.72
10	999.7	1.002	1.336	1.310	0.505	5.04	9.36	+0.09	7.56
20	998.2	0.999	1.022	1.000	0.518	5.08	7.09	0.20	7.39
30	995.7	0.998	0.816	0.803	0.531	5.34	5.41	0.29	7.24
40	992.3	0.998	0.676	0.668	0.543	5.48	4.39	0.38	7.08
50	988.1	0.999	0.559	0.555	0.552	5.59	3.57	0.45	6.90
60	983.2	1.000	0.482	0.480	0.562	5.72	3.02	0.54	6.74
70	977.8	1.001	0.416	0.417	0.571	5.85	2.69	0.59	6.55
80	971.8	1.003	0.365	0.368	0.578	5.93	2.23	0.65	6.37
90	965.3	1.005	0.323	0.328	0.583	6.01	1.97	0.72	6.19
100	958.4	1.007	0.290	0.297	0.586	6.08	1.76	0.78	6.00
120	943.1	1.014	0.238	0.247	0.589	6.16	1.44	0.91	5.55
140	926.1	1.023	0.197	0.209	0.588	6.21	1.21	1.05	5.10
160	907.3	1.037	0.172	0.186	0.585	6.22	1.08	1.20	4.65
180	886.9	1.054	0.152	0.168	0.578	6.25	0.97	1.37	4.17

표 2-10 터빈펌프표

펌프 구경 [mm]	양수량		1 단의 양정 [m]		1 단의 축동력 kW [ps]	
	l/sec	m³/hr	1,500 r/min	1,800 r/min	1,500 r/min	1,800 r/min
40	2.0	7	8	11	0.3(0.4)	0.45(0.6)
50	3.6	13	9	13	0.6(0.8)	0.80(1.1)
65	5.5	20	12	17	1.0(1.4)	1.50(2.1)
75	8.4	30	15	21	1.8(2.5)	2.50(3.5)
100	15	55	19	27	4.0(5.5)	5.60(7.6)
125	25	90	24	35	8.00(11)	11.8(16)
150	40	140	30	43	15.5(21)	21.0(29)
175	61	200	37	53	25.0(34)	36.0(49)
200	70	250	45	65	40.0(54)	57.0(78)
250	110	400	24	35	32.0(46)	49.0(66)
300	170	600	30	43	63.0(85)	91 (124)

표 2-11 위생기구수에 대한 급수관의 크기와 유량 〔*l*/min〕

위생기구 종류		기 구 수								
		1	2	4	8	12	16	24	32	40
대 변 기 (세정밸브)	유량	110	190	220	340	450	550	660	770	900
	관경	25	32	40	50	50	65	65	80	80
대 변 기 (세정수조)	유량	15	30	50	90	110	130	180	230	290
	관경	15	20	25	32	40	40	50	50	50
소 변 기 (세정밸브)	유량	60	60	120	140	160	190	230	280	330
	관경	20	20	25	32	40	40	40	50	50
소 변 기 (세정수조)	유량	7	14	30	60	80	110	170	220	280
	관경	15	20	25	25	25	32	40	40	50
세 면 기	유량	15	30	45	80	110	150	180	240	280
	관경	15	20	20	25	25	32	32	40	40
욕 조	유량	30	60	130	200	240	280	390	510	630
	관경	20	25	32	40	40	50	50	65	65
샤 워	유량	30	60	120	240	360	480	730	970	1,200
	관경	15	20	32	40	50	50	65	65	80
세탁싱크, 부엌 싱크, 청소싱크	유량	25	50	75	120	150	180	230	280	350
	관경	20	25	25	32	40	40	40	50	50

표 2-12 밸브 및 이음류의 국부저항 상당관의 길이〔m〕

관의 호칭경 A	B	90° 엘보	45° 엘보	90° T지관 (분류)	90° T주관 (직류)	게이트 밸브	글로브 밸브	앵 글 밸 브	익차형 양수기
15	½	0.60	0.36	0.9	0.18	0.12	4.5	2.4	3~4
20	¾	0.75	0.45	1.2	0.24	0.15	6.0	3.6	8~11
25	1	0.90	0.54	1.5	0.27	0.18	7.5	4.5	12~15
32	1¼	1.20	0.72	1.8	0.36	0.24	10.5	5.4	19~24
40	1½	1.50	0.90	2.1	0.45	0.30	13.5	6.6	20~26
50	2	2.10	1.20	3.0	0.60	0.39	16.5	8.4	25~35
65	2½	2.40	1.50	3.6	0.75	0.48	19.5	10.2	-
80	3	3.00	1.80	4.5	0.90	0.60	24.0	12.0	-
90	3½	3.60	2.10	5.4	1.08	0.72	30.0	15.0	-
100	4	4.20	2.40	6.3	1.20	0.81	37.5	16.5	-
125	5	5.10	3.00	7.5	1.50	0.99	42.0	21.0	-
150	6	6.00	3.60	9.0	1.80	1.20	49.5	24.0	-

(주) A : mm, B : inch

연습문제

[예제 1] 연건평 5,000m²인 지상 10층 높이의 사무소 건축 옥상물탱크의 용량을 산출하시오. 단, 사용수는 전부 상수도 물을 이용하는 것으로 한다.

풀이 옥상물탱크의 용량은 시간 최대 예상급수량(Q_m)의 소규모 건물에서는 2배 정도가 적합하므로

따라서 옥상물탱크의 용량은

$$Q_m = Q_d \times 0.15$$

$$Q_d = A \times k \times a \times Q = 5,000 \times 0.56 \times 0.6 \times 120$$

$$= 201,600 \, [l/\text{day}]$$

$$Q_m = 201,600 \times 0.15 = 30,240 \, [l/\text{h}]$$

따라서 옥상물탱크의 용량은

$$30,240 \times 2 = 60,480 \, [l] = 60.48 \, [\text{m}^3] \, \text{가 된다.}$$

옥상물탱크의 크기는

$4\,\text{m} \times 5\,\text{m} \times 3.024\,\text{m}$ 정도로 하고

유효수심 0.6~1.0 m를 고려하면

$4\,\text{m} \times 5\,\text{m} \times 3.8\,\text{m}$ 정도로 설계하면 된다.

[예제 2] 예제 1에서 산출한 물탱크에 필요한 양수펌프의 구경을 구하시오.

풀이 옥상물탱크 용량의 수량을 30분 이내에 양수할 수 있는 능력의 펌프이어야 하므로

$$60,480 \, [l] \times 2 = 120,960 \, [l/\text{h}] = 33.6 \, [l/\text{sec}]$$

표 2-10에서 양수량 40 l/sec를 적용하여 구경 150 mm의 터빈펌프를 채용하면 된다.

[예제 3] 30 m 높이에 있는 옥상물탱크에 매시 24 m³의 물을 양수하는 펌프의 구경을 구하시오.

풀이 펌프의 구경은 양수량과 유속을 알면 산출할 수 있다. 일반적으로 20 m 이상의 고양정에서는 터빈펌프를 사용하므로 유속은 2~3 m/sec를 적용하여 계산한다. 또 양수량의 단위는 식 2 - 14에서 〔m³/sec〕로 환산하여 적용한다.

식 2 - 14에서

$$d = \sqrt{\frac{4Q}{\pi V}} = \sqrt{\frac{4 \times 0.0066}{3.14 \times 2}} = \sqrt{0.0042} = 0.064\,\text{m} = 64\,\text{mm}$$

문 제

[문제 1] 연건평 250 m²인 주택 건축물의 옥상물탱크 용량을 산출하고 그 크기를 결정하시오.

[문제 2] 연건평 15,000 m²인 고등학교 교사의 옥상물탱크 용량을 산출하고 그 크기를 결정하시오.

[문제 3] 연건평 50,000 m²인 병원 건축의 옥상물탱크 용량을 산출하고 그 크기를 결정하시오.

[문제 4] 연건평 80,000 m²인 백화점 건축의 옥상물탱크 용량을 산출하고 그 크기를 결정하시오.

[문제 5] 연건평 100,000 m²인 호텔 건축의 옥상물탱크 용량을 산출하고 그 크기를 결정하시오.

[문제 6] 문제 1~5까지 양수펌프 구경을 각각 구하시오.

[문제 7] 학교 건축에서 세정밸브 대변기 20개 및 소변기 30개, 세면기 10개, 청소싱크(slop sink) 4개가 있을 때 옥상물탱크의 용량을 산출하고 펌프의 구경을 구하시오.

[문제 8] 지하수수조의 물을 매시 42 m³/h 의 비율로 옥상물탱크에 양수할 경우 펌프의 구경과 축동력을 구하시오. 단, 양수관의 실길이 120 m, 실양정 100 m, 배관 입면도는 그림과 같다.

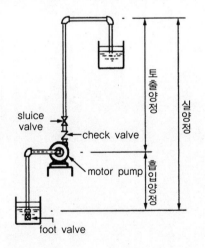

[문제 9] 옥상물탱크 용량에 대하여 쓰고 구성을 스케치하시오.

[문제 10] 고가수조 설치높이에 대하여 스케치하면서 설명하시오.

[문제 11] 다음 용어에 대하여 설명하시오.

① float switch

② volute pump

③ turbine pump

(3) 압력탱크식(pressure tank system) 급수방식

상수도 직결방식으로 적절한 급수압을 얻을 수 없고 수조를 옥상에 설치할 수 없을 경우에 강판제의 밀폐된 물탱크를 설치하여 물을 압입하면 물탱크 내 공기가 압축되어 그 공기압으로 높은 곳까지 급수할 수 있다.

고가수조방식의 고가수조 대신에 압력수조를 사용하여 급수펌프로 물을 수조내에 압입하여 자동으로 공기를 압축함으로써 생기는 가압수에 의해 급수하는 방식이다. 수조 내의 물이 감소하면 수압이 점차 강하되므로 압력스위치의 작동으로 고압에서 펌프를 정지, 저압에서 기동하게 되어 있다.

압력수조는 고가수조와 달라서 외부에서의 미관상·경제상의 이유나 고가수조와 같이 무거운 하중을 건물 위에 올려놓을 수 없을 때 유리하다. 그러나 이 방법의 결점은 수조 내의 공기가 물에 용해되거나 수조로부터 유출되어 새어나가게 되므로 공기압축기[18]로 항상 수조 내의 공기를 보충해야 된다는 것이다.

최근에는 자동으로 공기를 공급하는 가압탱크방식이 100 % 국산화 장비로 개발되어 순간 정전시 급수저장능력을 겸비함으로써 급수공급방식에 적지 않은 기여를 하고 있다.

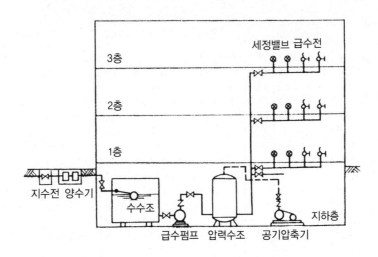

그림 2-14 압력탱크방식

---

18) 공기압축기 : air compressor

✪ 장점

① 높은 곳에 물탱크를 설치할 필요가 없다.

② 물탱크 중량으로 인한 건물 구조 강화가 필요 없다.

③ 외관상 보기 좋다.

④ 고압수를 얻을 수 있다.

✪ 단점

① 공기압축기를 설치하여 수시로 공기를 보급하여야 한다.

② 옥상물탱크방식에 비하여 고양정의 펌프를 필요로 하고 내압 기밀 물탱크로 해야 하므로 설치비가 많이 든다.

③ 조작상 최고 최저의 기압 차가 크고 급수압 상태가 격심하다.

④ 정수량이 적고 정전이나 기타 원인으로 펌프를 운전할 수 없는 경우 곧바로 급수가 정지된다.

⑤ 취급이 비교적 어렵고 고장이 많다.

표 2-13 압력수조 설계표(수조 전 용량에 대한 수량의 비율(%))

kg/cm²	종압(최후 수조 내의 게이지압)														
초압(최초 수조 내의 게이지압)	0.50	1.00	1.50	2.00	2.50	3.00	3.50	4.00	4.50	5.00	6.00	7.00	8.00	9.00	10.0
0	32.6	49.3	59.3	66.0	70.2	74.4	77.2	79.5	81.4	82.9	84.4	87.2	88.6	89.7	90.7
0.25	15.0	36.4	49.4	57.8	63.8	68.2	71.8	74.5	76.9	78.8	81.8	84.1	85.8	87.2	88.4
0.50	0	24.5	39.4	49.4	56.6	61.9	66.2	69.5	72.3	74.6	78.2	80.9	83.0	84.7	86.1
0.75		12.1	29.5	41.1	49.5	55.7	60.6	64.5	67.7	70.4	74.6	77.8	80.4	82.2	83.8
1.00		0	19.8	33.0	42.5	49.5	55.2	59.6	63.3	66.3	71.1	74.7	77.5	79.8	81.6
1.25			9.90	24.8	35.5	43.4	49.7	54.6	58.8	62.2	67.5	71.6	74.8	77.3	79.3
1.50			0	16.5	28.3	37.2	44.1	49.6	54.2	58.0	64.0	68.5	72.0	74.9	77.0
1.75				8.30	21.3	31.0	38.6	44.8	49.7	53.9	60.4	65.4	69.2	72.3	74.8
2.00				0	14.1	24.8	33.1	39.7	45.7	49.7	56.9	62.2	66.4	69.7	72.5
2.25					7.00	18.6	27.6	34.8	41.2	45.6	53.3	59.1	63.1	67.2	71.2
2.50					0	12.4	22.0	29.8	36.2	41.9	49.8	56.0	60.9	64.7	68.0
2.75						6.30	16.5	24.9	31.6	37.8	46.2	52.9	58.2	62.5	65.8
3.00						0	11.0	19.8	27.1	33.1	42.6	49.7	55.4	59.8	63.4
3.25							5.60	15.0	21.7	29.1	39.2	46.8	52.7	57.4	61.3
3.50							0	10.0	18.0	24.9	35.5	43.6	49.8	54.9	58.9
3.75								5.00	14.4	20.7	32.0	40.5	47.0	52.4	56.7
4.00								0	9.00	16.5	28.4	37.4	44.3	49.9	54.4
4.50									0	8.40	21.3	31.2	38.8	44.9	49.9
5.00										0	14.3	25.0	33.3	39.9	45.4

압력수조는 일반적으로 원통형을 많이 사용하며 설치 방법으로는 횡형(橫型)과 입체형(立體型)이 있는데 횡형이 안전도가 높다. 표 2 - 13에서 물을 사용하지 않고 있을 때의 예를 들어보면 초압 $0\,kg/cm^2$과 종압 $4.5\,kg/cm^2$의 경우 물탱크 내의 수량은 물탱크 용량의 81.4 %가 된다. 급수계통에서 물을 사용하여 종압이 $2.0\,kg/cm^2$이 되면 이때의 수량은 물탱크 용량의 66 %가 된다. 이때의 사용수량은 81.4 - 66 = 15.4 %로서 물탱크 용량의 15.4 %가 된다.

그러나 공기압축기로 초압을 $1.5\,kg/cm^2$로 하면 종압 $4.5\,kg/cm^2$에서 $2.0\,kg/cm^2$까지 물을 사용했을 때 사용 가능 수량은 54.2 - 16.5 = 37.7 %로 훨씬 더 커진다. 압력수조의 필요압력은 식 2 - 18, 식 2 - 19로 구한다.

최소 필요압력

$$P_1 = P_a + P_b + P_c \; [kg/cm^2] \cdots\cdots\cdots\cdots\cdots\cdots (2 - 18)$$

최대 필요압력

$$P_2 = P_1 + (0.7 \sim 1.4) \; [kg/cm^2] \cdots\cdots\cdots\cdots\cdots\cdots (2 - 19)$$

> 여기서 P_1 : 압력수조의 최소 필요압력 $[kg/cm^2]$
> P_a : 수조에서의 최고위 수전까지의 높이에 해당하는 압력 $[kg/cm^2]$
> P_b : 수전의 필요압력 $[kg/cm^2]$
> P_c : 배관의 마찰손실 $[kg/cm^2]$
> P_2 : 압력수조의 최대 압력 $[kg/cm^2]$

압력수조의 크기 결정은 식 2 - 20으로 계산한다.

$$Q_p = \frac{C}{A - B} \; [l] \cdots\cdots\cdots\cdots\cdots\cdots\cdots (2 - 20)$$

> 여기서 Q_p : 압력수조의 용량 $[l]$
> A : 최고압일 때 물량의 비율 $[\%]$
> B : 최저압일 때 물량의 비율 $[\%]$
> C : 유효저수량 $[l/h]$

압력수조의 크기는 초압, 종압, 수조 내 물의 비율에 의해 정해지며 보일법칙에

의한다. 즉

$$\frac{P_1}{P_2} = \frac{V_2}{V_1}$$

여기서 P_1 : 최초의 절대압력

P_2 : 압축되었을 때의 압력

V_1 : 압력 P_1에 있어서 공기의 체적

V_2 : 압력 P_2에 있어서 공기의 체적

그러나 등온 압축은 아니므로 앞 식은 $P_1 / P_2 = V_2^n / V_1^n$이 된다. 이때 n은 공기에 대해서 1.4 정도로 잡아 계산하여 정리한 것이 표 2 - 13이다.

연 습 문 제

[예제 1] 압력수조와 3층 일반 수전까지의 높이 10 m, 배관계의 마찰손실 3 mAq, 최대 사용 수량 2,400 l /h일 때 수조의 필요압력을 구하시오.

풀이 식 2 - 18에서 $P_a = 10$ m는 압력으로 환산하면 h/10 = 1 kg/cm²가 된다.

또 P_c는 3 mAq = 0.3 kg/cm²이다.

식 2 - 18에서

$P_1 = 1 + 0.3 + 0.3 = 1.6$ kg/cm²

최대 압력 P_2는 식 2 - 19에서

$P_2 = 1.6 + 1.4 = 3$ kg/cm²

[예제 2] 압력수조와 3층 수전까지의 높이 12 m, 배관계의 마찰손실 3 mAq, 최대 사용수량 2,400 l /h 일 때 수조의 크기를 결정하시오.

풀이 압력수조의 필요압력은 식 2 - 18과 식 2 - 19에서 구하여 수량의 비율이 2/3 정도로 되도록 하여 구한다. 저수량은 최대 사용수량의 20분간 정도로 한다.

$$P_1 = 1.2 + 0.3 + 0.3 = 1.8 \, \text{kg/cm}^2$$
$$P_2 = 1.8 + 1.4 = 3.2 \, \text{kg/cm}^2$$

표 2 - 13에서 $P_2 = 3.5 \, \text{kg/cm}^2$일 때 수량의 비율이 2/3 정도가 되도록 초압을 $0.5 \, \text{kg/cm}^2$로 하면

$$P_2 = 3.5 \, \text{kg/cm}^2 \text{일 때 } 66.2\% \quad \cdots\cdots\cdots\cdots\cdots\cdots\cdots \text{ (A)}$$
$$P_2 = 2 \, \text{kg/cm}^2 \text{ 일 때 } 49.4\% \quad \cdots\cdots\cdots\cdots\cdots\cdots\cdots \text{ (B)}$$

수조의 유효저수량을 최대 사용수량의 20분으로 하면

$$2{,}400 \, l \, / \text{h} \times \frac{20}{60} = 800 \, l \, / \text{h} \quad \cdots\cdots\cdots\cdots\cdots\cdots \text{ (C)}$$

수조의 용적은 식 2 - 20에서

$$Q_p = \frac{800}{0.662 - 0.494} = 4{,}762 \, l$$

따라서 직경 $1.75\text{m} \times$ 길이 2m의 $4{,}800 \, l$ 용적의 원통형 탱크로 결정한다.

문 제

[문제 1] 압력탱크 방식을 스케치하고 설명하시오.

[문제 2] 압력탱크 방식의 장·단점을 쓰시오.

[문제 3] 압력수조에 대하여 기술하시오.

[문제 4] 압력수조와 5층 수전까지의 높이 18 m, 배관계의 마찰손실 3 mAq, 최대 사용수량 2,400 l /h 일 때 수조의 필요압력과 수조의 크기를 결정하시오.

(4) 펌프직송방식(탱크리스 가압방식 : tankless booster system)

펌프직송방식은 탱크리스 가압방식이라고도 하며 이 방식은 고가탱크나 압력탱크를 이용하지 않고 수도 본관으로부터의 상수를 수수조에 저수한 뒤 급수펌프만으로 건물 내의 필요개소에 직접 급수하는 방식이다.

이 방식에는 정속방식(定速方式)과 변속방식(變速方式) 또는 병용방식(倂用方式)이 있고 정속방식은 여러 대의 펌프를 병렬로 설치하여 이중에 1대를 계속 운전시키고 급수 수요에 따라 펌프의 운전 대수를 증감하는 대수제어방식이고 변속방식은 펌프의 회전수를 변화시키는 회전수제어방식(VWV : Variable Water Volume)이다.

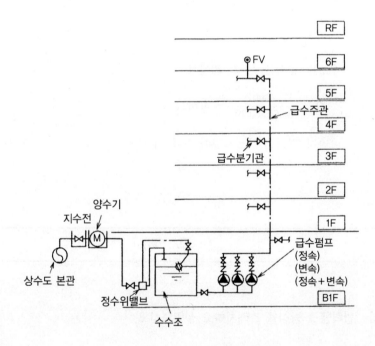

그림 2-15 펌프직송 급수방식

(5) 급수방식의 비교

이상의 급수방식에 대한 비교를 표 2 - 14에 나타내고 있다.

표 2-14 급수방식의 비교

급수방식 / 항목	수도직결방식	고가수조방식	압력탱크방식	펌프직송방식
수질오염의 가능성	1	3	2	2
급수압력의 변화	상수도 본관의 압력에 따라 변화한다.	거의 일정하다.	압력탱크 출구 측에 압력조정밸브를 설치하지 않는 한 수압의 변화는 크다.	거의 일정하다.
단수 때의 급수	불가능하다.	수수조와 고가수조에 남아 있는 물을 이용할 수 있다.	수수조에 남아 있는 물을 이용할 수 있다.	수수조에 남아 있는 물을 이용할 수 있다.
정전 시의 급수	관계없이 급수 가능	고가수조에 남아 있는 물을 이용할 수 있다.	발전기를 설치하면 가능하다.	수수조에 남아 있는 물을 이용할 수 있다.
최하층 기계실의 공간	필요 없다.	1	3	2
옥상탱크용 공간	필요 없다.	필요하다.	필요 없다.	필요 없다.
설 비 비	1	3	2	3
유지관리	1	2	3	3

(주) 숫자는 작을수록 유리함을 나타낸다.

2-4 급수관 관경의 결정

(1) 급수배관방식

① 상향 급수배관방식(up – feed system) : 우물 및 상수도 직결방식과 압력수조식

② 하향 급수배관방식(down – feed system) : 고가수조방식

③ 혼합방식(combined system) : 1, 2층은 상향 급수배관방식으로 하고 3층 이상은 하향 급수배관방식으로 한 방식

(2) 급수관 관경의 결정

급수관 관경을 결정하는 데는 그 구간을 흐르는 부하유량을 구해야 한다.

◼ 부하유량(순간 최대 유량) 구하는 방법

표 2 - 15에서 기구급수 부하단위수를 구하고 그림 2 - 16을 이용해서 유량을 구한다. 동시사용 유량선도는 각 기구의 합계 급수 단위에 동시사용률을 고려한 것이고 그림 (b)는 그림 (a)의 240단위 이하를 확대한 것이다. 곡선 ①은 세정밸브가 많을 경우에 사용하고 곡선 ②는 수전만을 사용하는 경우에 사용한다.

표 2-15 위생기구 급수 부하단위수(출처 : HASS 206-1982)*

기 구 명	수전(water cock)	기구급수 부하단위수 공중용	개인용
대 변 기	세 정 밸 브	10	6
대 변 기	세 정 탱 크	5	3
소 변 기	세 정 밸 브	5	
소 변 기	세 정 탱 크	3	
세 면 기	급 수 전	2	1
수 세 기	급 수 전	1	0.5
음 수 기	음수용 수전	2	
욕 조	급 수 전	4	2
샤 워	혼 합 밸 브	4	2
욕실 유닛	대변기가 세정밸브일 경우		8
욕실 유닛	대변기가 세정탱크일 경우		6
사무실용 싱크	급 수 전	3	
싱 크 대	급 수 전		3
조리용 싱크	급 수 전	4	2
식기세척싱크	급 수 전	5	
청소 싱크	급 수 전	4	3
탕 불 기	볼 탑	2	
살수 · 차고	급 수 전	5	

(주) 급탕전 병용의 경우 1개의 수전에 대한 기구급수 부하단위수를 표 2 - 13의 3/4 값으로 한다.
  * HASS는 공기조화위생공학회 규격

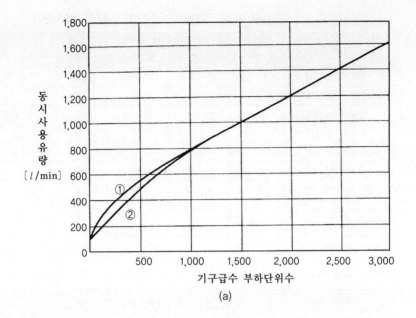

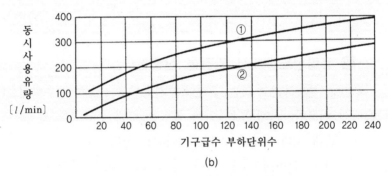

그림 2-16 동시사용 유량선도

2 기구이용 예측을 통해 유량 산출

① 표 2 - 16의 기구 동시사용률을 기구 수에 곱해서 동시사용 기구수를 구한다.

② 표 2 - 16에 표 2 - 17의 기구별 순간 최대 유량을 곱해서 부하유량을 구한다.

③ ①과 ②를 비교해서 어느 한쪽을 택한다.

표 2-16 위생기구의 동시사용률 (단위 : %)

기구수 기구 종류	1	2	4	8	12	16	24	32	40	50	70	100	250	500	750	1000
대변기 (F. V)	100	50	50	40	30	27	23	19	17	15	12	10	9	8	7	6
일 반 기 구	100	100	70	55	48	45	42	40	39	38	35	33	30	27	26	25

표 2-17 위생기구, 수전의 유량 및 접속관경

기구 종별	1회당 사용량 [ℓ]	1시간당 사용횟수 [회]	순간 최대 유량 [ℓ/min]	접속관 구경 [mm]	비 고
대변기(세정밸브)	13.5~16.5	6~12	110~180	25	평균 15 ℓ/회/10s
대변기(세정탱크)	15	6~12	10	13	
소변기(세정밸브)	4~6	12~20	30~60	20	평균 5 ℓ/회/6s
소변기(세정탱크)	9~18	12	8	13	2~4인용, 기구 1개에 4.5 ℓ
소변기(세정탱크)	22.5~31.5	12	10	13	5~7인용, 기구 1개에 4.5 ℓ
수 세 기	3	12~20	8	13	
세 면 기	10	6~12	10	13	
싱크류(13 mm수전)	15	6~12	15	13	
싱크류(20 mm수전)	25	6~12	15~25	20	
살 수 전			20~50	13~20	
일식 욕조	크기에 따름	3	25~30	20	큰 욕조의 경우 수전 및 급수 관경을 25~30 mm로 한다.
양식 욕조	125	6~12	25~30	20	
샤 워	24~60	3	12~20	13~20	수량은 종류에 따라 크기가 다르다.

3 유량선도[19]에서 관경을 산출한다.

관경을 결정하려고 하는 구간의 부하유량을 산출하고 유량선도(pp.29~33)를 사용하여 허용마찰손실 또는 최대 유속을 정해서 관경을 결정한다.

① 관내 최대 유속은 2.0 m/s 이내로 한다.

② 허용마찰손실수두는 다음 식 2 - 21에 따라 구한다.

허용마찰손실수두

$$R = \frac{정수두\ H[\text{mAq}] - 소요수압\ 또는\ 표준수압\ P[\text{mAq}]}{관로계수\ K \times (주관의\ 직관길이\ L[\text{m}] + 지관의\ 직관길이\ l[\text{m}])}$$

$$\times 1{,}000\ [\text{mmAq/m}] \quad (단,\ 관로계수\ K : 2\!\sim\!3)\ \cdots\cdots\cdots\ (2\text{-}21)$$

4 균등표[20]에 의한 관경 산출

균등표는 각 층의 급수지관(給水枝管) 등과 같이 기구수가 적은 경우에 사용되며 산출 순서는 다음과 같다.

---

19) **유량선도**(flow diagram) : 유량 공식에 입각하여 가로축에 마찰손실(또는 동수(動水) 물매), 세로축에 유량을 취하고 통칭지름 · 유속별로 마찰손실과 유량과의 관계를 나타낸 것이다.

20) **균등표**(equalization) : 각종의 분기관이나 소규모 급수관 등의 관 직경을 결정할 때에 이용되며, 큰 구멍직경의 유량은 작은구멍 직경의 유량에 몇 배가 되는가를 나타내는 것이다.

① 각 위생기구 접속관의 구경을 표 2 - 17에서 구한다.

② 접속관의 구경을 표 2 - 18, 표 2 - 19, 표 2 - 20의 균등표를 이용해서 15(A)관에 해당하는 상당 개수로 환산한다.

③ 급수기구 말단에서부터 각 구간마다 15(A)관 상당 개수를 누계하여 그 각각에 표 2 - 16의 위생기구 동시사용률을 곱해서 동시사용 개수를 구한다.

④ 동시사용 개수를 만족시키는 15(A)관 상당 개수의 관경을 다시 표 2 - 18, 표 2 - 19, 표 2 - 20의 균등표에서 구한다.

표 2-18 경질염화비닐 라이닝 강관 균등표

관 경	15	20	25	32	40	50	65	80	100	125	150	200	250	300	350
15	1														
20	2.5	1													
25	5.2	2.1	1												
32	11.1	4.4	2.1	1											
40	17.2	6.8	3.3	1.5	1										
50	33.7	13.4	6.4	3.0	2.0	1									
65	67.3	26.8	12.8	6.1	3.9	2.0	1								
80	104.0	41.5	19.9	9.4	6.1	3.1	1.6	1							
100	217.0	86.3	41.4	19.6	12.7	6.4	3.2	2.1	1						
125	392.0	156.0	74.7	35.3	22.8	11.6	5.8	3.8	1.8	1					
150	611.0	243.0	117.0	55.1	35.6	18.1	9.1	5.9	2.8	1.6	1				
200	1,293	514.0	247.0	117.0	75.4	38.4	19.2	12.4	6.0	3.3	2.1	1			
250	2,290	911.0	437.0	207.0	134.0	68.0	34.1	21.9	10.6	5.9	3.7	1.8	1		
300	3,278	1,483	711.0	336.0	217.0	111.0	55.4	35.7	17.2	9.5	6.1	2.9	1.6	1	
350	4,954	1,970	945.0	447.0	289.0	147.0	73.6	47.5	22.8	12.7	8.0	3.8	2.2	1.3	1

표 2-19 동관(M type) 균등표

관 경	15	20	25	32	40	50	65	80	100	125	150
15	1										
20	2.5	1									
25	5.1	2.0	1								
32	8.6	3.4	1.7	1							
40	13.4	5.3	2.6	1.6	1						
50	27.6	10.9	5.4	3.2	2.1	1					
65	48.7	19.2	9.6	5.7	3.6	1.8	1				
80	77.8	30.6	15.4	9.0	5.8	2.8	1.6	1			
100	162.0	63.6	31.9	18.8	12.1	5.9	3.3	2.1	1		
125	289.0	114.0	57.0	33.5	21.5	10.5	5.9	3.7	1.8	1	
150	465.0	183.0	91.7	54.0	34.7	16.9	9.5	6.0	2.9	1.6	1

표 2-20 배관용 탄소강 강관 균등표(HASS 206-1982)

관 경	15	20	25	32	40	50	65	80	100
15	1								
20	2.2	1							
25	4.1	1.9	1						
32	8.1	3.7	2.0	1					
40	12.1	5.6	2.9	1.5	1				
50	22.8	10.6	5.5	2.8	1.9	1			
65	44.0	20.3	10.7	5.4	3.6	1.9	1		
80	69.4	32.0	16.8	8.5	5.7	3.0	1.6	1	
100	140.0	64.5	38.8	17.2	11.5	6.0	3.2	2.0	1

연 습 문 제

[예제 1] 30세대가 거주하는 연립주택에서 각 세대마다 욕조, 부엌싱크, 세면기, 대변기, 샤워를 설치할 경우 이 연립주택에 끌어들일 급수주관의 관경은? 단, 배관은 배관용 탄소강 강관을 사용한다.

풀이 지관의 관경을 1 mm로 가정하여 전 위생기구 수를 구하고 여기에 동시사용률을 곱한 다음 균등표(표 2 - 20)를 이용하여 구한다.

기구 수는 1세대 5개로 30세대이니까 30×5 = 150개

동시사용률 표 2 - 16에 따라 일반기구는 150×0.32 =   48개

표 2 - 20의 균등표에서 15 mm의 69.4개까지는 80 mm 관으로 좋다는 것을 알 수 있다. 따라서 급수주관의 구경은 80 mm로 한다.

[예제 2] 15세대가 살고 있는 집합주택에서 각 세대마다 욕조, 세면기, 싱크대, 대변기를 설치할 경우 이 집합주택의 급수관의 구경을 구하시오. 단, 배관은 경질염화비닐 라이닝 강관을 사용한다.

풀이 지관의 관경을 15 mm로 가정하여 전 위생기구 수를 구하고 여기에 동시사용률을 곱한 다음 균등표(표 2 - 18)를 이용하여 구한다.

기구 수는 1세대 4개로 15세대이니까 $4 \times 15 = 60$개

동시사용률 표 2 - 16에 따라 일반기구는 $60 \times 0.365 = 21.9$개

표 2 - 18의 균등표에서 15 mm의 33.7개까지는 50 mm 관으로 좋다는 것을 알 수 있다. 따라서 급수관의 구경은 50 mm로 한다.

[예제 3] 그림과 같은 4층 사무소 건축의 옥상고가수조에서 각 층의 변소에 급수를 할 경우 입관의 관경을 구하시오. 단, 각 층에 설치된 위생기구 수는 세면기 3개, 대변기 5개(F.V), 소변기 3개(F.V), 청소싱크(slop sink) 1개가 있다. 배관은 경질염화비닐 라이닝 강관을 사용한다. 또한, 정수두 H는 9 m, 대변기의 소요수압은 7 m, 관로계수는 주관직관길이의 50 %로 한다.

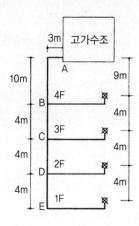

풀이 표 2 - 15에서 위생기구의 총부하단위수를 구한다.
그림 2 - 16에서 동시사용 유량을 구한다.
관이음과 밸브류의 저항은 직관부의 50%로 한다.

① 각 층의 위생기구 총부하단위수를 구한다.

세 면 기	3 × 2 단위 = 6	[단위/층]
대 변 기	5 × 10 단위 = 50	[단위/층]
소 변 기	3 × 5 단위 = 15	[단위/층]
청소싱크	1 × 4 단위 = 4	[단위/층]
합 계	75	[단위/층]

따라서, 구간별 급수 단위는

D - E 구간 : 75단위
C - D 구간 : 150단위
B - C 구간 : 225단위
A - B 구간 : 300단위

② 허용마찰손실수두는

정수두(靜水頭) H (수전까지의 높이) : 9 m
소요수압 P (대변기) : 7 m
관로계수 K : $L × 50\,\%$

따라서, 각 구간별 허용마찰손실수두는 식 2 - 21에 적용해서 구하면 다음과 같이 된다.

$$R_{A-B} = \frac{(9-7) \times 1,000}{(3+10) \times 1.5} = 102 \,[\text{mmAq/m}]$$

$$R_{B-C} = \frac{(13-7) \times 1,000}{(3+14) \times 1.5} = 235 \,[\text{mmAq/m}]$$

$$R_{C-D} = \frac{(17-7) \times 1,000}{(3+18) \times 1.5} = 317 \text{[mmAq/m]}$$

$$R_{D-E} = \frac{(21-7) \times 1,000}{(3+22) \times 1.5} = 373 \text{[mmAq/m]}$$

이상에서 각 구간의 관경은 다음 표 2 - 21과 같이 구할 수 있다.

표 2-21 각 구간의 관경

구 간	급수단위	사용유량 [ℓ/min]	허용손실 [mmAq/m]	관경 [A]	유속 [m/s]	허용유속 [m/s]	수정관경 [A]
A - B	300	500	102	65	2.5	1.8	80
B - C	225	370	235	50	3.2	1.8	65
C - D	150	320	317	50	3.5	1.6	65
D - E	75	240	373	40	3.5	2.0	50

문 제

[문제 1] 20세대의 연립주택에 각 세대마다 욕조, 부엌싱크, 세면기, 대변기, 샤워를 각각 1개씩 설치할 경우 이 연립주택에 끌어들일 급수주관의 관경은? 단, 배관은 동관을 사용한다.

[문제 2] 세면기 20대, 세정밸브 대변기 40대, 세정밸브 소변기 18대가 설치되어 있는 학교 건축의 급수주관의 관경은? 단, 배관은 탄소강 강관을 사용한다.

[문제 3] 어느 호텔에 욕조, 샤워, 세면기, 비데, 세정밸브 대변기가 각 100개 설치되어 있을 때 여기에 급수하기 위한 급수주관의 관경은? 단, 배관은 경질염화비닐 라이닝 강관을 사용한다.

[문제 4] 10층 사무소 건축의 옥상 고가수조에서 각 층의 변소에 급수를 할 경우 입관의 관경은? 단, 각 층에 설치된 위생기구는 세면기 6개, 대변기 10개(F. V), 소변기 6개(F. V), 사무실용 싱크 20개, 청소싱크 10개가 있다. 층고 및 기타 계통은 예제 3의 그림을 참고할 것.

2-5 초고층 건축의 급수배관법

초고층 건축은 최상층과 최하층의 수압 차가 크므로 최하층에서는 급수압이 지나치게 과대해져 물을 사용하기가 곤란할 뿐 아니라 수추압이 일어나기 쉽고 소음이나 진동이 일어나기도 한다. 또한 과대압 때문에 수전의 파손이 빠르고 누수현상이 발생하기도 한다.

이러한 요인들을 방지하기 위하여서는 급수계통에 조닝(zoning)을 필요로 하게 된다. 급수조닝방식은 층별식(그림 2 - 17), 중계식(그림 2 - 18), 조압펌프식(그림 2 - 19) 등이 있다.

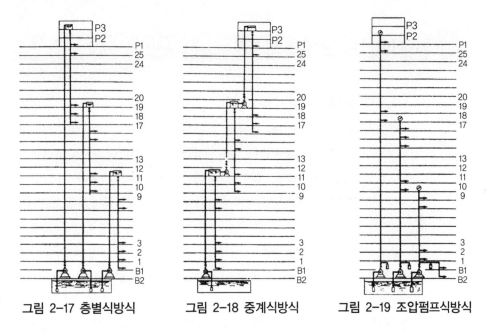

그림 2-17 층별식방식   그림 2-18 중계식방식   그림 2-19 조압펌프식방식

2-6 급수설비 설계 시공상의 주의사항

① 수리할 때 관내의 물을 배수할 수 있도록 물매를 잡고 최하부에 드레인 (drain)을 설치한다.

② 공기가 고이는 장소에는 공기빼기밸브(air valve)를 설치한다.

③ 국소 고장에 대비하여 주관으로부터 각 주관기점, 각 층 분기점 기타 집단기 기에의 분기점에는 stop valve를 설치한다.

④ 수리, 교체, 증설 등의 공사에 편리하도록 배관의 요소에 50 mm 이하의 관에는 유니온(union)을, 50 mm 이상의 관에는 플랜지(flange)를 설치한다.

⑤ 북측 벽 내에 매설되는 관은 겨울철 동결(凍結)의 우려가 있으므로 외부를 보온재로 피복(표 2 - 22)한다.

표 2-22 보온재의 표준 두께 〔mm〕

관의 종류	관경 〔mm〕	15 이하	20~40	50~80	100~150	150 이상
우모펠트	급수관	15	20	25	30	40
	배수관	15	15	15	15	15

2-7 워터해머의 원인과 방지책

(1) 워터해머(water hammer)

수전·밸브 등에서 관내 유체의 흐름을 순간적으로 막으면 막힌 곳의 상류 측 압력이 비정상적으로 상승한다. 이 현상을 워터해머(water hammer : 수격현상)라 하며 정상압력보다 상승한 압력을 수격압(水擊壓)이라 한다.

수격현상은 주로 pump가 정지하여 check valve가 급폐쇄됨으로써 발생되며 모든 배관계통에서 관의 파손원인이 되고 배관의 진동·충격음 등으로 소음과 진동을 발생시켜 주거환경을 해치게 된다. 워터해머가 발생하면 상승한 압력은 상류 측에 전해지고 구경이 큰 배관 등에 충돌 반발하여 관내를 왕복하다가 서서히 없어진다.

간단한 배관에서의 워터해머에 대해서는 충분하게 분석되어 있으나 급수배관과 같이 복잡한 배관에서의 워터해머는 충분히 분석되어 있지 않다. 워터해머가 발생하면 배관·기기류를 진동시키거나 소음이 발생하므로 사전에 충분한 대책이 요망된다.

(2) 발생원인

❶ valve의 급개폐

water hammer의 발생원인 중에서 가장 잘 알려져 있는 것이 valve의 개폐이다.

pump 토출 측에 설치되는 check valve가 완전히 닫히기 전에 역류가 발생되면 valve에 slamming 현상이 발생하여 valve를 급격히 닫을 때와 마찬가지로 water hammer가 발생할 수 있다.

❷ pump의 시동

pump의 시동은 여러 가지 원인으로 water hammer를 유발하게 되는데 일반적인 것이 pipe 내의 void space(vapor cavity 또는 커다란 부피의 air나 gas를 말함)의 급격한 압착이다. pump의 시동 시 pump의 down stream에 void space가 존재하면 급격한 압착으로 높은 압력 상승을 유발하게 된다.

❸ pump의 failure(급정지)

갑작스런 정전 등으로 인하여 pump trip이 발생되면 pump 토출 측에서는 급격하게 압력이 저하되고 저하된 압력파는 매우 빠른 속도(음속)로 down stream쪽으로 전파된다. 압력의 저하는 경우에 따라서 수주분리현상(column separation[21])을 발생시키고 저하된 압력이 그 유체의 증기압(vapor pressure)보다 낮을 경우 증기(vapor)가 방출되어 vapor cavity를 형성한다. 이 vapor cavity가 형성된 공동부의 압착으로 인하여 발생되는 check pressure는 매우 높은 경우가 많으며 공조설비에서 토출 측 valve를 전개 상태로 가동하는 경우가 많아서 토출관계가 긴 경우 발생한다.

❹ 기타

pipe 내의 유체에 급격한 유량이나 유속의 변속을 유발시키는 다음과 같은 작동이나 행위도 water hammer의 원인이 될 수 있다.

- turbine의 출력 변화
- 왕복동 pump의 작동
- turbine governer hunting
- 저수조 수위의 변화
- pump, fan, turbine 등의 impeller나 안내깃의 진동

---

21) **수주분리현상** : 펌프 양수관과 마찬가지로 역 L자형 관로에서 흐름을 갑자기 멈춘 경우에 관성력과 중력의 작용에 의해 국부의 압력이 물의 포화증기압보다 낮아지고 증발을 일으켜 물 흐름이 끊기는 현상

(3) 방지책

① 수격압은 흐르고 있는 유속에 비례하므로 관내유속을 낮게 한다. 즉 관성력을 적게 한다.

② 워터해머는 물이 비압축성이어서 발생하는 것이므로 에어챔버(air chamber : 공기실)를 설치하고 챔버 내의 공기를 압축시킨다.

③ 에어챔버나 워터해머 방지기는 워터해머 발생 원인이 되는 밸브 가까운 곳에 설치한다.

④ 구경이 큰 볼탭(ball tap)은 탱크 내 수면의 파동에 의하여 개폐를 되풀이하여 워터해머를 발생하게 되므로 큰 구경의 볼탭 대신 작은 구경의 볼탭 두 개를 사용하든가 파동을 막는 판을 설치한다.

⑤ 수주분리현상을 방지하기 위해 양수관의 횡주를 낮은 위치에서 하는 것이 좋다.

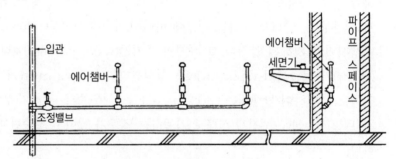

그림 2-20 에어챔버 설치방법 (1)

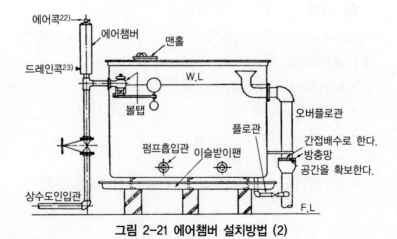

그림 2-21 에어챔버 설치방법 (2)

22) 에어콕(air cock) : 배관 내에 생긴 공기를 빼기 위한 장치
23) 드레인 콕(drain cock) : 배관 내의 물을 배수하기 위한 물빼기용 장치

2-8 급수설비에 사용하는 기기 · 재료

(1) 펌프

급수설비에 사용하는 펌프는 사용목적에 따라 양수용과 가압용으로 나눌 수 있으며 그림 2-22 (b)와 같은 터빈펌프가 많이 사용되고 있다. 양수펌프는 와권(渦卷)펌프, 다단(多段)펌프, 다단터빈펌프, 수중와권펌프, 수중터빈펌프 등이 있고 가압급수 펌프방식은 압력탱크방식, 감압밸브방식, 속도제어방식 등이 있다.

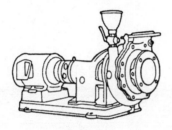
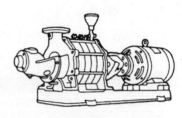

(a) 볼류트펌프   (b) 터빈펌프

그림 2-22 볼류트펌프와 터빈펌프

① 펌프의 종류

1) 원심(와권)펌프

✪ 특징

① 고속 운전에 적합하다.

② 진동이 적고 장치가 간단하다.

③ 전체의 형이 적고 운전 성능이 우수하다.

④ 양수량 조절이 용이하고 송수압 변동이 적다.

✪ 종류

① volute pump : 저양정으로서 비교적 많은 양수량을 필요로 할 때 사용되고, guide vane(안내날개)이 없고 보일러 급수에 사용된다.

② turbine pump

- 단단 터빈펌프(single-stage turbine pump) : 20 m 내외의 비교적 저양정
- 다단 터빈펌프(multistage turbine pump) : 50 m 이상의 고양정

③ bore hole pump : 구조가 견고하고 고양정이다.

깊은 우물물의 양수로서 100 m 이상 되는 심정층에서 건물에 양수한다.

✪ 원심펌프의 양수량

$$Q = \frac{\pi}{4} Vd^2$$

여기서 Q : 양수량 $[\text{m}^3 \cdot \sec]$

V : 펌프의 관 속을 흐르는 유체의 속도 $[\text{m}/\sec]$

d : 펌프의 구경 $d = \sqrt{\dfrac{4Q}{V\pi}} = 1.13\sqrt{\dfrac{Q}{V}}$

2) 왕복펌프

✪ 특징

① 송수압 변동이 심하다.

② 송수압 변동을 완화하기 위하여 토출구 근처에 공기실을 둔다.

③ 양수량이 적고 양정이 클 때 적합하다.

✪ 종류

① plunger pump : 모래가 있는 물을 양수할 때 사용. 고압펌프

② washington pump : 양수량이 적고 양정이 큰 경우에 적합. 보일러 급수용

③ piston pump : 모래가 있는 물은 양수 못함. 공장 급수용

✪ 왕복펌프의 양수량

$$Q = ALNE_v$$

여기서 A : piston or plunger의 유효 단면적 $[\text{m}^2]$

L : piston or plunger의 stroke $[\text{m}]$

N : 매 분당 stroke 수, cranke의 회전수

E_v : 역류와 누수의 용적효율 $[\%]$

✪ 기타 펌프

① gear pump : 기름 반송용

② 기포펌프(air lift pump) : 기포의 부력을 이용, 고형물이 포함된 양수용 pump

③ jet pump : 가정용 깊은 우물(25 m 깊이)펌프에 사용, 소화용 pump

④ non-clog pump : 오수처리용 pump

(2) 수조(water tank)의 종류

수수탱크 또는 고가탱크는 종래에는 강판제로 내부에 아연도금 또는 에폭시 수지 코팅을 한 것이 많이 사용되었지만 최근에는 내외면에 도장을 필요로 하지 않는 중량이 가벼운 유리섬유 강화플라스틱(fiber reinforced plastic : FRP)제가 많이 사용되고 있다. 이 밖에 수수조 · 고가수조 · 팽창수조 등에 스테인리스 강판제가 사용되며 호텔이나 병원의 수수조 · 고가수조 등에 목제수조가 사용되고 있다.

또 1 m 각 정도의 패널을 이용하여 현장에서 탱크를 조립하는 형식도 있고 꽤 큰 용량의 탱크도 현장에서 조립이 가능해졌다. 현장조립식 탱크는 FRP제(강화수지) 외에 철패널에 수지 코팅을 한 것과 스테인리스 강판제도 있다. 압력탱크는 내압상으로 강판제를 쓰고 내면에는 아연도금 에폭시 수지 코팅을 한다.

수조의 오염방지를 위하여 다음과 같은 조치를 강구한다.

✪ 수조의 오염방지 대책

① 건축 구조체의 이용을 피한다.
② 음료수 탱크는 완전히 밀폐하고, 맨홀 뚜껑을 통하여 이물질이나 먼지 등이 들어가지 않도록 한다.

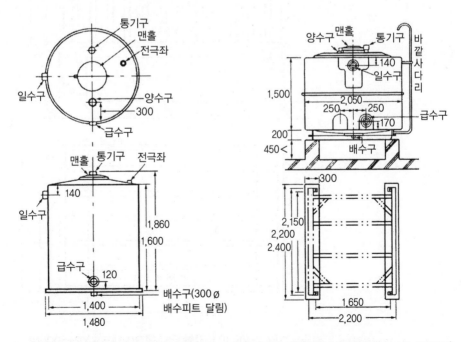

그림 2-23 2 t 둥근형 급수탱크(YP-200AN) 그림 2-24 5 t 각형 급수탱크(P탱크 · YP-500FN)

③ 음료수 탱크 내에는 다른 목적의 배관을 하지 않는다.

④ 음료수 탱크에 부착된 오버플로관(overflow pipe)은 철망 등을 씌워 벌레 등의 침입을 막는다.

⑤ 콘크리트 제품은 완전한 방수시공을 기대할 수 없으므로 스테인리스 강판이나 FRP 제품 및 강판제품을 사용한다.

⑥ 탱크의 재질, 보강재의 재질 및 사용 도료는 수질에 영향이 없는 것으로 한다.

⑦ 배수 및 우수의 영향을 받지 않도록 설치한다.

⑧ 탱크는 정기적으로 청소할 수 있는 구조로 한다.

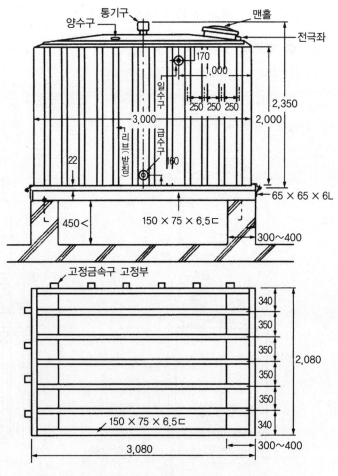

그림 2-25 10 t 각형 급수탱크(P탱크 · YP-500FN)

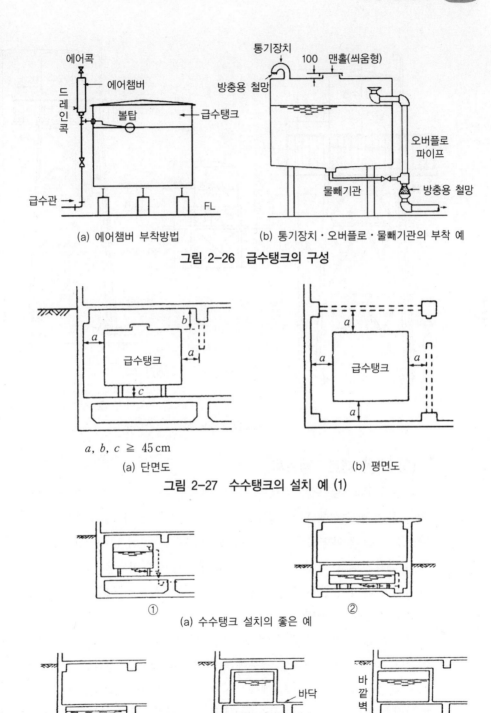

(a) 에어챔버 부착방법   (b) 통기장치·오버플로·물빼기관의 부착 예

그림 2-26 급수탱크의 구성

$a,\ b,\ c\ \geqq\ 45\,\mathrm{cm}$

(a) 단면도   (b) 평면도

그림 2-27 수수탱크의 설치 예 (1)

①   ②

(a) 수수탱크 설치의 좋은 예

①   ②   ③

(b) 수수탱크 설치의 좋지 않은 예

그림 2-28 수수탱크의 설치 예 (2)

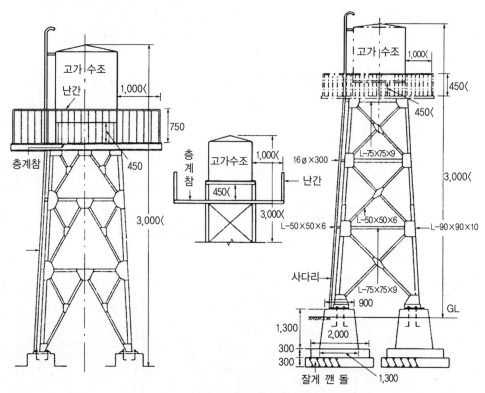

그림 2-29 철탑 고가수조

(3) 배관 재료 · 밸브류

급수설비에 사용되는 재료는 강도 · 내식성 등의 일반적인 조건을 당연히 구비하여야 하지만 수질에 나쁜 영향을 미치는 것은 피한다. 급수관은 종래에는 배관용 탄소강 강관에 아연도금을 한 것(통칭 백가스관[24])이 많이 쓰여 왔지만 최근에 수질이 나빠지면서 침식성이 커져 강관 내면에 염화비닐을 라이닝(lining)한 경질염화비닐 라이닝 강관이 많이 사용되고 있다. 소규모 건물의 급수관에는 경질염화비닐관도 사용되고 있다.

강관 또는 라이닝 강관의 접속은 이음쇠(fitting)에 의한 나사접합에 의하여 이루어진다. 백가스관을 사용할 경우에는 아연도금을 한 이음쇠를, 경질염화비닐 라이닝 강관을 사용할 경우에는 에폭시 수지 등을 코팅한 이음쇠를 쓰지만 굵은 관에는 메커니컬 조인트(mechanical joint)[25]를 사용한다. 경질염화비닐관과 경질염화비닐

---

24) **백가스관**(white gas pipe) : 아연도금강관
25) **메커니컬 조인트**(mechanical joint) : 주철관의 접합법으로 널리 사용되며 수밀성, 가용성, 신축성, 시공성이 뛰어나다.

관용 이음쇠는 접착재에 의하여 접속을 한다. 밸브류는 배관 도중에 설치하고 물을 멈추기도 하고 유량을 조정하기도 하는 데 쓰인다.

제수(制水)밸브는 밸브 몸체가 흐름에 대해 직각이고 밸브시트에 대하여 미끄럼 운동을 하는 밸브로서 밸브 몸체를 완전히 열면 흐름에 대한 저항이 거의 없고 압력이 크게 작용하므로 큰 직경의 관이나 개폐를 자주하지 않는 관에 사용한다. 게이트 밸브(gate valve) 또는 슬루스 밸브(sluice valve)라고도 불려지며 주로 물의 개폐용에 사용된다.

볼형밸브는 나사에 의하여 밸브를 밸브시트에 밀어 붙여 유체를 폐쇄하는 밸브로서 흐름의 방향을 바꾸고 전개 때에도 밸브가 유체 속에 있으므로 유체의 에너지 손실이 크지만 밸브의 개폐 속도가 빠르고 내압성도 있으므로 수두나 증기용으로 널리 사용된다. 스톱밸브(stop valve) 또는 글로브 밸브(globe valve)라고도 불려지며 제수밸브에 비하여 저항이 커서 주로 유량의 조정용으로 쓰인다.

체크밸브(check valve)는 유체를 한쪽 방향으로만 흐르게 하고 반대 방향으로는 흐르지 못하게 하는 밸브로서 스윙(swing)형과 리프트(lift)형이 있다. 리프트형은 확실히 폐쇄되기는 하나 수평관에만 이용되고 입형관에는 사용되지 않는다. 주로 펌프의 토출(吐出)[26]측 등에 사용된다.

2-9 급수설비 배관 재료

급수설비에 사용되는 관에는 강관(鋼管)·동관(銅管)·주철관(鑄鐵管)·경질염화(硬質鹽化)비닐관·연관(鉛管)·스테인리스관·석면(石綿)시멘트관 등이 있다.

(1) 강관(steel pipe)

강관은 급수설비에서 가장 많이 사용되고 있는 것으로 급수압력은 대개의 경우 $5\sim6\,\mathrm{kg/cm^2}$ 이내이며 일반적으로 배관용 탄소강 강관(흑)을 원관으로 이것에 아연도금을 한 배관용 탄소강 강관(백) 혹은 수도용 아연도금 강관이 사용된다.

이외에도 관의 내면을 타르에폭시 수지·염화비닐·에폭시 수지 등으로 라이

---

26) **토출**(discharge) : 유체가 관이나 유체기계 등에서 빠져나오는 것

닝[27] 또는 코팅한 것도 있으나 관을 선정할 때는 관내면의 방식(防蝕) 효과와 급수의 수질에 미치는 영향 등에 대해서도 충분히 검토할 필요가 있다. 급수설비에서 용접으로 접합을 하게 되면 아연도금이나 라이닝 또는 코팅이 손상되기 쉬우므로 관의 접합에는 주로 나사접합이 행하여진다.

(2) 동관(copper pipe)

동관은 배관용 탄소강 강관과는 달리 관경별로 내압이 다르므로 사용수압에 따라서 K·L·M 타입 중(K·L·M의 순서로 두께가 얇아진다) 한가지를 할 것인지 또는 이들을 병용할 것인지를 검토한다.

관의 접합은 특히 사용 압력이 높을 때는 경(硬)납땜[28] 접합을 하지만 일반적으로는 연(軟)납땜[29] 접합을 하며 이것은 모두 동관과 동관 이음쇠 사이와 모세관 현상을 이용하여 경납 또는 연납을 유입시켜 접합하는 것이다.

수도용 동관(KS D 5301)의 특징은 경량이고 (강관의 약 $\frac{1}{3}$) 내식성이 뛰어나며 마찰저항이 적고 시공성도 용이하나 평면 충격에 약해서 굴곡에 따른 좌굴을 일으키는 단점이 있다.

(3) 주철관(cast iron pipe)

주철관은 수도시설의 배수관에 일반적으로 쓰이며 급수설비에 있어서는 75 mm 이상의 수도 인입관 등에 사용되고 있다. 관의 접합은 종래는 소켓관을 쓴 연코킹 접합이 많이 쓰였으나 최근에는 작업성·신축성 등이 좋은 메커니컬 조인트 (mechanical joint)가 주로 쓰이고 있으며 최근에는 250 mm 이하의 관에서 고무링 만으로 접합되는 수도용 원심력 덕타일 주철관[30]도 출현하고 있다.

---

27) 라이닝(lining) : 방식, 내마모, 내열 등을 위하여 물체 표면의 목적에 알맞은 재료로 얇은 층을 입힌 것.
28) 경납땜(brazing) : 400 ℃ 이상의 온도에서 인두 없이 하는 땜으로 납땜 후 접착력이 강하며 용융점이 높은 금속의 땜에 쓰임.
29) 연납땜(soft solder) : 융점이 450 ℃ 이하인 땜납재를 말하며 주로 납과 주석의 합금에 의해 땜납이 사용된다.
30) 덕타일 주철관(ductile iron pipe) : 원심주조법에 따라 제조된다. 강하고 내압력이 크며 주로 매설용 압력관으로 사용되고 있다. 관 내면은 부식 방지를 위하여 통상 몰탈 라이닝으로 되어 있다.

(4) 경질염화비닐관(rigid polyvinyl-chloride pipe)

✪ 장점
① 강하고 가볍다.
② 녹슬거나 부식되지 않는다.
③ 접합이 용이하다.

✪ 단점
① 열에 약하다.
② 외부로부터의 물리적 충격에 약하다.
③ 선팽창계수[31]가 크다.
④ 용제[32]에 약하다.

경질염화비닐관은 열에 약하기 때문에 내수구조 등의 방화구획·방화벽·경계벽 등을 관통할 때는 관경에 제한이 있다.

또 외부로부터의 충격에 약하기 때문에 목조 또는 철근콘크리트 벽 내에 배관될 때에는 못이나 송곳 또는 끌 등으로 구멍이 뚫릴 염려가 있으므로 세심한 주의를 요한다.

(5) 연관(lead pipe)

연관은 가소성(可燒性)이 많아 지중에 배관하는 경우는 그다지 문제되지 않지만 건물 내에서는 그 지지가 곤란하기 때문에 양수기의 전후와 같은 제한된 장소에서만 사용되고 있다.

또한 연관은 알칼리에 약하므로 콘크리트에 매입하거나 콘크리트에 직접 접촉하지 않도록 주의하여야 한다. 연관을 접합할 때는 덧붙이 납땜 접합과 플라스탄 (plastan)[33]을 쓰는 플라스탄 접합이 있으며 작업성이 좋고 접합부의 강도가 좋은 플라스탄 접합이 많이 쓰여지고 있다.

---

31) **선팽창계수**(lineal expansion confficient) : 고체의 단위 길이에 대하여 온도 1℃ 상승당 길이 방향으로 팽창하는 비율로 단위는 $l /℃$이다.
32) **용제**(flux) : 접합부를 청정하게 하거나 산화물의 발생을 방지하게 한다.
33) **플라스탄**(plastan) : 주석과 납의 배합비를 40 : 60으로 만든 합금

(6) 스테인레스 강관(stainless steel pipe)

최근 사용 증가 추세이며 내식성이 뛰어나고 동관보다 강도가 높고 관 두께도 얇으며 경량으로 동결이나 충격에 강하다. 퍼라이트(ferrite)계와 오스테나이트(austenite)계 강관이 있고 퍼라이트계는 주로 실내장식용에 이용되며 오스테나이트계는 내식성이 우수하므로 배관 재료로 사용된다.

(7) 기타 배관 재료

수도관을 포함한 급수관의 재료에는 이외에 폴리에틸렌관 · 석면시멘트관 등이 있다.

(8) 서로 다른 금속관을 사용할 때의 주의

강관과 동관처럼 서로 다른 금속관을 직접 접속하게 되면 그 접합부가 국부전지가 되어 양극으로 된 강관에 부식을 발생하는 경향이 있으므로 두 가지 금속을 전기적으로 절연하는 패킹[34] 등을 사용하여야 한다.

또 급탕배관에 동관을 사용할 경우에는 반탕관(return pipe)을 거쳐 배관에서 용출(溶出)한 동이온이 저장탱크나 보일러로 되돌아오므로 이들 기기 내면의 라이닝이나 코팅을 충분히 고려하지 않으면 기기 내면에 뜻밖의 부식이 발생하는 일이 있으므로 주의하여야 한다. 한편 각종 배관은 색채에 따라 식별이 용이하도록 하고 있다.[35]

---

[34] 패킹(packing) : 덕트나 배관의 플랜지 접합부에서 플랜지 사이에 삽입하는 탄력성 있는 충전물로 유체가 새는 것을 방지한다.

[35] 공기 - 백색, 가스 - 황색, 증기 - 진한 적색, 물 - 청색, 기름 - 진한 황적색, 산알칼리 - 회자색, 전기 - 엷은 황적색

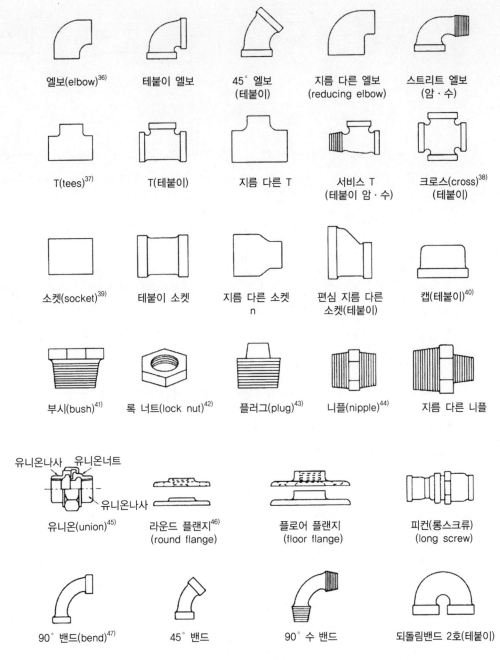

그림 2-30 강관 이음쇠의 종류

---

36) 엘보(elbow) : 구부러진 부분의 접속에 사용되며 90°, 45° 외에 출입구의 직경이 다른 2단 엘보(reducing elbow) 및 암수 엘보도 있다.

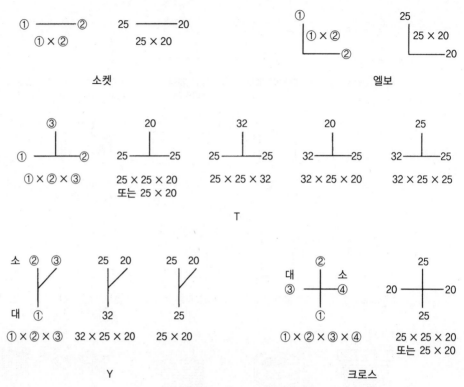

그림 2-31 지름이 다른 이음쇠의 호칭 순위

---

37) **티(T)** : 3방향으로 관을 접속하도록 된 T자형의 이음
38) **크로스(cross)** : 십자형을 한 4방 입구로 된 이음
39) **소켓(socket)** : 양쪽에 암나사를 낸 짧은 통 모양의 관이음으로 관을 직선으로 접속할 때 사용
40) **캡(cap)** : 배관의 말단 나사부분에 흐름을 막기 위한 곳에 관의 끝부분을 폐쇄하기 위해 사용하는 암나사가 있는 마개
41) **부시(bush, bushing)** : 관 직경이 서로 다른 관을 접속할 때 사용하는 것으로 관 직경을 줄이고자 할 때 사용하며 외측과 내측에 나사가 만들어져 있다.
42) **록 너트(lock nut)** : 2개의 너트를 겹쳐 사용하면 너트가 서로 상대를 밀므로 볼트의 나사면이 쐐기형으로 맞물려 진동을 받아도 잘 풀리지 않는다. 이 경우 아래쪽의 너트를 록 너트라 한다.
43) **플러그(plug)** : 관이나 용기 등의 물체 구멍에 박아 내용물이 새지 않도록 하는 데 사용
44) **니플(nipple)** : 짧은 관의 양끝에 숫나사를 만든 이음으로 짧은 거리의 배관이나 엘보를 사용하여 배관의 방향을 바꿀 때 사용
45) **유니온(union)** : 관을 회전시킬 수 없을 때 너트를 회전시키는 것만으로 접속 또는 분리가 가능하므로 관 고정 개소나 분해·수리 등을 필요로 하는 곳에 사용
46) **플랜지(flange)** : 부재 주위에 차양과 같이 돌출한 부분을 말하며 관의 말단부에 접속 보강하는 곳에 사용
47) **밴드(bend)** : 강 파이프 이음의 굽힘부에 사용하며 엘보보다 큰 굽힘 반경으로 굽혀 있다.

2-10 피복 및 동결방지

(1) 피복

급수설비에서 피복공사의 목적은 방로(防露)·보냉(保冷)·방동(防凍)으로 크게 나누어 생각할 수 있다. 급수관의 방로·방동에는 우모(牛毛)펠트(hair felt)를, 음료용 냉수배관 및 탱크에는 방습암면보온통(防濕岩綿保溫筒)·방습암면보온판(防濕岩綿保溫板)·탄화코르크판을 사용하고 있으며 우모펠트 대신에 암면(岩綿)·글라스울(glass wool)·발포 폴리스틸렌을 사용하여도 별로 지장이 없다.

이때 피복 두께는 재료의 열전도율로 보아 우모펠트인 경우의 두께로서 충분하나 내화구조 등의 방화구획을 관통할 경우 불연성 재료를 사용하여야 하므로 주의를 요한다. 피복공사에 사용하는 주재료는 석면·암면(rock wool)·글라스울·염기성탄산마그네슘·탄화코르크·규산칼슘·발포폴리에틸렌·펄라이트·경질폼라버 등이 있다.

급수설비에서의 피복공사, 특히 수도수배관의 방로공사와 같은 것은 보이지 않는 부분의 시공이 거칠게 되기 쉬운 반면 눈에 띄는 부분은 미관상으로 보온효과와 관계없는 고가의 외장 피복이 요구되기도 하므로 피복공사 본래의 목적과 경제적인 면이 일치되지 않는 일이 많은데 미관에만 치우치지 말고 주재료나 부재료의 시공에 소홀하지 않도록 각별히 주의할 필요가 있다.

(2) 동결방지

정지한 물이 0℃ 이하의 상태로 되면 동결하며 주위온도가 낮을수록 또 주위의 풍속이 빠를수록 동결이 빨라진다. 물이 정지해 있는 한 관이나 탱크에 방동피복을 하여도 동결되는 것은 시간문제라 할 수 있다. 따라서 장시간 물을 사용하지 않을 경우에는 관이나 탱크 내의 물을 배수해 둘 필요가 있다.

관내에 물이 흐르고 있을 경우에는 유속이 빠를수록 동결하기 어려우며 유속을 1.5 m/sec로 하면 −8℃까지 동결되지 않는다고 한다. 동결을 방지하기 위하여서는 일반적으로 배관이나 탱크를 가능한 한 따뜻한 곳에 설치하는 것이 가장 중요하며 외벽과 같은 곳에 배관을 매립하는 것은 피하도록 한다. 또한 장시간 사용하지 않는 경우에는 관내의 물을 완전히 배수할 수 있는 배관으로 한다.

문 제

[문제 1] 초고층 건축의 급수배관법에 대해 스케치하고 설명하시오.

[문제 2] 급수설비 시공시 어떤 점에 유의해야 하는가를 기술하시오.

[문제 3] 워터해머의 원인과 방지책에 대해 기술하시오.

[문제 4] 수량 $22.4 \, m^3/h$ 를 양수하는 데 필요한 터빈펌프의 구경을 구하시오.

[문제 5] 수조의 종류를 스케치하고 설명하시오.

[문제 6] 급수설비의 배관 재료에 대하여 기술하시오.

[문제 7] 급수설비 시공 시 서로 다른 금속관을 사용할 때의 주의점에 대하여 기술하시오.

[문제 8] 각종 배관은 색채에 따라 식별할 수 있다. 다음 색에 대한 배관의 종류를 써넣으시오.

① 공기 - (   )　　② 가스 - (   )
③ 증기 - (   )　　④ 물　 - (   )
⑤ 기름 - (   )　　⑥ 전기 - (   )

[문제 9] 다음 용어에 대하여 간단히 설명하시오.

① elbow　　　　　　② cap
③ union　　　　　　④ flange
⑤ 수주분리현상　　　⑥ air cock
⑦ drain cock　　　　⑧ mechanical joint
⑨ lining　　　　　　⑨ discharge
⑩ plastan

제3장 급탕설비

급탕설비는 급수설비처럼 적당한 압력과 적절한 온도의 탕(hot water)을 필요개소에 공급하는 설비이다. 음료용 또는 그와 비슷한 용도에 이용되는 것에는 상수와 마찬가지로 오염방지에 대해서도 충분한 조치가 필요하고, 가열기의 경우에는 안전대책도 필요하다. 급수설비와 다른 점이라면 배관 경로에 있어서 온도강하의 최소화 배려라든가 기기나 배관류 재질의 내식성 등을 들 수 있다.

급탕설비에서 특히 유의해야 할 사항은 다음과 같다.

① 배관 경로에 있어서 온도강하를 최소화한다.
② 가열장치의 종류를 적절하게 선택해야 한다.
③ 가열장치는 충분한 안전이 확보되어 있어야 한다.
④ 모든 장치와 배관류는 충분한 내식성과 내구성이 있어야 한다.

3-1 급탕방식(hot water supply system)

등유·가스·증기·전기 등을 열원으로 하는 가열장치를 설치하여 물을 가열한 후 건축물의 필요한 장소에 더운물(hot water)을 공급하는 설비를 급탕설비(給湯設備)라 하며 국소식(local hot water supply system)과 중앙식(central hot water supply system)과 태양열 급탕방식(solar collectors hot water supply system) 등이 있다.

(1) 중앙식 급탕방식

중앙식은 기계실에 설치된 대형 가열장치를 통하여 배관을 따라 필요한 개소에 더운물을 공급하는 방식으로 급탕 개소가 비교적 많은 대규모나 중규모 건물에 채용되며 급탕이나 급탕개소 및 급탕량이 많은 호텔, 병원 등에 채용되고 있다.

중앙식의 경우 일반적으로 반탕관과 순환펌프(circulation pump)를 설치하여 급탕전을 열면 곧바로 탕이 나오도록 배관계 안에 탕을 순환시켜 둔다. 그림 3 - 1에 중앙식 급탕배관방식을 나타내고 있다.

중앙식 급탕방식의 유의할 점은 저탕조나 보일러는 설치 후의 유지관리나 검사 등을 고려하여 2기 이상 설치하는 것이 바람직하고 급탕횡배관의 길이가 가능한 한 짧아질 수 있도록 입관의 위치를 결정하고 반탕관의 길이는 짧게 계획한다. 급탕순환 펌프는 과대한 것으로 선정하지 말고 반탕관 측에 설치한다.

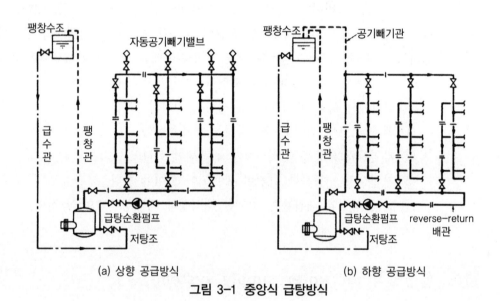

(a) 상향 공급방식 　　　　　(b) 하향 공급방식

그림 3-1 중앙식 급탕방식

(2) 국소식 급탕방식

국소식은 더운물을 필요로 하는 장소에 순간탕불기 등의 소형 가열장치를 직접 설치하여 급탕하는 방식으로 탕의 필요개소가 적은 소규모 건물에 사용되는 일이 많지만 대규모 건물에서도 급탕 사용개소가 분산되어 있거나 사용도가 다른 경우에는 채용한다. 국소식 급탕방식은 그림 3 - 2처럼 순간식, 밀폐저탕식, 개방저탕식 등이 있다. 순간식은 순간 최대 급탕량이 적을 경우에 이용되고 반대로 많을 경우에는 저탕식이 이용된다. 국소식 급탕방식의 유의점으로 급탕능력 산정은 순시 최대 급탕량으로 결정하고, 국소식의 경우 단관식배관이므로 온도강하를 고려하여 배관은 가능한 한 짧게 하는 것이 바람직하다. 급수압력은 일반적으로 $1.0\,\text{kg/cm}^2$ 정도가 좋으며 최고 $4.0\,\text{kg/cm}^2$ 이하로 억제한다.

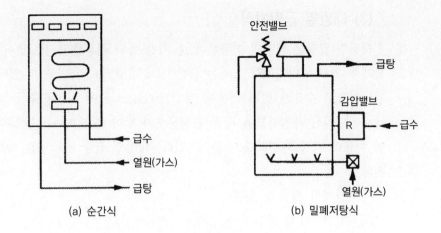

(a) 순간식   (b) 밀폐저탕식

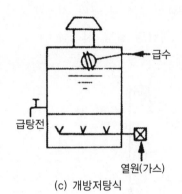

(c) 개방저탕식

그림 3-2 국소식 급탕방식

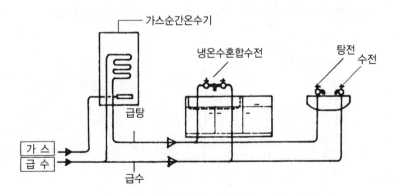

그림 3-3 순간온수기

(3) 태양열 급탕방식

태양열 급탕은 태양열 이용분야 중 가장 빨리 실용화된 것으로서 신중한 계획과 설계에 의해 에너지절약 효과는 물론 경제적 효과까지 얻을 수 있다. 급탕은 연간 평균적으로 수요가 있기 때문에 집열기(collector)[48]의 이용률이 높고, 또 저온의 급수온도에서 가열하므로 평균 집열온도가 낮아 집열효과를 높일 수가 있어 태양열 이용이 가장 유리하다고 할 수 있다. 태양열 급탕 시스템은 다음과 같이 분류된다.

① 밀폐식 태양열 온수기
② 자연순환식 태양열 온수기
③ 강제순환식 태양열 급탕 시스템
④ 관류식 태양열 급탕 시스템

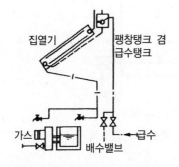
(a) 밀폐식 온수기의 경우(주로 목욕탕 급탕)

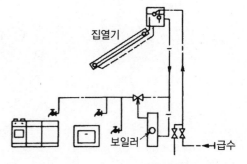
(b) 자연순환식 온수기의 경우(중앙 급탕)

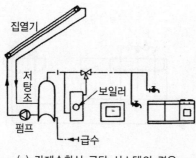
(c) 강제순환식 급탕 시스템의 경우

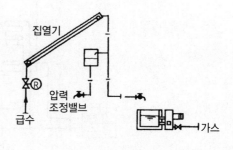
(d) 관류식 급탕 시스템의 경우

그림 3-4 태양열 급탕 시스템

---

48) **집열기**(solar collectors, solar energy collector) : 태양열을 집열하기 위한 것으로 보온한 상자의 표면은 유리 붙이로 하고 내부에는 물이 통과하는 온수코일을 넣은 것.

3-2 급탕온도

사용온도는 일반적으로 40~50 ℃이지만 중앙식 급탕설비의 경우 급탕온도를 너무 높게 하면 화상의 위험이 있고 사용온도에 가깝게 하면 낭비하는 경향이 있으므로 일반적으로 60 ℃ 정도로 하여 사용하는 곳에서 사용자가 찬물과 섞어서 사용온도에 맞추도록 한다.

표 3-1 용도별 사용온도

용　　　도		사용온도〔℃〕	비　　　고
음　료　용		50~55	
목 욕 용	양　　식	40~42	
	일　　식	42~44	
샤　워　용		38~42	
세면 · 수세용		40~45	
주 방 용	일　반　용	35~45	( ) 안의 수치는 기계세탁의 경우
	접시 세정용	40~45(60)	
	접시 헹구기	70~80	
세 탁 용	상업용 일반	60	
	실크와 모직	33~37(38~49)	
	린넨과 면직	49~52(60)	
수 영 장 용		21~27	
세　차　용		24~30	

3-3 급탕량 및 가열장치의 부하

급탕량을 산정하는 데는 ① 사용인원에 의한 산정방법 ② 기구의 종류와 개수에 의한 산정방법이 있다. 본래 기구의 종류와 개수는 사용인원에 따라 정해져야 하는 것이며 위의 ①과 ②의 산정방법에 의한 계산 결과는 일치해야 하나 실제 기구설정 개수와 사용인원의 상관관계 해석이 불충분하기 때문에 엄밀히 일치하지 않는다.

따라서 각기의 계산방법에 의한 결과에 따라 적정한 값을 선정한다. 일반적으로 사용인원을 기초로 하는 편이 정확한 값을 얻을 수 있다고는 하나 양 방법의 결과를 비교 검토해서 적절한 급탕량을 결정한다.

(1) 사용자 수에 의한 방법

대상이 되는 사용자 수를 정확하게 파악할 수 있을 경우에는 건물의 종류에 따라 표 3-2를 참고해서 식 3-1, 3-2, 3-3, 3-4에 의해 시간 최대 예상 급탕량 및 가열장치의 저탕 용량(storage capacity)과 가열기 능력(heating capacity)을 구한다.

표 3-2 건물종별 급탕량(급탕온도 60 ℃)

건물 종류	q_d	q_h	v	r
주택 · 아파트 · 호텔	75~150	1/7	1/5	1/7
사 무 소	7.5~11.5	1/5	1/5	1/6
공 장	20	1/3	2/5	1/8
레 스 토 랑			1/10	1/10
레스토랑 (3식/1일)		1/10	1/5	1/10
레스토랑 (1식/1일)		1/5	2/5	1/6

$$Q_d = N \cdot q_d \quad\cdots\cdots\cdots\cdots\cdots\cdots\cdots\cdots\cdots\cdots\cdots\cdots\cdots\cdots\cdots\cdots (3\text{-}1)$$

$$Q_h = Q_d \cdot q_h \quad\cdots\cdots\cdots\cdots\cdots\cdots\cdots\cdots\cdots\cdots\cdots\cdots\cdots\cdots\cdots (3\text{-}2)$$

$$V = Q_d \cdot v \cdot \frac{1}{\text{연속출탕비율}} \quad\cdots\cdots\cdots\cdots\cdots\cdots\cdots\cdots\cdots\cdots (3\text{-}3)$$

$$H = Q_d \cdot r \cdot (t_h - t_c) \quad\cdots\cdots\cdots\cdots\cdots\cdots\cdots\cdots\cdots\cdots\cdots (3\text{-}4)$$

여기서 Q_d : 1일 최대 급탕량 〔l/d〕

N : 급탕 대상 인원 〔인〕(표 2-3 참조)

q_d : 1인 1일당 급탕량 〔l/d인〕

Q_h : 시간 최대 예상 급탕량 〔l/h〕

q_h : 1일 사용량에 대하여 필요한 1시간당 최대치 비율

V : 저탕 용량 〔l〕

v : 1일 사용량에 대한 저탕 비율

H : 가열기 능력 〔kcal/h〕

r : 1일 사용량에 대한 가열 능력 비율

t_h : 급탕온도 〔℃〕

t_c : 급수온도 〔℃〕

단, 연속출탕 비율은 일반적으로 70 % 정도로 한다.

(2) 기구 수에 의한 방법

설치되어 있는 기구의 종류와 개수에 따라 시간 최대 예상 급탕량과 가열장치의 저탕 용량을 구하는 데는 건물의 종류에 따라 표 3-3을 이용하고 각종 기구의 개수와 급탕량과의 곱의 누계를 구하여 여기에 동시사용률(표 3-3)을 곱한 것을 시간 최대 예상 급탕량으로 한다.

표 3-3 건물 종별로 각종기구 1개당 급탕량[49] [*l*/h] (급탕온도 60 ℃)

구 분	아파트	체육관	병 원	호 텔	공 장	사무소	단독주택	학 교
세면기 (개인용)	7.50	7.50	7.50	7.50	7.50	7.50	7.50	7.50
세면기 (공중용)	15.0	30.0	22.0	30.0	30.0	22.0		57.0
욕 조	75.0	100	75.0	75.0	75.0		75.0	
부엌 싱크(大)	38.0		75.0	110	75.0	75.0	38.0	75.0
세 탁 싱 크	75.0		105	106			75.0	
부엌 싱크(中)	19.0		38.0	35.0		38.0	19.0	38.0
샤 워	110	850	280	280	850	110	110	850
배 전 실 싱크	75.0		75.0	110	75.0	57.0	57.0	75.0
동 시 사 용 률	0.30	0.40	0.25	0.25	0.40	0.30	0.30	0.40
저탕 용량 계수[50]	1.25	1.00	0.60	0.80	1.00	2.00	0.70	1.00

가열장치의 용량은 여기에 재차 저탕 용량계수(표 3-3)를 곱해서 구한다. 이때 피크(peak) 때 저탕 용량의 유효 용량은 70 % 정도이므로 이것을 고려한다. 그리고 가열기의 능력은 시간 최대 예상 급탕량을 조달할 수 있는 것으로 하고 여기에 급수와 급탕과의 온도차를 곱해서 구한다.

$$V = Q_h \cdot f \cdot \frac{1}{\text{유효용량}} \ [\textit{l}] \ \cdots\cdots\cdots\cdots\cdots\cdots\cdots\cdots\cdots\cdots \ (3-5)$$

$$H = Q_h \cdot (t_h - t_c) \ [\text{kcal/h}] \ \cdots\cdots\cdots\cdots\cdots\cdots\cdots\cdots\cdots \ (3-6)$$

여기서 V : 저탕 용량 [*l*]
  H : 가열기 능력 [kcal/h]
  f : 저탕 용량계수

---

[49] 1시간·기구 1개당의 급탕량 [*l*]을 최종온도 60 ℃로 간주하여 산정한 것임.
[50] 1시간당 최대 예상 급탕량에 대한 저탕탱크 용량의 비율

Q_h : 시간 최대 예상 급탕량 (총급탕량(Q_{Th}) × 건축종류별 동시사용률)

t_h : 급탕온도 〔℃〕

t_c : 급수온도 〔℃〕

Q_{Th} : 건축 종류별 기구의 1시간당 급탕량의 누계 〔l/h〕 (표 3
－3 참조)

(3) 가열장치의 저탕 용량과 가열기 능력과의 관계

가열장치의 저탕 용량과 가열기 능력과는 상호관계를 갖고 있다. 즉, 어느 한쪽
을 크게 하면 다른 한쪽을 작게 할 수 있다. 일반적으로 아파트나 호텔 등과 같이
탕의 사용상태가 비교적 일정한 경우에는 가열기 능력을 크게 하고 저탕 용량을
작게 하여 설계하고, 학교나 공장 등과 같이 탕의 사용상태가 단시간에 집중하여
간헐적일 경우에는 저탕 용량을 크게 하고 가열기 능력을 작게 하여 설계한다.

3-4 가열장치(water heating device)

(1) 종류

가열장치는 열원의 종류에 따라 직접식과 간접식으로 분류되고 저탕 용량의 유
무에 따라 저탕식과 순간식으로 분류된다. 직접식은 열원을 가스, 등유, 전기 등을
열원으로 하여 물을 직접 가열하는 방식이고 간접식은 증기 또는 고온수 등의 열매
에 의해 물을 가열하는 방식이다.

(2) 가열장치의 재질

급탕 보일러 본체는 내열·내압상 강판제 또는 주철제이고 급탕하는 탕은 침식
성이 크므로 내면에는 글래스 라이닝(glass lining)을 덧붙이는 것이 이상적이지만
구조가 복잡하고 고가이기 때문에 아연도금이나 알루미늄도금 방식을 채택하는 것
이 많으며 부식의 발생이 많다. 저탕탱크도 내열·내압상 강판제이고 탱크 내면에
는 아연도금이나 에폭시 수지(epoxy resin) 코팅을 붙이는 것이 많다.

(3) 열원의 소비량

열원의 소비량은 다음의 식 3 - 7로 구한다.

$$Q = \frac{H}{qE} \quad \cdots\cdots\cdots\cdots\cdots\cdots\cdots\cdots\cdots\cdots\cdots\cdots\cdots\cdots \text{(3 - 7)}$$

여기서 Q : 1시간당 열원의 소비량(단위는 표 3 - 4 참조)
H : 가열기 능력 〔kcal/h〕
q : 열원의 발열량(단위는 표 3 - 4 참조)
E : 가열장치의 효율(표 3 - 4 참조)

표 3-4 열원의 발열량과 가열기의 효율

열원 \ 기호	Q의 단위	열 원 량 q	가열기의 효율 E
중 유	kg/h	10,000 kcal/kg	50~70 %
등 유	kg/h	11,000 kcal/kg	50~70 %
도 시 가 스	m³/h	3,600~11,000 kcal/m³(도시에 따라 다르다)	65~75 %
천 연 가 스	m³/h	8,000~11,000 kcal/m³(도시에 따라 다르다)	65~75 %
프로판가스	kg/h	12,000 kcal/kg	55~65 %
전 기	kW/h	860 kcal/kW	70~80 %
증 기 코 일	kg/h	증기의 잠열량 kcal/kg	

3-5 안전장치(safety device)

밀폐장치 내에서 물을 가열하면 물은 팽창하게 되고 비압축성이기 때문에 장치 내의 압력은 상승하여 결국에는 장치를 파손하게 된다. 따라서 물을 가열할 경우에는 반드시 그 팽창량을 빠져나가게 할 궁리를 해 두어야만 한다.

급탕설비에서는 이를 위해 일반적으로 가열장치에 팽창관[51]을 설치하지만 팽창관을 설치하지 않을 경우에는 가열장치에 안전밸브(relief valve)를 설치한다. 가열장치에 설치한 팽창관은 고가탱크 또는 팽창탱크 측에 개방하며 고가탱크 수면에서 팽창관의 수직높이는 다음의 식 3 - 8에 의해 구하고, 고가탱크의 저면이 최고층의 급탕전보다 5 m 이상 높은 곳에 설치하며 탱크급수는 볼탭에 의해 자동급수한다.

---

51) **팽창관**(expansion pipe) : 온수보일러나 저탕조 등에 안전장치로 사용되는 파이프로 온수의 체적팽창을 높은 곳의 팽창탱크에 되돌려 보내는 작용을 한다.

$$H= h\left(\frac{\gamma}{\gamma'}-1\right) \ [\text{m}] \ \cdots\cdots\cdots\cdots\cdots\cdots\cdots\cdots\cdots \ (3-8)$$

여기서 H : 탱크 수면에서 팽창관까지의 높이 [m]

h : 탱크 수면에서 급탕장치 최저부까지의 높이 [m]

γ : 물의 비중량 [kg/l] (50쪽 표 2-9 참조)

γ' : 탕의 비중량 [kg/l] (50쪽 표 2-9 참조)

급탕설비에서는 관내부 물의 온도가 오르내리므로 배관 재료도 함께 신축한다. 관경 방향에 대한 신축량은 얼마 안 되지만 길이 방향의 신축량은 크다. 따라서 신축량을 흡수하는 신축 이음(expansion joint)을 적절하게 사용하여 이음이나 밸브류 등의 파손을 방지해야 한다.

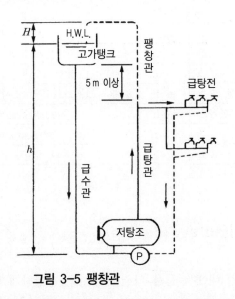

그림 3-5 팽창관

3-6 보온(heat insulation)

급탕설비에서는 배관·기기 등에서의 방열을 막기 위하여 보온을 한다. 급탕설비용 보온재로서는 암면[52]이나 글래스울(glass wool) 등이 잘 쓰여지고 있고 보온 두께는 가는 관에서는 20 mm, 굵은 관이나 기기 등에서는 50 mm 정도로 한다.

---

52) 암면(rock wool) : 현무암, 안산암 등의 암석을 용융하고 압축공기로 불어날려 급냉함으로써 섬유화한 것에 접착제를 가해 판, 원통 등으로 성형해서 보온재나 보냉재로 이용하며 불연성으로 −150~600 ℃까지 사용된다.

연 습 문 제

[예제 1] 40,000명을 수용하는 아파트 단지 안에 중앙식 급탕설비를 설치할 경우 급탕량과 가열장치의 저탕 용량과 가열기 능력을 구하시오. 단, 급수온도는 5 ℃, 급탕온도는 60 ℃로 한다.

풀이 표 3 - 2를 이용하여 q_d 를 100 l /d 로 하면 1일 최대 급탕량 Q_d 와 시간 최대 예상 급탕량 Q_h 는

$$Q_d = 40,000명 \times 100 \; l \; /d = 4,000,000 \; l /d \; (식 \; 3 - 1)$$

$$Q_h = 4,000,000 \; l \times 1/7 ≒ 571,428 \; l/h \; (식 \; 3 - 2)$$

따라서 저탕 용량 V 와 가열기능력 H 는

$$V = 4,000,000 \times 1/5 \div 0.7 ≒ 1,143,000 \; l \; (식 \; 3 - 3)$$

$$H = 4,000,000 \times 1/7 \times (60 - 5) ≒ 31,428,571 \; kcal/h \; (식 \; 3 - 4)$$

[예제 2] 각 세대에 욕조·세면기·샤워·부엌싱크(大)·세탁싱크가 있는 1,000세대의 아파트 건축에 중앙급탕설비를 설치할 경우 그 가열장치의 저탕 용량과 가열기 능력을 구하시오. 단, 급수온도는 5℃, 급탕온도는 60℃로 한다.

풀이 표 3 - 3의 아파트란을 이용하여

욕 조	1,000개 × 75 l /h·개 =	75,000 l /h
세 면 기	1,000개 × 7.5 l /h·개 =	7,500 l /h
샤 워	1,000개 × 110 l /h·개 =	110,000 l /h
부엌싱크	1,000개 × 38 l /h·개 =	38,000 l /h
세탁싱크	1,000개 × 75 l /h·개 =	75,000 l /h
합 계		305,500 l /h

따라서 시간 최대 예상 급탕량 $Q_h = 305,500 \; l$ /h $\times 0.3 = 91,650 \; l$ /h

저탕 용량 $V = (91,650 \; l \times 1.25) \div 0.7 ≒ 163,660 \; l$

가열기 능력 $H = 91,650 \; l$ /h $\times (60-5)℃ ≒ 5,040,750 \; kcal/h$

문 제

[문제 1] 500명을 수용하는 사무소 건축에 중앙식 급탕설비를 설치할 경우 가열장치의 저탕 용량과 가열기 능력을 구하시오. 단, 급수온도는 8 ℃, 급탕온도는 60 ℃로 한다.

[문제 2] 병원 건축에 개인용 세면기 500개, 욕조 100개, 부엌싱크 10개, 세탁싱크 10개, 샤워 100개, 배전실싱크 2개가 있을 때 중앙급탕설비를 설치할 경우 가열장치의 저탕 용량과 가열기 능력을 구하시오. 단, 급수온도는 10 ℃, 급탕온도는 60 ℃로 한다.

[문제 3] 사무소 건축에서 90개의 세면기와 9개의 배선실용 싱크에 대한 급탕설비의 가열장치 저탕 용량 및 가열기 능력을 구하시오. 단, 급수온도 5 ℃, 급탕온도 60 ℃이다.

[문제 4] 중앙식 급탕방식의 종류를 열거하고 기본원리를 스케치하면서 설명하시오.

[문제 5] 국소식 급탕방식의 종류를 열거하고 기본원리를 스케치하면서 설명하시오.

[문제 6] 다음 용어에 대하여 간단히 설명하시오.

① expansion pipe

② rock wool

제4장 위생기구설비

위생기구란 건축물과 그 경지 내에 물을 공급하거나 세정해야 할 오물을 받아들이기 위하여 또는 이들을 배출하기 위한 목적으로 설치된 물받이 용기 및 장치를 말한다.

4-1 재질

위생기구(sanitary fixture)의 재질은
  ① 흡수성이 적을 것.
  ② 내식·내마모성이 있을 것.
  ③ 제작이 용이할 것.
  ④ 설치하기가 용이할 것.
  ⑤ 항상 청결하게 유지할 수 있는 것.

등의 조건을 갖추고 있어야 한다. 도기(陶器)[53]는 비교적 복잡한 형의 것도 제작할 수 있고 위의 ①~⑤의 조건을 고루 갖추고 있기 때문에 대부분의 위생기구는 도기로 만들어진 것이 많으며 도기로 만든 위생기구를 특히 위생도기[54]라 부른다.

도기 외에도 욕조(bath tub)·싱크(sink) 등의 비교적 형이 간단한 것은 FRP(강화 플라스틱 : fiber reinforced plastic)나 스테인리스 등이 이용되고 있다. 급수탕전·대소변기 세정밸브·샤워·배수금구[55]·트랩 등은 위생기구의 부속품이라서 부속금물로 불리며 동(銅)합금의 것이 많지만 최근에는 강화 플라스틱으로도 제작되고 있다.

---

53) 도기(earthen ware)
54) 위생도기(sanitary ware)
55) 배수금구(drain fitting)

4-2 각종 위생기구

(1) 대변기(water closet)

대변기는 서양식과 동양식으로 분류되고 기능적으로는 그림 4 - 1과 같이 5종류가 있다. 최근에는 세정수[56]를 적게 한 절수형도 개발되어 있다.

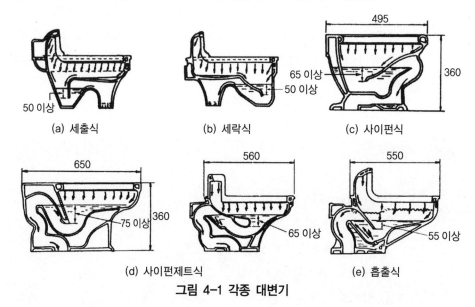

(a) 세출식 (b) 세락식 (c) 사이펀식

(d) 사이펀제트식 (e) 흡출식

그림 4-1 각종 대변기

1 세출식(wash-out type)

그림 4 - 1의 (a)와 같은 구조이며 이것은 서양식 변기 특유의 모양이다. 오물은 변받침의 접시 모양으로 된 곳에 모여 세정 시 트랩을 따라 트랩 내의 오물을 배출하는 방식이다. 이 방식은 오물이 물에 가라앉지 않기 때문에 사용 중에 냄새가 발산하고 또한 건조면이 넓어서 오물이 부착하기 쉬운 결점이 있다.

2 세락식(wash down type)

그림 4 - 1의 (b)와 같은 구조이며 이 방식은 오물이 직접 트랩 봉수에 있는 물 속에 잠기므로 세출식에 비하여 사용 중 냄새 발산이 적다. 세출식과 세락식은 물의 흐름에 따라 오물을 내려 보내는 것이기 때문에 평시에는 물에 접촉하지 않아 오물이 부착하기 쉬운 건조면이 넓어서 그다지 좋은 변기라고는 말할 수 없다.

---

56) flush water

❸ 사이펀식(siphon type)

그림 4-1의 (c)와 같은 구조이며 트랩 배수로에 굴곡을 많이 설치하여 배수로를 만수시켜 저항을 줌으로써 세정 시 자기사이펀작용(self siphonage)을 일으키게 하여 오물을 포함한 배수를 세정하는 것으로 세정 기능이 세락식과 세출식보다 우수하다.

❹ 사이펀제트식(siphon jet type)

그림 4-1의 (d)와 같은 구조이며 사이펀식의 자기사이펀작용을 빠르게 하기 위하여 제트구멍(분수공 : 噴水孔)을 설치하여 강력하게 물을 분출시켜 강제적으로 사이펀작용을 일으키는 방식이다. 이 방식은 자기사이펀 작용이 강력하기 때문에 냄새 발산과 오물 부착 염려가 없으며 현재의 수세식 대변기 중에서는 세정능력과 배출능력이 가장 양호한 것이라고 할 수 있다.

❺ 흡출식(blow-out type)

그림 4-1의 (e)와 같은 구조이며 작은 구멍으로 강력하게 물을 분출시켜 이 작용으로 남은 물을 배수관 쪽으로 불어내는 방식이다. 세정 기능은 좋지만 세정 시 소음이 크다.

(2) 대변기의 세정방식

대변기의 세정방식은 다음과 같이 3종류로 나눌 수 있다.

❶ 세정밸브식(flush valve system)

그림 4-3에 나타낸 것과 같은 세정밸브(flush valve)를 끼워서 급수관으로부터의 물을 직접 대변기에 급수하는 방식이다. 연속사용이 가능하고 소형이므로 장소도 많이 차지하지 않으며 세정밸브 구조상 최저 급수압은 $0.7\,\mathrm{kg/cm^2}$ 이상을 필요로 하고 순시유량(瞬時流量)이 많으므로 급수관경이 굵어지고 워터해머가 일어나기 쉽다.

또한 단시간에 다량의 물이 흐르기 때문에 인접한 수전에 영향을 미치기도 하며 세정 시 소음이 크다. 급수관의 관경이 25 mm 이상이어야 하며 고장 시 수리가 어렵다. 일반적으로 대변기에는 핸들식, 소변기에는 누름버튼식이 이용된다.

❷ 로탱크식(low tank system)

도기 등의 로탱크 내에 일정량 정수한 물을 변기에 급수하는 방식으로 탱크를 만수하는 데는 상당시간이 필요하므로 연속사용은 할 수 없다. 급수관의 압력은

0.3 kg/cm^2 이상이면 되고 세정 시 소음이 적어 공동주택, 호텔 등에 많이 사용한다.

로탱크의 용량은 일반적으로 세락식 대변기용은 13 l, 사이펀식 · 사이펀제트식 대변기용은 15 l 이지만 절수형 대변기용의 것은 사이펀식이 8 l, 사이펀제트식은 9 l 정도이며 고장 시 수리가 쉽고 단수 시에도 물을 보급할 수 있지만 공간을 많이 차지한다.(그림 4-2 (b), (c), (d))

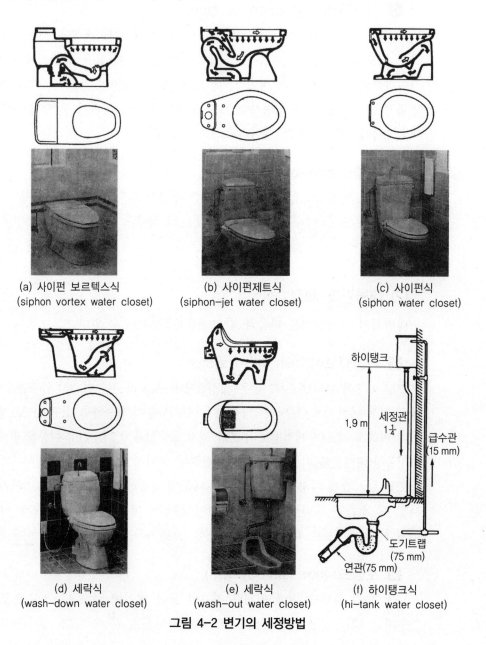

(a) 사이펀 보르텍스식
(siphon vortex water closet)

(b) 사이펀제트식
(siphon-jet water closet)

(c) 사이펀식
(siphon water closet)

(d) 세락식
(wash-down water closet)

(e) 세락식
(wash-out water closet)

(f) 하이탱크식
(hi-tank water closet)

그림 4-2 변기의 세정방법

❸ 하이탱크식(high tank system)

하이탱크에 일정량 정수한 물을 세정 시에 대변기에 급수하는 방식이다. 낙차가 크기 때문에 로탱크식과 비교하면 세정 시의 소음은 크고 설치·보수 등의 작업 시 불편하다. 하이탱크식은 사이펀식·사이펀제트식 또는 흡출식 대변기에는 사용할 수 없으며 설치높이는 1.9 m를 표준으로 하고 탱크의 용량은 15 l, 급수관의 관경은 15 mm, 급수압력은 0.3 kg/cm^2 정도이면 된다.(그림 4-2 (f))

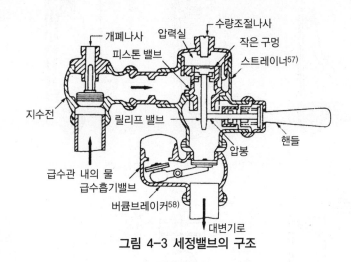

그림 4-3 세정밸브의 구조

표 4-1 변기수의 기준(인/개)

구 분	남자용(대)	남자용(소)	여자용
사 무 소	60	30	20
초 등 학 교	50	25	20
중·고등학교	100	30	45
유 치 원	79 인 이하 : 인원수/20		
	80~239 인 : 4 + (인원수 - 80/30)		
	240인 이상 : 10 + (인원수 - 240/40)		
흥 행 장 (객석 바닥면적당)	300 m^2 이하 : 15 m^{2}에 1개		
	301~600 m^2 : 20 m^{2}에 1개		
	601~900 m^2 : 30 m^{2}에 1개		
	901 m^2 이하 : 60 m^{2}에 1개		

---

57) **스트레이너**(strainer) : 배관의 밸브·기기 등의 앞에 설치하며 관속의 유체에 혼입된 불순물을 제거하여 기기의 성능을 보호하는 여과기로서 일종의 찌꺼기 제거밸브이다.

58) **버큠브레이커**(vacuum breaker) : 수판 등의 내부에 부압이 발생할 때 자동적으로 공기를 흡인하는 구조로 된 기구로 토수한 물이나 사용된 물이 역사이펀 작용으로 상수계통에 역류하는 것을 방지하는 데 이용된다.

(3) 소변기(urinal)

각종 소변기의 단면도를 그림 4-4에 나타내고 있다. 소변기의 종류에는 벽걸이형과 스톨형(stall type)[59]이 있고 구조상으로는 트랩부착형과 트랩 별도 부착형이 있다. 스톨형은 어른, 어린이 모두 사용할 수 있으므로 백화점 · 역 등 공중용으로는 좋겠지만 건조면이 넓은 것이 결점이다.

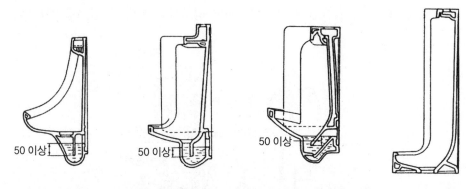

(a) 벽걸이형 소변기   (b) 벽걸이형 스톨 소변기   (c) 벽걸이형 스톨 블로아웃 소변기   (d) 스톨 소변기

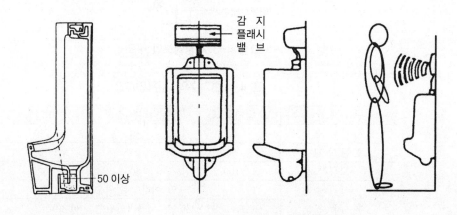

(e) 트랩 달린 스톨 소변기   (f) 열 감지식 자동세정 소변기

그림 4-4 각종 소변기(단면도)

---

59) 스톨 소변기(urinal stall) : 소변기 양 측면에 칸막이 모양의 측면이 있다. 바닥 위에 설치하는 수직형과 벽걸이형이 있다.

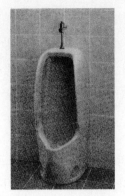
(a) 트랩 부착 중형 스톨 소변기

(b) 중형 스톨 소변기

(c) 벽걸이 대형 스톨 소변기

그림 4-5 각종 소변기

(4) 소변기의 세정방식

소변기의 세정방식에는 4종류가 있다. 또한 소변기의 1회 세정에 필요한 수량은 벽걸이형 4l, 벽걸이 스톨형 5l, 스톨형 6l 정도이다.

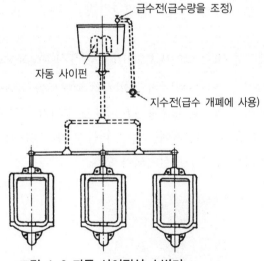

그림 4-6 자동 사이펀식 소변기

1 자동 사이펀식(automatic water siphon)

자동 사이펀을 구비한 하이탱크로부터 급수전에 의해 항상 급수하고 탱크 내의 수위가 규정 수위까지 상승하면 사이펀 작용을 일으켜 탱크 내의 물을 방출하게 되고 변기를 자동적으로 일정간격 세정하게 하는 방식으로 1~7개의 소변기를 1개의 탱크에서 세정되도록 하는 것으로 여러 종류의 탱크가 있다.

☑ 전동 또는 전자밸브식(magnetic valve)

자동 사이펀식에 의한 물의 낭비를 막기 위하여 개발된 것이다. 이 방식은 급수관에 전자밸브 또는 전동밸브를 설치하여 타이머나 소변기 트랩의 염분검출기 등에 의해 밸브를 작동시키는 것으로 여러 가지 제품이 있다.

☑ 세정밸브방식(flush valve)

소변기에 소변기용 세정밸브를 설치하여 세정밸브의 눌림버튼을 눌림으로 해서 일정시간 물을 흐르게 하여 소변기를 세정하는 것이다. 세정밸브는 급수압력에 따라 유량이 변화하므로 벽걸이형에는 $0.3 \, kg/cm^2$ 이상, 벽걸이 스톨형에는 $0.5 \, kg/cm^2$ 이상, 스톨형에는 $0.8 \, kg/cm^2$ 이상의 급수압력이 필요하다. 세정밸브의 조작은 사용자 스스로 하는 것이기 때문에 누르지 않는 사용자가 많아 그다지 좋다고는 할 수 없다.

☑ 세정수전방식

소변기에 세정수전을 설치하여 이것을 사용할 때마다 개폐해서 소변기를 세정하는 것으로 세정밸브식과 마찬가지로 그다지 좋다고는 할 수 없다.

(5) 수세기(wash basin) · 세면기(lavatory)

그림 4-7에 수세기와 세면기의 외관도를 나타내고 있다. 수세기와 세면기의 구별은 일반적으로 실용량 $3 \, l$ 이하를 수세기라 하고 그 이상을 세면기라 부른다. 대형 수세기와 세면기에는 물을 머물게 하는 배수전(water plug)이 있고 또한 일수구(overflow hole)가 설치되어 있다.

(a) 수세기　　　　　　　　　　　(b) 세면기

그림 4-7 수세기 · 세면기

물이나 탕의 공급방식에는 수세기·세면기의 종류에 따라 위생수전·탕수혼합수전 등이 있고 탕수혼합수전에는 분리형과 혼합형(centerset supply fitting)이 있다. 그 밖에 고주파를 이용한 자동수전(automatic bibb) 등이 있다.

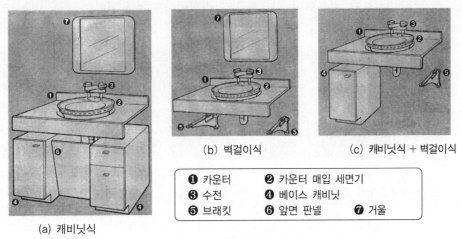

(a) 캐비닛식　　　(b) 벽걸이식　　　(c) 캐비닛식 + 벽걸이식

❶ 카운터　　❷ 카운터 매입 세면기
❸ 수전　　　❹ 베이스 캐비닛
❺ 브래킷　　❻ 앞면 판넬　　❼ 거울

그림 4-8 카운터식 세면기

(6) 욕조(bathtub)

욕조에는 일식과 양식 및 절충식이 있다. 일식은 욕조 내에서 몸을 데워 욕조 밖에서 몸을 씻는 데 반하여 양식은 욕조 속에서 몸을 씻으므로 욕조에 오버플로가 설치되어 있고 토수구(吐水口 : spout)와 샤워가 설치되어 있는 점이 다르다.

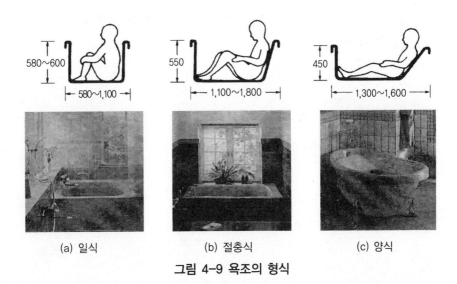

(a) 일식　　　(b) 절충식　　　(c) 양식

그림 4-9 욕조의 형식

(7) 비데(bidet)

욕실이나 변소 등에 설치되며 용기의 중앙에서 물 또는 온수를 뿜어 올려 외음부나 항문 등을 세정하는 위생기구로 고급주택이나 호텔 등의 욕실에 설치해서 주로 부인용으로 사용되며 의료용으로 병원에서도 이용된다.

  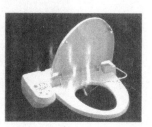

(a) 사이펀볼텍스식　　　　(b) 세미사이펀식　　　　(c) 비데세정

그림 4-10 비데

(8) 싱크(sink)

싱크에는 청소싱크(slop sink) · 조리싱크 · 세탁싱크 · 오물싱크 · 실험싱크 등이 있고 재질은 도기 외에 스테인리스 스틸로도 많이 제작되고 있다.

(9) 위생기구 부속품

위생기구 부속품으로는 각종 수전 · 샤워 · 트랩 기타 액세서리 등이 있다. 액세서리로는 거울 · 화장대 · 타올 걸이 · 화장지 걸이 · 의약품 상자 등 급배수를 수반하는 부속품 등이 있다.

4-3 위생기구 주변의 최소 공간

위생기구 주변에는 다음과 같은 최소 공간이 필요하다(단위 : cm).

① 간격 : 세면기 75, 소변기 70

② 높이 : 세면기 72, 수세기 76, 싱크 80~85, 소변기 53

③ 깊이(벽면에서) : 세면기 105, 소변기 85, 싱크 120

④ 통로 폭 : 1인 통행 60, 2인 통행 120

⑤ 대변기 부스(booth : 칸막이) : (길이 × 폭)

- 동양식 : 95 × 85,   전면 25

- 서양식 : 110 × 70,   전면 40

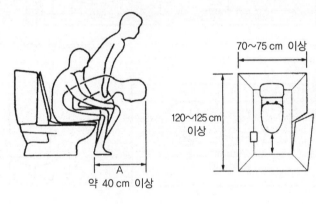

화장실 내에서의 동작을 고려하여 폭 70~75 cm 이상, 깊이 120~125 cm 이상의 스페이스가 최소한의 필요 공간이다.

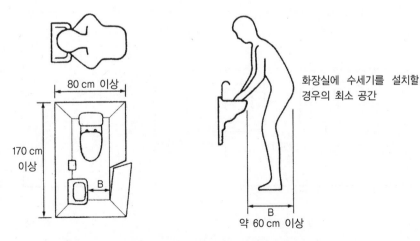

화장실에 수세기를 설치할 경우의 최소 공간

그림 4-11 화장실의 최소 필요공간

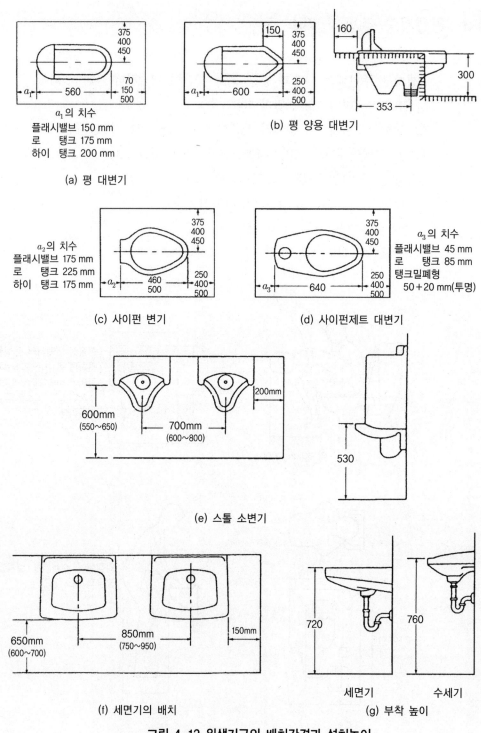

a_1의 치수
플래시밸브 150 mm
로   탱크 175 mm
하이   탱크 200 mm

(a) 평 대변기

(b) 평 양용 대변기

a_2의 치수
플래시밸브 175 mm
로   탱크 225 mm
하이   탱크 175 mm

(c) 사이펀 변기

a_3의 치수
플래시밸브 45 mm
로   탱크 85 mm
탱크밀폐형
50＋20 mm(투명)

(d) 사이펀제트 대변기

(e) 스톨 소변기

(f) 세면기의 배치

세면기   수세기

(g) 부착 높이

그림 4-12 위생기구의 배치간격과 설치높이

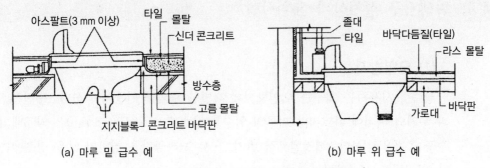

(a) 마루 밑 급수 예　　　　(b) 마루 위 급수 예

그림 4-13 평 대변기의 고정

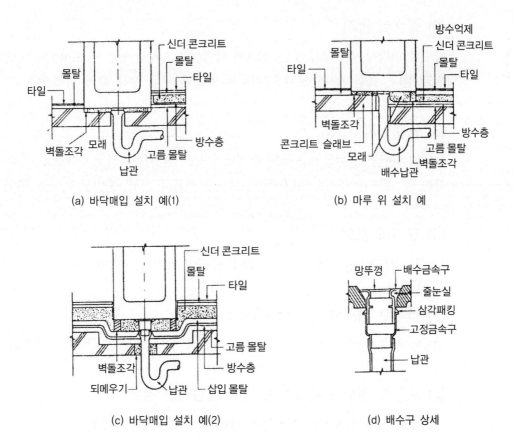

(a) 바닥매입 설치 예(1)　　　　(b) 마루 위 설치 예

(c) 바닥매입 설치 예(2)　　　　(d) 배수구 상세

그림 4-14 스톨 소변기의 고정

4-4 위생기구 설치상의 유의사항

(1) 오염방지

상수를 사용하는 기구는 오염방지에 각별한 주의를 기울여야 한다. 수전은 벽면과 수전의 위치에 따르지만 기구의 일수부(溢水部 : flood level rim)은 약 3배의 토수구 공간을 취한다. 세정밸브식 변기 등 토수구 공간을 취하지 않을 경우에는 역류 방지기를 설치한다.

(2) 물손실 방지

방수나 바닥에 배수구가 없는 실내에 설치하는 기구는 반드시 오버플로가 붙은 것으로 한다. 또한 오버플로관은 기구의 배수관 트랩 상류 측에 접속한다.

(3) 동결방지

한냉지에서는 외부에 면한 벽면에 세면기 등의 설치는 피하고 방동형 기구를 사용하는 등 급수관이나 트랩봉수의 동결을 고려해서 기구 배치나 선정을 한다.

(4) 도기의 접속

도기를 볼트로 접속할 경우 균일하게 하중이 가해지도록 해야 한다.

(5) 급배수 기구와 도기의 접속

진동과 신축 등으로 도기가 파손되지 않도록 고무 패킹을 넣어서 접속한다.

(6) 도기의 일부가 콘크리트 내에 매입되는 경우

아스팔트 등의 완충재를 이용하여 직접 밀착되는 것을 피한다.

(7) 양생

설치된 위생기구는 충분히 양생해야 한다.

4-5 위생설비의 유닛화

변소나 욕실은 위생기구나 배관 등의 설비공사 뿐만 아니라 방수나 마감 등의 일반 실내공사보다 사용재료의 종류도 많고 더욱이 협소한 장소에서 여러 직종의 작업이 뒤섞여 얽히어서 적지 않은 공기(工期)를 요하게 된다.

위생설비의 유닛화는 **공기의 단축·양산에 의한 코스트다운·공장생산에 의한 정도(精度)의 향상** 등을 목적으로 하고 있으며 설비의 프리패브화 (prefabrication)와 함께 위생설비의 유닛화는 공동주택이나 호텔 등에서 그 효과를 높이고 있다.

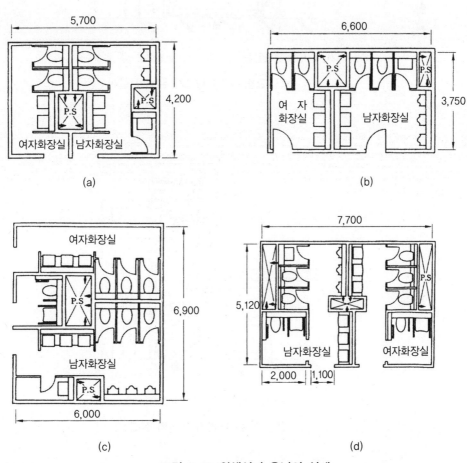

그림 4-15 위생설비 유닛의 실례

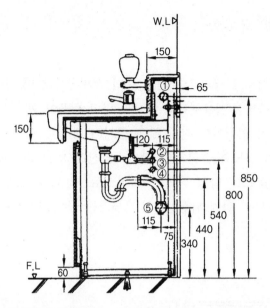

① 통기관 ② 급탕관 ③ 급수관 ④ 반탕관 ⑤ 잡배수관

그림 4-16 세면기 유닛의 실례

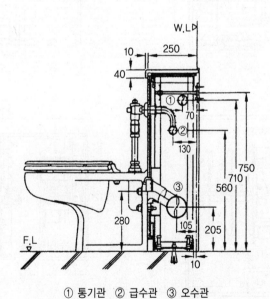

① 통기관 ② 급수관 ③ 오수관

그림 4-17 대변기 유닛의 실례

문 제

[문제 1] 위생기구의 재질이 갖추어야 할 조건에 대하여 기술하시오.

[문제 2] 대변기의 종류와 각 종류별 특징을 설명하시오.

[문제 3] 대변기의 세정방식과 각 방식에 대하여 설명하시오.

[문제 4] 소변기의 세정방식과 각 방식에 대하여 설명하시오.

[문제 5] 양식욕조와 일식욕조의 차이점을 기술하시오.

[문제 6] 위생기구 주변의 최소 공간에 대하여 스케치하면서 설명하시오.

[문제 7] 위생기구 설치 시 유의사항에 대하여 기술하시오.

[문제 8] 위생설비 유닛화에 대하여 기술하고 자신의 새로운 안을 스케치하시오.

[문제 9] 세면기 설치를 위한 배관 단면을 스케치하시오.

[문제10] 다음 용어에 대하여 간단히 설명하시오.

    ① earthenware

    ② sanitary ware

    ③ flush water

    ④ vacuum breaker

    ⑤ strainer

    ⑥ urinal stall

제5장 배수 · 통기설비

　인간이 생활하기 위해서는 반드시 물을 필요로 한다. 음료수용을 비롯하여 세탁용, 목욕용, 공장용수 등은 물론 일상에서 물이 없는 생활은 생각할 수 없다. 그리고 어떠한 형태로든지 물을 사용하였을 때는 그 물이 증발하여 없어지지 않는 한 사용한 후 더러워진 물(汚水)로 남게 된다. 그 더러워진 물을 인간이 생활하는 곳에 장시간 머무르게 하면 물이 부패하여 악취를 풍기게 되고 유해한 가스를 발생하여 상당히 비위생적인 생활환경을 야기시키게 된다. 그러므로 사용 후 더러워진 물은 될 수 있는 한 빨리 인간이 생활하는 곳에서 배출시켜 주어야만 한다.

　또한 빗물과 지하수도 해를 끼치는 경우가 있다. 비가 일시에 대량으로 내릴 때는 건축물이 침수되기도 하고 지하수가 지하실 바닥과 벽을 통해 들어오기도 한다. 이러한 빗물과 지하수를 장시간 방치해 두면 병충 발생의 원인이 되어 오수(汚水)와 마찬가지로 인체에 해를 미치고 건축물의 안전에도 영향을 미치게 된다.

　배수설비(drainage system)는 이와 같이 사용 후 필요 없게 된 오수, 우수 등을 인간이 생활하는 구역 안에서 가능한 한 빨리 배제하는 것을 그 목적으로 설치한 설비이다. 건물 옥내에서 발생하는 배수는 대소변기로부터의 오수배수와 세면기, 욕실, 주방 등에서의 잡배수가 있으며 건물 옥외에서는 옥상과 대지 내에서의 우수가 있고 공장 · 연구소 · 병원 등으로부터의 약품 · 유해 물질 방사성 물질 등을 포함한 특수배수 등이 있으며 오수와 잡배수를 합쳐서 생활배수라 부른다.

　생활배수를 1계통으로 배제하는 방식을 합류식이라 하고 오수와 잡배수를 서로 다른 계통으로 배제하는 방식을 분류식이라 부르지만 하수도 분야에서는 생활배수와 우수의 배제를 1계통으로 하는 하수도를 합류식, 생활배수는 공공하수도에 의해서 우수는 도시 하수로에 의해서 배제하는 하수도를 분류식이라 부른다. 오수 · 잡배수 · 우수를 어떠한 계통으로 배제할 것인가는 공공하수도의 유무, 공공용수역[60] 에로의 배출수의 배출기준에 따라 저절로 제한된다.

---

60) **공공용수역**(public water area) : 공공의 하천, 항만, 호소 등과 같이 그것들에 하수도 이외의 경로를 통해 유입되어 오는 모든 지천(支川), 수로, 도로 옆 도랑을 말한다.

또한 단독처리 정화조를 사용할 경우나 중수도(中水道)[61]를 쓸 경우에는 오수와 잡배수를 분리하여 별도의 배수관에 보내는데 이것을 분류식이라 하고 그 이외에는 두 가지를 합쳐 합류식 배수로 하여 1계통의 배수관으로 처리하는 일이 많다.

표 5-1 배수방식

방 식	건물 내 배수계통	부지 내 배수계통	하 수 도
합류식	오수 + 잡배수	오수 + 잡배수 우 수	오수 + 잡배수 + 우수
분류식	오 수 잡배수	오 수 잡배수 우 수	오수 + 잡배수 우 수

5-1 옥외 배수설비

구내하수(house sewer) 또는 사설하수(private sewer)라고도 하며 건물 외벽의 외면에서 1 m 되는 곳, 즉 옥내배수계통과의 경계점에서 공공 하수관까지를 말한다. 옥외 배수관의 시공은 하류로부터 연결한다.

5-2 옥내 배수설비

건물의 옥내와 외벽에서 밖으로 1 m까지를 포함한 배수계통을 말한다.

(1) 배수계통

건물내 배수는 다음 3종류가 있다.

① 오 수 : 대소변기·오물싱크·비데·변기소독기 등에서의 배수
② 잡배수 : 세면기·싱크류·욕조 등 오수 이외의 일반기구로부터의 배수
③ 우 수 : 옥상 및 경지 등에서의 우수

---

61) **중수도**(wastewater reclamation and reusing system) : 장래의 물 부족에 대비하여 배수를 재처리해서 이 처리수를 급수에 사용할 경우를 중수도라 한다. 중수도는 그 수질(水質)에 따라 허드렛물(변기세정, 살수, 청소, 세차 및 냉각탑의 보급수)이나 공업용수 등에 사용된다. 적용범위는 공업배관 및 공장에 1일 사용수량이 1,000㎥ 이상인 공장이나 500㎥ 이상의 숙박업소, 300세대 이상의 공동주택 등에 중수도 시설관리를 권장할 수 있는 범위이다.

표 5-2 순간 최대 배수시 유량 〔 l /s〕

기　구	최대 배수 시 유량	기　구	최대 배수 시 유량
대변기	2.8	공중용 욕조	1.9
소변기	0.9	샤워 배스[62]	1.4
스톨형 소변기	1.4	청소용 싱크	1.9
세면기	0.5	세탁용 싱크	1.4
수세기	0.3	조리용 싱크	0.7~1.4
주택용 욕조	0.9	바 닥 배 수	1.4~2.8

(2) 중력식(gravity drainage system)

자연유하(自然流下)방식으로서 공공 하수관보다 높은 곳에 있는 지상 부분에 쓰인다.

(3) 기계식(mechanical drainage system)

지하실처럼 공공 하수관보다 낮은 위치에 있는 배수를 배출하기 위하여 일단 배수탱크에 모은 다음 배수펌프로 양수하여 배제하는 방식을 말한다. 또한 옥내배수에서 수세식 변소로부터 배출되는 오수를 이끄는 관을 배변관(排便管) 또는 오수관(soil pipe)이라 하고 그 수직입관을 배변입관(soil stack)이라 한다. 그리고 변기 이외의 위생기구로부터 흐르게 하는 관을 배수관(waste pipe)이라 하고 그 수직입관을 배수입관(waste stack)이라 한다.

5-3 배수량 및 관경

배수관의 관경을 결정할 때에 중요한 것은 그 사용되는 1회분의 배수량보다 오히려 단위 시간당의 최대 유량이다. 순간 최대 배수 시 유량을 구체적으로 표 5-2에 나타내고 있다. 이 배수량이 최대의 순간에서의 수량을 최대 배수 시 유량이라 한다. 배수관은 이 최대 배수 시 유량에 맞는 관경을 필요로 한다. 각종 위생기구의 최대 배수 시 유량과 이에 적응하는 트랩과 이에 접속하는 기구배수관의 관경을 표 5-3에 나타내고 있다.

---

62) **샤워 배스**(shower bath) : 샤워를 이용하여 가볍게 목욕할 수 있는 설비로 샤워받이나 커튼에 의해 구획되어 물이 새어나오지 않게 되어 있다.

표 5-3 트랩 및 기구배수관의 최소 관경(공조위생공학편람 Ⅲ, p.119 표 6-2)

기 구			트랩의 최소 구경 [mm]	기구배수관의 최소 구경 [mm]	기 구			트랩의 최소 구경 [mm]	기구배수관의 최소 구경 [mm]
대 변 기			75~(100)	75~(100[1])	싱 크		청소용	60~75	65~75
소변기		벽걸이형[2]	40	40			세탁용	40	40
		스톨형, 벽걸이스톨형, 세출식[3]	50	50	복합싱크			50	50
		대붙임용, 사이펀제트, 흡출식	75	75	복합세탁싱크			50	50
공중용 수세화장실 (트러프형, 연입식)		2인 입식	50	50	세면장 연속싱크(2~4인용)			40~50	40~50
		3~4인 입식	65	65	오물용 싱크			100~125	100~125[12]
		5~6인 입식	75	75	의료용 싱크	대 형		40	40~50[13]
세면기			32	32~40[4]		소 형		40	40
수세기		보통형	32	32	치과용 유닛			32	32
		소 형[5]	25	32	화학실험용 싱크			40, 50, 65[14]	40, 50, 65[14]
치과용 세면기			32	32~40[6]	싱크[15]		부엌, 주택용	40~50[16]	40~50
이발, 미용용 세면기			32	32~40[7]			호텔공중용(영업용)	50	50
음수기			32	32			소다화운틴(바용)	32	32~40
타 구			32	32			팬트리용, 접시세정용	40~50[17]	40~50
욕 조		서양식	40	40~50[8]			야채세정용	50	50
			50	50			탕비용	50	50
		동양식, 주택용	40	40~50[9]		디스포 우저용	주택용	40	40
		공 용	50~75[10]	50~75			영업용(대형)	50	50
칸막이 샤워			50	50	전기세탁기(주택용)			40	40
비 데[11]			32	32	바닥배수			40~75[18]	40~75

(주) 1) 동양식 대변기는 최근 그 배수구 외경이 92 mm(내경 75 mm)로 되어 서양식 대변기와 같게 되었다.

    2) JIS U 220형

    3) JIS U 120형(1975년 개정된 JIS에서는 폐지되었다.)

    4), 6), 7) 기구배수관은 32 mm로 해도 되지만 아무래도 통기관이 불완전하고 특히 세면기에 대해서는 루프 통기가 대부분이므로 다소라도 공기유통을 좋게 하기 위하여 또한 세면기의 배수관에는 비누 등으로 관경이 축소되기 쉬우므로 기구배수관은 되도록 40 mm로 하는 것이 바람직하다.

    5) 주로 소형 주택, 아파트의 화장실 내에 설치하는 수세전용의 것으로 오버플로가 없는 것임. 단, 이 트랩에 접속하는 기구배수관은 32 mm로 할 것.

    8), 9) 40 mm의 기구배수관을 쓸 때는 통기관을 완전하게 하고 통기불량의 우려가 있을 때에는 50 mm로 한다. 또한 욕조 위에 샤워의 설치 여부와 관계없이 트랩 및 기구배수관의 관경에는 변함이 없다.

    10) 목욕통의 용량에 따라 구경을 결정한다.

    11) 물의 분출구가 타일바닥에 있고 물속에 잠길 때도 있으므로 미국에서는 그 사용을 금지하고 있는 곳도 있다.

    12) 제품 종류에 따라 100 mm와 125 mm의 두 종류가 있다.

    13) 상기 4), 6), 7)과 같은 이유에 의한다.

    14) 제품 종류에 따라 40 mm, 50 mm, 65 mm가 있다.

    15) 여기서 싱크라 함은 주방용 싱크 및 이와 유사한 것을 말한다.

    16), 17) P트랩일 때는 40 mm, 그리스 트랩일 때는 50 mm로 한다.

    18) 바닥배수는 설치하지 않는 것을 원칙으로 하나 부득이한 경우 각 기구의 사용개소, 사용목적에 따라 구경이 다르다.

5-4 배수방법

(1) 합류 배수방식

오수 · 잡배수의 구별 없이 양자를 모아서 배수하는 방식이며 이 방식은 합류 하수관이 설치되어 있는 지역 또는 오수 · 잡배수의 합병처리[63] 시설을 설치한 건물에만 가능한 방식이다.

(2) 분류 배수방식

건물 내의 배수를 오수와 잡배수로 나누어 배수하는 방식이며 합류 배수방식을 채용할 수 없는 건물에서는 오수를 단독으로 오물정화조로 도입하여 처리한 후 잡배수와 합류 배제한다.

5-5 배수 · 통기설비의 구성

배수 · 통기설비(drainage and vent system)의 구성과 배수관 및 통기관 각부의 명칭을 그림 5 - 1 나타내고 있다.

(1) 기구배수관(fixture drain)

기구로부터의 배수가 거의 만수상태로 흐르기 때문에 자기사이편 작용에 의한 트랩봉수의 파괴를 방지하기 위하여 각개통기관[64]을 설치하는 것이 바람직하다. 기구배수관의 구경은 각개통기관을 설치하지 않을 경우에는 트랩의 자기사이편작용[65]을 방지하기 위하여 다른 것에 비하여 굵게 하는 것이 좋다.

(2) 배수횡지관(horizontal branch)

기구로부터의 배수는 그 피크 유량의 절정을 다소 무너뜨리면서 흐르고 배수입관에 유입한다. 배수횡지관의 허용유량은 해당기구로부터의 배수량이 입관 접속개

---

[63] **합병처리** : 분뇨정화조의 처리방식 중 하나이며 분뇨뿐 아니라 부엌, 욕실, 세면장 등으로부터의 잡배수도 아울러 처리하는 방식이다. 살수여과방식, 활성오니방식 등이 있다.

[64] **각개통기관**(individual vent pipe) : 1개의 트랩봉수를 보호할 목적으로 그 트랩의 오버플로보다 높은 위치에서 통기계통으로 접속하거나 대기 중으로 개구하도록 설치한 통기관을 말한다.

[65] self – siphonage : 배수관속이 만수상태로 흐를 때 봉수가 파괴되는 작용을 말한다.

소에서 만류가 되는 유량이다. 각 기구의 트랩에 각개 통기관을 설치하지 않을 경우에는 각 기구의 트랩봉수를 간접적으로 보호하기 위하여 최상류의 기구배수관 접속 바로 직후에 루프통기관(loop vent)을 설치한다.

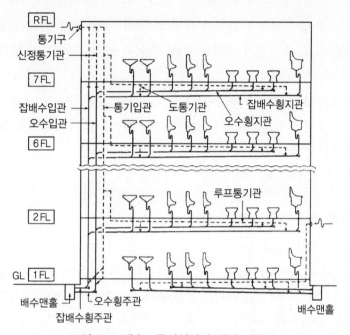

그림 5-1 배수 · 통기설비의 배관 계통도

(3) 배수입관(drainage stack)

배수입관의 최상부는 신정통기관(stack vent)으로 같은 구경의 것으로 대기에 개구시키지만 배수횡지관으로부터의 설계유량이 배수입관에 유입하면 배수는 입관 반대 측의 관벽에 충돌하여 일시 이 접속부를 만수상태로 흘러내리기 때문에 이때 입관의 부위는 부압[66]이 된다. 배수가 입관을 흘러내리기 시작하면 배수는 물이 돌면서나가기도 하고 유속도 빨라지겠지만 배수와 관벽 또는 공기핵과의 마찰에 의해 일정거리를 흘러내리면 일정한 유속으로 된다. 이 거리를 종국길이(terminal length)[67]라 하고 이때의 유속을 종국속도(terminal velocity)라 한다.

종국길이의 거리와 종국속도의 값은 흘러내린 유량 · 관종에 따라 다르지만 50~

---

66) 부압(negative pressure) : 대기압을 기준으로 하여 그것보다 작은 압력을 말한다.

67) 종국길이(terminal length) : $L_1 = 0.1441 V_1$ (L_1 : 종국길이 [m], V_1 : 종국속도 [m/s])

$\qquad\qquad\qquad\qquad$ $V_1 = 0.635(Q/D)^{2/5}$ (Q : 배수유량 [ℓ/s], D : 배수관 내경 [m])

100 mm 관에 설계유량을 흘러내린 경우의 종국길이는 1.5~6 m 정도, 종국속도는 2.5~6 m/s 정도이고 양쪽 다 관경이 큰 쪽이 큰 값이 된다. 따라서 유입점에서 1~2층분을 흘러내리면 배수는 일정한 속도로 흘러내리므로 고층건축의 배수입관에서도 특별한 고려는 필요하지 않다. 배수의 유입점에서 1~2층분 흘러내린 곳에서는 부압이 최대가 되지만 배수의 흘러내림에 대해서 공기핵의 공기가 수반되기 때문에 그 이후 입관 내의 기압은 정압 측으로 증가해가고 입관의 토대에서는 정압이 최대가 된다.

이 정압을 피하기 위하여 설치한 것이 통기입관(vent stack)이다. 배수입관의 허용 충수율[68]은 통기입관을 설치한 경우에는 0.3, 통기입관을 설치하지 않은 싱글스택방식(single stack system) 경우에는 0.18이고 주로 연속배수를 받아들일 경우에는 각각 0.25 및 0.20이다.

(4) 배수횡주관(building drain)

배수입관 내를 종국속도로 흘러내려온 배수가 배수횡주관에서 방향전환을 하면 횡주관에 있어서는 그와 같은 빠르기의 유속을 견딜 수 없기 때문에 입관 토대에서 입관경의 10배 정도 흘러내린 곳에서 도수현상(hydranlic jump)[69]을 일으키고 그 후에는 만수에 가까운 상태로 횡주관내를 흘러내린다.

(5) 배수관의 구배

기구배수관의 횡주부, 배수횡지관 및 배수횡주관 등의 횡주배수관은 凹凸이 없도록 배관하고 그 최소 구배는 관경 75 mm 이하는 1/50, 관경 100 mm 이하는 1/100로 한다. 또한 구배가 너무 급하면 관내 수심이 얕아져서 물만 먼저 흘러 고유물을 관내에 남기게 되어 막힘의 원인이 되므로 주의하여야 한다. 건물 내 배수횡지관의 일반적인 구배는 HASS[70] 206에 의하면 표 5-4와 같다.

표 5-4 배수횡지관의 구배

관경 [mm]	구 배	관경 [mm]	구 배
75 이하	최소 1/50	125	최소 1/150
75, 100	최소 1/100	150 이상	최소 1/200

---

68) **충수율(充水率)** : 배수입관의 단면적에 대한 흘러내린 물의 단면적이 점하는 비율을 말한다.

69) **도수현상(hydranlic jump)** : 배수입관의 바닥부분에 수직으로 낙하해온 배수가 횡주관으로 90° 방향을 바꾸면서 곡심부의 원심력이 작용하여 횡주관 바닥부분에 접하는 흐름현상

70) **HASS**(Heating, Air-Conditioning and Sanitary Standards) : 공기조화·위생공학회 규격의 약칭

5-6 트랩의 목적과 종류

위생기구 · 바닥배수 등을 배수관에 직접 접속하면 배수관 내의 악취 · 유독가스 · 미생물 등이 실내에 들어온다. 이것을 방지하기 위해서 고안된 것이 트랩(trap)이다. 트랩은 기구로부터 배수관 도상에 물 모임을 만들어 주게 되며 이 물 모임을 봉수(trap seal)라 하고 봉수에 의해 악취 · 유독가스 · 미생물 등이 실내에 들어오는 것을 막아준다.

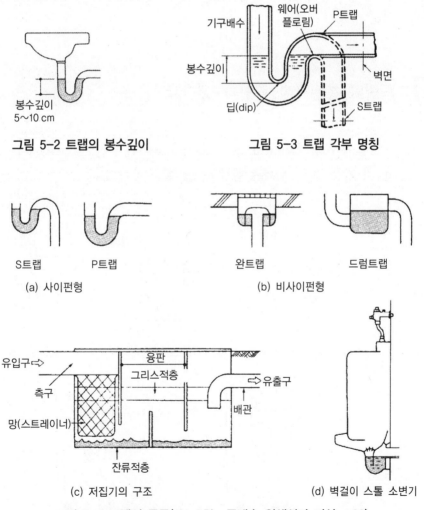

그림 5-2 트랩의 봉수깊이

그림 5-3 트랩 각부 명칭

(a) 사이펀형

(b) 비사이펀형

(c) 저집기의 구조

(d) 벽걸이 스톨 소변기

그림 5-4 트랩의 종류(オ-ム社 : 급배수 위생설비 지식 p.66)

봉수의 깊이가 얕으면 배수관의 기압변동에 의해 파봉(seal destruction)하기 쉽고 깊으면 자정작용이 없어져서 고형물이 쌓여 막히기 쉽기 때문에 봉수의 깊이 (water seal depth)는 50 mm 이상 100 mm 이하로 하도록 되어 있다. 그림 5 - 2에 트랩의 봉수깊이를 나타내고 있다. 그림 5 - 3에 트랩 각부의 명칭을, 그림 5 - 4에 트랩형상에 따른 분류를 나타내고 있다. 그림 5 - 3에 나타내고 있는 트랩은 모두 관을 휘어 만든 형상이므로 관트랩이라 부른다.

트랩에는 관트랩 외에 트랩 기구를 내장하고 있는 위생기구나 배수관에 지장을 주는 유해물질이나 회수를 요하는 물질의 관내 유입을 저지 · 수집하는 구조를 가진 저집기 등이 있다. 저집기에는 드럼트랩(drum trap) · 그리스트랩(grease trap) 등이 있다.

5-7 트랩의 봉수파괴 원인과 통기관

트랩 봉수의 파괴(break down of seal water) 원인으로는 자기사이펀 작용, 배수관 내 기압 변동, 모세관 현상, 증발 현상 등이 있다.

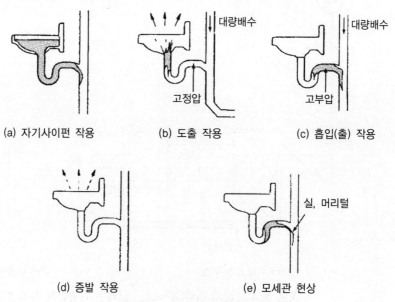

(a) 자기사이펀 작용   (b) 도출 작용   (c) 흡입(출) 작용

(d) 증발 작용   (e) 모세관 현상

그림 5-5 트랩의 봉수파괴 원인

(1) 자기사이펀 작용에 의한 봉수파괴

배수 시에 기구·트랩 및 기구배수관이 동시에 만수하여 흐르게 될 때 트랩 내의 물이 자기사이펀 작용을 일으켜 배수 쪽으로 흡인되는 것을 말한다. 기구의 형상이나 기구배수관의 형상에 따라 배수 종료 후 트랩의 봉수면이 그림 5-3에 나타낸 딥(dip)보다 아래가 되어 파괴된다.

S트랩은 자기사이펀 작용에 의한 봉수의 파괴가 특히 심하다. 그러나 사이펀식 또는 사이펀제트식 대변기처럼 자기사이펀 작용을 이용하여 배수하는 것도 있고 자기사이펀 작용 종료 후에 봉수가 보급되면 문제는 없다.

일반 기구에는 세면기처럼 밑이 둥근 바닥 형상의 기구는 자기사이펀 종료 후 봉수 보급이 적고 욕조·싱크처럼 밑이 평평하고 넓은 것은 자기사이펀 종료 후 봉수 보급이 많다. 자기사이펀 작용을 방지하는 데는 사이펀 작용이 일어나지 않도록 각개통기관을 설치한다.

(2) 모세관 현상에 의한 봉수파괴

트랩의 오버플로 부분에 실이나 머리털 등이 걸려서 아래로 늘어뜨려져 있으면 봉수가 모세관 현상에 의해 서서히 배수관 쪽으로 유출해 버리는 현상으로 이것을 막기 위해서는 되도록이면 내면이 매끈매끈한 트랩을 사용하는 수밖에 없다.

(3) 자연증발에 의한 봉수파괴

트랩의 봉수는 물이기 때문에 오랫동안 사용하지 않는 개소나 사용시간 간격이 긴 기구에서는 트랩을 설치하여도 봉수는 자연증발해 버린다. 특히 여름 휴가철 장기간 집을 비울 때 일어나기 쉽다.

이와 같은 경우에는 봉수 보급장치를 설치하는 것이 좋으며 바닥을 청소하는 일이 드문 바닥 트랩의 경우 물의 보급을 게을리하여 봉수가 파괴되어 악취가 나는 경우가 있으므로 봉수 보급에 유의해야 한다.

(4) 흡입(출) 작용에 의한 봉수파괴

입관에 접근해서 기구가 설치되어 있을 때 입관의 상부에서 일시적으로 다량의 물이 떨어지면 입관과 횡관의 연결부 부근이 순간적으로 진공상태가 되어 트랩의 물을 흡출하게 되어 일어나는 현상으로 통기관을 설치하여 봉수파괴를 방지한다.

(5) 도출 작용(跳出作用)에 의한 봉수파괴

트랩에 이어진 기구배수관이 배수횡지관을 경유 또는 직접 배수입관에 연결되어 있을 때 이 횡지관 또는 입관 내를 일시에 다량의 배수가 흘러내리려 하는 경우 그물 덩어리가 일종의 피스톤 작용을 일으켜 하류 또는 하층 기구의 트랩내 봉수를 공기의 압박에 의해 역으로 실내 쪽으로 불어내는 현상을 말한다.

(6) 관성에 의한 봉수파괴

보통은 잘 일어나지 않는 현상이다. 위생기구의 물을 급격하게 배수할 경우 혹은 강풍과 같은 외부의 원인으로 배관 내에 급격한 압력변화가 일어나 봉수면에 상하 요동(진동)을 일으켜 사이펀을 일으키거나 또는 사이펀을 일으키지 않고도 봉수가 파괴되는 경우가 있다. 이것은 통기관을 설치하여도 막을 수 없다.

5-8 옥내배수관의 구배

옥내배수관(기구배수관·배수횡지관·배수횡주관)의 구배는 원칙적으로 관경 (mm)의 역수보다 적으면 안 된다. 관경 250 mm 이상은 유속이 적어도 0.6 m/s가 되도록 해야 하며 옥내배수관의 유속은 0.6~1.2 m/s 가 적당하다. 배수관의 구배는 급구배로 하는 것이 좋지만 지나치게 급구배로 하게 되면 관내에 흐르는 물의 수심 이 얕고 물이 빨리 흘러내리므로 고형물이 흘러내리지 못하게 된다.

또 같은 유량에 대하여 관경을 필요 이상으로 크게 하여도 관내에 흐르는 물의 수심이 얕아지고 유속이 감소하게 되므로 오물을 밀어 흘러내릴 수 있는 힘이 약해 져 물만 흘러내리고 고형물은 관내에 남아있게 된다. 일반적으로 적당한 배수관의 구배는 1/25~1/100이다. 1/50 이상의 구배는 트랩 봉수에 사이펀 현상을 일으키기 쉽다. 옥내배수관의 최소 구배를 표 5-5에 나타내고 있다.

표 5-5 옥내배수관의 최소 구배

배수관 구경 〔mm〕	최소 구배
32~75	1/25
100~200	1/50
250 이상	1/100

5-9 배수관경 결정법

배수관의 관경을 결정할 때는 기구배수관은 기구의 트랩구경 이상, 배수횡지관은 이것에 접속하는 기구배수관의 관경 이상으로 하며 배수입관은 이것에 접속하는 배수횡지관의 관경 이상으로 하는 등 배수가 흘러내리는 방향의 관경을 축소하지 않는 것을 전제로 한다. 옥내배수관의 관경은 다음 각 항에 의하여 결정된다.

① 그 계통이 담당하는 기구배수단위의 누계에 의해서 구한다.

② 배수관지관의 관경은 이것에 접속하는 위생기구에 부속하는 트랩 중 최대 구경의 것 이상으로 해야 한다. 대변기를 접속할 경우 그 배수횡지관의 관경은 대변기가 1개일 경우에는 내경 75 mm 이상, 2개 이상일 경우에는 100 mm 이상으로 한다.

③ 배수입관의 관경은 이것에 접속하는 배수횡지관의 관경보다 작아서는 안된다.

④ 펌프류에서 배출된 물을 옥내배수관에 합류시키는 경우에는 기구의 배수단위에 상당하는 수치로 환산해서 그 이후의 관경을 결정한다.

다음에 실제 배수관경 결정방법의 실례를 들어보기로 한다. 위생기구가 1개인 경우는 표 5-3의 기구배수관의 최소 구경과 같이 하면 된다. 그러나 동일 횡지관에 2개 이상의 위생기구를 접속하는 경우에는 관경을 구하는 것이 어려운 문제이다.

만일 동일 횡지관에 속하는 위생기구가 전부 동시에 사용된다고 하면 표 5-8을 이용해서 관경을 결정하면 된다. 그러나 실제 각종 위생기구가 전부 동일시각에 사용되는 일은 없다. 그래서 배수관의 관경을 결정하는 데는 각 기구에 있어 항상 일어날 가능성이 있는 최대 배수 시의 유량을 알 필요가 있다.

표 5-6 횡주배관의 구배와 그 유량

관경 (mm)	배관의 구배		
	1/100	1/50	1/25
75	144	205	292
100	308	435	618
125	547	776	1,097
150	875	1,240	1,760
200	1,840	2,596	3,680

현재 사용되고 있는 배수관의 관경 결정방법은 ASA(American Standard Association)에서 채용된 NPC(National Plumbing Code)에 의한 기구배수 부하단위법과 일본의 HASS(Heating, Air-Conditioning and Sanitary Standards) 206의 정상유량법이 있다. 여기에서는 종래 많이 사용해 오던 기구배수 부하단위법에 대해서 설명하기로 한다.

미국에서 구경 32 mm($1\frac{1}{4}$B)의 트랩을 가진 세면기의 배수량 28.5 l/min(7.5 gal/min)를 1로 하여 이것을 기준으로 하여 거기에 기구의 동시사용률과 기구 종별에 의한 사용빈도 및 사용자의 종류 등을 감안하여 이들의 인수를 가미한 기구배수 부하단위수(fixture unit value as load factors)라는 것을 결정하고 세면기의 배수 부하단위를 1로 정하였다. 이것을 기본으로 표 5-7에 각종 기구의 기구배수 부하단위수를 결정하고 있다.

그러나 연구실용 싱크·병원용 특수 위생기구 등 특수 목적을 위하여 만들어져 있는 것은 표 5-7에 의해 평가하기가 곤란하므로 표 5-7에 없는 것에 대하여서는 기구배수관 또는 트랩의 구경이 32, 40, 50, 65, 75, 100 mm일 때 각각 기구배수 부하단위수는 1, 2, 3, 4, 5, 6으로 한다.

따라서 기구배수 부하단위법에 의해서 배수관의 관경을 결정할 때는 표 5-3과 표 5-7에 의해 트랩경을 정하고 배수관 각부가 담당하는 기구배수 부하단위수를 계산하여 총 기구배수 부하단위수를 구한 후 표 5-8과 표 5-9에 의해 횡주관 및 입관의 관경을 결정한다.

표 5-7 각종 위생기구의 트랩구경과 기구배수 부하단위수

기 구		부호	부속트랩의 구경[mm]	기구배수 부하단위수[fu]	기 구		부호	부속트랩의 구경[mm]	기구배수 부하단위수[fu]
대변기	FT	WC	75	4	접시세정기			40	2
	FV	WC	75	8	싱 크	가정용	KS	40	2
소변기	벽걸이형	U	40	4		탕비용	KS	50	3
	연립식	U	40	2		영업용	KS	50	4
세면기		Lav.	32	1	세탁싱크		LT	40	2
수세기		WB	25	0.5	청소싱크		SS	65	3
음수기		F	30	0.5	오물싱크			75	4
비 데		B	40	2.5	배선싱크		PS*	40	2
욕 조	주택용	BT	40~50	2~3	배선싱크		PS	50	4
	공중용	BT	50~75	4~6	화학실험싱크		LS	30	0.5
샤 워	주택용	S	40	2	바닥배수		FD	40	0.5
	연립식	S	50	3	바닥배수		FD	50~75	1~2

※ PS : pantry sink

표 5-8 배수횡주관 및 입관의 허용 최대 배수(공기조화위생공학 편람 Ⅲ, p.125)

관경 [mm]	허용 최대 단위 수											
	배수 수평 지관			3층 건물 또는 지관 간격 3을 가진 1수직관			3층 건물 이상의 경우					
							1수직관에 대한 합계			1층분 또는 1지관 간격의 합계		
	실용 배수단위	할인율 [%]	미국규격 (배수단위)	실용 배수단위	할인율 [%]	미국규격 (배수단위)	실용 배수단위	할인율 [%]	미국규격 (배수단위)	실용 배수단위	할인율 [%]	미국규격 (배수단위)
(a)	(b)		(c)	(d)		(e)	(f)		(g)	(h)		(i)
30	1	100	1	2	100	2	2	100	2	1	100	1
40	3	100	3	4	100	4	8	100	8	2	100	2
50	5	90	6	9	90	10	24	100	24	6	100	6
65	10	80	12	18	90	20	38	90	42	9	100	9
75	14	70	20※	27	90	30☆	54	90	60☆	14	90	61※
100	96	60	160	192	80	240	400	80	500	72	80	90
125	216	60	360	432	80	540	880	80	1,100	160	80	200
150	372	60	620	768	80	960	1,520	80	1,900	280	80	350
200	840	60	1,400	1,760	80	2,200	2,880	80	3,600	480	80	600
250	1,500	60	2,500	2,660	70	3,800	3,920	70	5,600	700	70	1,000
300	2,340	60	3,900	4,200	70	6,000	5,880	70	8,400	1,050	70	1,500
375	3,500	50	7,000									

(주) 1) ※표 : 대변기 2개 이내로 함. ☆표 ; 대변기 3개 이내로 함.
2) 이 표는 미국규격으로 American Standard National Plumbing Code, Minimum Requirements for Plumbing ASA 1955임.
3) 실용배수단위는 미국규격배수단위에 할인율을 적용한 것임.

표 5-9 가옥 배수횡주관 및 부지배수관의 허용 최대 배수단위(공기조화위생공학 편람 Ⅲ, p.124)

관경 mm	구 배											
	1/192			1/96			1/48			1/24		
	실용 배수단위	할인율 [%]	미국규격 (배수단위)	실용 배수단위	할인율 [%]	미국규격 (배수단위)	실용 배수단위	할인율 [%]	미국규격 (배수단위)	실용 배수단위	할인율 [%]	미국규격 (배수단위)
(a)	(b)		(c)	(d)		(e)	(f)		(g)	(h)		(i)
50	-	-	-	-	-	-	21	100	21	16	100	26
65	-	-	-	-	-	-	22	90	24	28	90	31
75	-	-	-	18	90	20※	23	85	27※	29	80	36※
100	-	-	-	104	60	180	130	60	216	150	60	250
125	-	-	-	234	60	390	288	60	480	345	60	575
150	-	-	-	420	60	700	504	60	840	600	60	1,000
200	840	60	1,400	960	60	1,600	1,152	60	1,960	1,380	60	2,300
250	1,500	60	2,500	1,740	60	2,900	2,100	60	3,500	2,520	60	4,200
300	2,340	60	3,900	2,760	60	4,400	3,360	60	5,600	4,020	60	6,700
375	3,500	50	7,000	4,150	50	8,300	5,000	50	10,000	6,000	50	12,000

(주) ※표 : 대변기 2개 이내로 함.

```
┌─────────────────────────────────────────┐
│              연 습 문 제                  │
└─────────────────────────────────────────┘
```

[예제 1] 다음과 같은 사무소 건축의 배수횡(수평)지관의 관경을 구하시오. 단, 설치된 위생기구는 세정밸브 대변기(WC) 10개, 스톨형 소변기(U) 8개, 세면기(Lav) 6개, 탕비용 싱크(KS) 1개, 청소 싱크(SS) 1개, 바닥배수(FD) 2개가 설치되어 있다.

풀이 먼저 표 5 - 7에서 각 기구배수 부하단위수를 적용하여 총 기구배수 부하단위수를 구한다.

$$
\begin{aligned}
\text{세정밸브 대변기(WC)} \quad 10 \times 8 &= 80 \\
\text{스톨형 소변기(U)} \quad 8 \times 4 &= 32 \\
\text{세면기(Lav)} \quad 6 \times 1 &= 6 \\
\text{탕비용 싱크(KS)} \quad 1 \times 3 &= 3 \\
\text{청소싱크(SS)} \quad 1 \times 3 &= 3 \\
\underline{\text{바닥배수(FD)} \quad 2 \times 2} &= \underline{4} \\
\text{총 기구배수 부하단위수} \quad &= 128
\end{aligned}
$$

표 5 - 8에서 배수수평지관의 실용배수단위 (b)에서 총 기구배수 부하단위수(허용 최대 단위 수) 128에 가까운 216을 채택하고 좌측의 관경 (a)열에서 배수횡(수평)지관의 관경으로 125 mm를 채용한다. 125 mm 관을 사용하면 허용 최대 기구 배수단위수로는 216에 상당하는 배수량을 받을 수 있게 된다.

[예제 2] 예제 1에서 배수입관의 관경을 구하시오.

풀이 총 기구배수 부하단위수가 128이므로 표 5 - 8에서 3층 건물 또는 지관 간격 3을 가진 1수직관의 실용배수단위 (d)에서 128에 가까운 192를 채택하고 관경 (a)열에서 100 mm 관을 배수수직관으로 사용하면 배수단위수 192에 상당하는 배수량을 흘러 보낼 수 있다. 그러나 배수횡지관의 관경이 125 mm이므로 최소 배수입관을 배수횡지관의 관경 이상으로 하기 위하여 배수입관의 관경을 125 mm로 결정한다.

[예제 3] 예제 1에서 주어진 사무소 건축이 7층 건물이라면, 그리고 이때 각 층의 위생기구 수를 예제 1과 같다고 할 때 전 배수량을 동일 배수입관으로 흐르게 하려면 배수입관의 관경은 얼마로 해야 할 것인가?

풀이 한 층의 총 기구배수 부하단위수가 128이므로 7층 건물에서는 배수수평지관 7개가 배수입관에 접속된다. 따라서 배수입관이 담당하는 총 기구배수 부하단위수는 128×7 = 896, 지관 간격은 6이 되므로 표 5 - 8에서 3층 건물 이상의 경우 1수직관에 대한 합계 실용배수단위 (f)에서 896보다 크고 가까운 1,520을 채택하면 배수입관의 관경은 관경 (a)열에서 150 mm가 된다. 그리고 지관 간격마다 (h)열의 배수단위수 280을 초과하는 횡지관이 없으므로 이 관경으로 충분하다.

[예제 4] 예제 3의 배수입관이 배수를 받아서 배출하기 위한 가옥배수 횡주관 및 부지 하수관의 관경을 구하시오. 단, 가옥배수 횡주관의 구배는 1/96으로 한다.

풀이 예제 3에서 총 기구배수 부하단위수가 896이므로 표 5 - 9의 구배 1/96의 실용배수단위 (d)에서 총 기구배수 부하단위수 896보다 크고 가까운 수 960을 채택하면 관경 (a)열에서 가옥배수 횡주관의 관경은 200 mm가 된다. 부지 하수관의 관경도 동일하게 200 mm로 한다.

문 제

[문제 1] 학교 건축의 배수횡지관 관경을 구하시오. 단, 설치된 위생기구 수는 세정밸브 대변기 20개, 스톨형 소변기 20개, 세면기 10개, 청소싱크 4개, 바닥배수 8개가 설치되어 있다.

[문제 2] 문제 01에서 배수입관의 관경을 구하시오.

[문제 3] 문제 01의 학교 건축이 4층이고 각 층의 위생기구 수가 문제 01과 같은 경우 전 배수량을 동일 배수입관으로 흐르게 할 때 배수입관의 관경을 구하시오.

[문제 4] 문제 03의 배수입관 배수를 받아서 배출하기 위한 가옥배수 횡주관 및 부지하수관의 관경을 구하시오. 단, 가옥배수 횡주관의 구배는 1/96으로 한다.

[문제 5] 옥내배수설비의 배수계통에 대하여 기술하시오.

[문제 6] 배수통기설비의 배관계통도를 스케치하면서 배수관 및 통기관 각 부에 대하여 설명하시오.

[문제 7] 트랩의 목적과 종류에 대하여 기술하시오.

[문제 8] 트랩의 봉수파괴 원인에 대하여 스케치하고 설명하시오.

[문제 9] 다음 용어에 대하여 간단히 설명하시오.
① public water area
② 중수도
③ shower bath
④ 각개통기관
⑤ self siphonage
⑥ 충수율
⑦ 도수현상

5-10 우수배수설비

(1) 우수배수

건물의 지붕면에 내리는 빗물은 거의 침투되지 않고 지붕 면적 또한 크지 않으므로 우수입관에 도달하는 시간도 짧다. 더욱이 옥상은 여러 가지 목적에 사용되는 일이 많아 먼지·모래·진흙 등이 혼입될 우려가 많으므로 우수배수관의 구경은 단시간의 호우를 고려하여 정해 두는 것이 안전하다.

① 지붕, 광장, 안마당 등에 내린 빗물은 하수도가 합류식인 지역에서는 오수·잡배수와 함께 합류배수관에, 분류식 지역에서는 우수개천에, 또한 오물정화조를 필요로 하는 지역에서는 잡배수와 함께 하수도에 배수시킨다.

② 우수입관은 오수·잡배수 또는 통기용 배관으로 사용해서는 안 된다. 우수입관에 오수관이나 잡배수관을 접속하게 되면 입관이 막혔을 때 우수가 기구에 넘쳐 나오게 되며 기구 트랩의 봉수를 파괴하게 된다. 또한 우수입관에 통기관을 접속하면 비가 올 때 통기관 내의 공기 유통을 저해하게 되어 이상 기압상승을 일으키는 일도 있다.

표 5-10 우수배수 횡주관의 구경

관경 [mm]	허용 최대 수평 지붕면적 [m^2]		
	배관 구배		
	1/25	1/50	1/100
(a)	(b)	(c)	(d)
75	153	108	76
100	349	246	175
125	621	438	310
150	994	701	497
200	2,137	1,514	1,068
250	3,846	2,713	1,923
300	6,187	4,366	3,094
375	11,055	7,804	5,528

※ 출처 : American Standard National Plumbing Code, p.107, Table3.6.2.

표 5-11 우수입관의 관경

관경 [mm]	50	65	75	100	125	150	200
허용 최대 지붕면적 [m²]	67	121	204	427	804	1,254	2,694

※ 출처 : American Standard National Plumbing Code, p.107, Table 13.6.2.

(2) 우수배수관의 관경

건물의 우수배수관 구경을 결정하기 위하여 쓰이는 지붕면적 또는 배수면적은 수평투영면적을 이용한다. 표 5-10에 최대 강수량 100 mm/h를 기준한 관경을 나타내고 있다.

표 5-10과 표 5-11은 최대 강수량 100 mm/h 를 기초로 산출한 것이므로 그 이외의 우량에 대한 허용 최대 지붕면적은 표의 값에 "100/그 지역의 최대 우량"을 곱하여 산출한다. 또한 지붕 위에 벽면이 있을 경우(예 : 옥탑의 벽면)에는 바람이 셀 때는 빗물이 수직면과 30° 각도로 세차게 불기 때문에 그 벽면적의 50 %를 지붕면적에 가산한다.

[예제 5] 그림 5-6에 나타낸 우수관의 관경을 구하시오. 단, 설계대상 지역의 최대 우량은 75 mm/h, 횡주관의 구배는 배수 맨홀까지는 1/50이고 배수 맨홀 이후는 1/100이다.

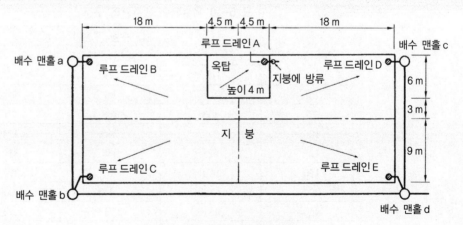

그림 5-6 예제 5의 지붕평면도

풀이 루프 드레인 A가 받아들이는 옥탑의 지붕면적은 6 m × 9m = 54 m²이니까 옥탑의 루프 드레인 A에서 지붕에 떨어지는 우수입관의 관경은 표 5-11에서 50 mm(우량 75 mm/h에서의 허용최대 지붕면적은 67 m² × 100/75 = 89 m²)로 한다.

루프 드레인 B가 받아들여야 할 지붕면적은 $[(22.5\,m \times 9\,m) - (4.5\,m \times 6\,m)] +$ $1/2[(6\,m \times 4\,m) + (4.5\,m \times 4\,m)] = 196.5\,m^2$. 따라서 루프 드레인 B의 우수입관 은 표 5-11]서 75 mm(우량 75 mm/h에서의 허용 최대 지붕면적은 $204\,m^2 \times$ $100/75 = 272\,m^2$), 우수입관에서 배수 맨홀 a까지의 횡주관은 구배가 1/50이므로 표 5-10의 (c)에서 최대 지붕면적 $272\,m^2$를 만족하는 125 mm(구배 1/48, 우량 75 mm/h에서의 허용 최대 지붕면적은 표 5-10에서 $438\,m^2 \times 100/75 = 584\,m^2$) 마찬가지 방법으로 각부의 관경을 계산하면 지붕의 각 루프 드레인의 우수입관은 75 mm, 각각의 입관에서 배수 맨홀까지의 횡주관은 125 mm, 배수 맨홀 a~b 사 이는 125 mm, b~d 사이는 150 mm, c~d 사이는 125 mm, d 이후는 200 mm로 한다.

5-11 배수피트 및 배수펌프

(1) 배수피트(sump pit)

하수도보다 낮은 장소의 배수는 일단 자연유하에 의해 수밀구조의 배수피트로 끌어들여 배수펌프·이젝터 또는 다른 방법에 의해 배수횡주관 또는 부지 배수관 으로 양수 배제하여야 한다. 양수펌프의 용량은 배수량의 다소와 그 변동 및 배수 피트의 용량 여하에 따라 다르지만 양수피트의 크기나 펌프 용량의 대소를 정하는 지침은 다음과 같다.

① 배수량이 일정한 경우 배수펌프의 용량은 평균 배수량과 같은 용량으로 하 고 배수피트가 작아도 된다.

② 배수량의 변동이 심하고 작은 배수피트를 사용할 경우 배수펌프의 용량은 최대 배수량을 처리할 수 있는 충분한 크기의 용량으로 한다.

③ 평균 배수량이 많고 변동 폭이 클 경우에는 배수피트의 용량을 크게 하고 배수펌프의 용량을 적게 하는 것이 경제적이다.

④ 건물의 지하에 설치할 때는 특히 배수가 넘쳐흐르게 되면 곤란하므로 배수 펌프는 반드시 추정된 최대 배수량과 같은 또는 그 이상의 용량으로 하고 또한 배수피트는 최대 배수량이 그 피트를 채우는 데에 15분 내지 1시간 정 도 소요되는 크기로 한다. 그리고 펌프가 자동운전이 아닌 경우의 배수피트

는 24시간 정도의 저유량을 갖는 충분한 크기로 하여야 한다. 그러나 24시간 이상 저유시키면 배수의 부패를 초래할 수도 있으므로 유의하여야 한다.

(2) 배수펌프(drainage pump)

1 오물펌프(soil pump)

변수를 빨아올리는 펌프이며 논클로그펌프(non-clog pump)[71] 또는 블레이드리스펌프(bladeless pump)[72]를 사용한다. 배수량보다도 오히려 오물을 빨아올린다는 점에 중점을 두어 최소 구경을 75 mm 로 하고 가능하면 100 mm 이상으로 한다. 오물펌프의 허용조건은 펌프 구경의 1/3 각의 고형물을 통과시킬 수 있어야 한다. 용량이 클 경우에는 이젝터(ejector)[73]를 사용하는 것이 고장이 적어 적합하다.

오물펌프를 사용할 때는 배수피트 용량이 펌프 용량의 10~15분 이하의 것으로 해야 하고 그 이상의 저유 용량을 선택하게 되면 피트 내에서 오물이 부패하기 쉬우므로 반드시 이것은 피하여야 한다.

2 오수펌프(sump pump)

잡배수 · 침투수 · 기계류의 냉각용수 및 응축수와 같이 비교적 수질이 좋은 배수일 경우에는 배출 수량에 따라서 비교적 적은 구경의 펌프 사용도 가능하지만 최소 구경은 40 mm로 하는 것이 바람직하다. 그러나 잡배수도 주방배수와 같이 상당량의 고형물을 함유하고 있을 경우에는 오물펌프를 사용해야 되며 구경도 65 mm 이상이어야 한다.

일정량이 연속적으로 배수되는 경우에는 펌프의 용량을 배출 수량의 1.5배 이상으로 하고 배수피트 용량은 펌프 용량의 10~20분 정도의 것으로 한다. 소화펌프나 스프링클러펌프를 설치할 경우 배수펌프의 용량은 소화관계 펌프 용량 이상으로 하여야 한다. 그리고 언제라도 불의의 사고는 동시에 일어날 수도 있으므로 배출량이 가장 많은 것을 기준으로 하여 배수펌프의 용량을 결정하여야 한다.

---

71) **논클로그펌프(non-clog pump)** : 막히지 않는 펌프라는 의미로 오수펌프의 한 가지. 구조는 스파이럴펌프 (spiral pump)에 속하며 날개차에 고형물이 달라붙지 않도록 날개의 개수를 1~2개로 하고 입구를 둥글게 하거나 케이싱 속의 스파이럴 수로를 넓게 하고 있다.

72) **블레이드리스펌프(bladeless pump)** : 오수용의 수중모터펌프로 고정형 오물에 의하여 막히지 않는 구조이다.

73) **이젝터(ejector)** : 구조가 간단하며 더러운 물, 흙탕물을 빨아올리거나 복수기 등에 사용된다.

5-12 합류관의 구경 결정방법

합류식의 배수횡주관의 구경은 우수배수의 지붕면적을 기구배수 부하단위로 환산해서 구한다. 즉, 93 m²까지는 배수단위수를 256으로 하고 93 m²를 초과할 때는 초과분 0.36 m²마다 1배수단위씩 가산한다(식 5 - 1, 5 - 2). 또 가옥 빗물 배수 횡주관 또는 부지 빗물 하수관에 기구류에서 연속적으로 배수를 유입할 경우의 구경은 그 배수량 3.8 l/min마다 최대 우량 100 mm/h에 있어서 2.23 m²의 수평 지붕면적에 상당하는 것으로 환산한다(식 5 - 3).

(1) 우수와 가옥배수의 합류관

$$F = F_b + 256 + F_x \;\; [\text{f.u.D}^{74)}] \cdots\cdots\cdots\cdots\cdots\cdots\cdots\cdots\cdots (5\text{-}1)$$

$$F_x = \frac{(F_R - 93)}{0.36} \;\; [\text{f.u.D}] \cdots\cdots\cdots\cdots\cdots\cdots\cdots\cdots (5\text{-}2)$$

(2) 우수 횡주관에 기기류에서의 배수가 합류할 경우

$$A = A_R + 2.23 \times Q / 3.8 \;\; [\text{m}^2] \cdots\cdots\cdots\cdots\cdots\cdots\cdots (5\text{-}3)$$

여기서 F : 합계 단위 수 [f.u.D]
F_b : 기구배수 부하단위 [f.u.D]
F_x : 초과분 단위 수 [f.u.D]
F_R : 지붕면적 [m²]
A : 합계 지붕면적 [m²]
A_R : 지붕면적 [m²]
Q : 기구류에서의 배출 수량 [l/min]

[예제 6] 최대 우량이 100 mm/h인 지방에서 450 m²의 지붕면적으로부터 빗물을 받는 우수 배수횡주관을 기구배수 부하단위 700인 건물(가옥) 배수횡주관에 합류시킬 경우의 합류관의 구경을 구하시오. 단, 구배는 1/96로 한다.

---

74) f. u. D(fixture unit for drainage : 기구배수단위수) : 각종 기구로부터의 최대 배수량을 구경 32 mm의 트랩을 가진 세면기의 최대 배수량 28.5 l/min(7.5 gal/min)를 1로 한 비율로 나타낸 것.

풀이 • 우선 지붕면적을 기구배수 부하단위수 [f.u.D]로 환산하고 거기에 f.u.D 700
을 가산하여 표 5-9에서 구경을 구한다.

• 식 5-1과 5-2에서 $F = 700 + 256 + \{(450-93)/0.36\} = 1,948$ f.u.D

• 표 5-9의 (d) 구배 1/96에서 f.u.D 1,948에 가까운 2,760을 선택하고 관경 (a)
열에서 합류관의 구경은 300 mm를 채택한다.

[예제 7] 최대 우량이 100 mm/h인 지방에서 지붕면적 200 m²로부터의 우수 배수횡주관에
지하실에 설치된 배수량 120 l/min의 펌프로부터 배출되는 오수를 횡주관에 접속
할 경우 합류관의 구경을 구하시오. 단, 구배를 1/50로 한다.

풀이 • 오수펌프의 배수를 수평투영 지붕면적으로 환산해서 횡주관의 지붕면적과 합
하여 표 5-10에서 구한다.

• 식 5-3에서 $A = 200 + (2.23 \times 120/3.8) = 270$ m²

• 표 5-10에서 구배 1/50, 지붕면적 270 m²이므로 (c)의 438 m²의 좌측 관경
(a)열에서 125 mm를 선택한다.

5-13 통기관경(通氣管徑)

(1) 통기관의 기본적 사항

통기관경을 결정할 때의 전제조건으로 다음과 같은 사항이 있다.

① 통기관경을 결정할 때에는 기본적으로 접속할 배수관 관경의 1/2을 최소 관
경으로 한다.

② 통기관의 최소 관경은 30 mm로 한다.

③ 루프통기관의 관경은 배수횡지관과 통기입관 중 작은 쪽 관경의 1/2 이상으
로 한다.

④ 배수횡지관의 도피통기관 관경은 그것을 접속할 배수횡지관 관경의 1/2보다
작아서는 안 된다.

⑤ 신정통기관의 관경은 배수입관의 관경 이상으로 한다.

⑥ 각개통기관의 관경은 최소 32 mm 또는 그것이 접속되는 기구배수관의 1/2
이상으로 한다.

⑦ 배수입관의 도피통기관 관경은 통기입관과 배수입관 중 작은 쪽의 관경 이
상으로 한다.

⑧ 결합통기관의 관경은 통기입관과 배수입관 중 작은 쪽의 관경 이상으로 한다.

⑨ 배수조에 설치할 통기관의 관경은 50 mm 이상으로 한다.

(2) 각개통기관(individul vent pipe)

설치된 모든 기구에 통기관을 채용한 방식을 말하며 각개통기관의 관경은 최소 구경을 32 mm 이상으로 하고 각개통기에 접속할 배수관 관경의 1/2 이상으로 한다. 각개통기관을 모아 통기주관에 접속할 통기횡지관의 관경은 배수횡지관의 1/2 이상으로 한다.

표 5-12 위생기구의 통기관경

기 구	구경 [mm]	단위 수	기 구	구경 [mm]	단위 수
세면기·수세기	30	1	욕 조	30	2
수 음 기	30	1	샤워배스	30	2
대 변 기	50	6	공중욕장	40	4
소 변 기	30	3	요리싱크(주택)	30	2
스톨형 소변기	40	3	요리싱크(영업)	40	4
비 데	40	2	세탁싱크	40	2
오물싱크	50	5	청소싱크	40	3

표 5-13 통기지관의 구경

통기지관구경 [mm]	30	40	50	65	75	100
기구 단위	1	8	18	36	72	384

(3) 회로 또는 환상통기관(circuit vent pipe, loop vent pipe)

배수횡지관 또는 통기입관 관경의 1/2 이상으로 한다. 루프통기관의 한 가지로서 2~8개 이내의 기구 그룹으로 만들어진 통기관으로 접속한 통기지관으로 공사비가 저렴하다. 통기세로관에 접속한 것을 회로통기관, 신정통기관에 접속한 것을 환상통기관이라 부른다.

(4) 도피(안전)통기관(relief vent)

배수횡지관이 배수입관에 접속하기 바로 전에 설치하는 통기관으로 도피통기관의 관경은 접속할 오수 또는 잡배수관 관경의 1/2 이상 혹은 32 mm 이상으로 하며 최하류에 접속된 배수횡지관에서 입상하여 통기입관에 접속한다.

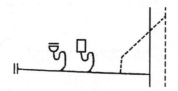

(5) 신정통기관(stack vent pipe, 연장통기관)

최상부의 배수 가로 지관으로 신정통기관의 관경은 배수입관과 동일 관경 또는 그 이상으로 하고 최소 관경은 75 mm이다. 가장 단순하며 경제적인 방식이다. 아파트나 호텔의 욕실, 위생기구 등에 쓰인다.

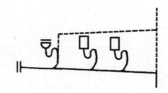

(6) 통합통기의 관경

배수입관 또는 통기입관 중 작은 쪽의 구경과 같게 한다.

(7) 통기헤더의 관경

헤더에 연결될 전 입관의 각 기구배수 부하단위의 통계와 배수입관은 그 중에서 최대 구경을 쓰고 배관 길이는 가장 먼 입관의 기점에서 헤더를 경유해 대기 중에 개구하는 데까지의 길이를 말한다.

(8) 통기입관(main vent)

관경은 50 mm 이상으로 하고 오수, 잡배수 입관의 관경 1/2 이상으로 한다. 통기입관의 관경은 배수입관이 맡는 기구배수 부하단위수(f.u.D)의 합계치와 그 통기관의 배관 길이에 따라 표 5 - 14에 의해 구한다. 단, 배관 길이는 다음의 것으로 한다.

① 통기입관을 단독으로 대기에 개구하는 경우는 배수입관보다 취출한 시점에서 대기 개구부 말단까지의 길이로 한다.

② 통기입관의 말단을 신정통기관에 접속할 경우는 시점에서 신정통기관과의 접속부의 길이와 접속부에서 대기 개구부 말단까지의 신정통기관의 길이를 더한 것으로 한다.

표 5-14 통기주관의 관경과 배관 길이

배수입관 관경[mm]	f.u.D의 합계	통기주관의 관경 [mm]								
		30	40	50	65	75	100	125	150	200
		허용 최대 배관 길이 [m]								
(a)	(b)	(c)	(d)	(e)	(f)	(g)	(h)	(i)	(j)	(k)
30	2	9								
40	8	15	45							
	10	9	30							
50	12	9	23	60						
	20	8	15	45						
65	42		9	30	90					
75	10		9	30	60	180				
	30			18	24	150				
	60			15	30	120				
100	100			10	27	78	300			
	200			9	21	75	270			
	500			6	10.5	54	210			
125	200				9	24	105	300		
	500				6	21	90	270		
	1,100				7.5	15	60	210		
150	350				4.5	15	60	120	390	
	620					9	38	90	330	
	960					7.3	30	75	200	
	1,900					6	21	60	210	
200	600						15	45	150	390
	1,400						12	30	75	360
	2,200						9	24	105	330
	3,600						7.5	18	76	240
250	1,000							23	38	300
	2,500							15	30	150
	3,800							9	24	100
	5,600							7.5	18	75

[예제 8] 그림과 같은 위생기구 부속트랩의 구경과 통기횡지관의 관경을 구하시오.

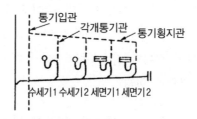

풀이 • 부속트랩의 구경과 기구배수 부하단위수는 표 5 - 7에 의해 구하고 통기지관의
구경은 표 5 - 13에 의해 구한다.

• 통기횡지관은 표 5 - 13에 의해 3단위는 40 mm로 한다.

위생기구	부속트랩 구경 [mm]	f.u.D	통기지관 관경 [mm]
세면기 1	32	1	30
세면기 2	32	1	30
수세기 1	25	0.5	30
수세기 2	25	0.5	30
통기횡지관		3	40

[예제 9] 그림과 같은 환상통기관의 관경을 구하시오.

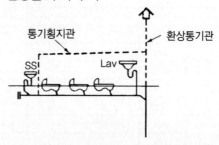

풀이 표 5 - 7에서 우선 각 기구의 부속트랩 구경과 f.u.D를 구하고 그것을 합계하여
표 5 - 13에서 관경을 구하면 기구 단위 36에서 환상통기관의 관경은 65 mm가
된다. 단, 횡지관과 통기입관의 관경을 검토해야 한다.

위생기구	트랩 구경 [mm]	f.u.D
청소싱크	65	3
대변기 1	75	8
대변기 2	75	8
대변기 3	75	8
세 면 기	32	1
합 계		28 f.u.D

표 5 - 13에서 통기지관은 65 mm이지만 표 5 - 7에서 대변기의 부속트랩 구경이 75 mm이므로 통기입관을 75 mm로 한다.

[예제 10] 지상 7층의 사무소 건축에서 4층에 설비되어 있는 세면기 3기, F.V 대변기 4기, 스톨형소변기 6기, 청소싱크 1기의 배수기구 기구군에 대한 통기주관의 관경을 구하시오. 단, 층고는 4 m로 한다.

풀이 먼저 표 5 - 7을 이용하여 f.u.D의 합계를 구하고 표 5 - 8에서 배수입관의 관경을 구한다. 배관 길이는 층고를 4 m로 하면 4 m × 4 = 16 m, 여기에 통기횡주관의 길이를 더한다.

일반적으로 횡주관의 길이는 입관의 20 % 정도로 하므로 전체 배관의 길이는 16 + (16 × 0.2) = 19.2 m, 배수입관의 관경은 표 5 - 8의 (f)에서 배수기구 단위 62보다 큰 400의 (a)열에 의하면 100 mm가 되므로 표 5 - 14에서 배수관경 100 mm의 f.u.D 합계 62보다 크고 가까운 100에서 배관 길이 19.2 m보다 큰 27 m를 찾아 통기주관의 관경은 65 mm가 된다.

위생기구	트랩 [mm]	개 수	f.u.D	T.f.u.D
세 면 기	32	3	1	3
대 변 기	75	4	8	32
소 변 기	40	6	4	24
청소싱크	65	1	3	3
합 계				62

5-14 옥외배수관

대규모 부지를 가진 옥외배수관은 생활배수가 평균화되어 있으므로 그 부하유량은 시간 최대 예상급수량 정도로 하면 된다.

5-15 배수설비에 사용하는 기기 및 재료

(1) 펌프

배수설비에 사용하는 펌프는 배수 중에는 고형물 등이 혼입되므로 날개의 수가
적어 고형물 통과에 지장이 없는 구조의 것이 사용되고 오수용과 잡배수용으로 대
별된다. 종래에는 모터가 배수조 상부에 있고 펌프가 배수조 내부에 있는 입형의
것이 사용되었지만 요즘에는 모터와 펌프가 직결되어 배수조 내에 설치하는 수중
모터펌프가 개발되어 많이 사용되고 있다.

(2) 배관 재료

배수관은 관과 이음관을 합칠 경우 접속부의 내면에 단차이가 없이 평골한 내면
이 되어야 하는 것이 필요조건이다. 건물 내 배수관은 오수계통에는 배수용 주철관
이 잡배수용계통에는 백가스관이 사용되는 것이 많지만 오수계통에는 강관의 내면
에 수지 코팅을 한 것이 사용되는 것도 있다. 이러한 관을 사용할 경우 위생기구와
배수관과의 접속에는 연관이 사용된다.

또한 주택에는 경질염화비닐관을 오수 · 잡배수 양계통에 사용하는 것도 많다.
옥외 배수관에는 흄관이나 경질염화비닐관이 사용되고 흄관은 몰탈 접합이나 콘크
리트 접합에 의해 접속된다.

옥외배수관의 합류개소에는 이음을 사용하지 않고 배수맨홀을 설치하여 청소
를 할 수 있도록 한다. 배수맨홀은 합류개소 이외에도 긴 직선배관의 도중이나
휨 부분에도 설치한다. 배수나 통기관용 관재로서 사용되고 있는 것에는 다음
과 같은 것이 있다.

① **주 · 강제품** : 주철관 · 아연도금강관
② **비철금속제품** : 연관 · 동관 · 황동관
③ **시멘트제품** : 수도용 석면시멘트관 · 철근콘크리트관 · 원심력 철근콘크리트
　　관
④ **도질제품** : 도관 · 토관
⑤ **합성수지제품** : 플라스틱관

이상에서 가장 많이 쓰이는 것은 배수용주철관·아연도금강관·연관 등이다.

ⓐ 주철관은 비교적 가격도 싸고 내구력과 내식성도 크기 때문에 많이 쓰이고 있으나 구경이 50 mm까지밖에 없기 때문에 작은 구경의 지관에는 사용할 수 없다.

ⓑ 아연도금강관은 배수용으로 쓰이는 구경은 32 mm 이상이다. 외관이 좋아 노출배관으로 적합하지만 내산성에 있어서는 주철관보다 못하다. 이음쇠로는 나사식 배수관 이음쇠를 사용하고 일반 급수용 이음쇠를 사용해서는 안 된다.

ⓒ 연관은 가소성이 크므로 도기와 배관과의 접속에 사용하면 배관의 무리를 도기에 전하는 것이 적게 되어 좋다. 그러나 고가이고 재질이 유연하므로 배관 후 세월이 흐르면 변형하거나 외상을 받기 쉬우므로 일반용으로는 적합지 않다. 구경은 보통 32 mm 이상이며 순도가 높은 양질의 것을 사용하지 않으면 금이 생겨 누수하는 경우도 있으므로 주의해야 한다.

ⓓ 동관과 황동관은 재질적으로는 좋지만 고가이기 때문에 사치스러운 설계 이외에 일반적으로는 쓰이지 않는다.

ⓔ 철근콘크리트관·수도용 석면시멘트관·원심력 철근콘크리트관·도관·토관 등의 시멘트 제품이나 도질제의 관류는 그 접합이 금속 제품처럼 완전하지 못하므로 옥외용 매설배관으로서는 지장이 없으나 옥내용 배관 재료로서는 위생적으로 적합지 못하다. 또한 시멘트관은 내압에는 강하지만 탄성이 적기 때문에 운반 도중에 파손되기가 쉬우므로 주택을 제외한 건축물 내의 배관용으로는 사용되지 않는다. 가정의 오수계통에는 가능하면 관 길이가 긴 것을 사용하면 접합부도 적어지고 사용 시 고장도 적으므로 도관이나 토관보다 좋다.

ⓕ 플라스틱관은 연관 대용으로 널리 쓰이며 내식성으로서의 강도는 인정되나 내구력에 있어서는 일반 금속관보다 못하다. 열에 약한 것이 결점이며 약 60° 이상에서 연화(軟化)하고 가소성이 크지만 강관·동관·연관보다 가격이 싸고 경량이며 관내 마찰손실이 적다는 것이 이점이다.

(3) 배관의 피복

배수관을 피복하는 데는 방로와 방음을 그 목적으로 한다.

1 방로(防露)

배수설비에서도 관내를 흐르는 물의 온도가 주위 공기의 노점보다 낮으면 배수관의 표면에 결로가 발생한다. 배수관을 설치하는 장소에 따라, 또 급수에 사용되는 물이 상수인지 우물물인지에 따라 방로용 피복 두께가 결정된다. 일반적으로 대소변기의 세정용에 사용하는 것이 우물물일 경우 그 온도가 낮으므로 반드시 방로용 피복을 해야 한다. 상수를 사용하는 경우에도 한냉지에서는 수온이 낮으므로 반드시 방로한다. 우물물이나 온도가 낮은 상수를 사용하는 경우 또한 건물의 구조가 목조이건 내화구조이건, 배관 설치가 매설배관이건 파이프샤프트나 이중천장 내의 배관이건 간에 반드시 방로시공을 하여야 한다. 단, 파이프샤프트 내의 배관인 경우에는 샤프트의 최하단에 슬래브가 있고 그곳에 괴인 물을 배수시키기 위하여 바닥배수를 설치하는 경우에는 무리하게 방로를 하지 않아도 된다.

보통의 상수를 쓰는 경우 관내의 수온이나 주위 공기상태 여하에 따라서 결로한다. 내화구조의 건물에 배관하는 경우 벽내 매설배관은 반드시 방로할 필요는 없지만 이중천장 내의 배관은 방로를 해야 한다. 파이프샤프트나 배관용 암거 내의 배관은 방로하지 않아도 좋다.

2 방음(防音)

배수관 내에 물이 흐를 때 소리가 난다. 특히 배수관이 실내에 노출배관되어 있을 때에는 그 소리가 상당히 시끄러우므로 방음을 해야 한다.

3 피복재료 및 두께

배수관용 피복재료에는 불연재료가 많이 쓰이고 있다. 특수 목적에 쓰이는 것은 예외를 하고 방로용 피복재료는 일반적으로 다음 조건을 갖출 필요가 있다.

  ㉠ 방로 시공면을 부식하는 것이 아닐 것.
  ㉡ 흡습성이 없을 것.
  ㉢ 수분을 흡수하여도 원형이 파괴되지 않을 것.
  ㉣ 경제적으로 유리할 것.

배수관은 일반 급수관처럼 항상 만류하여 흐르는 것이 아니기 때문에 특히 두께에 관하여는 급수관처럼 엄중하게 할 필요는 없고 10 mm 정도를 표준으로 한다. 보온재 바탕 위에 두꺼운 종이로 정형한 후 면테이프를 감아 그 위를 보이는 부분은 페인트로 마감한다.

5-16 배수배관 시 유의사항

① 배수의 방향을 바꿀 때는 적절한 연결 이음새를 사용할 것.
② 적절한 위치에 점검·청소를 위한 청소구를 설치할 것.
③ 1층 부분의 배수와 2층 이상의 배수는 서로 다른 계통으로 할 것(그림 5-1 참조).
④ 음료수나 소독물 등을 저장하는 취급기기에서의 배수는 역류나 증발에 의해 음료수 등에 영향을 미칠 염려가 있으므로 표 5-15와 그림 5-7처럼 배수구 공간을 설치하여 간접배수로 할 것.
⑤ 주방배관은 단독배관으로 할 것.

표 5-15 간접배수관 관경과 배수구 공간거리

간접배수관 (a)	배수구 공간 (b)
25 mm 이하	최소 50 mm
30~50 mm	최소 100 mm
65 mm 이상	최소 150 mm

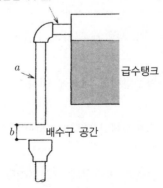

그림 5-7 간접배수관

문 제

[문제 1] 최대 우량이 100 mm/h인 지방에서 600 m²의 지붕면적으로부터 빗물을 받는 우수 배수횡주관을 기구배수 부하단위 850인 건물 배수횡주관에 합류시킬 경우의 합류관 의 구경을 구하시오. 단, 구배는 1/48로 한다.

[문제 2] 최대 우량이 100 mm/h 인 지방에서 지붕면적 350 m²로부터의 우수배수횡주관에 지 하실에 설치된 배수량 140 *l*/min의 펌프로부터 배출되는 오수를 우수배수횡주관에 접속할 경우 합류관의 구경을 구하시오. 단, 구배는 1/25로 한다.

[문제 3] 5층 복합상가 건축에서 3층에 설치되어 있는 세면기 6개, 대변기 8개, 소변기 10개, 청소싱크 2개의 배수기구군에 대한 통기주관의 관경을 구하시오.

[문제 4] 배수피트와 배수펌프에 대하여 기술하시오.

[문제 5] 통기관을 결정할 때의 전제조건에 대하여 기술하시오.

[문제 6] 배수통기관용 관재에 대하여 기술하시오.

[문제 7] 배수배관 시 유의사항에 대하여 기술하시오.

[문제 8] 배수배관의 방로문제와 대책에 대하여 기술하시오.

[문제 9] 배수배관의 방음문제와 대책에 대하여 기술하시오.

[문제 10] 간접배수관 관경과 배수구의 공간거리를 스케치하고 설명하시오.

제6장	정화조설비

최근 각종 건축물에서 배출되는 오수처리가 문제가 되어 이것이 하천과 바다 등으로 유입 오염되어 전염병이나 기생충의 발생은 물론 농작물과 수산자원까지 적지 않은 피해를 유발시키고 있는 실정이다. 우리나라 수질오염은 생활오수에 의한 것이 70~80 %, 공장폐수에 의한 것이 20~30 % 정도라고 한다. 공장폐수는 환경보전법으로 규제하고 있으며 생활오수는 오물청소법에 의하여 오물(분뇨)정화조 또는 오수정화시설을 설치하게 하여 방류수의 수질을 규정치 이하로 유지하도록 통제하고 있다.

6-1 오수정화

오수가 하천에 흘러 들어가면 침전하여 물속의 용존산소(溶存酸素 : dissolved oxygen)[75]에 생존하는 호기성 박테리아에 의해 오수 중의 유기물은 탄산가스나 암모니아 등에 의해 분해된다. 그리고 이러한 분해 생성물을 영양으로 하여 조류(藻類)[76]가 증식하게 되고 태양광선을 받아서 광합성에 의한 산소를 수중에 방출하게 된다.

하천의 깊은 곳에서는 오수 중에 침전한 유기물이 혐기성(嫌氣性)[77] 박테리아에 의해 메탄가스·탄산가스·암모니아 등에 분해된다. 오수 중에 유기물의 양과 박테리아의 양이 평형을 이루면 오수는 자연화된다고 한다.

정화기구 중 호기성 박테리아에 의한 오수 중의 유기물 분해를 이용한 오수처리 방법을 호기성처리라 하고 혐기성 박테리아에 의한 오수 중 유기물의 분해를 혐기

---

75) DO(dissolved oxygen) : 물의 오염상태를 나타내는 것으로 물에 녹아 있는 산소를 나타냄.
76) 조류(algae) : 하등 민꽃식물의 한 종류로 주로 물속이나 수분이 많은 곳에서 자라며 엽록소로 동화작용을 하여 스스로 살아가고 녹조류, 갈조류, 홍조류로 크게 나누며 말무리라고도 한다.
77) 혐기성 : 호기성의 반대어로 산소를 싫어하며 공기 속에서는 잘 자라지 않는 성질.

성처리라고 한다. 오물(분뇨) 정화조는 호기성처리를 주체로 하고 생물막법(生物膜法)과 활성침전법(activated sludge process)으로 크게 둘로 나눌 수 있다.

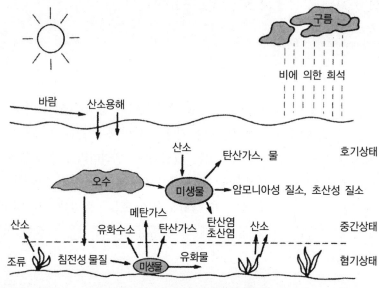

그림 6-1 하천의 자정(自淨)작용

(1) 생물막법(bio membrane)

생물막법은 접촉재ㆍ회전판 또는 자갈 등의 표면에 오수를 접촉시켜 표면에 막의 상태로 부착하여 번식하는 박테리아에 의해 오수 중의 유기물을 흡착ㆍ분해시키는 방법이다. 이러한 표면에 부착한 박테리아의 막을 생물막이라 하며 생물막의 표면에는 호기성 박테리아가 번식하지만 생물막의 심부에는 혐기성 박테리아가 번식한다.

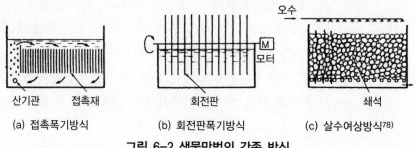

(a) 접촉폭기방식 (b) 회전판폭기방식 (c) 살수여상방식[78]

그림 6-2 생물막법의 각종 방식

---

78) 살수여상법(trickling filter bed) : 쇄석 또는 다공질의 여과재를 쌓은 여과대를 말하며 오수의 적하에 의하여 여과재 표면에 미생물의 피막을 만들면 이 피막에 접촉한 오물은 미생물의 작용에 의해 분해된다.

(2) 활성침전(오니 : 汚泥)법(activated sludge process)

하수의 고급처리법 중 가장 우수한 것으로서 1913년 영국에서 개발되었고 1916
년 미국에서 실용화된 이래 세계 각국에 보급되었다. 활성침전(오니)법은 오수를
폭기탱크[79]에 도입하여 탱크 내를 폭기해서 오수 중에 산소를 부여하면 호기성 박
테리아가 오수 중의 유기물을 먹이로 증식하여 미세한 덩어리를 형성한다.

이 미세한 덩어리에는 또한 호기성 생물이 부착해서 플록(flock)[80]을 형성한다.
이와 같은 플록이 많이 형성되어 있는 폭기탱크 내의 오수는 새로운 오수의 유입분
만 유출하지만 이 유출수를 정치(靜置)하면 수중의 플록은 침전하고 깨끗한 물이
위에 뜬다.

위에 뜬 물은 소독 후 방류시키지만 침전한 플록은 미생물 덩어리에 오수 중의
유기물을 분해하는 능력을 갖고 있으므로 활성침전이라 하고 재차 폭기탱크에 반
송된다. 오물(분뇨) 정화조에 이용되는 활성침전법에는 표준활성침전방식 및 장시
간폭기방식이 있다.

표준활성오니법에 의하여 하수를 처리하면 BOD는 86~94 %, 부유물은 88~97 %
제거된다. 반송오니율은 21~24 % 정도가 대부분이지만 83 % 정도의 고율의 것도
있다. 폭기(aeration)시간은 4~16시간 정도이며 폭기에 필요한 공기는 1 m³ 당 4~
14 m³이다.

6-2 오수의 수질

오물의 화학적 성분은 일반적으로 고형물 30 %, 무기물 1.3 %, 식염 0.4 %, 질소
0.55 %, 유기물 0.4 %, kalium 0.25 %, 인산 0.15 %, 유지 0.08 %, 나머지 약 67 %
는 수분이다. 성인 한 사람이 하루 배출하는 오물량은 대변 135 g, 소변 1,350 g
정도로 남녀노소 평균 배출량이 1.0~1.3 *l* 이다. 수세식 화장실에서 세정수와 함께
배출되는 오수량은 대략 40~60 *l* 정도이다. 오수의 수질을 나타내는 주항목으로
는 BOD와 SS가 있다.

---

79) **폭기탱크**(aeration tank) : 활성침전오물법의 중심부를 이루는 것으로 물속에 공기를 흡입하거나 공중에 물을
살포해서 물과 공기를 충분히 접촉시키는 폭기법에 의한 하수처리를 하는 탱크

80) **플록**(flock) : 액체 중에 분산되어 있는 상태의 고체입자가 약제에 의해 모여서 접착되어 보다 큰 집합물이
형성될 경우 이를 플록이라 한다.

(1) BOD 및 BOD 제거율

더러워진 오수만큼 박테리아에 의한 분해를 하기 위해 많은 산소를 필요로 한다. 오수 1 *l* 를 20 ℃에서 5일간 생물화학적으로 산화하는 데 필요한 산소량(mg)을 **생물화학적 산소요구량**(biochemical oxygen demand, BOD)이라 하며 오수의 더러워진 정도를 나타내는 데 쓰인다. 분뇨정화조에서 유입수의 정화한 BOD를 유입수의 BOD로 나눈 것이 BOD 제거율이다.

$$즉, \ BOD \, 제거율 = \frac{유입수 \ BOD - 유출수 \ BOD}{유입수 \ BOD} \times 100 \, [\%]$$

성인 한 사람이 하루 동안 배출하는 오물의 BOD량은 약 13 g이고 이것을 50 *l* 의 물로 세정하여 오물정화조에 유입할 경우 유입오수의 BOD는 13,000 mg/50 *l* = 260 mg/ *l* , 즉 260 ppm이고 오물정화조로부터의 유출수가 90 ppm으로 정화되었다고 하면 그 오물정화조의 BOD 제거율은 (260-90)/260 = 0.65, 즉 BOD 제거율은 65 %이다.

잡배수만의 BOD는 80~100 ppm 정도이지만 오수 및 잡배수를 합병해서 처리할 경우 유입수의 BOD량은 40〔g/d·인〕이며 수량은 200〔 *l* /d·인〕 정도이다. 따라서 유입오수의 BOD는 200 ppm 정도가 된다.

(2) SS

SS란 부유물질(浮遊物質 : suspended solids)이란 말로 수중에 눈이나 현미경으로 보일 정도인 입경 2 mm 이하의 물에 용해되지 않는 고체 물질의 입자를 말한다. 큰 고형물은 포함하고 있지 않지만 콜로이드(colloid)[81] 입자와 같은 작은 것에서부터 꽤 큰 물질까지 포함하고 있으며 물의 깨끗함을 나타내는 지표로 쓰인다.

현탁물질이라고도 하며 수중에 부유하는 불용성 물질은 수질오탁의 원인일 뿐만 아니라 부유물이 유기물질일 경우에는 부패하여 물 속에 녹아 있는 산소를 소비시키며 어류의 아가미에 부착하여 패사시키기도 한다.

성인 한 사람이 하루에 배출하는 오물 속에 포함된 SS의 양은 약 26 g이며 이것이 만일 50 *l* 의 물로 세정되었다고 할 경우 오수 속의 SS는 26,000 mg/50 *l* = 520 mg/

---

81) **콜로이드**(colloid) : 용매 내에 분산상태로 있는 직경 10^{-5}~10^{-7} 정도의 미세한 입자

l 가 된다. 또한 오수 및 잡배수를 합병처리할 경우의 SS량은 50〔g/d·인〕으로 수량은 200〔l/d·인〕정도이니까 이 오수의 SS는 250 mg/l , 즉 250 ppm[82)]이 된다.

6-3 오물(분뇨)정화조(septic tank)

　오물정화조는 생활 속에서 배출되는 오수나 잡배수가 하천이나 연안해역의 수질을 오염하지 않도록 처리를 해서 방류시키는 설비로서 그 처리 방식에 따라 단독처리방식과 합병처리방식 두 가지로 나눌 수 있다. 단독처리방식은 수세식 변소에서 배출되는 오수만을 처리하고 합병처리방식은 오수 외에 주방배수·세면배수·욕실배수 등의 잡배수도 포함한 생활배수를 처리하는 정화방식을 말한다.

　오수·분뇨 및 축산폐수 처리에 관한 법률에 의하면 "건축물에는 오수·분뇨 및 축산폐수의 처리에 관한 법률이 정하는 바에 의하여 오수정화시설 또는 분뇨정화조를 설치하여야 한다."고 규정하고 있다. 수세식 화장실의 오수는 종말처리장을 가진 지역에서는 공공하수도에 직접 방류하고 나머지 지역에서는 오물정화조를 설치하여야 한다. 원칙적으로 부지부근에 공공하수도, 도시하수도, 도로측구 또는 하천 등을 갖고 이들에 접속되는 배수설비를 갖춘 지역을 설치지역으로 하고 있다. **오수정화시설 설치대상 건물** 기타 시설물은 다음과 같다.

(1) 건축 연면적 1,600 m² 이상인 건물 기타 시설물

예외 : 다음의 구역·지역 안에서는 건축 연면적 800 m² 이상으로 한다.
　① 상수도 보호구역(수도법 제3조)
　② 특별대책지역(환경정책기본법 제22조)
　③ 특정호수 수질관리구역(수질환경보전법 제33조)
　④ 공원구역(자연공원법 제4조) 및 공원보호구역(동법 제25조)

(2) 건축 연면적 400 m² 이상의 휴게소(고속국도법 제7조 제2항)

---

82) ppm(part per million) : 100만분의 1이며 물의 경우 1 l 의 중량이 100만 mg이므로 1 mg/l = 1 ppm = 1 g/m³ 이라고 할 수 있다.

(3) 단위업소별 바닥면적이 400 ㎡ 이상인 곳

① 골프장업 18홀 이상 골프장(체육시설의 설치 이용에 관한 법률 제4조)
② 식품접객업 또는 조리판매업(식품위생법 제21조)
③ 관광숙박업(관광진흥법 제3조)
④ 숙박업(공중위생법 제2조)

(4) 단위업소별 바닥면적이 200 ㎡ 이상

① 목욕장업의 건물 및 시설물(공중위생법 제2조)

6-4 오물정화조의 처리기능

오물정화조의 처리기능을 크게 나누면 다음과 같다.

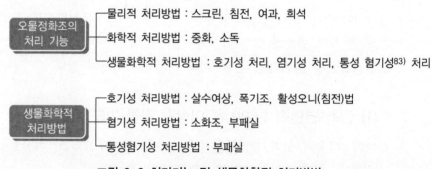

그림 6-3 처리기능 및 생물화학적 처리방법

6-5 오물정화조 계획

오물정화조를 설치하기 위해서는 관련법규나 관련기준을 잘 조사하여 공해나 오염을 일으키지 않도록 다음 순서에 따라서 계획한다.

---

83) **통성 혐기성 균** : 산소압이 낮은 곳에 생육하는 혐기성 균으로 단백질, 함수탄소, 지방 등을 저급분자로 분해하는 부패작용을 한다.

(1) 사전조사

오물정화조는 공공하수도 처리구역 내에서는 설치할 필요가 없다. 그리고 오물정화조 설치계획에 대해서는 관련법규 등을 충분히 조사하여야 한다.

(2) 처리대상 인원

처리대상 인원은 대상 건물에서 배출되는 오수량이 1일당 몇 사람분에 상당하는지의 값을 말하고 그 값에 따라 오물정화조의 규모나 성능이 결정된다.(표 6-7의 처리대상 인원은 표 6-4를 이용하여 산정한다.)

(3) 소요성능 결정

처리대상 인원과 설치구역에 따라 표 6-7에 의해 오물정화조의 성능을 구할 수 있다. 또 처리대상 인원이 501인 이상일 경우 특정정화조 시설의 성능은 건축법시행령의 법령에 정해진 방류 수질 기준보다도 조례에 정한 배출 기준 쪽이 우선한다.

일반적으로 잡배수의 BOD는 90 mg/l 이하이므로 방류수의 BOD가 90 mg/l 이하의 성능을 가진 오물정화조를 설치하는 구역에서는 오수만의 처리를 하는 단독처리가 쓰이고 있다. 또한 방류수의 BOD가 60 mg/l 또는 30 mg/l 이하를 요구하는 구역에서는 오수와 잡배수를 합쳐서 처리하는 합병처리가 쓰인다.

(4) 오수량의 결정

오수량은 생활양식, 급배수설비, 주방설비, 위생기구의 종류, 가족구성 등에 따라 다르므로 충분히 조사한 후 결정해야 한다.(표 6-1)

(5) 오수의 수질

오물정화조에 유입하는 오수의 수질은 조건에 따라 다르지만 표준은 표 6-1에서처럼 단독처리에서 BOD 260 ppm, 합병처리에서 BOD 200 ppm으로 되어 있다.

(6) 오수의 특성

하루의 오수량이 산정되어도 배출되는 시간에 따라 유입오수량은 24시간 평균 오수량에 대하여 피크 때에는 처리대상 인원이 500인 이하의 경우에는 2.5~4배,

501~2,000인에서는 2.5~3.5배, 2,001~5,000인에서는 2.5~3배, 5,001인 이상에서는 2.0~2.5배 정도의 변동이 있으므로 주의를 요한다.

(7) 처리방식의 선정

처리방식의 선정은 표 6-8의 오물정화조 분류와 처리대상 인원별 처리방식 일람표에 따라 한다. 이 경우 방류수질기준, 입지조건, 유지관리, 악취, 소음, 진동, 위생해충 등의 공해발생 정도 등을 고려해야만 한다.

(8) 용량 산출

단독처리 오물정화조 용량 산출은 처리대상 인원과 처리방식이 결정된 후 표 6-9에 나타낸 단독처리 오물정화조 용량 산정표에 의해 각부 장치의 용량 산출을 한다. 합병 처리 오물정화조의 용량 산출은 단독처리와 같이 처리대상 인원만으로는 용량을 결정하기 어렵지만 침전분리조, 살수로 바닥, 침전조 등에 기초를 두고 용량 산출을 한다.

표 6-1 표준 오수량과 BOD 부하량

구　분	오수량 [l/인 · 일]	BOD 부하량 [l/인 · 일]	BOD 평균 농도 [ppm]
단독처리	50	13	260
합병처리	200	40	200

※ 출처 : 공기조화 · 위생공학편람, 1975년판

표 6-2 주택 오수의 오수량과 수질

배　출　원		오수량 [l/인 · 일]	BOD	
			부하량 [l/인 · 일]	농도 [ppm]
오　수	화 장 실	50	13	260
잡배수	부　　엌	30	18	600
	세　　탁	40	9	75
	목　　욕	50		
	세　　면	20		
	청소 잡용	10		
계		200	40	200

※ 출처 : 공기조화 · 위생광학편람, 1975년판

표 6-3 방류수 기준과 합병처리방식

BOD 제거율	방류수 BOD	처리방식	처리대상 인원
70 % 이상	60 ppm 이하	A-1 살수여상방식	101~1,000명
		A-2 고속살수여상방식	101~2,000명
		A-3 장시간폭기방식	101~2,000명
		A-4 순환수로폭기방식	101~2,000명
85 % 이상	30 ppm 이하	B-1 장시간폭기방식	501~5,000명
		B-2 표준활성오니방식	5,001명~
		B-3 분주폭기방식	5,001명~
		B-4 흙탕재폭기방식	5,001명~
		B-5 순환수로폭기방식	501~5,000명
		B-6 표준살수여상방식	501명~

표 6-4 처리대상 인원 산정기준(JIS A 3302)

유사용도별 번호	건 축 용 도		처리대상 인원	
			단위당 산정 인원	산정 바닥면적
1 집회장시설관계		① 공회당, 집회당	동시에 수용할 수 있는 인원(정원)의 1/2	
		② 극장, 영화관, 연예장	동시에 수용할 수 있는 인원(정원)의 3/4	
		③ 관람장, 경기장, 체육관	$n = \dfrac{20c + 120u}{8} \times t \, (t = 0.5 \sim 3.0)$ 여기서 n : 처리대상 인원(명), c : 대변기 수(개) u : 소변기 수 또는 양변기 수(개) t : 단위 변기당 1일 평균 사용시간(시간)	
2 주택시설관계		① 주 택	연면적 100 m² 이하의 경우는 5인으로 하고 100 m²를 넘는 부분의 면적에 대해서는 30 m² 이내마다 1인을 가산한다. 단, 연면적 220 m²를 넘는 경우는 10인으로 한다.	
		② 공 동 주 택	1호에 대해 3.5인으로 하고 거실²⁾의 수가 2를 초과할 경우 1거실이 늘 때마다 0.5인을 가산한다. 단, 1호가 1거실만으로 구성되어 있을 경우는 2인으로 할 수 있다.	
		③ 하숙, 기숙사	1 m² 당 0.2명	거실²⁾ 바닥면적이며 단, 고정침대 등으로 정원이 확실할 때는 유사용도별 번호 2의 ④에 따름.
		④ 학교기숙사, 노인홈 군대캠프, 양호시설	동시에 수용할 수 있는 인원(정원)	
3 숙박시설관계		① 여관, 호텔, 모텔	1 m² 당 0.1명	거실²⁾ 바닥면적
		② 간이숙박소, 합숙소	1 m² 당 0.3명	
		③ 유스호스텔, 청년의집	동시에 수용할 수 있는 인원(정원)	
4 의료시설관계		① 병원, 진료소, 전염병원	1 병상 당 1.5명	단, 외래소 부분은 진료소를 적용함.
		② 진료소, 의원	1 m² 당 0.3명	거실²⁾ 바닥면적

표 6-4 처리대상 인원 산정기준(JIS A 3302) (계속)

유사용도별번호	건 축 용 도			처리대상 인원	
				단위당 산정 인원	산정 바닥면적
5	점포관계	①	점포, 마켓	1 m² 당 0.1명	영업에 쓰이는 부분의 바닥면적
		②	유흥주점	1 m² 당 0.1명	거실[2) 바닥면적
		③	백 화 점	1 m² 당 0.2명	영업에 쓰이는 부분의 바닥면적
		④	음식점, 스토랑, 바다방, 카바레, 맥주홀	1 m² 당 0.3명	
		⑤	시 장	$n = \dfrac{20c + 120u}{8} \times t\,(t = 0.5\sim3.0)$	
6	오락시설관계	①	당구장, 탁구장, 무도장	1 m² 당 0.3명	영업에 쓰이는 부분의 바닥면적
		②	게임장, 기원	1 m² 당 0.6명	
		③	골프연습장, 풀장볼링장, 해수욕장유원지, 스케이트장	$n = \dfrac{20c + 120u}{8} \times t\,(t = 0.4\sim2.0)$	
		④	골프장, 클럽하우스	18홀까지는 50인[3], 36홀까지는 100인[3]	
7	자동차차고관계	①	자동차차고, 주차장	$n = \dfrac{20c + 120u}{8} \times t\,(t = 0.4\sim2.0)$	
		②	주 유 소	1영업소당 20인	
8	학교시설관계	①	유치원, 초등학교	동시에 수용할 수 있는 인원(정원)의 1/4	
		②	중학교, 고등학교대학교, 각종 학교	동시에 수용할 수 있는 인인(정원)의 1/3	
		③	도 서 관	동시에 수용할 수 있는 인원(정원)의 1/2	
		④	대학부속도서관	동시에 수용할 수 있는 인원(정원)의 1/4	
		⑤	대학부속체육관	$n = \dfrac{20c + 120u}{8} \times t\,(t = 0.5\sim1.0)$	
9	사무실관계	①	사 무 소	1 m² 당 0.1명	사무실[4) 바닥면적
		②	행정관청 등 외래자가 많은 사무실	1 m² 당 0.2명	
10	작업실관계	①	공장, 작업장, 관리실	작업 인원의 1/2	
		②	연구소, 실험실	동시에 수용할 수 있는 인원(정원)의 1/3	
11	1~10이외시설	①	역, 버스터미널대중화장실	$n = \dfrac{20c + 120u}{8} \times t\,(t = 1\sim10)$	
		②	대중목욕탕	1 m² 당 0.5명	영업에 쓰이는 부분의 바닥면적
		③	특수욕장(사우나탕, 증기탕 등)	1 m² 당 0.3명	

(주) 1) 여자전용 화장실은 변기 수의 대략 1/2을 소변기로 간주한다.
2) 거실이란 건축법에 의한 용어 정의의 거실로 거주, 집무, 작업, 집회, 오락 기타 이와 유사한 목적을 위해 계속적으로 사용하는 실을 말한다. 단, 공동주택에서 부엌이나 식사실은 제외한다.
3) 골프장, 클럽하우스의 처리대상 인원에는 종업원 수를 별도 가산한다.
4) 사무실에 사장실, 비서실, 중역실, 회의실 및 응접실을 포함한다.

6-6 오물정화조의 구조와 용량

　　오물정화조를 설치할 경우에는 설치할 구역과 처리대상 인원에 따라 표 6-7에 나타낸 BOD 제거율과 방류수질에 의해 결정해야만 한다. 표 6-7의 처리대상 인원은 표 6-4에 있는 방식으로 구한다. 방류수의 BOD가 120 mg/l 이하 및 90 mg/l 이하로 좋을 경우는 오수만을 **단독처리**하면 좋지만 방류수의 BOD가 60 mg/l 이하일 경우는 오수 및 잡배수를 함께 **합병처리**해야만 한다. 참고로 합병처리 정화조의 평균 오수량 산정기준은 표 6-5와 같다.

　　단독처리 오물정화조의 프로시드(proceed)를 그림 6-4에, 합병처리 오물정화조 프로시드의 예를 그림 6-5와 그림 6-6에 나타내고 있다. 또한, 단독처리 오물정화조 각부의 용량 산정표를 표 6-9에, 합병처리 오물정화조 중 BOD제거율이 85 % 이상이거나 방류수의 BOD가 30 mg/l 이하일 때 장시간폭기방식(적용대상 인원 201인 이상 2,000인 이하)의 각부의 용량 산정표를 표 6-10에 나타내고 있고, 단독처리 및 합병처리 오물정화조의 구조 예를 각각 그림 6-10과 그림 6-11에 나타내고 있다.

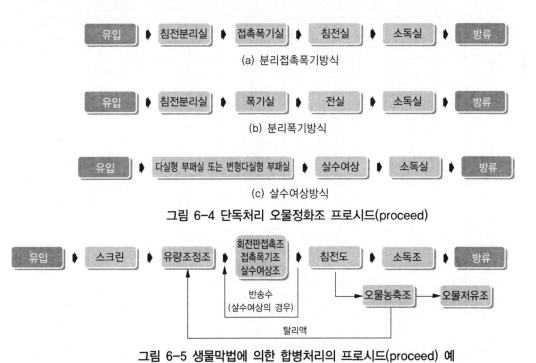

(a) 분리접촉폭기방식

(b) 분리폭기방식

(c) 살수여상방식

그림 6-4 단독처리 오물정화조 프로시드(proceed)

그림 6-5 생물막법에 의한 합병처리의 프로시드(proceed) 예

그림 6-6 활성오니법에 의한 합병처리의 프로시드(proceed) 예

표 6-5 1일 최대 급수량과 평균 오수량(일본 관공사공업협회)

사용도별 번호	건축용도	1일 최대 급수량 [ℓ/일]			배출계수	평균 오수량 [ℓ/일]
		대 상	1인당 급수량	급수시간 [h]		
1	병원, 요양소 전염병원	병 상	500~800[1]	12	0.7~0.8	350~640
	진료소	외래환자	10	4	0.8~0.1	8~10
		의사, 간호사	110	8	1.0	110
	요양원	상주자	200	10	0.9	180
2	주택	상주자	250[2]	12	0.8	200
	공동주택				0.7~0.8	175~200
	하숙, 기숙사		180	8	1.0	180
	탁아소, 유치원, 초등학교	아동정원	60	6	1.0	60
		직 원	110	8	1.0	110
3	중학교, 고등학교, 대학교	학생정원(야간)	90(60)	6(4)	1.0(1.0)	90(60)
		직 원	110	8	1.0	110
4	군 대	상주자	300	8	1.0	300
	학교기숙사		180	8	1.0	180
5	여 관	숙박객	240	10	0.6~0.7	144~168
	호 텔		540	10		324~378
	유흥주점, 임대공간	연고객	30[3]	4		18~21
	간이숙박소, 합숙소	숙박객	188	8	0.8	144
6	음식점, 레스토랑	연고객	40	10	0.3~0.4	12~15
		종업원	110		1.0	110
	맥주홀	연고객	20		0.3~0.4	6~8
		종업원	110		1.0	110
	다 방	연고객	10	12	0.4~0.5	4~5
		종업원	110	12	1.0	110
	무도장, 바-	연고객	30	6	0.3~0.4	9~12
		종업원	110	6	1.0	110
7	대중욕장	연이용원	50	12	1.0	50
8	사무소, 은행	종업원[4]	100	8	0.8~0.9	80~90
	신문사			12	0.7~0.8	70~80
9	점포, 마켓	연고객	5	8	0.8	4
		종업원	100		1.0	100
10	백화점	연고객	5		0.8	4
		종업원[5]	100		1.0	100

표 6-5 1일 최대 급수량과 평균 오수량(일본 관공사공업협회) (계속)

사용도별 번호	건 축 용 도	1일 최대 급수량 [*l*/일]			배출계수	평균 오수량 [*l*/일]
		대 상	1인당 급수량	급수시간 [h]		
11	연구소, 실험실	종 업 원	100	8	1.0	100
12	공장, 작업실, 관리실		120[6]			120
13	일 반 도 서 관 부 속 도 서 관	연열람자	9	5		9
14	공회장, 집회장	연이용자	18	8	0.9	16
15	극장, 연회장		50	10	1.0	50
	영 화 관		18	12	0.7~0.8	13~15
16	관람장, 경기장	관 객	30	5	0.8	21~24
	체 육 관	선수, 종업원	100	5	1.0	100
	주 차 장	연이용자	15	12	0.7	10
		종 업 원	100	8	1.0	100
	스케이트장, 볼링장	연 고 객	30	10	0.8~0.9	24~27
	풀 장		50			40~45
	골프연습장		10			8~9
17	당구장, 탁구장	연 고 객	5	8	0.7~0.8	3~4
	게임장, 기 원	종 업 원	100		1.0	100
18	주 유 소	종 업 원	100	8	1.0	100
19	골프장, 클럽하우스	플레이어	200	10	1.0	200
		종 업 원	150			150

(주) 1) 고급병원에서는 1,000~1,200 [*l*/병상]을 취할 때도 있다.
   2) 양식 욕실을 갖춘 주택에서는 350 [*l*/인]으로 한다.
   3) 종업원을 포함한다.   4) 야간 근무 종업원을 포함한다.
   5) 종업원은 연고객 수의 3 % 정도가 보통이다.   6) 공장 용수는 포함되지 않는다.

표 6-6 용량 산출

방식 및 장치의 구성			V=유효용적, A=유효면적, n=처리대상 인원	적 요
부패탱크방식	1차 처리 장치	다실부패탱크형 2~4실	$V = 1.5 + (n-5) \times 0.1 \ [\text{m}^3]$	
		2층탱크형 상하의 2실		
		변형2층탱크형 상하 2실		
	2차 처리 장치	살수 여상형	$V = 0.75 + (n-5) \times 0.05 \ [\text{m}]^3$	
		평면 산화형	$A \geqq 2.0 + (n-5) \times 0.1 \ [\text{m}^2]$	처리대상 인원 200명 이하
		단순 폭기형	$V = 0.2 + (n-5) \times 0.02 \ [\text{m}^3]$	처리대상 인원 300명 이하
		지하수여과형	1인당 길이 = 3.0 [m] 1인당 면적 = 1.5 [m²]	
		소 독 실	2차 처리장치로부터 유출수가 염소접촉이 되는 구조로 함.	
장시간 폭기 방식	폭기실, 침전실, 소독실		30명 이하의 경우 $V_1 = 0.75 + (n-5) \times 0.05 \ [\text{m}^3]$	30명 이상의 경우 $V_2 = 2.0 + (n-30) \times 0.06 \ [\text{m}^3]$
	침전분리탱크, 폭기실, 침전실, 소독실		30명 이하의 경우 $V_1 = 1.06 + (n-5) \times 0.1 \ [\text{m}^3]$	30명 이상의 경우 $V_2 = 2.06 + (n-30) \times 0.11 \ [\text{m}^3]$

표 6-7 오물정화조 설치구역 및 처리대상 인원 성능 적용표

법령		오물정화조의 설치구역	처리대상 인원 [명]				성능		처리방법
			50	500	2,000	5,000	방류수질 [ppm][1]	제거율 [%][2]	
건축 기준법 시행령 제32조	제1항	특정 행정청이 위생상 특별히 지장이 있다고 인정하여 규칙으로 지정한 구역	←→				BOD 90 이하	65 이상	단독처리
				←→			BOD 60 이하	70 이상	합병처리
					←		BOD 30 이하	85 이상	합병처리
		특정 행정청이 위생상 특별히 지장이 있다고 인정하여 규칙으로 지정한 구역					BOD 120 이하	55 이상	단독처리
		기타 구역	←—→				BOD 90 이하	65 이상	단독처리
				←—→			BOD 60 이하	70 이상	합병처리
					←		BOD 30 이하	85 이상	합병처리
	제2항	특정 행정청이 지하 침투방식으로 오물을 처리하는 경우 위생상 지장이 있다고 인정하여 규칙으로 지정하는 구역	—				SS 250 이하	SS 55 이상	단독처리
	제3항	수질오염방지법 제3조 제1~3항의 규정에 의한 배수 기준이 정한 구역			←		BOD 20 이하	90 이상[3]	합병처리

(주) 1) ppm은 100만분의 1을 1ppm으로 한다.

2) 제거율 $= \dfrac{\text{유입수질[ppm]} - \text{방류수질[ppm]}}{\text{유입수질[ppm]}} \times 100[\%]$

3) COD, SS, N-hs, pH, 대장균균수 등이 배수기준에 만족해야 한다.

표 6-8 오물정화조의 분류와 처리대상 인원별 처리방식 일람표(일본 건설성 고시 1,292호)

고시구분	분류	처리방식		처리대상 인원(명)	성능 방류수질[ppm]	제거율[%]
제1	단독처리	생물 막 법	분리접촉폭기방식 / 살 수 여 상 방식	←→	BOD 90 이하	65 이상
		활성오니법	분 리 폭 기 방식	←→		
제2	합병처리	생물 막 법	회전판 접촉 방식 / 접 촉 폭 기 방식 / 살 수 여 상 방식	←→	BOD 60 이하	70 이상
		활성오니법	장시간 폭기 방식	←→		
제3		생물 막 법	회전판 접촉 방식 / 접 촉 폭 기 방식 / 살 수 여 상 방식	←	BOD 30 이하	85 이상
		활성오니법	장시간 폭기 방식 / 표준활성오니방식	←		
제4	단독처리	고시 제1의 살수여상방식의 부패실(다실형, 변형다실형)		←→	BOD 120 이하	55 이상
제5		(제1의 3, 살수여상방식의 부패실)+(지하 침투 부분)		←→	SS 250 이하	SS 55 이상
제6	합병처리	생물 막 법	회전판 접촉 방식 / 접 촉 폭 기 방식 / 살 수 여 상 방식	←	BOD 20 이하	90 이상
		활성오니법	장시간 폭기 방식 / 표준활성오니방식	←→		
제7		제 2, 3 또는 제 6 의 구조		←	COD 60 이하	
		제 3 또는 제 6 의 구조		←	COD 45 이하	
		제 6 의 구조		←	COD 30 이하	
제8		건설교통부장관이 제 1~7 까지 지정한 구조와 동등 이상의 효력이 있다고 인정하는 것		←		

표 6-9 단독처리 오물정화조의 단위장치 유효 용량 산정표(일본 건설성 고시 1,292호)

처 리 방 식	산정부분의 명칭		유효 용량 산정식	단위	적용 인원(n)
분리접촉폭기방식	침전분리실		$V \geqq 0.75 + 0.09(n-5)$	m^3	$n \leqq 500$
	접촉폭기실		$V \geqq 0.25 + 0.025(n-5)$		
	침 전 실		$V \geqq 0.15 + 0.015(n-5)$		
분 리 폭 기 방 식	침전분리실		$V \geqq 0.75 + 0.09(n-5)$	m^3	$n \leqq 500$
	폭 기 실		$V \geqq 0.45 + 0.06(n-5)$		
	침 전 실		$V \geqq 0.15 + 0.02(n-5)$		
살 수 여 상 방 식	부패실	다 실 형	$V \geqq 1.5 + 0.1(n-5)$	m^3	$n \leqq 500$
		2 실 형	$V_1 \fallingdotseq 2/3\,V$		
		3, 4 실 형	$V_1 \fallingdotseq 1/2\,V$		
		변형다실형	$V \geqq 1.5 + 0.1(n-5)$		
		소 화 실	$V_2 \fallingdotseq 3/4\,V$		
	살수여상(여재 용량)		$V \geqq 0.75 + 0.05(n-5)$		

(주) V : 유효 용량[m^3], n : 처리대상 인원 수[명], V_1 : 제1실의 용량[m^3], V_2 : 소화실의 용량[m^3]

표 6-10 장시간폭기방식의 단위장치 용량 산정표의 예

단위장치의 명칭	유효 용량의 산정식	기 타
침 사 조	폭기장치를 설치 안 한 경우 : $V \geqq Q_{max}/60$ 폭기장치를 설치한 경우 : $\quad V \geqq 3Q_{max}/60$	
유량조정조	조에서 이송할 1시간당 오수량이 $(1.5/24)Q$ 이하가 되는 용량	유효수심 : $n \leqq 500$일 경우는 1 m 이상 $n \geqq 501$일 경우는 1.5 m 이상
폭 기 조	$n \leqq 500$의 부분 : $L_B \leqq 0.2\,kg/m^3 d$ $\quad$ 동시에 $V \geqq 2/3\,Q$ $n \geqq 501$의 부분 : $L_B \leqq 0.3\,kg/m^3 d$ $\quad$ 동시에 $V \geqq 2/3\,Q$	유효수심 : 원칙적으로 $n \leqq 500$일 경우는 1.5~5 m $n \geqq 501$일 경우는 2~5 m
침 전 조	$V \geqq 1/6\,Q$, 단 $3\,m^3$ 이상 반송 오물량 : $2Q/d$ 이상	유효수심 : $n \leqq 500$일 경우는 1.5 m 이상 $n \geqq 501$일 경우는 2 m 이상
오물농축저유조	(유입 오물량의 10일분 정도)	$n \geqq 501$ 이상일 경우에는 오물농축저유조 대신 아래의 오물농축조 및 오물저유조를 설치한다.
오물농축조	농축오물의 뽑아내는 간격에 맞춘 용량	유효수심 : 원칙적으로 2~5 m
오물저유조	오물의 반출계획에 맞춘 용량(오물처분은 1주에 1번 정도하는 것이 바람직하다.)	

(주) n : 처리대상 인원, Q : 1일당 평균 오수량[m^3], Q_{max} : 1시간당 최대 오수량[m^3]
$\quad$ L_B : BOD 폭기조 부하(kg/m^3d, 폭기탱크 1 m^3에 해당하는 1일당 BOD량)

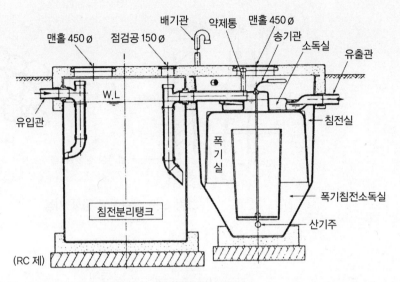

그림 6-7 분리폭기형 정화조

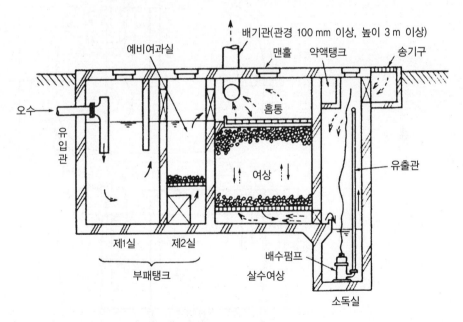

그림 6-8 다실형 부패탱크 + 살수여상(trickling filter bed)

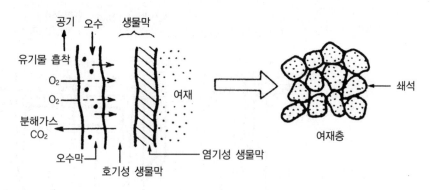

그림 6-9 살수여상 정화 기능

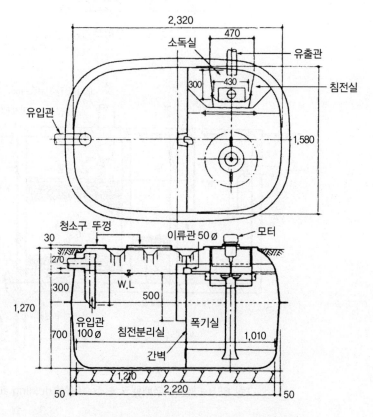

그림 6-10 단독처리 정화조의 구조 예(분리폭기방식)

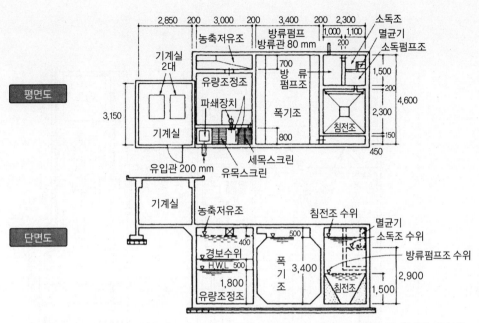

그림 6-11 합병처리 정화조의 구조 예(처리대상 인원 500인 이하의 장시간폭기방식)

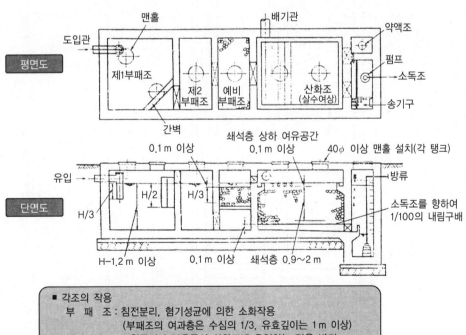

■ 각조의 작용
  부　패　조 : 침전분리, 혐기성균에 의한 소화작용
　　　　　　　 (부패조의 여과층은 수심의 1/3, 유효깊이는 1m 이상)
  예비여과조 : 고형물이나 부유물이 산화조에 유입하는 것을 방지
  산　화　조 : 호기성균에 의한 산화작용
  소　독　조 : 방류수를 소독하고 정화한 물을 다시 안정시킴

그림 6-12 부패탱크방식의 정화조

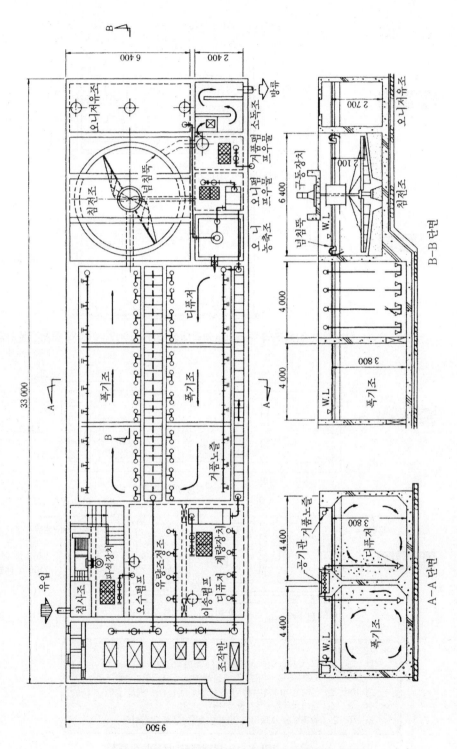

그림 6-13 장시간폭기방식의 합병처리 정화조

6-7 유지관리

오물정화조는 그 기능을 충분히 발휘할 수 있도록 하기 위한 유지관리가 필요하다. 유지관리가 되지 않으면 오물정화조는 처리능력이 저하되고 악취가 발산하며 방류수질이 악화되어 환경위생상 공해문제를 일으킨다. 따라서 정화조에 축적되는 오니[84]의 양을 정기적으로 측정하고 점검하여 제거하도록 하여야 한다.

유지관리는 일반적으로 단위장치나 부속기기, 전기설비 등이 정상으로 운전되기 위한 보수관리, 생물처리기능을 최대로 하기 위한 처리기능관리, 방류수가 수질기준에 적합하기 위한 수질관리로 나누어진다. 그리고 501인 이상은 자격이 있는 관리기술자를 두어야 하고 500인 이하의 경우는 자격이 있는 관리기술자에게 위탁하여도 좋은 것으로 되어 있다.

연 습 문 제

[예제 1] 행정청이 위생상 지장이 있다고 지정한 구역에서 1세대가 3거실을 가진 10층 규모의 공동주택에 오물정화조를 설치할 경우 그 용량을 구하시오.

풀이 처리대상 인원은 표 6 - 4에서 1세대당 (3.5인 + 0.5인) = 4인이니까 4인/세대당 × 10호 = 40인이다. 오물정화조의 성능은 표 6 - 7에서 BOD 제거율은 65 % 이상, 방류수의 BOD는 90 mg/l 이하이므로 단독처리 오물정화조로 하면 된다. 분리접촉폭기방식을 설치하는 것으로 하면 표 6 - 9에서 각 실의 유효 용량을 산출하면 다음과 같이 된다.

침전분리실 $[0.75 + 0.09(40 - 5)] m^3 = 3.9 m^3$ 이상
접촉폭기실 $[0.25 + 0.025(40 - 5)] m^3 = 1.125 m^3$ 이상
침 전 실 $[0.15 + 0.015(40 - 5)] m^3 = 0.675 m^3$ 이상

---

84) 오니(sludge) : 수중의 유물이 침전하여 진흙 상태로 된 것

[예제 2] 행정청이 위생상 특히 지장이 있다고 지정한 구역에 1세대가 3거실을 가진 12층 건물의 공동주택 15동을 대상으로 한 오물정화조를 설치할 경우 그 용량을 구하시오.

풀이 처리대상 인원은 표 6 - 4에서 1세대당 (3.5인 + 0.5인) = 4인이니까 4인/세대당 × 12호/동 × 15동 = 720인이다. 오물정화조의 성능은 표 6 - 7에서 BOD 제거율은 85 % 이상, 방류수의 BOD는 30 mg/l 이하이므로, 합병처리 오물정화조를 설치해야만 한다.

1인 1일당 평균 오수량을 200 l, 1인 1일당 BOD량을 40 g, 1시간당 최대 오수량을 1일당 평균 오수량의 2.5배라고 하면 1일당 평균 오수량은 200 l/d인 × 720인 = 144,000 l/d = 144 m³/d, 1일당의 유입 BOD량은 40 g/d × 720인 = 28.8 kg/d, 1시간당 최대 오수량은 (144 m³ × 2.5)/24 h = 15 m³/h 가 된다. 장시간폭기방식을 채용하는 것으로 하면 각 단위장치의 용량은 표 6 - 10에 의해 다음과 같이 계산한다.

침 사 조 폭기장치를 설치하지 않는 것으로 하면
(15/60) m³ = 0.25 m³ 이상

유량조정조 조에서 이송하는 1시간당의 오수량이 (1.5/24)Q이므로 1일 오수 배출시간을 10시간으로 하면
144 − (1.5 × 144 × 10/24) = 54 m³ 이상

폭 기 조 BOD 폭기조 부하로부터 구하면
$$\frac{500인 \times 0.04\,kg/d인}{0.2\,kg/m^3 d} + \frac{(720-500)인 \times 0.04\,kg/d인}{0.3\,kg/m^3 d}$$
≒ 130 m³ 이상
1일당 평균 오수량에서 구하면 144 m³ × 2/3 = 96 m³ 이상.
따라서 130 m³ 이상으로 한다.

침 전 조 144 m³ × 1/6 = 24 m³ 이상.

오물농축조 오물 발생량을 제거 BOD량의 60 %, 오물 농도를 8,000 ppm(0.8 %)로 하면 28.8 kg/d × 0.6 × 100 / 0.8 = 2,160 l/d = 2.16 m³/d
1일의 용량을 농축하는 것으로 하면 2.16 m³/d 이상.

오물저유조 농축 후의 오물 농도를 15,000 ppm(1.5 %)로 하고, 7일분의 저유 용량의 것으로 하면 2.16 m³/d × 0.8/1.5 × 7d ≒ 12.1 m³ 이상.

문 제

[문제 1] 행정청이 특히 위생상 지장이 있다고 지정한 구역에서 사무실 면적이 450 m²인 사무소 건축에 오물정화조를 설치할 경우 그 오물정화조는 단독처리로 해도 좋은가?

[문제 2] 처리대상 인원 30인의 단독처리 오물정화조를 분리폭기방식으로 할 경우 각 실의 유효 용량을 구하시오.

[문제 3] 행정청이 위생상 지장이 있다고 지정한 구역에서 1세대가 3거실을 가진 19층 규모의 공동주택에 오물정화조를 설치할 경우 그 용량을 구하시오.

[문제 4] 행정청에서 위생상 특히 지장이 있다고 지정한 구역에 1세대가 3거실을 가진 19층 건물의 공동주택 15동을 대상으로 한 오물정화조를 설치할 경우 그 용량을 구하시오.

[문제 5] 다음 용어에 대하여 설명하시오.

① 폭기탱크

② flock

③ DO(dissolved oxygen)

④ 살수여상법

⑤ 통성혐기성균

⑥ 오니

제7장 소화설비(消火設備)

7-1 소화설비(fire extinguishing installations)

7-1-1 소화설비란

소화설비는 물 기타 소화제를 기능적으로 화재에 방사해서 소화하기 위한 설비로 소방대가 도착해서 소화활동을 시작할 때까지의 초기 소화에 대응해서 설치된 것이다.

1 연소의 3요소

물질이 산화반응을 하여 열을 발생하며 고온과 빛을 동반하면서 그 반응을 계속하는 현상을 연소라 말하며 물질이 연소하는 데는 열 · 산소 · 연료 등의 3요소가 필요하다.

2 화재

화재는 연소물의 종류에 따라 다음과 같이 분류할 수 있다.
① A화재 : 목재 · 종이 · 직물 등 일반 가연물의 화재
② B화재 : 석유류 기타 가연성 액체, 유지 등의 화재
③ C화재 : 전기시설 등의 감전의 염려가 있는 화재
④ D화재 : 활성금속(마그네슘, 분말 알루미늄 등)에 의한 금속 화재

3 소화

소화는 화재의 연소작용을 억지하는 작업으로 연소의 3요소 중 한 가지 이상을 제거하는 것에 의해 가능하다.

1) 연료의 제거

연소물 자체를 제거하는 방법이다.

2) 산소의 제거(질식법)

공기와 차단해서 공기 중의 산소 농도를 줄이는 방법으로 B, C 화재에 적합하다.

3) 열의 제거(냉각법)

연소작용 중인 열을 물을 이용해서 냉각 제거하고 연소물의 온도를 발화점 이하로 하는 방법으로 A 화재에 적합하다.

7-1-2 소화설비의 종류

소방용으로 제공되는 설비로 소화설비 · 경보설비 · 피난설비가 있으며 이 중 소화설비는 물 기타 소화제를 사용하여 소화를 하는 기계기구 또는 설비로서 다음과 같은 10종류가 있다.

① 소화기 및 간이소화용구(물통 · 수조 · 건조한 모래)

② 옥내소화전 설비(stand pipe system)

③ 스프링클러 설비(sprinkler system)

④ 물분무 소화설비(water spray extinguishing system)

⑤ 포말 소화설비(foam extinguishing system)

⑥ 이산화탄소 소화설비(carbon dioxide extinguishing system)

⑦ 할로겐화물질 소화설비(halogenated extinguishing system)

⑧ 분말 소화설비(dry chemical extinguishing system)

⑨ 옥외소화전 설비(yard hydrant system)

⑩ 동력소방펌프 설비

이상 10종 외에 소화활동상 필요한 시설로서 연결송수관설비, 연결살수설비가 있다.

7-1-3 소화설비의 대상물

소화설비를 설치해야 할 대상물 중 일반건축물과 공작물 등에 대해서는 그 종류와 범위를 소방법 시행령 제28조(표 7 - 1)에 규제하고 있고 위험물 등은 위험물 규제에 관한 법령으로 규제하고 있다.

표 7-1 소화설비(소방법 시행령 제28조)

구 분	소화설비
소 화 기 구 설 치 대 상 물	1. 수동식 소화기 또는 간이소화용구 ① 연면적 33 m^2 이상 ② 지정문화재 및 가스시설 2. 자동식 소화기 11층 이상 아파트
옥내소화전 설비 설 치 대 상 물	1. 연면적 3,000 m^2 이상, 지하층 · 무창층, 바닥면적 600 m^2 이상의 4층 이상 전층 2. 근린생활시설 · 위락 · 판매 · 숙박시설 · 노유자시설 · 의료시설 · 업무시설 · 공장 · 창고 · 통신촬영시설 · 운수자동차관련시설 및 복합건축물로서 연면적 1,500 m^2 이상, 지하층, 무창층 또는 바닥면적 300 m^2 이상의 4층 이상 전층
스 프 링 클 러 설 비 대 상 물	1. 관람집회 및 운동시설의 무대부문으로 바닥면적 300 m^2 이상의 지하층 · 무창층 · 4층 이상의 층, 그 밖은 500 m^2 이상 2. 판매시설로 바닥면적의 합계가 ① 4층 이하 9,000 m^2 이상 ② 5층 이상 6,000 m^2 이상인 전층 3. 16층 이상의 아파트 4. 반자높이 10 m 넘는 연면적 2,100 m^2 이상의 레커(wrecker)식 창고 5. 연면적 1,000 m^2 이상의 지하가 6. 바닥면적 1,000 m^2 이상인 지하층 · 무창층 · 4층 이상인 층 7. 학교 및 아파트를 제외한 11층 이상의 층 8. 제1호 및 제8호에 부속된 보일러실
물 분 무 설 비 설 치 대 상 물	1. 비행기 격납고 2. 연면적 800 m^2 이상의 주차용 건축물 3. 바닥면적 200 m^2 이상의 주차용도 차고 4. 20대 이상의 기계장치 주차시설 5. 바닥면적 300 m^2 이상의 전기실 · 발전실 · 변전실 · 축전지실 · 전산실 · 통신기기실
옥외소화전 설비 설 치 대 상 물	1. 바닥면적 합계가 9,000 m^2 이상인 지하 1, 2층 2. 연면적 1,000 m^2 이상의 지정문화재
동력 소방 펌프 설치소방대상물	1. 옥내소화전설비를 설치하여야 할 소방대상물 2. 옥외소화전설비를 설치하여야 할 소방대상물

7-2 옥내소화전설비(stand pipe system)

옥내소화전설비란 물을 방출하는 노즐을 손에 직접 잡고 소화하는 데 이용하는 이동식 소화설비로 화재 초기에 소방대상물의 종사자가 소화전함에 비치되어 있는 호스 및 노즐을 이용하여 소화작업을 행하는 설비이다. 일반적으로 ① 수원 ② 가압송수장치 ③ 배관 ④ 옥내소화전 등으로 구성되어 있다.

7-2-1 설치기준

1 옥내소화전 설치 개수와 설치 장소

옥내소화전 설치 개수는 설치를 필요로 하는 대상물에 각 층의 각 부분에서 소화전 호-스 접속구까지의 수평거리가 25 m 이내가 되도록 설치해야 한다. 각 소화전을 중심으로 반경 25 m 내에 그 층의 바닥 전부가 포함되도록 한다. 따라서 원의 수만큼 옥내소화전이 필요하게 된다. 옥내소화전 설치 장소는 대상물의 구조, 사용목적에 따라 여러 가지 제약을 받는다. 설치 위치로는 복도나 계단에 되도록 가까운 곳, 평소 눈에 잘 뜨이는 곳, 소화 활동하기가 쉬운 곳, 피난상 장애가 되지 않는 곳, 방화구획이나 문에 가리지 않는 곳에 설치한다.

[예제 1] 기준층이 가로, 세로 각각 48 m, 21 m인 사무소 건축에 옥내소화전의 적절한 설치 위치와 설치 개수를 구하시오.

풀이 그림에 나타낸 것처럼 양측 계단실 가까이의 복도 벽면에 2개를 설치한다.

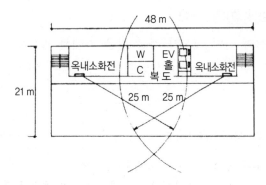

② 동시개구수

가장 많은 설치 개수를 동시개구수라 하며 최대 동시개구수는 5개이다. 5층 이상의 건축물의 경우 최소 동시개구수를 2개로 하는 곳도 있다.

③ 옥내소화전의 크기와 설치높이

옥내소화전의 크기는 호칭 40 mm 또는 50 mm가 있으며 일반적으로는 호칭 40 mm가 많이 사용된다. 또한 옥내소화전의 설치높이는 그 개폐밸브의 위치를 바닥에서 1.5 m 이하의 높이에 설치하고 개폐조작이 용이하도록 한다.

④ 옥내소화전 관경

옥내소화전 지관의 관경은 옥내소화전과 같은 40 mm 또는 50 mm 관이 사용되며 입관은 표 7-2에서 구한다.

표 7-2 입관의 관경 〔mm〕

옥내소화전의 호칭	노즐 구경	층수별 관경	
40 또는 50	13	4층 이하 50	
65	25	5층 이상 65	100

⑤ 옥내소화전의 표준값

옥내소화전 노즐 끝의 방수압력은 1.7 kg/cm² 이상 7 kg/cm² 이하, 노즐구경 13 mm, 호스구경 40 mm, 호스길이 15 m × 2본, 설치높이 1.5 m 이내, 방수량은 130 l/min 이상(1.7 kg/cm²에서)의 성능을 갖추어야 한다.

⑥ 수원(水源)의 수량

옥내소화전의 설치 개수가 가장 많은 층에서 필요로 하는 해당 개수 N(5개를 넘으면 5개로 한다)에 2.6 m³를 곱한 값 이상으로 한다. 식 7-1에서 구한 값 이상으로 한다.

$$M \geqq 2.6 \times N \ \text{〔m}^3\text{〕} \cdots\cdots\cdots\cdots\cdots\cdots\cdots\cdots\cdots\cdots\cdots\cdots\cdots\cdots \ (7\text{-}1)$$

여기서 M : 수원의 수량 〔m³〕

N : 소화전의 동시개구수(설치 개수가 한 층에 5개 이상일 경우는 5개로 한다)

저수량은 옥내소화전 표준 방수량 130 l/min × 20분 × 동시개구수이다. 동시개구수는 각 층에서 가장 소화전 수가 많은 것을 선택한다. 단, 최대는 5개로 간주한다.

7 가압송수장치

가압송수장치는 옥상탱크·압력탱크 및 펌프에 의한 것이 있으나 일반적으로는 다단볼류트펌프가 많이 사용된다(그림 7-1. 소화펌프 크기의 결정방법은 표 7-3에 나타내고 있다. 소화펌프의 용량은 식 7-2에서 구한다.

$$Q = (130 \times 1.15) \times N \; [l/min] \quad\cdots\cdots\cdots\cdots\cdots\cdots\cdots \; (7-2)$$

여기서 Q : 펌프의 용량 $[l/min]$
N : 동시개구수

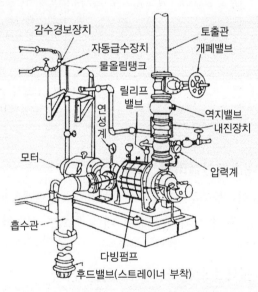

그림 7-1 가압송수장치

펌프의 용량은 일반적으로 130 l/min에 15 %를 증가시킨 150 l/min로 한다. 펌프 설치 장소는 조작·점검이 용이하고 화재에 의한 피해를 받기 어려운 장소로 한다. 수원의 수위가 펌프보다 낮을 경우에는 펌프의 흡입관·푸트밸브(foot valve)[85]·펌프의 글랜드(gland) 등에서 누수가 되는 경우에 사용할 때 송수할 수 없는 사태가 발생하는 일이 있으므로 자동급수장치를 설치하도록 의무화되어 있다.

---

85) 푸트밸브(foot valve) : 원심펌프의 흡입파이프 밑에 설치하는 체크밸브를 말하며 펌프 시동 때 흡입파이프 속을 만수상태로 만들도록 고려된 것이다.

[예제 2] 옥내소화전이 1층에 3개, 2층에 4개, 3층에 4개 필요하다. 이 건물의 소화용 저수량은 어느 정도인가?

> **풀이** 동시개구수는 최대 4개이니까 식 7-1에 대입해서 구한다.
>
> $$M = 2.6 \times 4 = 10.4 \, [m^3]$$

표 7-3 소화펌프의 크기

항　　목	계　　산　　식	비　　　고
펌프의 용량 $Q \, [l/min]$	$Q \geq N \times 150 \, [l/min]$	N : 설치 개수(설치 개수가 5를 넘을 때는 5) H_1 : 펌프의 흡입높이 [m]
펌프의 전양정 $H \, [m]$	$H \geq H_1 + H_2 + H_3 + H_4 + H_5 + 17 \, [m]$	H_2 : 최고 위치 소화전까지의 높이 [m] H_3 : 직관부분 관의 마찰손실수두 [m] H_4 : 관이음, 밸브류의 마찰손실수두 [m]
축동력 $P \, [kW]$	$P \geq 0.163 \, (Q \times H / \eta) \, [kW]$	H_5 : 호스의 마찰손실수두 [m] Q : 소화펌프의 토출량 [m³/min] H : 소화펌프의 전양정 [m]
전동기 동력 $P_m \, [kW]$	$P_m \geq P \times 1.1 \, [kW]$	η : 펌프의 효율 [%] P : 축동력 [kW]

8 옥내소화전설비의 면제

스프링클러·물분무·거품·이산화탄소·할로겐화물·분말·옥외소화전·동력소방펌프 등 각 설비의 유효범위 내에 있으면 설치를 면제할 수 있다.

7-2-2 옥내소화전과 옥내소화전 상자

1 옥내소화전(indoor fire hydrant)

옥내소화전 호스의 접속구는 나사식과 압입식 접속쇠가 사용되며 관경 40 mm와 50 mm가 있다. 개폐밸브도 관경 40 mm와 50 mm로서 글로브밸브나 게이트밸브를 사용한다. 개폐밸브는 청동제 글로브밸브가 많이 사용되고 45°형·90°형 등 여러 가지가 있다.

개폐밸브의 각부의 치수와 명칭은 그림 7-2 및 그 부표와 같다. 최대 상용압력 5 kg/cm² 이하에서는 10 kg/cm², 5 kg/cm² 이상에서는 20 kg/cm²의 수압시험에 합격한 것으로 한다.

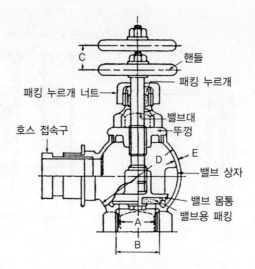

그림 7-2 옥내소화전 개폐밸브(공조위생공학 Ⅲ, p.187)

부 표

호 칭	40 mm		50 mm	
최대 상용압력 [kg/cm²]	5 이하	5를 넘는 것	5 이하	5를 넘는 것
A [mm]	38	38	51	51
B [mm]	47.80	47.80	59.61	59.61
C [mm]	15 이상	17 이상	17 이상	20 이상
D [mm]	74 이상	78 이상	90 이상	98 이상
E [mm]	2.5±0.2	3.0±0.2	3.0±0.2	3.5±0.2

❷ 옥내소화전 상자

호스·옥내소화전·가압송수장치 등의 기동장치를 격납하는 상자로 일반적으로 강판제로 제작되며 표면에는 「소화전」이라고 표시한다. 상부에는 적색등을 설치하며 이때 등은 설치면과 15도 이상 각도의 방향에서 10 m 이상 떨어진 곳에서도 용이하게 식별되어야만 한다. 상자 내부에는 소화전 개폐밸브·호스(hose)·노즐(nozzle)·빗형 호스걸이(hose bracket) 등을 수납하며 노즐의 구경은 13 mm이고 호스는 마 호스와 고무를 입힌 호스가 있으며 15 m 길이 2본을 설치한다.

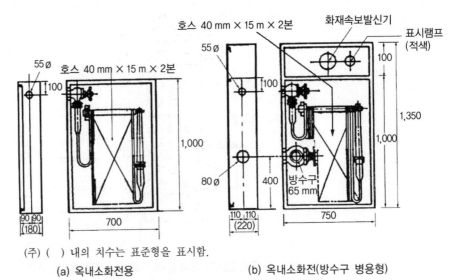

(주) ( ) 내의 치수는 표준형을 표시함.

(a) 옥내소화전용   (b) 옥내소화전(방수구 병용형)

그림 7-3 옥내소화전 상자

7-3 배관방법

소화수관은 그림 7-4처럼 옥상탱크에 접속하고 시험용 옥내소화전을 설치하여 소화펌프의 흡입관을 전용으로 하고 양수관의 흡입관보다도 낮게 한다.

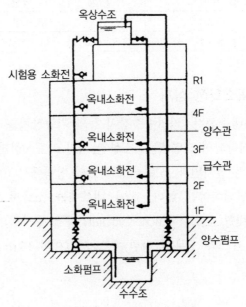

그림 7-4 옥내소화전의 배관

7-4 초고층 건물의 옥내소화전

높이 50 m 이상의 건물은 가압펌프(booster pump)를 설치하여 증압하여야 한다. 이때 연결송수관의 배관방식은 습식과 건식이 있다. 입관의 내경은 100 mm 이상으로 하며 고층건물의 소화설비는

① 방수구의 소화수관은 별도 배관계통으로 한다.

② 입관의 지름은 150 mm로 하고 방수구까지의 수평거리는 50 m 이내가 되도록 한다.

③ 쌍구형 송수구(siamese connection) 1개마다 booster pump 1대를 설치한다.

7-5 옥외소화전설비(yard hydrant system)

7-5-1 설치기준

1 수원의 유효수량

수원으로는 자연수리와 인공수리가 있고 자연수리는 하천·저수지 등이 있고 인공수리는 수도·저수탱크 등이 있다. 이들 중 옥외소화전에 필요한 수압을 갖는 것이 있으면 그대로 사용할 수 있지만 압력이 부족한 경우에는 가압송수장치를 설치한다. 수원의 유효수량은 옥외소화전의 설치 개수(설치 개수가 2개 이상일 경우는 2개로 한다)에 7 m³를 곱한 양 이상이 되도록 하여야 한다.

$$M = 7 \times N \; [\text{m}^3] \quad \cdots\cdots\cdots\cdots\cdots\cdots\cdots\cdots\cdots\cdots\cdots\cdots\cdots\cdots \quad (7-3)$$

여기서 M : 수원의 유효수량 $[\text{m}^3]$
N : 동시개구수

2 가압송수장치

1) 펌프

옥내소화전과 마찬가지로 일반적으로 다단볼류트펌프가 사용되고 설치하는 장소, 조작방법도 옥내소화전과 같다.

2) 펌프양수량

모든 옥외소화전을 동시에 개구하였을 때 각각의 노즐 끝에서 방수압력이 2.5 kg/cm² 이상, 방수량이 350 l/min 이상이 되어야 한다.

㉠ 펌프의 용량 $Q = (350 \times 1.15) \times N$ [l/min] ······················ (7 - 4)

㉡ 펌프의 양정 $H = (H_1 + H_2 + H_3 + H_4 + H_5) \times 1.1$ [m] ········ (7 - 5)

㉢ 펌프의 축동력 $P = \dfrac{\omega\,QH}{KE}$ [PS 또는 kW] ······················ (7 - 6)

㉣ 원동기 동력 $PM = P \times (1 + \eta)$ [PS 또는 kW] ················ (7 - 7)

여기서 Q : 펌프의 용량 [l/min]

H : 펌프의 양정 [m]

H_1 : 푸트밸브에서 소화전까지의 수직거리 [m]

H_2 : 직관의 마찰손실수두 [m]

H_3 : 관이음, 밸브류의 마찰손실수두 [m]

H_4 : 호스의 마찰손실수두 [m]

H_5 : 노즐의 방수압력 [m]

P : 펌프의 축동력 [PS 또는 kW]

K : 계수(PS로 구할 때는 4,500, kW로 구할 때는 6,120)

E : 펌프의 효율

ω : 물의 비중량 [kg/m³]

Q : 양수량 [m³/min]

H : 전양정 [m]

P_M : 원동기 동력 [PS 또는 kW]

η : 여유율(0.1~0.25)

[**예제 3**] 옥외소화전을 2개 동시에 사용할 경우의 수원을 구하시오.

풀이 표준 방수량 350 l/min, 동시개구수는 2개이니까 식 7 - 3을 이용해서

$M = 350 \times 20 \times 2 = 14,000\ l = 14\ \text{m}^3$

7-5-2 옥외소화전 및 기구

옥외소화전은 모두 지상식으로 하고 옥외소화전 방수용 기구의 소화전함은 옥외소화전에서 5 m 이내의 위치에 설치하고 소화전함 표면에는 "옥외소화전"이라고 표시를 한다. 호스의 구경은 65 mm로 하고 20 m 길이 2본으로 노즐의 구경은 19 mm로 하고 호스의 접결구는 소방대상물 각 부분에서 수평거리가 40 m 이하가 되도록 한다.

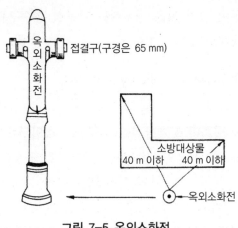

그림 7-5 옥외소화전

7-6 연결송수관(連結送水管)86)과 연결살수설비(連結散水設備)87)

7-6-1 설치기준

연결송수관은 법령상으로 소화활동상 필요한 시설로서 독립된 소화설비는 아니다. 연결송수관은 송수관과 방수구를 배관으로 연결하는 장치로 소방펌프 자동차가 현장에 도착하면 연결송수관에 연결하여 고층까지 송수하는 것이다. 설치기준은 지층을 제외한 7층 이상의 건물 또는 지상 5층 이상으로 연면적 6,000 m² 이상의 건물이나 건물의 길이가 50 m 이상 되는 아케이드(arcade) 등에 설치하도록 되어 있다.

---

86) 연결송수관(connecting water pipe)
87) 연결살수설비(connected water spray system)

7-6-2 송수구·방수구

■1 송수구(siamese connection)

송수구는 건축물의 외부나 외벽에 설치하여 외부로부터 내부의 필요한 장소까지 압력수를 보내기 위한 접속구로서 노출형·매입형·스탠드형 등 3종류가 있다. 설치는 지상 50 cm 이상 1 m 이하의 높이에 부착하고 구경 65 mm의 쌍구형(siamese connection)으로 하며 배관과의 접속관경은 100 mm로 한다. 단, 건물 구조상의 이유로 쌍구형이 좋지 않을 경우에는 단구형 송수구를 2개 설치하여 연결송수관의 주관과 접속해도 좋다.

■2 방수구(water delivery out - let)

방수구의 설치 위치는 3층 이상의 각 층마다 50m의 원을 그려 그 층을 포함할 수있는 곳에 설치하고 계단실이나 계단실 출입구에서 5 m 이내에 설치한다. 소방대원이 이용하는 호스를 접속하는 것이므로 구경은 65 mm로 한다.

또한 방수구는 옥내소화전 상자 내에 함께 설치하거나 단독으로 설치하여도 좋다. 또 노출시켜도 지장은 없지만 이 경우 반드시 방수구에 캡을 씌워야 한다. 방수구 부착높이는 바닥면에서 50 cm 이상 1 m 이내로 한다.

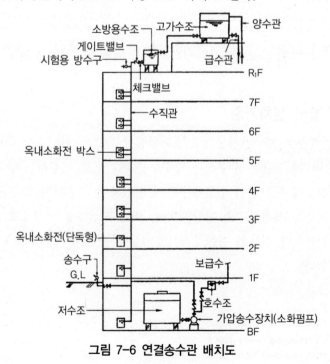

그림 7-6 연결송수관 배치도

7-6-3 가압송수장치(booster pump water supply system)

설치기준에 의하면 지상고 70 m를 초과하는 경우에는 가압송수장치를 설치하도록 규정하고 있다. 송수구에서 12 kg/cm^{2}으로 송수한 경우 노즐 방수압력 3.5 kg/cm^{2}가 되지 않는 개소가 있으면 그 방수구의 가까운 층에 가압펌프(booster pump)를 설치하고 펌프의 양정은 그 최상층에서 노즐 방수압력 3.5 kg/cm^2 이상, 양수량은 방수구 1개당 800 l/min 로 한다.

단, 최소 양수량은 2개 동시방수량 1,600 l/min 이상으로 한다. 가압펌프에 이르는 입상관은 송수구 2개분의 수량을 갖는 경우는 구경 150 mm 이상으로 한다. 또한 가압펌프의 토수관과 하층으로부터의 입주관 사이에는 바이패스(by-pass)[88]를 설치함과 동시에 역류를 방지하기 위하여 체크밸브(check valve)를 설치한다.

7-6-4 연결살수설비(connected water spray system)

방화대상물 중 지하층 바닥면적의 합계가 700 m^2 이상일 때 천장이나 천장 안에 설치한다. 이때 방화대상물에 스프링클러 설비가 설치되어 있고 당해 범위부분이 스프링클러 설비의 기준에 만족될 경우에는 제외한다.

7-7 스프링클러 설비(sprinkler system)

스프링클러 설비는 수원·가압송수장치 및 그 기동장치·배관·경보장치·스프링클러 헤드(sprinkler head)로 구성된 소화설비로 천장면에 배관된 스프링클러 헤드의 퓨지블 링(fusible ring)이 화재 시에 발생하는 열(70 ℃ 전후)에 의해 용해되면 퓨즈가 끊겨 자동적으로 스프링클러 헤드가 개방되며 압력수가 광범위하게 살수되어 초기의 단계에서 효율적으로 소화 또는 연소 확대를 방지하는 설비이다.

스프링클러 설비는 초기 소화에 가장 효과 있는 설비이며 1850년 영국에서 개발하여 그 후 미국인 Frederich Crinne에 의하여 대규모로 공업화되었으며 유럽 및 일본 등에 널리 보급되었다.

---

88) 바이패스(by-pass) : 주관에서 분기되어 다시 주관에 연결되는 보조관

7-7-1 스프링클러 설비의 특징

✪ 장점

① 초기 진화에 절대적인 효과가 있다.

② 소화재가 물이라서 값이 싸고 소화 후 복구가 용이하다.

③ 감지부의 구조가 기계적이므로 오동작이 없으며 조작이 간편하고 안전하다.

④ 완전자동이므로 사람이 없는 야간에도 자동적으로 화재를 감지하여 소화 및 경보를 해 준다.

✪ 단점

① 초기 시설비가 많이 든다.

② 시공이 다른 시설보다 복잡하다.

③ 물로 인한 피해가 심하다.

7-7-2 스프링클러 설비의 종류와 구성

스프링클러는 N.B.F.U(National Board of Fire Underwriters)에 의하면 6종류가 있으나 크게는 습식과 건식으로 나눌 수 있다.

❶ 습식장치(wet pipe system)

대부분 이 방식을 채택하고 있다. 관 속에는 언제나 가압된 물로 가득 차 있고 헤드는 화재발생과 동시에 개방되며 자동적으로 경보밸브가 작동하여 경보를 발생하면서 살수가 된다. 동결의 염려가 없는 곳에 설치해야 한다.

❷ 건식장치(dry pipe system)

건식장치는 폐쇄형 헤드를 써서 관속에 가압공기를 넣어 놓은 방식이며 급수본관에는 공기밸브를 거쳐 배수본관과 접속한다. 화재 시의 발생열로 헤드가 녹아 개방되면 관속에 있던 공기가 빠지게 되고 이어서 기압저하에 의해 자동적으로 공기밸브가 열리고 물이 헤드에 급수되면서 살수가 시작된다.

밸브에는 차동형과 기계형이 있다. 차동형은 공기밸브와 물밸브가 같은 축에 함께 고정되고 공기밸브는 상방에서 기압을, 물밸브는 하방에서 수압을 받고 있다. 공기밸브가 물밸브의 면적보다 크고 수압의 1/6 정도 되는 기압에서 힘이 평형되도록 하고 있으므로 보통 $3\sim7\,kg/cm^2$의 수압에 대하여 $1.5\,kg/cm^2$ 내외의 기압으로 밸브를 닫아둘 수 있다. 기계형은 물을 저지하고 있는 회전식 밸브의 한쪽 끝을 항상 걸이쇠에 의해 누르고 배수관 내의 공기가 헤드의 개방에 의해 감소하면 그 기압감소에 의해 동작하는 트립기구가 움직여 밸브가 열려 송수된다. 기계형은 또한 수압에 관계없이 기압을 결정할 수 있는 이점이 있다. 건식장치는 배수관 속의 물이 동결될 우려가 있는 장소에 사용된다.

❸ external drencher설비

개방식의 일종으로 개방 헤드를 지붕·창·외벽 등에 설치하여 인접건물에서 화재가 발생하면 수동으로 개방밸브를 열어서 건물표면에 수막을 만들어 연소를 방지하는 설비이다. 기본적으로는 스프링클러 설비와 거의 같고, 드렌처 헤드의 설치 간격은 개구부의 윗틀에 윗틀길이 $2.5\,m$ 이하마다 1개씩 설치하며, 수원은 설치 수에 $0.4\,m^3$를 곱하여 얻은 수량 이상으로 한다. 모든 드렌처 헤드를 동시에 사용한 경우 헤드 말단 방수압력이 $1\,kg/cm^2$ 이상이고 방수량은 $20\,l/min$의 성능을 가지는 것으로 한다.

7-7-3 스프링클러 헤드(sprinkler head)

스프링클러 헤드는 소방대상물의 천장 또는 반자와 덕트, 선반 기타 이와 유사한 부분에 설치하여야 한다. 단, 폭이 $9\,m$ 이하인 실내에서는 측벽에 설치할 수 있다. 일반적으로 보디·프레임·감열부·레버·디플렉터 등 5개 부분으로 구성되어 있다. 평상시에는 감열부와 레버로 관속의 압력수 유출을 막고 화재 시 발생열에 의해 감열부의 일부가 작동하여 살수가 시작되고 프레임에 지지된 디플렉터에 닿아 일정한 면적에 균일한 밀도로 살수하게 된다.

스프링클러 헤드의 종류로는 습식 및 건식에 사용하는 폐쇄형과 개방식에 사용하는 개방형이 있으며 일반적으로 스프링클러 설비라고 하면 습식·폐쇄형 스프링클러를 가리킨다. 또 장치방식에 따라 상향형·하향형·측면형 및 환형이 있으며 이 가운데서 폐쇄형 헤드는 스프링클러의 작동 및 살수역할을 하는 중요한 부분이며 감열부 기구에 따라 여러 가지 종류가 있다. 그림 7-7에 스프링클러 헤드의 종류를 나타내고 있고 그림 7-8은 장치방식과 모양을 나타내고 있다.

1 스프링클러 헤드의 표준값

스프링클러 헤드 설비기준의 성능은 방수압력 $1\,kg/cm^2$으로 방수량이 폐쇄형에서 $80\,l/min$, 개방형에서 $160\,l/min$를 표준으로 하고 있다.

2 스프링클러 헤드의 설치 장소

무대부에 설치하는 스프링클러 헤드는 개방형으로 해야 하며 그 이외의 곳에는 폐쇄형으로 규정하고 있다. 개방형 스프링클러 헤드를 설치하는 경우 수동식 개방밸브는 바닥면에서 $0.8\,m$ 이상 $1.5\,m$ 이하의 위치에 설치한다.

3 스프링클러 헤드의 설치 간격

극장의 무대부나 준위험물 등의 방화대상물에서는 그 각 부분에서 하나의 헤드까지의 수평거리가 $1.7\,m$ 이하, 기타 방화대상물에서는 $2.1\,m$ 이하(내화건축물은 $2.3\,m$)가 되도록 설치한다.

4 배관의 관경

스프링클러의 배관에는 입상주관, 배수관, 지관이 있고 지관 1개에 붙일 수 있는 헤드의 수는 한쪽에 5개까지로 한다. 입상주관의 관경은 동시개방 헤드 수가 10개 이내에서는 $100\,mm$ 이상, 20개 이내에서는 $125\,mm$ 이상, 30개 이내에서는 $150\,mm$ 이상의 관경으로 한다.

그림 7-7 스프링클러 헤드의 종류

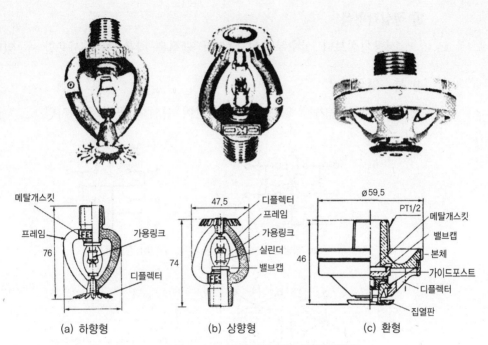

그림 7-8 스프링클러 헤드의 장치방식

7-7-4 스프링클러의 배관

1 파이프의 재질

파이프는 강관과 주철관을 사용하며 강관은 내압성, 내열성이 KS규격에 합격한 것으로 한다.

2 배관방식

스프링클러 설비의 배관방식은 정방형식, 장방형식, 정삼각형식, 특수형식으로 분류된다.

1) 정방형식(토너먼트식)

살수부분의 중복부분이 가장 적은 이상적인 방법이다.

2) 장방형식

정방형식보다 살수부분의 중복이 많다.

3) 정삼각형식

정방형식보다 살수부분이 많으나 관경은 작은 것을 사용할 수 있다.

4) 특수형식

중복부분이 가장 많으나 배관방법이 쉬워 시공이 용이하다.

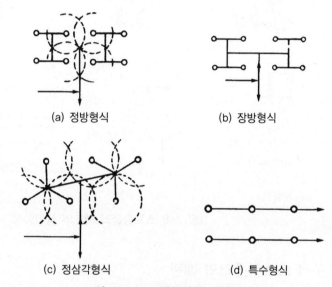

(a) 정방형식   (b) 장방형식

(c) 정삼각형식   (d) 특수형식

그림 7-9 스프링클러의 배관방식

7-7-5 스프링클러 배관 시공상의 주의할 사항

① 완벽한 방화벽이나 칸막이벽으로 막힌 공간에는 새로운 입상관을 사용할 것.

② 100개 이상의 스프링클러를 요구하는 장소로서 파티션이나 벽이 없을 경우 그곳의 위험도 급수를 중간급으로 간주할 것.

③ 콘크리트 속의 배관은 신더 콘크리트를 사용한다.

④ 바닥 슬래브 속을 통과하는 입상관은 반드시 슬래브 콘크리트 속에 묻어서 슬래브를 통해 입상토록 할 것.

⑤ 지면에서 1 m 이내의 땅 속에 매설되는 파이프는 반드시 P.V.C 배관 내에 보호되도록 할 것.

⑥ 지하의 배관은 지면으로부터 90 cm 이상 깊이로 매설할 것.

⑦ 철도 밑 배관은 지면에서 120 cm 이상 깊이로 매설할 것.

⑧ 지하배관의 연결부분은 연결점 밑에 콘크리트 또는 시멘트 블록으로 안전하게 지지할 것.

7-7-6 스프링클러 설비의 점검 요령

◼1 법적 기준에 의한 검토

① 수원의 수량 확보 여부
② 수압 및 방수량의 적정 여부
③ 비상전원의 확보 및 적정 여부
④ 펌프의 용량
⑤ 전선의 손상 여부
⑥ 원거리 조정장치의 작동 여부
⑦ 전압이 ±10의 오차로 보장되었는지의 여부
⑧ 스위치의 개폐가 정확하며 부작용이 없는지의 여부

◼2 펌프장치 점검

① 화재 시 완전히 보호될 수 있는지의 여부
② 펌프의 양수량이 설계치수와 일치하는지의 여부
③ 모터펌프의 수평이 완전하고 연결축이 회전에 무리가 없는지의 여부
④ 펌프 내에 상시 만수가 되도록 호수설비가 완벽한지의 여부
⑤ 펌프에 연결된 각 밸브는 완벽하게 작동되며 스트레이너는 언제라도 청소할 수 있으며 체크밸브는 완벽한지의 여부

◼3 엔진의 점검

① 엔진의 위치가 화재의 피해로부터 보호될 수 있는 위치에 있는지의 여부
② 엔진의 용량이 비상전원으로서 흡족한지의 여부
③ 연료의 용량은 충분한지의 여부
④ 연료의 용기는 안전한 위치에 있는지의 여부
⑤ 배터리는 자동충전장치가 되어 있는지의 여부
⑥ 시동이 용이한지의 여부
⑦ 동력전달장치가 정확히 작동하는지의 여부

⑧ 라디에이터에 냉각수가 만수되어 있는지의 여부

4 헤드의 점검

① 제조자 및 제조년월일 검정품 여부 확인
② 스프링클러 헤드 표시온도 확인
③ 헤드 하나의 유효반경 확인
④ 헤드의 부착각도 정확 여부

5 송수구의 점검

① 재질 점검
② 뚜껑 설치 여부
③ 설치 위치 점검
④ 송수구의 구경 확인
⑤ 체크밸브 설치 여부

6 배관의 점검

① 설계대로 정확히 구현되었는지의 여부
② 파이프는 고정걸이로 견고하게 설치하였는지의 여부
③ 각종 밸브 및 배관은 KS규격품이며 완벽하게 작동하는지의 여부
④ 스프링클러의 살수가 정확하고 배관의 구경에 따라 헤드 수가 맞게 달렸
   는지의 여부
⑤ 동결의 우려가 없는지의 여부
⑥ 내압과 충격에 충분한 고려가 되어 있는지의 여부

7 경보장치 및 컨트롤 장치의 점검

① 경보밸브의 적합 여부
② 압력계의 1차, 2차 표시가 동일한지의 여부
③ 시험 시 경보가 정확한지의 여부
④ 전선이 내열되게끔 보호되어 있는지의 여부

문 제

[문제 1] 소화설비의 종류에 대하여 기술하시오.

[문제 2] 소화설비 설치 대상물에 대하여 기술하시오.

[문제 3] 옥내소화전의 표준값에 대하여 기술하시오.

[문제 4] 옥내소화전 상자에 대하여 스케치하고 설명하시오.

[문제 5] 옥내소화전 배관을 스케치하고 설명하시오.

[문제 6] 초고층 건물의 옥내소화전에 대하여 기술하시오.

[문제 7] 옥외소화전과 기구에 대하여 기술하시오.

[문제 8] 송수구와 방수구에 대하여 기술하시오.

[문제 9] Sprinkler 설비의 장·단점에 대하여 기술하시오.

[문제 10] Sprinkler 설비의 종류와 구성에 대하여 기술하시오.

[문제 11] Sprinkler head에 대하여 종류와 장치를 스케치하고 설명하시오.

[문제 12] Sprinkler의 배관방식에 대하여 스케치하고 설명하시오.

[문제 13] Sprinkler 배관 시공상의 주의할 점에 대하여 기술하시오.

[문제 14] Sprinkler 설비의 점검 요령에 대하여 기술하시오.

[문제 15] 지정문화재와 소방법 관련에 대하여 기술하시오.

[문제 16] 다음 용어에 대하여 간단히 설명하시오.

① foot valve   ② connecting water pipe

③ connected water spray system   ④ by-pass

참고문헌

1) 小笠原 祥五 외 : 建築設備, 市ゥ谷出版社 (1987)
2) 石福 昭 외 : 建築設備, オ-ム社 (1986)
3) 吉田 燦 : 建築設備槪論, 章國社 (1985)
4) 井上宇市 : 建築設備計劃法, コロナ社 (1966)
5) 崔英植 : 建築設備設計計劃, 世進社 (1997)
6) 松本敏南 외 : 建築設備, 學獻社 (1982)
7) 中島康孝 외 : 建築設備, 朝倉書店 (1983)
8) 井口洋夫 : 水-生命ふるさと-, 共立科學라이브러리, 共立出版 (1974)
9) 石橋多聞 : 上水道學, 土木工學叢書, 技報堂 (1974)
10) 石橋多聞 : 飲み水の危險, 東京大學出版社 (1970)
11) 石原正雄 : 建築設備II - 水調整設備, 朝倉書占 (1974)
12) 板谷松樹 : 水力學, 朝倉書店 (1966)
13) 空氣調和·衛生工學會 : HASS 206 - 1976 給排水設備規準
14) 上平 恒 : 水とは何か, 講談社 (1977)
15) 紀谷文樹 외 : 給水設備の負荷設計, 井上書院 (1978)
16) 空氣調和·衛生工學會編 : 給排水·衛生設備の實務の知識, オ-ム社 (1989)
17) 空氣調和·衛生工學會編 : 空氣調和設備の實務の知識, オ-ム社 (1989)
18) 空氣調和·衛生工學會編 : 空氣調和衛生工學便覽 I II III, 空氣調和·衛生工學會 (1975)
19) 井上宇市 외 : 建築設備ハンドブシク, 朝倉書店 (1981)
20) 中島康孝 외 : 建築設備設計施工資料集成, 大光書林 (1977)
21) 阿部森雄 : 建築設備設製圖, 技術書院 (1980)
22) 戶ゥ岐健次 : 建築設備の設計, 明現社 (1978)
23) 吉村武 외 : 繪建築設備, オ-ム社 (1983)
24) 建築設備大系編委員會編 : 建築設備設計 I II, 章國社 (1965)
25) 日本建築設備士協會編 : 建築設備設計マニュアル II 給排水·衛生編, 奇術書院 (1984)
26) 配管工學硏究會編 : 配管ハンドブシク, 産業圖書 (1973)
27) S. Crocker & R. C King : Piping Handbook(5th edi), McGraw Hill Book Co. (1967)
28) A.F.E. Wise : Water, Sanitary & Waste Services for Buildings, BT Batsford Ltd (1979)
29) I. D. Jacobson et al : Plumbing Dictionary(3rd edi), ASSE (1979)
30) 日本建築學會編 : 建築の水のレイアウト, 章國社 (1984)
31) 日本建築學會編 : 建築設計資料集成(設備計劃編), 丸善 (1977)
32) オ-ム社編 : 建築設備配管の實務讀本, オ-ム社 (1993)
33) 戶岐重弘 외 : 建築設備演習, オ-ム社 (1984)
34) 山田信亮 외 : 給排水衛生設備の知識, オ-ム社 (1997)
35) 日本生氣象學會編 : 生氣象學の事典, 朝倉書店 (1992)
36) 空氣調和·衛生工學會編 : 空氣調和·衛生用語事典, オ-ム社 (1990)
37) 空氣調和·衛生工學會用語委員會編 : 空氣調和·衛生用語集, 空氣調和·衛生工學會 (1989)
38) 建築設備用語大事典 編纂委員會編 : 建築設備用語大事典, 技文堂 (1997)
39) 空氣調和·衛生工學會編 : 建築設備集成, オ-ム社 (1988)

제2편 전기설비

제1장 전기설비의 기초 지식

1-1 전기설비의 개요

  건축이 대규모화·초고층화·첨단화·정보화되면서 건물의 기능적인 활동을 뒷받침하기 위하여 건축전기설비에 대한 중요성이 높아져 가고 있다. 전등조명, 변·배전설비, 예비전원설비, 통신·신호설비, 정보설비, 반송설비(transport system), 전동력설비, 피뢰침설비, TV공청설비, 수송설비 등 현대건축에서 건축전기설비는 광범위하고 복잡 다양하게 표출되고 있다.

  이를테면 건축전기설비를 인간에 비유한다면 인간의 시각·청각·신경계통에 비할 만큼 건물에서 그 임무가 막중하다고 할 수 있다. 밝고 좋은 조명은 사무실이나 공장의 능률을 향상시켜 주기도 하며 전화·통신·정보설비 등은 집무능률의 향상은 물론 첨단 정보교환에 크게 공헌하고 있다.

  뿐만 아니라 공기조화·환기·배연·급배수·소화설비 등에 사용되고 있는 펌프·송풍기·압축기 등의 동력원도 모두 전기에 의한 것이다. 이러한 동력원으로 사용되고 있는 전동기 제어기술 역시 발전을 거듭하여 자동제어장치를 사용하게 됨에 따라 건물 안에 각종 설비를 한곳에 집중해서 조절·통제할 수 있는 중앙방재시설(central control system)이 실행 가능케 되었으며 또한 첨단 전산 소프트웨어 프로그램의 출현에 따라 각종 재해 시 기기의 자동제어(automatic control)가 실행되는 등 인간에 의한 제어보다 오히려 높은 신뢰성이 가능하게 되었다.

  이상과 같이 최근 건축전기설비가 건축의 기능적 분야에서 차지하는 비중은 대단히 크며 21세기의 첨단 정보화시대에는 건축전기설비가 질적으로 한층 더 고도의 기술로 건물의 본체와 각종 관련 건축설비에 깊은 관계를 갖게 될 전망이다.

1-2 전기의 기초 지식

1-2-1 전압 (voltage)

전기가 일을 하는 것은 전류에 의한다. 물을 흐르게 하는 원인이 낙차이듯이 전류는 전위(electrical potential)의 차가 없으면 흐르지 않는다. 이때의 전위차를 전압이라 하며 그 실용 단위는 볼트(V)로 나타낸다.

전기설비에서 사용하는 전압은 주로 100 V · 200 V · 400 V · 6,000 V · 20,000 V의 교류전압이다. 전기설비 기술기준에 의하면 표 1 - 1과 같이 **저압 · 고압 · 특별고압(특고압)**으로 나누고 안전을 위하여 각각의 구분에 따라 공사방법을 규제하고 있다.

표 1-1 전압 종별

구 분	직 류	교 류	배전전압(공급규정)의 표준 전압
저 압	750 V 이하	600 V 이하	100 · 200 V
고 압	750 V 이상 7,000 V 이하	600 V 이상 7,000 V 이하	6,000 V
특별고압	7,000 V 이상		20,000 V · 60,000 V · 140,000 V

1-2-2 전류 (electric current)

전류는 전압이나 부하의 용량에 따라 양이 다르며 전류의 대소를 나타내는 실용단위는 암페어(A)를 사용한다. 전선에 큰 전류가 흐르면 온도상승에 의해 비닐 등의 절연물의 약화가 현저하게 되고 심하면 전선의 기능을 상실하게 되므로 절연물에 따라 정해진 온도 이상이 되지 않도록 **허용전류**(current-carrying capacity)가 규정되어 있다.

이 허용전류는 절연물의 종별 · 전선의 굵기 · 주위환경온도 등에 따라 다르다. 절연물의 종류별 도체허용 최고온도를 표 1 - 2에 나타내고 있다.

표 1-2 절연물의 도체 허용 최고온도

종 별	허용 최고온도 [℃]
천 연 고 무	60
비 닐	60
포리에치렌	75
하 이 파 론	95
규 소 고 무	180

화재 등의 건물 재해시에도 사용할 수 있는 전선은 허용온도가 높을수록 좋다.

1-2-3 저항 (resistance)

도체 내를 전류가 흐를 때 그 흐름에 반항하는 전기저항은 도체의 대소·재질에 따라 달라진다. 전기저항의 실용단위는 옴[Ω]을 사용한다. 전기설비에서 가장 기본적이고 대표적인 법칙이 옴의 법칙(Ohm's law)인데 "도체 내의 두 점간을 흐르는 전류는 두 점간의 전압에 비례하고 그 사이의 전기저항에 반비례한다."라는 것으로 전류를 I[A], 전압을 V[V], 전기저항을 R[Ω]이라 하면 이 법칙은 다음 식과 같이 나타낼 수 있다.

$$전류 \ I(\text{Ampere}) = \frac{전압 \ V(\text{Volt})}{저항 \ R(\text{Ohm})} \quad \cdots\cdots\cdots\cdots\cdots\cdots (1-1)$$

이것을 변형하여 전기저항 또는 전압을 구할 경우는 식 1-2와 같이 나타낼 수 있다.

$$저항 \ R = \frac{V}{I}, \quad 전압 \ V = I \cdot R \quad \cdots\cdots\cdots\cdots\cdots\cdots (1-2)$$

그런데 전기의 저항은 전류의 통과를 방해하는 것이므로 은·동·알루미늄 등의 금속은 저항이 적고, 운모·고무 등과 같이 전기가 통하기 어려운 것은 저항이 크다. 전자를 **도체**(conductor)라 하고 후자를 **절연체**(insulator)라고 한다. 도체에도 저항이 있으므로 전선에 전류 I 가 흐르면 I^2R(줄의 법칙)의 열이 발생한다.

표 1-3에 주요 전기재료의 고유저항 ρ 를 나타내고 있다.

표 1-3 주요 전기재료의 고유저항

구 분	재 질	10^{-8}[Ω·m]	재 질	10^{-8}[Ω·m]
금 속	은	1.6	동	1.7
	금	2.4	알루미늄	2.6
	텅크스텐	5.5	철	10.0
	백 금	10.5	연	21.0
	수 은	95.0		
합 금	듀랄루민	3.4	황 동	5~7
	텅스텐강	20	양 은	17~41
	규 소 강	62.5	니크롬	100~110

1-2-4 직류와 교류

교류(alternating current)는 전류의 흐르는 방향이 일정시간의 간격으로 정(+)부(−)로 변화하는 전류를 말한다. 교류발전기에서 발생하는 사인곡선(sine curve) 전류는 흐름이 사인곡선 변화와 닮았다고 해서 이렇게 불려지고 있으며 교류회로 전압의 변화도 마찬가지로 사인곡선으로 변화한다. 이것이 여러 가지 전기회로의 부하에 따라 비뚤어지기도 하지만 기본적으로는 항상 사인곡선으로 변화한다. 교류는 직류와 달라 변압기로 전압을 조작할 수 있고 송전이 직류보다 편리하고 경제적이기 때문에 송배전선은 물론 전등·전열·전동기 등 대부분의 전기에 교류가 사용되고 있다.

전기설비에서 주로 사용되고 있는 교류전원은 단상(1ø)과 3상(3ø)으로 부하에 공급된다. 단상(single phase)은 3상의 일부로 두 가닥의 전선에 의해 송전할 수 있고 전등·텔레비전 또는 소형 전동기 등의 전원으로서 사용된다. 3상(three phase)은 그림 1-1과 같이 120°씩 위상이 어긋난 세 개의 단상교류가 합쳐진 것이므로 각 상의 전압 또는 전류의 각 순간의 총화는 항상 0이기 때문에 배선에는 여섯 가닥 사용하는 대신에 각 상의 귀선을 생략하여 세 선을 뺄 수가 있기 때문에 단상에 비하여 배선비를 절감할 수 있다. 특히 0.4 kW 이상의 전동기용 전원으로서 적합하다.

직류(direct current)는 교류와 다르게 전류의 흐르는 방향이 시간적으로 변하지 않고 일정한 방향으로만 흐르는 전류를 말한다. 직류전원으로서는 축전지 또는 교류전원으로부터의 정류장치가 있다. 건축설비에서는 비상구·유도등 등의 전원에 주로 직류를 사용한다.

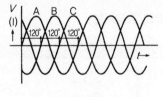
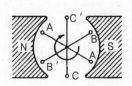

(a) 3상교류　　　　(b) 3상교류의 발전　　(c) 3상전류의 선간전압과 선전류

그림 1-1 3상교류

1-2-5 전력 · 역률 · 전력량(electric power · power factor · electric energy)

전류가 일을 하는 능력은 단위시간에 하는 일의 양, 즉 일의 대소로 나타낸다. 이 일률을 **전력**(electric power)이라 하고 그 단위는 와트(W)를 사용한다.

직류전원의 전력은 식 1 - 3처럼

$$전력(W) = 전압(V) \times 전류(A) \cdots\cdots\cdots\cdots\cdots\cdots\cdots (1 - 3)$$

전압과 전류의 적으로 나타낼 수 있지만 교류전원은 전압 · 전류가 함께 그 크기와 방향이 시시각각 변화하고 있어 이들이 흐르는 회로의 상태에 따라 항상 겹치던가 전류가 전압보다 늦거나 빨리 가는 경우가 있다. 이 늦거나 빨리 가는 각의 cosine을 **역률**(power factor)이라 한다.

교류전력은 전압과 전류의 적에 역률을 곱하여 나타낸다.

단상교류의 경우는 식 1 - 4처럼 되고

$$전력(W) = 전압(V) \times 전류(A) \times 역률 \cdots\cdots\cdots\cdots\cdots\cdots (1 - 4)$$

3상교류의 경우는 순간전압과 선전류(그림 1 - 1 (c) 참조)를 사용하여

$$전력(W) = 순간전압(V) \times 선전류(A) \times \sqrt{3} \; 역률 \cdots\cdots\cdots\cdots (1 - 5)$$

와 같이 나타낼 수 있다.

역률은 항상 1보다 작다. 이때 그 값이 작을수록 역률이 나쁘다고 하며 같은 전력을 보내는데 큰 전류를 필요로 하기 때문에 전력 손실이 크다. 전등이나 전열기의 역률은 거의 1이며 전동기의 경우는 역률이 0.6~0.9의 범위이며 이때 역률 개선을 하기 위하여 콘덴서(condenser)를 접속한다.

실제 조명기구의 경우 형광등에도 condenser를 갖추고 있으며 큰 건물에서는 변전소 내에 고압용 condenser를 설치하여 역률을 개선하고 있다.

전류가 어느 시간 내에 한 일의 총량을 그 시간 내에 **전력량**(electric energy)이라 하며 식 1 - 6과 같이 나타낸다.

$$전력량(Wh) = 전력(W) \times 시간(h) \cdots\cdots\cdots\cdots\cdots\cdots (1 - 6)$$

제2장 조명설비

건축조명은 인간의 작업생활과도 밀접하고 일반생활과 생산을 위한 작업에도 필요하며 실내쾌적환경 조성의 수단이기도 하다. 건축화조명과 같은 조명설비의 응용은 현대건축의 실내장식에 있어서도 중요한 역할을 하고 있다.

2-1 조명계획의 기초

2-1-1 조명 (lighting)

빛을 인간생활에 인공적으로 유용하는 것이 **조명**이다. 조명을 인간 이외의 동식물에 응용하거나 광원 자체를 정보전달의 수단으로 사용하는 경우도 있지만 주로 쓰여지고 있는 것은 빛을 비추어 사람의 눈에 대상물체가 확실하게 잘 보이도록 하게 하여 물건을 식별하기도 하고 건축실내의 다양한 분위기를 연출하여 재실자로 하여금 쾌적한 느낌을 만들어 내기도 한다.

2-1-2 조명 용어

❶ 방사 스펙터클(spectacle)

전파·광·적외선·자외선·X선·γ선 등 이들 모두가 전자파라 불리는 것으로 이것은 공간을 전달하는 에너지를 가진 파이기도 하다. 이들 전자파는 파장에 따라 서로 다른 성질을 나타낸다. 그것을 파장의 순으로 늘어놓은 것을 **스펙터클**(spectacle)이라 하며 그림 2-1에 나타내고 있다.

일반적으로 빛으로서 인간의 육안에 감지되는 것은 0.38×10^{-4} cm부터 0.76×10^{-4} cm까지이고 그 중앙부분이 가장 밝게 느껴지며 양끝으로 갈수록 어둡게 느껴진다. 이때 이러한 파장의 변화는 인간에게 여러 가지 색으로 감지되게 된다.

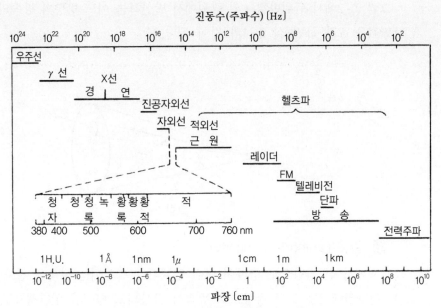

그림 2-1 방사(전자파) 스펙터클(spectacle)

또한 빛의 파장을 나타내는 단위로 micron(μ ; mm의 1/1,000), nanometer(nm : μ의 1/1,000), angstrom($\mathring{A}$: nm의 1/10, 10억분의 1 m) 등이 쓰여지고 있다.

이러한 가시광선(visible rays) 중에서 파장이 긴 부분을 적외선(infrared rays)이라 하는데 적외선은 보통 열적효과가 현저하기 때문에 열선(熱線)이라고도 한다. 한편 가시범위가 빛보다 파장이 짧은 부분을 자외선(ultraviolet rays)이라 하며 자외선은 살균작용·화학작용·형광작용 solarization작용을 하므로 화학선(化學線)이라고도 한다.

2 광속(luminous flux)

광속(光速)은 광원에서 나온 가시범위의 빛이 단위시간당 통과하는 빛의 양으로 기호는 F를 쓰며 단위는 루멘〔lm〕을 쓴다. 이를테면 40 W 형광등의 광속이 2,300〔lm〕이라고 하는 것과 같이 쓰여지며 이때 1 W당의 〔lm〕 수를 램프효율이라고 한다. 즉, 40 W 형광등의 효율은 2,300/40 = 57.5〔lm/W〕이 된다.

1candela = candle power(cd)의 균등한 점광원이 그 주위에 발산하는 전광속은 4π〔lm〕이다. 즉, 1 lumen이라는 것은 1 cd의 광도의 균등한 점광원에서 발산하는 광속 중 1입체각 속을 흐르는 빛의 양을 말한다.

그림 2-2에서 단위반경 r의 광원에서 발산하는 어느 방향의 광속의 추체의 절단면적을 S라 하면 식 2-1과 같이 된다.

$$\omega = \frac{S}{r^2} \quad \cdots\cdots\cdots\cdots\cdots\cdots\cdots\cdots\cdots\cdots\cdots\cdots\cdots\cdots\cdots\cdots (2-1)$$

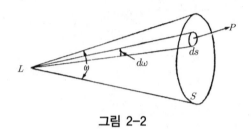

그림 2-2

3 광도(luminous intensity)

광원에서 한 방향으로 향하여 단위 입체각당 발산되는 광속을 광도(光度)라 한다. 점광원에서는 모든 방향으로 광속이 방사되고 있지만 일반적으로 그 광속의 모임 상태 즉, 광속밀도는 방향에 따라 서로 같지는 않다. 그림 2-3에서 점광원을 중심으로 반경 1 m의 구면을 생각하고 그 구면의 1 m^{2}의 면적을 관통하고 있는 광속이 1 lm일 때 그 방향의 광도 I를 1 candela[cd]라 한다.

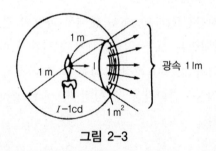

그림 2-3

4 휘도(brightness)

전구를 직접 보았을 때와 글로브를 씌운 것을 보았을 때 광도에는 큰 차이가 없음에도 눈부심에는 큰 차이가 있다. 이때 육안 쪽으로 향하고 있는 면적은 광원의 전면적이 아니며 육안 방향에서 보이는 면적(투영면적) 뿐이므로 광원의 휘도(輝度)는 다음과 같이 정의된다.

어느 방향에 대한 광원의 휘도는 그 방향에서 본 투영면적의 단위면적당 광도로 나타낸다. 그 단위로는 [cd/cm^2]를 사용하며 표 2-1에 각종 광원의 휘도계수를 나타내고 있다.

표 2-1 휘도계수

광 원	휘도 [cd/cm²]	광 원	휘도 [cd/cm²]
태양 (대기외)	224,000	고압 수은등	50
태양 (천 장)	160,000	초고압 수은등	30,000
태양 (수 평)	600	네 온(적 색)	0.08
푸 른 하 늘	0.4	네 온(녹 색)	0.03
전구필라멘트		형 광 등	0.35
10 W	120	월 면	0.3
100 W	600	눈부심을 느끼는 한계	〈 0.5
1,000 W	1,200		

5 조도(intensity of illumination)

어느 면이 광에 비쳐져 있는 정도를 나타낸 것을 **조도**(照度)라고 한다 즉, 조도는 단위면적당 입사하는 광속의 수로 나타내고 그 단위는 룩스(lux ; lx)를 쓰며 기호는 E를 쓴다. 밝다든가 어둡다고 하는 것은 결국 눈에 들어가는 광속의 다소에 의한 것이므로 면의 반사율이나 투과율과 관계가 있다.

표 2-2 기의 정의와 단위 및 기호

술 어	정 의	단 위	기호
광 속	光의 량(광원 전체의 밝기)	lumen(lm)	F
광 도	光의 세기(광원으로부터 어느 방향에 대한 밝기)	candela(cd)	I
조 도	장소의 밝기	lux(lx)	E
휘 도	빛남(광원 외관의 단위면적 [cm²] 당 밝기)	stilb(sb)	B
광속발산도	물체의 밝기(조도×반사율, 광속×투과율/그 면의 면적 [m²])	radlux(rlx)	R

그러나 조도는 단순히 광속밀도이기 때문에 면의 반사율은 관계하지 않는다. 면에서 나온 광속밀도를 **광속발산도**(luminous radiance)라 하고 rad-lux(rlx ; lm/m²)로 나타낸다. 즉, 조도에 그 면의 반사율을 곱한 것이다.

조도가 각 방향 I [cd] 의 점광원을 중심으로 하여 반경 r [m] 의 가상구면을 생각하고 이 내면상의 조도를 E [lx] 라고 하면 구의 표면적은 $4\pi r^2$이므로 광원으로부터의 전광속은 $4\pi I$이므로

$$E = \frac{4\pi I}{4\pi r^2} = \frac{I}{r^2} \quad\cdots\cdots\cdots\cdots\cdots\cdots\cdots\cdots\cdots\cdots (2\text{-}2)$$

가 되어 "조도는 광도에 비례하고 거리의 2승에 반비례한다."는 것을 알 수 있다(**역2승의 법칙**). 또한 광원 방향에 수직이 아닌 면의 조도는 면에 대한 법선과의 각이 θ일 때 E_θ로서 식 2-3으로 구할 수 있다.

$$E_\theta = E\cos\theta = \frac{I\cos\theta}{r^2} \quad\cdots\cdots\cdots (2-3)$$

여기서 단순히 조도라고 말하면 수평면의 조도를 가리키는 것이 많다.

❻ PSALI

Permanent Supplementary Artificial Lighting of Interiors의 조명용어의 약어로 실내의 "**주간보조조명**"을 말한다. 이것은 영국의 R. G. Hopkinson이 제창한 조명 수법으로 처음에는 창으로부터의 주광이 약할 때 고조도의 인공광을 제공하여 주는 것을 의미했지만 그 후 건축 조명계에서 많은 연구가 진행되어 주간의 합리적인 조명설계를 PSALI(프사리)라 부르고 있다.

2-1-3 조명시설의 분류

조명은 조사(照射)되는 목적·대상에 따라 일반적으로 다음과 같이 분류할 수 있다.

① **명시(明視)조명** : 대상물을 잘 보기 위함을 목적으로 하는 조명으로 주택·학교·사무소·은행·병원·도로 등의 조명이 대상이 된다.

② **분위기조명** : 각각의 대상에 맞는 특징 있는 조명으로 생산조명(공장·광산·목장·농촌·어촌 등에서의 조명), 상업조명(점포·음식점·상점가·여관 등에서의 조명), 스포츠조명(옥내경기장·옥외경기장 등에서의 조명), 경관조명(관광대상물·정원·광장 등에서의 조명)이 있다.

③ **연출조명** : 연출에 의해 만들어지는 조명으로 스튜디오(studio)조명, 극장조명, 이벤트(event)조명 등이 있다.

2-1-4 조명방식

❶ 기구의 의장에 의한 분류

조명기구의 의장에 따라 **장식적조명**과 **효율적조명**으로 나누어 생각할 수 있다.

❷ 기구의 배치에 의한 분류

조명기구의 배치에 따라 **전반조명 · 국부조명 · 전반국부병용조명**이 있다.

전반조명(general lighting)은 실 전체를 일정한 조도로 조명하는 것을 목적으로 조명기구를 일정한 높이 · 일정한 간격으로 배치하여 실 전체를 균일하게 조명하는 방식으로 사무실이나 공장 · 상점 · 교실 등의 조명수법으로 사용한다.

전반조명의 장점은

① 작업위치가 바뀌어도 조명기구의 배치는 변경시킬 필요가 없다.
② 기구나 전등의 종류를 적게 하여 큰 용량의 전등을 사용할 수 있다.
③ 그림자가 부드럽다.
④ 체재가 비교적 좋다.

전반조명의 단점은

필요한 높은 조도를 얻으려면 경비가 많이 든다.

국부조명(local lighting)은 작업상 필요한 장소에만 국부적으로 조명하는 방식으로 진열장, 진열창 조명 등이 있다.

국부조명의 장점은

① 사용자가 희망하는 장소에 원하는 방향으로부터 충분한 조도를 줄 수 있다.
② 불필요한 개소는 소등할 수 있다.
③ 경제적으로 높은 조도를 얻을 수 있다.

국부조명의 단점은

　작업장소와 주변환경 사이의 휘도대비가 크기 때문에 피로감이나 시각장애를 일으키기 쉽다.

전반국부병용조명은 실 전체에 비교적 낮은 조도의 전반조명을 하였을 때 별도로 작업면이나 책상 등에 스탠드조명이나 스포트라이트(spot-light)조명을 병용 설치하는 방식이다.

❸ 기구의 배광에 의한 분류

기구의 배광방식에 따라 분류하면 **직접조명**(direct illumination) · **반직접조명**(semi direct illumination) · **간접조명**(indirect illumination) · **반간접조명**(semi indirect illumination) · **전반확산조명**(general diffuse illumination)으로 나눌 수 있다.

　　직접조명은 광원에서 대부분의 빛을 직접 피조명물 위에 투사하는 것이 목적이다. 특징은 조명기구가 간단하고, 조명효율이 높으며, 보수비가 적어 경제적인 장점이 있는 반면 현휘(glare)가 일어나기 쉽고, 조도분포를 균일하게 하기 어려우며, 진한 그늘이 발생하기 쉬운 단점이 있다. 생산공장이나 사무실 조명방식에 적합하다.

　　간접조명은 광원으로부터의 빛을 천장이나 벽에 반사시켜 확산된 빛으로 피조명물을 비추는 것이다. 간접조명의 특징은 현휘가 없으며, 조도분포가 균일하고, 그늘이 적은 장점을 갖고 있는 반면 조명효율이 낮고, 보수하기가 힘들며, 보수경비가 많이 드는 단점을 갖고 있다. 무거운 분위기를 필요로 하는 중역실이나 호텔의 로-비 등에 적합하다. 이 방식은 효율이 나쁘기 때문에 실 전체에 동일 조도를 얻기 위해서는 큰 전력을 필요로 한다.

　　반간접조명·전반확산조명은 광원의 배광을 상하로 분산시키는 것이다. 전반확산조명의 특징은 직접조명이나 간접조명에 비하여 조명의 효율과 보수비가 보통이지만 실 전체를 밝게 할 수 있으므로 다소 분위기 좋은 사무실 등에 적합하다. 표 2 - 3에 각종 조명기구에 의한 조명방식을 나타내고 있다.

표 2-3 조명기구의 배광

조명방식	직 접		반직접	전반확산	반간접	간 접	
배　광 상　향 하　향	10 90		40 60	50 50	60 40	90 10	100 0
배광곡선							
전구용 수은등용							
형광등용							

4 건축화조명(architectural lighting)

　　건축 의장과 조명을 일체화한 것이 건축화조명이다. 건축화조명의 종류를 그림 2 - 4에 나타내고 있으며 뒤에 구체적인 예를 들기로 한다(pp.230~232). 최근 조명

기술로 공조(空調) 흡입구나 취출구를 조명기구와 일체화하기도 하고, 천장에 부착하는 스피커와 조명기구를 함께 모듈화한 것도 개발되어 있다.

천장 매입형 광원	천장면 광원	벽면 광원
반매입 라인라이트	광천장조명	코니스조명
코퍼조명	루버조명	밸런스조명
다운라이트조명	코브조명	라이트윈도

그림 2-4 (a) 건축화조명

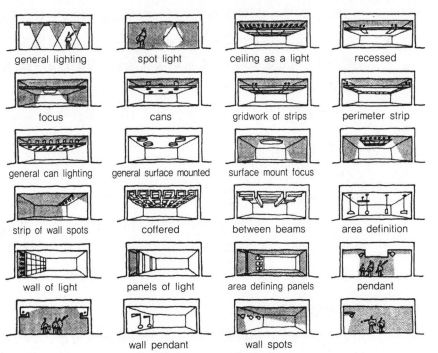

그림 2-4 (b) 건축화조명

2-1-5 좋은 조명의 조건

조명의 목적은 빛을 인간생활에 유용하는 데 있다. 이것은 크게 **시작업**을 용이하게 하여 능률 증진과 피로 경감을 하게 하는 것과 **심리적 분야**를 주체로 실의 분위기(무드)를 창출해 내는 것으로 나눌 수 있다.

1,000~2,000 lx 가 눈의 피로가 적은 조도로서 생리적으로 바람직하지만 실험 결과 사전의 문자를 읽는 것과 같은 시작업에서는 30,000 lx 정도가 필요하다고 한다. 병원 수술실에서는 무영등(surgical light)에 의해 30,000 lx 이상의 조도가 상용되고 있다. 그러나 조도가 높다고 무조건 좋다는 것이 아니고 시야 내에 특별한 대비나 광원의 휘도에 의한 눈부심 현상(glare)이 없어야 할 것이며 충분한 조도와 질 좋은 조명이 병행되었을 때 좋은 조명이라 할 수가 있다.

■ 시작업을 중시하는 경우

일반사무실·생산공장 등과 같은 곳은 확실하게 잘 보여야 하며 계속해서 보아도 눈의 피로가 적은 조명을 요구한다. 이때의 조건으로

1) 충분한 밝기

조도는 인체의 시력에 많은 영향을 미친다. 조도가 높을수록 시력은 증대하지만 조도가 높아질수록 시설비가 증가하므로 경제적인 제약을 받게 된다. 일반적으로 표 2 - 4에 나타내고 있는 조도 권장치를 참고하면 좋을 것으로 생각되지만 이것은 국민소득의 증대나 산업문화의 수준과 직접적인 관계가 있으므로 어디까지나 참고자료에 불과하다.

2) 얼룩이 없는 밝기

시야 내에서 눈부심과 조도의 차이가 발생하면 이용자에게 불쾌감과 피로의 축적을 심하게 한다. 따라서 실내 각부의 밝기(광속발산도 또는 휘도)는 가능하면 일정하게 하는 것이 바람직하다. 같은 작업면에서 10 % 이상의 차가 나지 않도록 하고 작업면 주위로부터 시야에 들어오는 범위 안에서는 3배 이상이거나 1/3 이하가 되지 않도록 한다.

3) 눈부심이 없을 것.

광원으로부터 직접 또는 반사광에 의해 눈부심을 일으키는 것은 보는 이로 하여금 상당한 영향을 미치므로 기구에 덮개를 씌우든지 광원의 휘

도를 낮추든지 아니면 광원의 높이, 위치, 빛의 방향 등을 미리 생각해 둘 필요가 있다.

4) 부드러운 그림자

그림자는 피사물에 입체감을 줄 필요가 있을 때 중요한 역할을 한다. 이 때 가장 밝은 곳과 가장 어두운 곳과의 대비가 2~6 정도가 필요하다. 이보다 적을 경우에는 피사물에 대해 평판감을 주게 되며 이보다 크면 자극적이 된다.

5) 광색이 좋고 열이 적을 것.

광원은 특별한 경우를 제외하고는 열선과 자외선이 작은 것으로 하고 표준 주광(standard day light)에 가까운 것이 좋다. 형광등은 조도가 높을 때와 낮을 때 광색의 느낌이 보는 이로 하여금 상당히 느낌이 다르게 되므로 물체의 색상 상태가 문제가 될 경우에는 세심한 주의를 요한다.

6) 느낌이 좋을 것.

실내에서의 기분은 맑게 개인 날의 옥외환경과 같은 느낌이 좋다. 또한 조명기구의 의장이나 배열은 단순한 것이 느낌이 더 좋다.

7) 경제적일 것.

효율이 좋고 배광도 적정한 조명기구를 사용하여 실내 주벽면의 반사율을 좋게 하여 조명률을 향상시키도록 해야만 한다. 형광등의 가격은 전구의 몇 배나 되지만 고효율·긴 수명·휘도가 낮은 광원으로서 1룩스당 조명비가 전구보다 상당히 싼 것이 많다. 좋은 조명은 경제면에서도 합리적이어야 한다.

2 심리효과를 고려한 경우

고급 레스토랑 상점·주택 등의 일부에는 사용자에게 적당한 자극을 주어 상황에 따라 쾌적한 느낌을 만들어 줄 필요가 있는 곳이 있다. 이 경우에는 다음과 같은 사항을 고려하여야만 한다.

1) 밝기

필요 조도는 시작업의 난이도에만 의존할 것이 아니고 경우에 따라서 높은 조도가 필요하다고 생각되는 곳에서는 충분한 밝기로 한다.

2) 분위기 대응

주목을 받는 곳, 분위기를 집중시키고 싶은 부분 등은 밝게 하고 그 주위를 어둡게 하는 것이 바람직하다. 즉, 조도 배분계획이 필요하다.

3) 광원의 반짝임

광원의 반짝임과 빛의 확산도가 조도의 고저와 어울려 실내 분위기를 명랑하기도 하고 암울하기도 한 느낌을 만들어낸다. 이처럼 광원의 적절한 반짝임은 실의 활기를 연출하는 데 도움이 된다.

4) 광색

광원의 광색은 실내 주벽면의 마감색과 어울리게 하여 보는 이에게 아름다움을 변화시키기도 하고 새로운 정서를 만들어 주기도 한다. 또한 정숙감·정열감 등 재실자의 색채 심리적 감정에 강한 상관관계를 갖게도 한다.

5) 조명기구의 의장

조명기구의 의장성과 배려는 재실자로 하여금 천장높이에 대한 느낌, 실 넓이에 대한 느낌, 실이 가진 방향성 등에 상관관계를 갖게 해 준다.

6) 밝기의 변화

조도가 변화하는 것은 실의 분위기에 큰 영향을 미친다. 따라서 스위치에 의한 인위적 점멸이나 조광기[89]에 의한 명암조절 등의 고려도 중요하다.

2-1-6 조명설계

❶ 전반조명설계

설계 대상실에 전반조명설계를 한다는 것은 실 전체에 균일한 조도를 얻기 위한 것이다.

---

89) 조광기(dimmer) : 저항·변압기·반도체 등을 써서 광도를 조절하는 장치

❷ 전반조명설계 순서

전반조명설계는 다음 순서에 따라 설계를 실행한다.

1) 소요조도의 결정

실의 용도·기호·경제성 등에 따라 실의 조도는 임의로 결정할 수 있겠지만 표 2 - 4에 나타낸 권장조도 값을 참고로 하는 것이 일반적이다.

표 2-4 권장조도〔lx〕

권장조도	조도범위	공장	사무소	병원	학교	주택	극장오락장	호텔여관	경기장
1,000	700~1,500	초정밀작업	설계제도 타이프 계산	부검 구급처치 분만실	정밀제도 정밀실험	재봉			공식경기
500	300~700	정밀작업	도서열람 제어실 일반사무실	주조검수술 사제사	흑판면 도서열람 공예	서재		사무실	일반경기
200	150~300	보통작업	회의실 서고 응접실 강당 식당 조리실 화장실	침대독서용 가제교환 기브스포대 진찰실 처치실	일반교실 연구실 서고 회의실 실내운동장	세탁 조리 화장 식사	바둑 출입구 매점	프런트 현관 식당	
100	70~150	거친작업	다방 욕실 강의실	문진실 소독실 병실 복도	관리실 록커실 복도 계단 화장실	거실 응접실 욕실	영사실 기계실 복도 화장실	객실 욕실 복도	
50 20 10 5 2	30~70 15~30 7~15 3~7 1.5~3.0		차고 창고 석탄실	심야 병실복도	테니스코트 옥외운동장	현관 복도 화장실	관객석 비상계단	비상계단	관람석

2) 조명기구의 선택

조명기구를 선택할 때는 다음 사항을 고려해야 한다.

① 직사현휘가 없을 것.

사용자의 시야 내에 있는 휘도의 허용한계는 가장 높은 부분에서 일시적인 경우에 $0.5\,cd/cm^2$이고 장시간 계속적일 경우에는 $0.2\,cd/cm^2$ 이하가 되어야 한다.

② 반사현휘를 적게 할 것.

발광면을 크게 하여 빛을 확산시켜서 광원의 현휘를 적게 하든가 아니면 기구를 적당한 위치에 배치하면 된다.

③ 필요한 조명률을 줄 것.

④ 수직면이나 사면의 조도가 적당할 것.

⑤ 진한 그늘이 없을 것.

⑥ 보수하기가 쉬울 것.(유지관리가 용이할 것.)

⑦ 광색이 적합해야 한다.

3) 조명기구의 배치를 결정

용량이 큰 전등의 간격을 크게 하여 설치하면 등수가 적어져서 배선비·기구비가 감소되어 경제적이긴 하지만 조도가 불균일하게 된다. 조도를 균일하게 하려면 조명기구 상호간의 거리를 다음과 같이 하면 된다.

✪ 직접조명의 경우

그림 2 - 5 (a)에서처럼 작업면상의 등기구의 높이 h를 작업면에서 천장까지 높이 H의 2/3 정도로 하고 등기구의 간격 S는 식 2 - 4와 같이 구한다. 이들의 관계는 원칙적인 것이며 실제 계획을 할 때는 표 2 - 7의 조명률 표에서 조명기구에 따라 설치간격이 표시되어 있는 것을 이용한다.

$$S \leqq 1.5h \quad \cdots\cdots\cdots\cdots\cdots\cdots\cdots\cdots\cdots\cdots\cdots\cdots\cdots\cdots\cdots\cdots\cdots (2 - 4)$$

여기서 **작업면의 높이**는 서서하는 작업일 경우 바닥 위 $100\,cm$, 바닥에 앉아서 하는 작업일 경우 바닥 위 $40\,cm$, 일반적으로는 바닥 위 $85\,cm$를 적용하며 운동경기장의 경우 바닥면을 말한다. 또 벽과 등기구 사이의 간격 S_w는 다음과 같이 구한다.

측벽에 통로가 있는 경우 $S_W \leqq \dfrac{S}{2}$ ······························· (2 - 5)

측벽에서 작업을 하는 경우 $S_W \leqq \dfrac{S}{3}$ ······························· (2 - 6)

✪ 반간접 또는 간접조명의 경우

그림 2 - 5 (b)와 같이 작업면에서 천장까지의 높이를 H로 할 때 등기구의 간격 S를 1.5 h 이하로 하고 천장에서 등기구까지의 거리는 1/5H 정도로 하면 천장의 휘도는 대략 균일하게 된다. 그러나 간접조명의 경우 반간접조명의 경우보다 등기구 간격을 넓게 하여도 괜찮다.

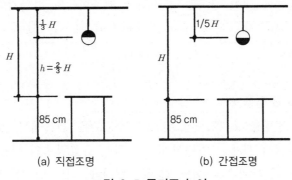

(a) 직접조명 (b) 간접조명

그림 2-5 등기구 높이

4) 광속법에 의한 조명등 기구 수 산정

광속법(flux of light method)[90]은 실의 천장면에 균일하게 배치된 광원으로부터 나오는 광속이 사용자의 작업면에 균일하게 분포된다고 가정하고 소요의 수평면 평균 조도에 대한 조명등 기구 수를 산출하는 것이므로 조명기구의 배광, 실의 형상·치수, 천장·벽·바닥의 반사율 및 광원의 특성, 조명기구, 보수상태 등을 고려하여 계산한다. 조명등 기구 수의 산출은 식 2 - 7로 구할 수 있다.

---

90) **광속법**(lumen method) : 전반조명의 작업면 평균조도를 조명률을 사용하여 계산하는 방법

$$N= \frac{E \times A}{F \times U \times M} \quad\cdots\cdots\cdots\cdots\cdots\cdots\cdots\cdots\cdots\cdots\cdots\cdots\cdots\cdots\cdots\cdots \text{ (2-7)}$$

여기서 N : 필요로 하는 등수(또는 기구 수)

E : 요구하는 조도 〔lx〕

A : 조명할 실의 면적 〔m^2〕

F : 등 하나당(또는 기구 하나당)의 광속 〔lm〕

U : 조명률 〔%〕

M : 보수율

이상에서 필요로 하는 조명등 기구 수 N은 식 2-7에 의해 구한 수이 며 요구하는 소요조도 E는 설계자가 권장조도나 제반 사정에 따라 결정 하는 것이고 조명할 실의 면적 A는 설계도면이나 실측에 따르면 된다. 조 명등에 대한 광속은 조명기구 제조회사의 검사기준에 따라 기 결정된 값 이다(표 2-6). 그래서 조명률 U와 보수율 M에 대해서만 설명하기로 한 다.

✪ 조명률 U

조명률(coefficient of utilization)은 램프에서 나오는 광원의 전광속에 대해서 실제 작업면상에 입사하는 유효광속의 비율을 말한다. 조명기구에 서 나온 광속은 어느 범위는 천장에, 어느 범위는 벽에, 어느 범위는 직접 작업면에 도달한다. 이는 다시 2차 반사, 3차 반사하여 작업면의 조도를 높인다. 결국 이것은 실의 형상·높이, 천장·벽 등의 반사율과 조명기구 의 배광과 관계가 있다. 이때 실의 형상과 작업면까지의 높이의 관계를 나타낸 것을 실지수[91]라 하고 다음과 같이 나타낸다.

$$\text{실지수} = \frac{X \times Y}{h(X+Y)} \quad\cdots\cdots\cdots\cdots\cdots\cdots\cdots\cdots\cdots\cdots\cdots\cdots\cdots\cdots \text{ (2-8)}$$

여기서 X : 실의 폭 〔m〕

Y : 실의 길이 〔m〕

h : 광원에서 작업면까지의 높이 〔m〕

---

91) **실지수**(室指數, room ratio) : 광속법의 조명계산에서 사용되는 방의 형상을 나타내는 지수

실지수는 그림 2-6의 (b)에서 구한다. 실내의 반사율은 천장·벽의 마감
에 따라 가정한다. 특히 주의하지 않으면 안될 것은 창이 있는 벽면의 경우
이다. 벽면 전체의 반사율로서 창의 점유상태 및 블라인더 등의 사용상태를
고려해서 평균치로서 구한다. 표 2-5는 각종 마감재료의 반사율이다.

실지수와 실내의 반사율이 규정되면 조명기구 제조회사에 의한 조명률
표에서 조명률을 산정할 수 있다. 표 2-7에 그 일부를 나타내고 있다. 최
근 종래의 방법으로는 오차가 크니까 세계적으로 조명률 결정방법과 실지
수를 생각하는 방법이 새롭게 개발되어 가는 움직임을 보이고 있다. 이를
테면 미국의 ZCM법과 국제조명위원회의 CIA법 등이 있다.

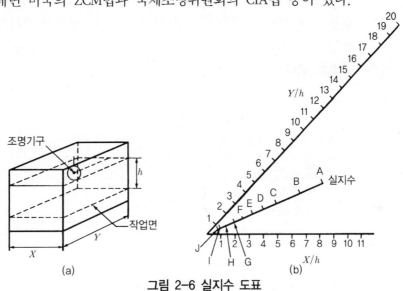

그림 2-6 실지수 도표

표 2-5 실내 마감재료의 반사율

마감 재료	반사율 [%]	마감 재료	반사율 [%]
회반죽	60~80	노출 콘크리트	25
흰 벽	60	백색 타일	70
연한 색의 벽	50~60	다다미	30~40
진한 색의 벽	10~30	리놀륨	5~55
목재(원목 바탕)	40~60	백색 페인트	70
목재(니스칠 바탕)	30~50	베이지색의 페인트	65
창호지	40~50	진한 색의 페인트	20~40
붉은 벽돌	10	흑색 페인트	5

✪ 보수율 M

건물 완성 후 실이나 조명기구의 더러워짐, 등기구의 광속저하 등으로 평균 조도는 떨어지게 된다. 따라서 소요의 평균 조도를 지속적으로 유지하기 위해서는 초기설계 산정 시에 이것을 고려해야만 한다. 이때 사용하는 계수가 보수율(maintenance factor)[92]이며 이 값은 조명기구의 상태에 따라 다르다.

종래는 감광보상률이 사용되었지만 이와 같은 수치는 미리 확정되어 있는 것이 아니며 청소상태 등에 따라 결정한다는 의미를 명확히 하기 위하여 감광보상률의 역수를 보수율로 한 것이다. 광속법에 의해 전반조명의 광원 수가 산출된 경우 광속법에서는 균일한 광원의 배치가 전제되고 평균 조도가 소요조도가 된다. KS 기준에 의한 광원의 광속을 표 2 - 6에 나타내고 있다.

표 2-6 광원의 광속 〔lm〕 (W : 백색, D : 주광색)

전 구		형 광 등	
형 식	광 속	형 식	광 속
100 V 30 W	290 ± 45	FL 20 W	800 ± 150
100 V 60 W	830 ± 125	FL 20 D	800 ± 140
100 V 100 W	1,500 ± 230	FL 20 W	860 ± 130
		FCL 20 D	760 ± 110
		FL 40 W	2,300 ± 360
		FL 40 D	2,000 ± 300
		FCL 40 W	2,100 ± 320
		FCL 40 D	1,800 ± 270

---

92) 보수율(maintenance factor) : 조명시설이 일정시간 경과한 뒤의 조도를 초기 조도로 나눈 값

표 2-7 (a) 조명률표

배 광 / 설치 간격	조명기구	감광 보상률 [D] 보수상태 (상 / 중 / 하)	반사율 [ρ] 천장 / 벽 실지수	0.75 (0.5 / 0.3 / 0.1)	0.50 (0.5 / 0.3 / 0.1)	0.30 (0.3 / 0.1)
간 접 ↑0.08 ↓0 $S \leq 1.2h$	1	전구 1.5 / 1.8 / 2.0	J	16 / 13 / 11	12 / 10 / 08	06 / 05
			I	20 / 16 / 15	15 / 13 / 11	08 / 07
			H	23 / 20 / 17	17 / 14 / 13	10 / 08
			G	28 / 23 / 20	20 / 17 / 15	11 / 10
			F	29 / 26 / 22	22 / 19 / 17	12 / 11
		형광등 1.6 / 2.0 / 2.4	E	32 / 29 / 26	25 / 21 / 19	13 / 12
			D	36 / 32 / 30	26 / 24 / 22	15 / 14
			C	38 / 35 / 32	28 / 25 / 24	16 / 15
			B	42 / 39 / 36	30 / 29 / 27	18 / 17
			A	44 / 41 / 39	33 / 30 / 29	19 / 18
반 간 접 ↑0.70 ↓0.10 $S \leq 1.2h$	2	전구 1.4 / 1.5 / 1.8	J	18 / 14 / 12	14 / 11 / 09	08 / 07
			I	22 / 19 / 17	17 / 15 / 13	10 / 09
			H	26 / 22 / 19	20 / 17 / 15	12 / 10
			G	29 / 25 / 22	22 / 19 / 17	14 / 12
			F	32 / 28 / 25	24 / 21 / 19	15 / 14
		형광등 1.6 / 1.8 / 2.0	E	35 / 32 / 29	27 / 24 / 21	17 / 15
			D	39 / 35 / 32	29 / 26 / 24	19 / 18
			C	42 / 38 / 35	31 / 28 / 27	20 / 19
			B	46 / 42 / 39	34 / 31 / 29	22 / 21
			A	48 / 44 / 42	36 / 33 / 31	23 / 22
전반확산 ↑0.40 ↓0.40 $S \leq 1.2h$	3	전구 1.4 / 1.8 / 2.0	J	24 / 19 / 16	22 / 18 / 15	16 / 14
			I	29 / 25 / 22	27 / 23 / 20	21 / 19
			H	33 / 28 / 26	30 / 26 / 24	24 / 21
			G	37 / 32 / 29	33 / 29 / 26	26 / 24
			F	40 / 36 / 31	36 / 32 / 29	29 / 26
		형광등 1.4 / 1.5 / 1.7	E	45 / 40 / 36	40 / 36 / 33	32 / 29
			D	48 / 43 / 39	43 / 39 / 36	34 / 33
			C	51 / 46 / 42	45 / 41 / 38	37 / 34
			B	55 / 50 / 47	49 / 45 / 42	40 / 38
			A	57 / 53 / 49	51 / 47 / 44	41 / 40
반 직 접 ↑0.25 ↓0.55 $S \leq h$	4	전구 1.3 / 1.5 / 1.7	J	26 / 22 / 19	24 / 21 / 18	19 / 17
			I	33 / 28 / 26	30 / 26 / 24	25 / 23
			H	46 / 32 / 30	33 / 30 / 28	28 / 26
			G	30 / 36 / 33	36 / 33 / 30	30 / 29
			F	43 / 39 / 35	39 / 35 / 33	33 / 31
		형광등 1.3 / 1.5 / 1.8	E	47 / 44 / 40	43 / 39 / 36	36 / 34
			D	51 / 47 / 43	46 / 42 / 40	37 / 37
			C	54 / 49 / 45	48 / 44 / 42	42 / 38
			B	57 / 53 / 50	51 / 47 / 45	43 / 41
			A	59 / 55 / 52	53 / 49 / 47	47 / 43
직 접 ↑0 ↓0.75 $S \leq 1.3h$	5	전구 1.3 / 1.5 / 1.7	J	34 / 29 / 26	34 / 29 / 26	29 / 26
			I	43 / 38 / 35	42 / 37 / 35	37 / 34
			H	47 / 43 / 40	46 / 43 / 40	42 / 40
			G	50 / 47 / 44	49 / 46 / 43	45 / 43
			F	52 / 50 / 47	51 / 49 / 46	48 / 46
		형광등 1.5 / 1.7 / 2.0	E	58 / 55 / 52	57 / 54 / 51	53 / 51
			D	62 / 58 / 56	60 / 59 / 56	57 / 56
			C	64 / 61 / 58	62 / 60 / 58	59 / 58
			B	67 / 64 / 62	65 / 63 / 61	62 / 60
			A	68 / 66 / 64	66 / 64 / 66	64 / 63
직 접 ↑0 ↓0.60 $S \leq 0.9h$	6	전구 1.4 / 1.5 / 1.7	J	32 / 29 / 27	32 / 29 / 27	29 / 27
			I	39 / 37 / 35	39 / 36 / 35	36 / 34
			H	42 / 40 / 39	41 / 40 / 38	40 / 38
			G	45 / 44 / 42	44 / 43 / 41	42 / 41
			F	48 / 46 / 44	46 / 44 / 43	44 / 43
		형광등 1.4 / 1.6 / 1.8	E	50 / 49 / 47	49 / 48 / 46	47 / 46
			D	54 / 51 / 50	52 / 51 / 49	50 / 49
			C	55 / 53 / 51	54 / 52 / 51	51 / 50
			B	56 / 54 / 54	55 / 53 / 52	52 / 52
			A	58 / 55 / 54	56 / 54 / 53	54 / 52

표 2-7 (b) 조명률표

배광 / 설치간격	조명기구	감광 보상률 [D] 보수상태 상	중	하	반사율 [ρ] 천장 벽 / 실지수	0.75 0.5	0.3	0.1	0.50 0.5	0.3	0.1	0.30 0.3	0.1
1 S ≤ 1.6h		1.3	1.5	1.7	J 0.6	28	22	19	26	22	18	20	17
					I 0.8	35	29	25	33	27	24	26	24
					H 1.0	39	34	30	37	32	29	30	27
					G 1.25	44	38	34	40	35	32	33	30
					F 1.5	48	42	37	44	39	35	36	33
					E 2.0	53	47	42	49	44	40	41	38
					D 2.5	58	52	46	52	48	44	45	42
					C 3.0	61	55	50	55	50	47	48	45
					B 4.0	65	60	55	59	54	52	51	49
					A 5.0	68	63	58	62	57	54	53	51
2 S ≤ 1.6h		1.3	1.5	1.8	J 0.6	30	24	21	27	23	20	21	19
					I 0.8	37	32	29	33	29	26	27	25
					H 1.0	41	36	33	37	33	30	31	28
					G 1.25	45	40	37	41	37	34	33	31
					F 1.5	49	44	40	44	40	37	36	34
					E 2.0	54	49	45	48	44	41	40	38
					D 2.5	58	53	49	52	47	45	43	42
					C 3.0	61	57	53	55	50	48	46	44
					B 4.0	65	61	57	57	53	51	48	47
					A 5.0	67	63	59	59	56	53	50	48
3 S ≤ 1.4h		1.5	1.8	2.0	J 0.6	37	30	25	36	30	25	30	25
					I 0.8	46	40	36	45	39	35	39	35
					H 1.0	50	45	41	49	45	41	44	41
					G 1.25	55	50	45	53	49	45	47	45
					F 1.5	58	53	49	56	52	48	51	48
					E 2.0	63	59	55	62	57	54	57	54
					D 2.5	67	64	60	66	63	60	62	60
					C 3.0	70	67	63	68	65	63	64	62
					B 4.0	74	71	68	72	69	67	68	67
					A 5.0	76	72	70	74	71	69	70	68
4 플라스틱 S ≤ 1.6h		1.5	1.7	2.0	J 0.6	23	20	17	23	20	17	18	17
					I 0.8	28	25	23	28	24	22	24	22
					H 1.0	32	29	26	31	28	25	27	25
					G 1.25	35	32	29	33	30	28	29	28
					F 1.5	37	34	31	35	33	30	31	30
					E 2.0	41	37	35	38	36	33	34	33
					D 2.5	44	40	38	40	38	36	37	36
					C 3.0	46	43	40	43	40	38	39	38
					B 4.0	48	45	43	46	43	41	41	40
					A 5.0	50	47	44	48	44	42	42	41
5 유리 커버 S ≤ 1.4h		1.4	1.6	1.8	J 0.6	38	33	29	37	33	29	32	29
					I 0.8	47	43	39	46	42	38	42	38
					H 1.0	52	47	44	51	47	44	45	44
					G 1.25	56	51	48	55	51	48	50	48
					F 1.5	59	55	52	57	54	52	53	51
					E 2.0	64	60	57	63	60	57	59	57
					D 2.5	69	65	62	67	64	62	64	62
					C 3.0	70	68	64	68	66	64	66	64
					B 4.0	73	71	69	72	69	68	69	68
					A 5.0	75	73	70	73	71	69	70	69
6 유리 커버 S ≤ 1.4h		1.4	1.6	1.8	J 0.6	28	25	23	28	24	22	24	22
					I 0.8	34	32	30	34	31	29	31	29
					H 1.0	37	35	33	37	35	33	34	33
					G 1.25	40	38	36	39	38	36	36	36
					F 1.5	42	40	38	41	40	38	39	38
					E 2.0	45	43	41	44	43	41	42	41
					D 2.5	48	46	44	47	45	44	44	44
					C 3.0	50	48	46	49	47	45	46	45
					B 4.0	51	49	48	50	48	47	48	47
					A 5.0	52	50	49	51	49	48	49	48
7 플라스틱 커버 S ≤ 1.3h		1.5	1.7	1.8	J 0.6	20	19	15	19	17	15	17	15
					I 0.8	24	22	20	22	20	20	21	20
					H 1.0	26	24	23	26	24	23	24	23
					G 1.25	28	27	25	28	26	25	25	25
					F 1.5	30	28	26	29	27	26	27	26
					E 2.0	32	30	29	31	30	29	29	29
					D 2.5	34	32	31	33	32	31	32	31
					C 3.0	35	34	32	34	33	32	32	32
					B 4.0	36	35	34	36	34	33	34	33
					A 5.0	37	36	35	37	35	34	35	31

표 2-7 (c) 조명률표

배 광	조 명 기 구	감광 보상률 [D] 보수상태			반사율 [ρ]	천장	0.75			0.50			0.30	
설치 간격		상	중	하	실지수	벽	0.5	0.3	0.1	0.5	0.3	0.1	0.3	0.1
							조 명 률 U [%]							
8 $S \leq 1.4h$	40 W 2 P 매입기구 루-버	1.4	1.6	1.8	J 0.6		31	27	24	31	27	24	27	24
					I 0.8		38	35	32	37	34	32	34	32
					H 1.0		41	48	36	40	37	36	38	36
					G 1.25		44	42	40	41	40	39	40	39
					F 1.5		49	44	42	43	42	41	42	41
					E 2.0		50	48	45	47	45	45	46	45
					D 2.5		53	50	49	49	50	48	49	48
					C 3.0		55	52	50	50	51	50	50	49
					B 4.0		56	54	53	53	52	52	52	52
					A 5.0		58	55	54	53	54	53	54	53
9 조명천장(플라스틱) $S \leq 1.5h$		1.7	2.0	2.5	J 0.6		22	16	12					
					I 0.8		27	22	19					
					H 1.0		33	28	24					
					G 1.25		38	32	29					
					F 1.5		41	37	33					
					E 2.0		46	42	39					
					D 2.5		49	46	43					
					C 3.0		52	49	46					
					B 4.0		55	52	50					
					A 5.0		57	55	53					
10	40 W 1 P 루-버 플라스틱	1.4	1.7	1.9	J 0.6		29	26	23	25	23	21	21	19
					I 0.8		35	32	30	31	28	27	26	22
					H 1.0		39	36	34	32	32	30	29	27
					G 1.25		43	40	37	37	34	32	31	29
					F 1.5		46	42	39	40	37	35	33	31
					E 2.0		50	47	44	43	40	38	35	34
					D 2.5		54	50	47	46	43	41	38	36
					C 3.0		56	53	49	48	45	43	39	37
					B 4.0		59	56	53	50	48	46	41	40
					A 5.0		60	58	55	52	49	48	42	41
11	40 W 2 P 루-버 플라스틱	1.4	1.6	1.8	J 0.6		29	24	22	29	23	20	22	24
					I 0.8		37	32	28	36	30	27	29	27
					H 1.0		41	35	32	39	34	32	33	30
					G 1.25		46	41	37	43	38	34	37	33
					F 1.5		51	44	39	47	42	39	39	37
					E 2.0		55	49	44	52	47	43	44	41
					D 2.5		60	53	49	56	51	47	48	46
					C 3.0		62	57	52	58	53	50	51	48
					B 4.0		65	61	57	62	57	54	54	52
					A 5.0		68	64	60	65	60	57	56	56
	40 W 1 P 코-브	1.6	2.0	2.5	J 0.6		10	08	06	07	05	04		
					I 0.8		14	11	09	09	07	06		
					H 1.0		17	14	11	10	09	07		
					G 1.25		21	17	15	13	11	10		
					F 1.5		23	20	18	15	13	11		
					E 2.0		27	24	21	17	15	14		
					D 2.5		33	28	26	20	19	17		
					C 3.0		33	30	28	21	20	19		
					B 4.0		34	32	30	22	21	20		
					A 5.0		37	36	34	24	23	23		
	40 W 1 P 코-브	1.6	2.0	2.5	J 0.6		12	09	17	08	06	04		
					I 0.8		16	13	10	10	08	06		
					H 1.0		19	16	13	12	10	08		
					G 1.25		24	19	15	15	13	11		
					F 1.5		27	24	20	17	15	14		
					E 2.0		31	28	25	20	18	16		
					D 2.5		35	33	30	22	21	20		
					C 3.0		38	35	33	25	23	21		
					B 4.0		40	38	36	26	24	22		
					A 5.0		43	40	39	28	27	26		
	ø 6°-60 W 8°-100 W 10°-150 ~200 200	1.3	1.4	1.5	J 0.6		29	27	26	28	27	26	27	26
					I 0.8		34	33	32	33	32	32	32	32
					H 1.0		37	36	36	36	35	35	35	34
					G 1.25		39	39	38	38	37	37	37	36
					F 1.5		41	40	39	40	39	38	38	38
					E 2.0		43	42	42	42	41	40	41	40
					D 2.5		44	43	43	44	43	42	42	42
					C 3.0		46	45	44	45	44	43	43	42
					B 4.0		47	45	45	46	44	44	44	43
					A 5.0		47	46	46	46	45	44	44	44

③ 광원(光源)

1) 전구

전구는 그 사용목적에 적합한 경제적인 특성이 요구되며 소비전력이나 효율수명에 대해서 고도한 균일성이 규정되어 있다. 그 주요 요인으로서는 발광체인 필라멘트의 설계 가공처리는 물론 봉입가스 기타 부품재료의 선정, 진공기술 등을 들 수 있다.

전구는 균일성 및 고휘도 집광성, 점멸 응답성, 연색효과 등의 이점 때문에 일반 조명용은 물론 투광, 표식용 기타 간편한 광원으로 널리 사용되고 있으며 효율을 올리기 위하여 백열 발광체는 고융점, 저증기압, 고확장력, 방사특성, 전기저항성이 우수하여야 한다.

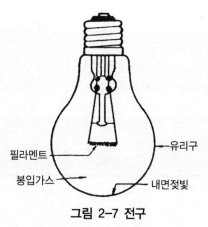

그림 2-7 전구

텅스텐(tungsten)은 3,655 °K의 고융점으로 저전류 표시등의 일부에 탄소선을 사용하고 있는 것 외에는 현재 이 이상의 것은 없다고 생각된다. 전구에 사용하는 유리의 재료로는 그 사용목적에 따라 다르지만 크게 연유리, 소다, 석회유리, 붕게산유리, 석영 등이 있다.

일반조명용은 내면을 젖빛으로 한다. 이것은 비산(沸酸) 처리에 의한 확산면으로 빛의 흡수는 2 % 이하로 적으며 약간 강도도 떨어진다. 아가리쇠(capsule)는 종래에는 거의 황동이 사용되었지만 요즈음은 기계적 강도와 내부식성이 있는 알루미늄 합금이 사용되고 있다.

유리구와의 접착에는 페놀계 수지를 주성분으로 한 접착제로 땜질하나 열을 받을 때에는 특수 폴리에스텔계의 내열성 수지를 사용한다. 전구에 사용되는 봉입가스는 아르곤가스에 소량의 질소가스를 혼합해서 봉입한다.

전구의 일반적인 장점은 다음과 같다.

① 소량 경량이며 거의가 점광원에 가깝기 때문에 배광의 제어가 용이하다.

② 방전등과 틀려서 부속 점등장치가 필요 없다.

③ 사용장소의 주위환경 온도 영향이 적다.

따라서 전구는 모든 분야와 장소에서 이용되며 특히 국부조명으로 널리 사용된다.

2) 형광등

일반적으로 형광등은 수은과 알곤의 혼합가스 방전관이며 방전형식은 아크방전에 속한다. 통상 램프의 크기에 의해 직경 15~38 mm의 유리직관을 정해진 길이로 사용한다. 관의 내벽에는 형광물질을 바르고 양단에는 텅스텐의 2중 혹은 3중 코일 필라멘트에 전자 방사물질을 도포한 전극이 장치되어 있다.

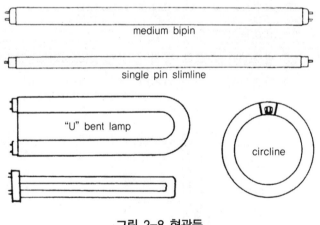

medium bipin

single pin slimline

"U" bent lamp

circline

그림 2-8 형광등

관내에는 수 mg 정도의 수은과 2~6 mmHg의 아르곤이 봉입된다. 관의 양단에는 capsule을 붙인다. 형광등의 광속은 첫 점등 후 100시간 정도까지는 급속히 감쇄하고 그 후 1,000시간 정도까지는 약간 느슨하게 저하하며 그 후는 비교적 안정된다. 형광등의 치수 및 특성을 그림 2 - 10과 표 2 - 8에 나타내고 있다.

형광등 기구의 특징은

① 확산광이며 면광원을 만들기 쉽고 휘도가 낮다.

② 집광이 곤란하다.

③ 여러 개의 램프를 조합하기 용이하고 안정기를 내장하는 수가 많다.

④ 기구의 외형과 중량이 크다.

⑤ 사용램프의 와트 수를 변경할 수 없다.

⑥ 주위환경 온도를 고려해야 한다.

3) 수은등

고압 수은램프는 1906년 Kuch와 Retschiusky에 의해 처음으로 만들어졌고 조명용으로 발달한 것은 1930년대에 들어서이다. 1950년대에 들어와 고압 수은램프에 적합한 형광물질이 개발되면서 연색성이 개량되기 시작하였다. 그림 2-9에 수은램프의 구조를 나타내고 있다.

수은등의 특징은 다음과 같다.

① 전구보다는 크나 집광이 가능하다.

② 고효율이며 수명이 길다.

③ 재시동시 특별한 장치가 필요하고 시간이 걸린다.

④ 연색성이 조금 떨어진다.

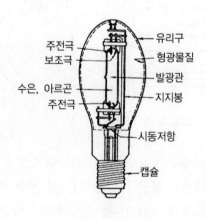

(a) 고압수은램프의 구조

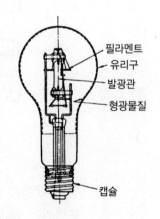

(b) 셀프밸라스트 형광수은램프의 구조

그림 2-9 수은램프의 구조

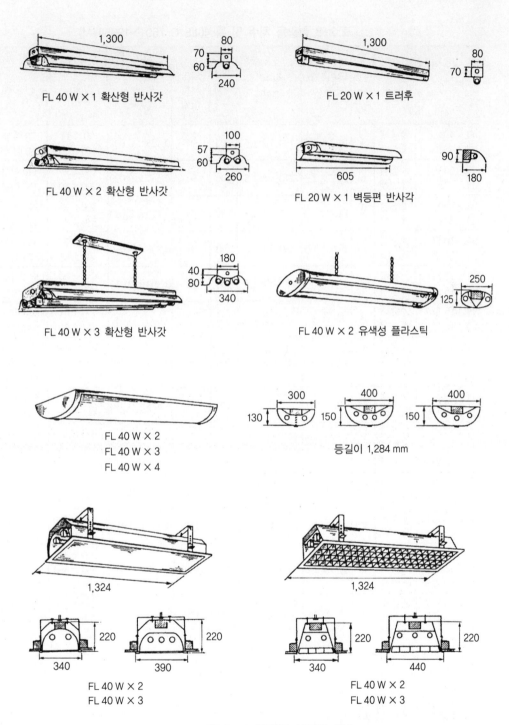

1,300

80
70
60
240

FL 40 W × 1 확산형 반사갓

1,300

80
70

FL 20 W × 1 트러후

100
57
60
260

FL 40 W × 2 확산형 반사갓

605

90
180

FL 20 W × 1 벽등편 반사각

180
40
80
340

FL 40 W × 3 확산형 반사갓

250
125

FL 40 W × 2 유색성 플라스틱

FL 40 W × 2
FL 40 W × 3
FL 40 W × 4

300
130

400
150

400
150

등길이 1,284 mm

1,324

220
340

220
390

FL 40 W × 2
FL 40 W × 3

1,324

220
340

220
440

FL 40 W × 2
FL 40 W × 3

그림 2-10 형광등 기구와 치수

표 2-8 형광등 치수 및 특성(JIS C 7601~1965에서)

형 식	종 별	크기 [W]	유리관경 [mm]	길 이 [mm]	전격전압 [V]	초기 특성			동적 특성
						시동시험전압 [V]	관전류 [A]	전광속 [lm]	전광속 [lm]
FL - 4 D FL - 4 W	굴광색 백 색	4	14.7±1.3	134.5±1.5	100	94	0.125±0.020	90±14 100±15	70 이상 80 이상
FL - 6 D FL - 6 W	굴광색 백 색	6	14.7±1.3	210.5±1.5	100	94	0.147±0.020	180±27 200±30	140 이상 160 이상
FL - 8 D FL - 8 W	굴광색 백 색	8	14.7±1.3	287.0±1.5	100	94	0.170±0.020	300±45 330±35	240 이상 270 이상
FL - 10 D FL - 10 W	굴광색 백 색	10	25.0±1.5	330.0±1.5	100	94	0.230±0.030	380±57 430±65	330 이상 370 이상
FL - 15 SD FL - 15 SW	굴광색 백 색	15	25.0±1.5	436.0±1.5	100	94	0.300±0.030	640±96 730±110	550 이상 620 이상
FL - 15 D FL - 15 W	굴광색 백 색	15	38.0±2.0	436.0±1.5	100	94	0.340±0.030	540±81 600±90	470 이상 530 이상
FL - 20 D FL - 20 W FL - 20 WW	굴광색 백 색 은백색	20	38.0±2.0	580.0±1.5	100	94	0.375±0.030	880±130 1,000±150 1,030±150	750 이상 850 이상 880 이상
FCL - 20 D FCL - 20 W	굴광색 백 색	20	36 이하	외 222 이하 내 145±6	100	94	0.375±0.040	800±120 900±140	690 이상 780 이상
FL - 3 D FL - 30 W FL - 30 WW	굴광색 백 색 은백색	30	38.0±2.0	630.0±1.5	100	94	0.620±0.060	1,350±200 1,530±230 1,570±240	1,150 이상 1,300 이상 1,340 이상
FCL - 30 D FCL - 30 W	굴광색 백 색	30	36 이하	외 242 이하 내 165±6	100	94	0.435±0.070	1,150±170 1,300±200	1,000 이상 1,150 이상
FCL - 32 D FCL - 32 W	굴광색 백 색	32	36 이하	외 317 이하 내 165±6	147	137	0.435±0.050	1,420±210 1,600±240	1,200 이상 1,360 이상
FL - 4 D FL - 40 W FL - 40 WW	굴광색 백 색 은백색	40	38.0±2.0	1198.0±1.5	200	180	0.435±0.040	2,250±340 2,550±380 2,600±390	1,950 이상 2,200 이상 2,300 이상
FCL - 40 D FCL - 40 W	굴광색 백 색	40	36 이하	외 392 이하 내 315±1.5	200	180	0.435±0.050	1,950±290 2,200±330	1,700 이상 1,900 이상

[비고]
1. 형식에 사용한 문자 및 수치는 다음과 같은 뜻을 표시한다.
   - FL : 형광방전관
   - FL의 중간의 C : 관이 환형인 것
   - FL 또는 FCL 다음의 수치 : 크기
   - 수치 다음의 S : 관경이 가느다란 것
   - 수치 또는 S 다음의 문자 : D, W 및 WW는 각각 관이 발하는 색이 주광색, 백색 및 은백색인 것을 표시한다.
2. 연색성을 개선한 것은 D 또는 WW 다음에 DL 또는 SDL의 기호를 붙여 표시한다.

연 습 문 제

[예제 1] 길이 25 m, 폭 8 m, 층고 3.6m인 대학 도서관 일반열람실의 전반조명설계를 하시오. 단, 열람실 천장은 이중천장이 아니며, 조명방식은 FL40 W × 2 확산형 반사갓을 이용한 직접조명으로 하고 열람실 작업면의 소요조도는 500 lx 로 하며 반사율은 천장, 벽 각각 75 %, 50 %로 한다.

풀이 전반조명 설계순서에 따라 실행한다.

(1) 문제에서 주어진 소요조도는 500 [lx]

(2) 조명기구 선택 : 형광등 FL 40 W의 노출 직접조명

(3) 조명기구의 배치결정

$$h = (3,600 - 850) \times \frac{2}{3} ≒ \mathbf{1,834}$$

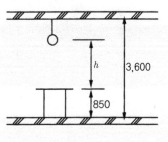

표 2 - 7 (a)의 설치간격 중 직접조명에서

$S \leq 1.3 h$ 이므로

$S \leq 1.3 \times 1,834 ≒ \mathbf{2,385}$

또

$S_w \leq S/2$ (열람실 측벽에 통로가 있는 것으로 간주)

≒ 1,193

(4) 광속보존법칙을 이용하여 조명등 기구 수를 산출한다.

$$NF = \frac{A \times E}{U \times M} \text{ 에서}$$

$$\text{조명등의 수 } N = \frac{A \times E}{F \times U \times M} = \frac{25 \times 8 \times 500}{F \times U \times M} \text{ .... } Ⓐ$$

Ⓐ 형광등의 광속 F의 값은 표 2 - 6에서 FL 40 W의 2,300 ± 360 [lm]을 적용한다.

Ⓑ 조명률 U를 구하기 위해서는 실지수와 천장 및 벽면의 반사율을 알아야 한다. 따라서

① 실지수를 그림 2 - 6 (b)에서 먼저 찾는다.

즉, 그림 2 - 6 (b)에서 아래 값을 적용하여 실지수를 찾는다.

실의 폭 $X/h = 8/1.834 ≒ 4.4$

실의 길이 $Y/h = 25/1.834 ≒ 13.7$

따라서 구하는 실지수는 그림 2 - 6 (b)에서 B임을 알 수 있다.

② 표 2-7 (a) 조명률 표에서 천장 반사율 75 %(0.75)와 벽 반사율 50 % (0.5)에서 아래쪽으로 찾는다.

③ 표 2-7 (a) 조명률 표의 노출 직접 형광등 조명기구의 실지수 B열과 만나는 값 67 %(조명률 $U = 0.67$)를 채용한다.

C̄ 다음으로 보수율 M의 값을 표 2-7 (a) 조명률 표의 감광보상률 열에서 구한다.

① 보수율 M은 감광보상률 D의 역수 즉, $M = 1/D$이므로 표 2-7 (a) 조명률 표의 감광보상률 열에서 직접조명의 보수상태를 양호한 상으로 간주하면 이때의 감광보상률 D는 1.5이므로 이 값을 $M = 1/D$에 대입하면

② 위에서 보수율 $M = 0.67$이 된다.

이상에서 구한 광속(F), 조명률(U), 보수율(M)의 값을 식 Ⓐ에 대입하면

$$N = \frac{A \times E}{F \times U \times M} = \frac{25 \times 8 \times 500}{F \times U \times M} = \frac{25 \times 8 \times 500}{2,300 \times 0.67 \times 0.67} = \frac{100,000}{1,032.47}$$

$= 97$개 (FL 40 W−1P)

FL 40 W−1P 97개의 조명기구를

FL 40 W−2 P로 배치하면

$97 \div 2 = 49$개소가 된다.

천장면의 의장성을 고려하여

FL 40 W−2 P를 52개소에 배치한다.

따라서 조명기구의 배치는 그림에서처럼

폭방향의 조명기구 간격

$S_x = 2$ m

폭방향의 벽면 간격

$S_{xw} = 1$ m

길이 방향의 조명기구 간격

$S_y = 1.9$ m

길이 방향의 벽면 간격

$S_{yw} = 1.1$ m

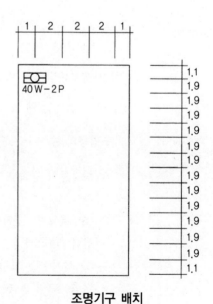

조명기구 배치

로 배치하고 작업면에서 등기구까지의 높이 h는 1.8 m로 한다.

문 제

[문제 1] 광속·광도·휘도·조도에 대하여 기술하시오.

[문제 2] 좋은 조명의 조건을 기술하시오.

[문제 3] 1,000 lm의 광속을 발산하는 전등 10개를 1,000 m²의 방에 점등하였다. 조명률은 0.5이고 감광보상률은 1.5라고 하면 이 방의 평균 조도는 얼마인가?

[문제 4] 12 m × 18 m인 도서관 건축의 전반조명설계(직접조명)를 하시오. 단, 천장높이는 바닥에서 3.8 m이고 기둥 간격은 6 m이며 기둥과 기둥사이에 30 cm의 보가 있고 천장은 6 m × 6 m의 소칸 6개로 나누어져 있다.

[문제 5] 6 m × 6 m, 높이 4 m인 사무실 건축의 전반조명설계를 하시오. 반직접 이입개방형 형광등으로 하고 소요조도는 800 lx 로 한다. 천장은 슬래브에서 0.7 m 밑에 설치되어 있다. 천장 마감은 백색으로 반사율 0.75로 하고 벽은 반사율 0.50으로 한다. 창에는 엷은 색 커튼으로 차폐하고 반사율은 0.50으로 간주한다.

[문제 6] 18 m × 36 m의 대학 도서관 열람실의 전반조명설계를 하시오. 단, 천장높이 3.35 m, 기둥간격 6 m, 9 m이다. 천장은 6 m × 9 m의 소구간 12간이며 직접조명방식을 택한다. 반사율은 천장 50 %, 벽 30 %, 바닥 10 %이다.

[문제 7] 조명방식에 대하여 스케치하고 설명하시오.

[문제 8] 건축화조명에 대하여 스케치하고 설명하시오.

[문제 9] 조명설계 순서에 대하여 기술하시오.

[문제 10] 전구와 형광등에 대하여 스케치하고 기술하시오.

[문제 11] 다음 용어에 대하여 간단히 설명하시오.

    ① PSALI   ② lumen method

    ③ room ratio   ④ maintenance factor

2-1-7 건축화조명 (architectural lighting)

기구를 천장이나 벽 속에 넣는 소위 건축구조와 일체화시킨 조명방식을 **건축화조명**이라 한다. 이것은 건축구조나 표면마감이 조명기구의 일부 이상의 역할을 하고 있다고 생각한 호칭이며 가장 간단한 것은 천장매입조명이고 매입방법에 따라서 여러 가지가 있다.

이 방식은 전반조명에서는 가장 일반적인데 그 이유는 눈부심(glare)의 장해를 막는다는 것 외에도 실내공간에서 눈에 거슬리는 것을 없애주고 산뜻하게 하기 위한 것이다.

1 광천장(luminous ceiling)

실의 천장 전면이 광천장으로 되어 있는 것으로서 높은 조도가 필요한 곳(builing의 1층 홀, 쇼룸 등)에 사용할 수 있는 부드럽고 깨끗한 조명방식이다. 천장면에 확산투과재(젖빛 플라스틱·메타아크릴·스티롤·염화비닐판 등)를 붙이고 천장 내부에 광원을 일정하게 배치시킨다.

발광면에 휘도의 차가 생기면 확산투과재면에 얼룩이 발생하여 대단히 보기 싫다. 때문에 설계 시 등기구의 배열에 세심한 주의를 기울여야만 한다. 광천장의 경우 등기구의 간격 S와 등기구로부터 발산면까지의 거리 D의 관계는 그림 2-11과 같다.

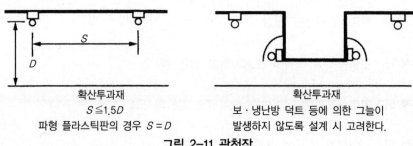

확산투과재
$S \leqq 1.5D$
파형 플라스틱판의 경우 $S = D$

확산투과재
보·냉난방 덕트 등에 의한 그늘이
발생하지 않도록 설계 시 고려한다.

그림 2-11 광천장

2 다운라이트(down lighting)

분위기를 변화시킬 수 있는 조명방식이다. 구멍 지름의 대소, 밑면의 확산면, 루버의 재료마감 및 의장에 따라 그림 2-12와 같이 구분할 수 있다.

❸ 코버라이트(cove lighting)

간접조명기구를 사용하지 않고 천장 또는 벽의 구조로서 만든 것이다. 간접조명으로 실 전체를 부드럽고 차분한 분위기로 만들어 준다. 천장에 너무 근접해서 설치하면 천장 중심부분이 어두워지고 양측벽에는 아주 밝은 선이 생기므로 주의하여야 한다.

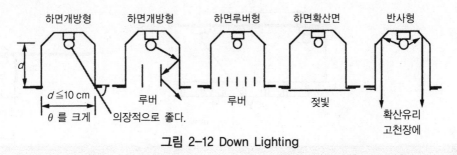

그림 2-12 Down Lighting

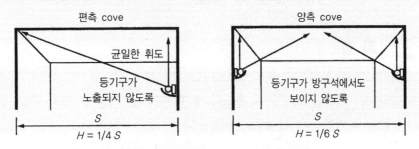

Cover Light의 높이에 대한 비율은 대략 1 : 5 가 적합하다.
Cover Light는 연속형(형광등)과 비연속형(전구)이 있다.

그림 2-13 Cove Lighting

❹ 루버라이트(louver lighting)

직사현휘가 일어나지 않는 장점이 있어 밝은 직사광을 필요로 하는 장소에 적합하다.

$$S \leq D(\theta : 45° \text{ 전후})$$
$$S \leq 1.5D(\theta : 30° \text{ 전후})$$

❺ 코너라이트(corner lighting)

천장과 벽면을 동시에 조명하는 방식으로 천장과 벽면과의 경계의 구석에 조명기구를 배치한다.

⑥ 코니스라이트(cornice lighting)

형광등의 건축화조명으로 널리 사용하며 조명기구를 코너에 설치 아랫방향의 벽면을 조정하는 방식이다.

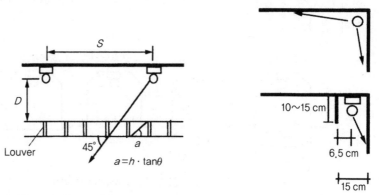

그림 2-14 Louver Lighting   그림 2-15 Corner · Cornice Lighting

⑦ 밸런스라이트(valance lighting)

벽면조명방식으로 일반조명보다는 분위기 조명이다. 직접광은 아래쪽의 벽이나 커튼을, 위쪽은 천장을 비추도록 설계한다. 반사면의 내면은 주로 흰색 마감으로 한다. 조명기구는 형광등이 적합하다.

⑧ 코퍼라이트(coffer lighting)

높은 천장면을 사각이나 동그라미 형태 등의 매입기구로 천장의 단조로움을 깨는 방법으로 사용된다. Coffer 중앙에 반간접기구를 설치하는 경우도 있다.

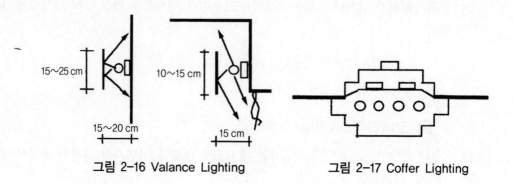

그림 2-16 Valance Lighting   그림 2-17 Coffer Lighting

사진 2-1 지하상가의 루버조명 실례

2-1-8 조명의 실제

■ 주택조명

주택은 사람이 인생의 태반을 보내는 장소이며 특히 야간에는 온 가족이 모여 지내는 곳이기도 하므로 주택에서의 조명계획은 그 역할이 대단히 크다. 나아가 주택조명의 양부는 거주자의 생활에 상당한 영향을 미친다고 생각할 수 있다. 종래 주택조명설비를 건축의 부대설비로 간주한 적도 있었지만 지금은 건축계획의 초기 단계에서부터 신중하게 고려하여 건축과 일체의 것으로 다루고 있는 실정이다.

1) 주택조명방법

주택의 조명방법은 크게 두 가지를 생각할 수 있다. 하나는 주방·가사실·학생방 등 **명시작업**을 고려한 조명방식이고, 또 다른 하나는 거실·식당·침실 등 아늑한 밝기와 가라앉은 분위기를 표현할 수 있는 **분위기조명방식**이다. 그러나 거실에서도 가벼운 독서나 신문·TV를 볼 수 있는 명시조건이라든가, 식당에서도 식탁 위의 팬던트조명으로 음식을 보다 더 맛있게 보일 수 있도록 하는 심리적 효과도 고려해야 한다. 이와 같이 주택 실내조명환경은 각각의 생활환경에 적절하게 부합시켜서 보다 더 가정적인 분위기를 갖춘 주생활공간 속에 종래의 1실 1등 조명방식이라는 고정관념에서 벗어나 1실 다등을 적극적으로 권장하여 실내 조명환경의 질을 향상시켜 나가야 할 것이다. 주택에서 명시를 중요시하는 실과 분위기를 중요시하는 실은 다음과 같다.

   ① **명시를 중요시하는 실** : 부엌 · 가사실 · 학생방 · 서재 · 욕실 · 복도 · 계단
   ② **분위기를 중요시하는 실** : 거실 · 식당 · 침실 · 현관 · 응접실

2) 주택조명계획

우선 주택 전체의 구조와 실의 위치 및 마감 재료와 색채까지도 파악해서 계획을 세워야 한다. 이때 필요한 설계도면은 다음과 같다.

   ① 평면도
   ② 단면도
   ③ 각 실의 마감재료가 표시된 시방서
   ④ 가구배치 예상도
   ⑤ 건물의 배치도

그 외에도 건축주의 의향을 잘 듣고 방의 구성에 대하여 면밀히 검토를 하고 나서 가구 · 취사도구 · 가전기기 등의 배치에 관해서도 건축주와 의논하여 조명계획을 세워야 한다.

3) 광원

주택조명용 광원으로는 옥내 백열등과 형광등, 그리고 옥외용 수은등이 있다. 주택조명에 백열등이 좋은가 형광등이 좋은가는 각각 장 · 단점이 있으므로 일괄해서 말할 수는 없다. 일반적으로 하루 중 평균 점등시간이 긴 장소에서는 형광등을 켜고 짧고 따스한 분위기를 필요로 하는 장소에서는 백열등을 설치한다(현관 · 욕실 · 창고 등).

4) 주택의 각 실별 조명 포인트
① 거실조명

아늑한 분위기의 조명이 필요하다. 명암의 변화가 필요하며 50〔lx〕 내외의 밝기가 좋다. 전반조명 또는 간접조명, 필요에 따라 국부조명을 병용한다. 거실의 크기가 5평 이상이거나 거실 장변의 길이가 단변 길이의 2배 이상일 때에는 천장등을 2개소 이상에 설치한다. 이때 천장등의 높이

는 조명기구의 하단이 바닥에서 1.9 m 이상이 되도록 한다. 거실에 설치하는 벽붙임등(bracket)은 창가에 근접하여 설치하는 것이 바람직하다.

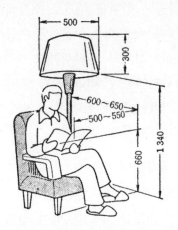

그림 2-18 거실 플로어스탠드 조명

② 식탁조명

최근 식탁은 온 가족이 모이는 가족실이기도 하다. 그러므로 분위기 위주로 조명한다. 또한 음식과의 연색성을 고려하여 형광등과 백열등을 혼용하여 설치하는 것이 바람직하다. 음식을 담은 식기나 도자기 등이 산뜻하게 보일 수 있도록 악센트조명으로 식탁 바로 위에 반사갓을 붙인 팬던트조명(pendant lighting)을 설치한다. 이때 팬던트의 유효 설치높이는 식탁 위 1m 이내가 되도록 하는 것에 주의해야 한다.

③ 주방

주방은 급배수위생설비 등의 시설이 거의 고정되어 있음을 고려할 때 주택에서 가장 기능적인 계획이 필요한 곳이라고 생각할 수 있다. 연색성을 고려한 50~100 lx 정도 밝기의 전반조명(100 lx)과 싱크대 위에 조리나 설겆이를 위한 국부조명(200 lx)을 고려한다. 레인지의 상부에는 고열, 고습과 함께 오염도 예상되므로 가능하면 조명기구를 설치하지 말고 경사진 측면부에 비켜서 비추도록 배려한다. 레인지에 광원이 필요한 때에는 방습형 전구를 사용해야 하고 주방용 조명기구는 빨리 더러워지므로 청소하기 편리한 것이 좋다.

④ **침실**

침실의 청소나 잠자리를 준비할 때는 전반조명이 좋으나 잠자리에 들고 나면 천장등은 현휘를 주므로 소등해야만 한다. 침대가 있는 방에서는 침대 머리맡에 사용자가 누운 채 손쉽게 점멸을 할 수 있는 탁상스탠드나 밸런스 light 설치가 바람직하고 각각의 전용스위치를 둔다. 이때 사용자의 누운 위치에서 현휘(glare)가 일어나지 않도록 조명등의 세심한 위치선정이 요구된다. 또한 침대 밑을 이용해서 낮은 밝기의 저와트 전구로 심야등을 설치해 두면 편리하다.

⑤ **서재 · 공부방**

전반조명으로는 가라앉은 분위기가 되도록 하고 국부조명으로는 독서면에 높은 조도를 주도록 해야 한다. 시야 내의 휘도대비를 적게 하기 위하여 책상면의 색을 밝게 하여 시야 내에 어두운 부분이 없도록 계획한다. 특히 서재에서는 때때로 조용히 명상을 하기도 하는 공간이므로 벽면의 커튼 조명을 신중히 계획한다.

한편 어린이의 책상은 명시 스탠드나 설치하면 된다는 안일한 생각은 절대 금물이다. 왜냐하면 어린이는 성인보다도 시력이 얕은 데다 근시가 되기 쉬운 시기에 작은 글자를 많이 읽어야 하기 때문에 가능하면 좋은 조명을 채택한다.

⑥ **대문**

대문 근방을 광범위하게 밝혀주기 위해서 담의 측면에 조명기구를 설치하는 것보다 대문의 기둥 위나 별도로 세운 폴에 설치하는 것이 바람직하다. 문패 · 초인종 · 우편함은 물론 문밖에 서있는 내방객의 얼굴이 잘 보이는 위치에 광원을 설치한다. 사용기구는 녹슬거나 변색 · 변질이 없고 튼튼하고 방수형이어야 하며 벌레나 먼지가 들어가지 않는 밀폐형 조명기구가 좋다.

⑦ **현관**

현관조명은 전반적으로 부드러운 확산광으로 현관의 구석구석까지 밝게 해주는 것이 바람직하다. 조명기구의 위치는 주인과 손님의 얼굴이 잘 조명되고 신발을 벗고 신을 때 손 그림자에 의해 방해되지 않는 위치를 정하고 측벽이나 신발장 아래에 Foot Light를 바닥 위 30 cm 정도 높이에 설치하여 바닥조명을 하면 손 그림자의 염려는 해결할 수 있다. 현관에 설치하는 벽등은 신발장의 반대편에 설치하는 것이 신발장 속까지 보이는 조명이 되는 것도 현관조명의 포인트이다.

⑧ 복도

주택에서 긴 복도는 드물지만 직선상의 복도에서는 3.6 m 간격 정도로 조명기구를 배치한다. 야간 화장실 사용을 위해 5 W 정도의 심야등을 복도의 적당한 곳에 설치해 두면 편리하다. 조명기구는 천장에 설치하는 것이 좋고 넓은 복도에서는 벽등도 좋다. 복도등의 스위치는 주택의 동선을 생각하여 손쉽고 편리한 위치에 3로스위치를 설치한다.

⑨ 계단

계단 바닥이 그늘지지 않도록 고르게 조명을 해야 하는데 계단참 한곳에 설치한 천장등만으로는 상하계단의 조명을 동시에 조절하기란 힘들다. 때문에 계단의 상하 천장등과 함께 계단 측면에 벽등을 설치하면 효과가 있다. 이때 조명기구를 쳐다보면서 계단을 올라갈 때 광원 때문에 눈이 부시지 않도록 해야 한다. 스위치는 계단 상하에 3로스위치로 한다.

⑩ 욕실

욕실에 수증기가 충만해 있을 때에는 욕실이 어둡게 느껴지므로 와트 수를 높이든가 효율이 좋은 기구를 설치한다. 조명기구는 욕조 위와 열원 부근을 피해서 욕실 창에 그림자가 생기지 않도록 그 위치를 정한다. 면도를 하기 위해서는 거울 양쪽에 10~15 W 정도의 형광등을 길이 방향으로 설치하면 좋다.

화장을 하는 데에는 거울의 위와 양쪽에 설치하여 밝게 하는 것이 좋다. 대체로 욕실은 깨끗하고 위생적으로 보이기 위해서 밝게 하는 것이 좋다. 욕실에 거울등만 있을 경우 스위치는 거울 근처가 아닌 출입구 근처에 설치한다. 가끔 욕실 내에 세탁기가 있을 경우에는 작업 시 그늘지는 곳이 없도록 배려할 필요가 있다.

⑪ **정원**

주택의 정원은 낮과는 다른 분위기를 조성하므로 밤에도 정원을 아름답게 관상할 수 있도록 하기 위하여 정원에도 적절한 조명을 필요로 한다. 정원 조명방식으로는 투광식조명으로 하는 방법과 정원 내의 적당한 곳에 은밀하게 설치하는 두 가지 방법을 생각할 수 있다.

투광식조명방식으로는 큰 광원을 사용해서 아주 밝게 할 수 있고 배선공사도 간단하지만 정원의 아늑하고 깊숙한 정경을 느끼게 할 수 없는 것이 흠이다. 또한 적당한 곳에 은밀하게 설치하는 방식은 광원이 시야 내에 있을 때는 저와트의 광원을 사용해야 하고 배선공사도 복잡하다. 그러나 이 방식은 광범위하게는 비출 수 없는 반면에 정원의 깊숙한 정경을 보이게 하므로 보는 이에게 입체감을 줄 수 있다. 이때 기구의 의장도 정원에 잘 어울리는 것을 사용해야 한다는 것이 중요하다.

광색은 수은등이나 형광등이 비교적 호감을 준다.

수은등을 사용할 경우 수목이나 화초에 미치는 연색성의 영향을 고려하여 붉은 색이 풍부한 자연색 백색램프를 설치하는 것이 좋다. 정원 조성에 악센트를 주고 싶은 부분은 일반주택의 경우 $100 \ [\text{m}^2]$당 수은등의 경우는 $40 \ [\text{W}]$, 형광등의 경우 $30 \ [\text{W}]$ 정도가 좋다. 대체로 정원조명의 밝기는 수은등의 경우 1평($3.3 \ [\text{m}^2]$)당 $1 \ [\text{W}]$ 정도가 적합하다.

② 사무실 건축의 조명 포인트

최근 사무실 조명의 발전은 참으로 비약적이라 할 수 있으며 조명의 질과 양도 함께 향상되고 있는 실정이다. 거대한 스페이스를 가진 빌딩은 도시의 기능과 경관에 커다란 영향을 주므로 조명도 여기에 합당한 것을 필요로 한다.

최근에 와서 사무실이 커지는 경향이 있으며 또한 높은 조도를 요구하고 있다. 뿐만 아니라 옥내·외 각부의 조명에 대해서도 조화를 이루고 특히 쾌적한 사무환경의 실현에 노력해야 한다.

일반적으로 전용 사무실에서는 건축주의 요구에 따라서 개성적 특색이 있는 조명을 꾀하고 임대 사무실에서는 입주자의 요구를 적당히 조정하고 장래성도 고려하여 융통성 있는 조명을 하도록 해야 한다. 또한 공공 사무실이나 사업성 사무실에서는 공중과의 접촉을 부드럽게 하게끔 하고 이용자에게 편의를 주는 조명설계의 배려가 필요하다.

1) 일반 사무실

사무실 조명의 문제점으로 다음 5항목을 생각할 수 있으며 사무실 조명 설계시 각 항목에 대하여 충분히 검토해야 할 것이다.

　㉠ 조도가 충분할 것.

　㉡ 불쾌한 현휘(glare)가 없을 것.

　㉢ 실내의 휘도 분포가 쾌적할 것.

　㉣ 주간에도 상기의 3항을 만족시킬 것.

　㉤ 공기조화와의 관계를 고려할 것.

책상 조명

그림 2-19 사무실 책상 조명

① 조도(照度)

설계조도를 결정할 때는 시각적인 입장은 물론 심리적인 요구도에 대해서도 고려해야 한다. 최근의 연구결과에 의하면 보이기 위한 최저조도와 보는데 적합한 조도와의 사이에는 약간의 차이가 있으며 보통 독서와 같은 시작업에서는 적어도 500〔lx〕가 필요하고 눈의 피로를 줄이기 위해서는 1,000~2,000〔lx〕가 필요하며 세공(細工) 작업일 경우에는 조명의 질이 불량하지 않는 한 심리적으로는 30,000〔lx〕정도의 조도가 바람직하다고 한다.

따라서 사무실의 조도는 되도록 조도를 높이 설정하는 것이 바람직하다. 실제 사무실에서 높은 조도를 사용하고 있는 실례로 American Fletcher National Bank의 경우 4,000〔lx〕를 사용하는 경우도 있다.

② 글레어 방지

사무실 조명에서 가장 중요한 것 중 하나는 불쾌한 글레어가 일어나지

않도록 설계하는 것이다. 불쾌한 글레어를 방지하기 위하여 고려되어야
할 점은 다음과 같다.

　㉠ **기구의 배광(配光)과 휘도** : 수평에 가까운 방향에 광도가 작은 배
　　광기구를 쓴다. 또는 루-버를 사용하여 발광면을 넓게 해서 휘도를
　　낮춘다. 특히 시선에서 상하 30° 범위 안은 글레어존(glare zone)이
　　라 해서 글레어를 느끼기 쉬우므로 이 범위 안에서는 광도와 휘도에
　　주의하여 조명기구를 선정해야 한다.

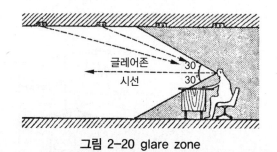

그림 2-20 glare zone

　㉡ **기구의 상방광속** : 상방광속이 많은 기구를 쓰고 천장면을 밝게 해서
　　휘도대비[93]를 줄인다.
　㉢ **기구의 설치 방향** : 형광등과 같은 직관등의 기구는 그 설치방향을 고
　　려한다.
　㉣ **기구의 설치높이** : 되도록 높이 설치한다.
　㉤ **실내의 반사율** : 천장과 벽은 반사율이 좋은 마감재료로 한다(표 2-5
　　참고).

③ **실내의 휘도 분포**

　글레어가 없어도 실내 각부의 휘도 분포가 어느 정도 잘 되어 있지 않
으면 실내의 분위기는 쾌적하다고 할 수 없으며 자칫 음침한 느낌을 주는
수도 있다. 예를 들면 천장 전면을 광천장 혹은 간접조명으로 하고 벽면
과 바닥면도 반사율이 좋은 것으로 하면 확실히 조도도 높아지고 조도 분
포, 휘도 분포도 균일해지겠지만 분위기는 활기 없는 느낌을 주고 밝기도
별로 밝게 보이지 않는다.

---

93) 휘도대비(luminance contrast) : 보고자 하는 물체와 그에 인접한 물체의 휘도를 비 또는 차로서 표시한 것.

이러한 경우에는 어느 정도 휘도의 차를 두는 것이 오히려 활기를 더하고 실내도 넓게 느껴져서 분위기가 좋게 느껴진 때도 있다. 따라서 쾌적한 조명상태의 방을 만들려면 작업면·천장·벽·바닥 등의 휘도의 정도 및 이들 상호간의 대비와 심리적 영향과의 관계도 고려해야 한다.

④ **주간의 인공조명**

보통 사무실에서의 근무시간은 야간보다 주간이 훨씬 더 길기 때문에 조명설계도 주간의 상태를 더 세심하게 고려하여야 한다. 일반적으로 자연채광에 의한 조도는 그 방향이 횡방향이기 때문에 창가에서와 실의 안쪽과는 수평면 조도와 연직면 조도가 큰 차이를 나타낸다.

인공조명은 일반적으로 천장으로부터 가능한 한 균일한 조도를 주려고 하기 때문에 야간에는 비교적 쾌적한 조명이 되겠지만 주간에는 자연광 때문에 균형을 잃기 쉽게 되고 조명의 질도 나빠지기 쉽다. 이러한 경향은 최근 오피스 빌딩이 초고층화, 대형화됨에 따라 층 높이는 낮아지고 안 깊이가 깊어져서 더욱 심하다.

이와 같은 현상을 방지하기 위하여 블라인드나 두꺼운 천으로 커-텐을 치는 경우도 있지만 이렇게 되면 재실자가 바깥 풍경을 볼 수 없게 되어 이러한 곳에서 종일 일을 한다는 것은 심리적으로 재실자가 격리된 듯한 기분이 들 것이다. 따라서 가능하면 외부가 보이도록 하여 재실자에게 보다 더 쾌적한 실내환경을 제공하는 것이 바람직하다. 그러기 위해서는 직사광에 대한 건축적인 대책은 물론이고 주간의 자연채광을 충분히 고려한 조명계획을 세워야 할 것이다. 구체적인 설계방법은 창의 면적, 방위, 주위환경 등에 따라서 달라지기 때문에 한마디로 말하기란 어려우며 일반적으로 다음과 같은 방법을 생각할 수 있다.

㉠ **기본** : 창밖의 자연광이 밝을 때일수록 실내의 인공조명을 밝게 하여야 한다.

㉡ **조도 및 조도 분포** : 창에 가까운 부분의 조도는 실 안쪽의 조도보다 높여 창에서 들어오는 자연광의 악영향을 없애도록 한다. 또한 창측의 벽면이 어둡게 보이는 것을 방지하기 위하여 벽면 마감재료 색상을 밝은 색으로 하거나 벽면 조명을 하는 것이 바람직하다. 사무실 내부의 반사율을 표 2-9에 나타내고 있다.

표 2-9 사무실 내부 반사율

실 내 면	반사율 〔%〕
천　장	70~90
벽	50~70
책상·사무기	30~50
바　닥	20~40

ⓒ **감광용 배선** : 야간에 감광을 필요로 할 때를 고려하여 부분적으로 점감(漸減)할 수 있도록 배선을 고려해서 계획한다.

2) 영업사무실

영업사무실은 은행·증권회사·항공회사·교통공사 등을 생각할 수 있다. 실내구조를 보면 옥외로 면하는 로비와 영업사무실 사이에 카운터가 있으며 천장이 높고 실내도 넓기 때문에 접객하는 데 적합한 환경이 만들어져 있다. 그 업종이 갖고 있는 특성에 따라 고객에게 심리적으로 좋은 인상을 주는 조명이 되도록 해야 한다.

특히 카운터 창구부를 밝게 하여 접수사무가 정확 신속하게 처리될 수 있도록 해줄 필요가 있다. 또한 밖에서 들어오는 고객에 대하여 실내가 어둡고 음산하게 보이지 않도록 고객 대기실과 실내 전반을 명쾌한 밝기로 하는 것이 중요하다.

3) 설계사무실

설계사무실은 시작업으로서는 가장 정밀한 부류에 속하는 곳이므로 필요 조도가 높기 때문에 조명상 특히 시야 내에 생기는 눈부심을 막아줘야 할 필요가 있다. 전반조명은 기구설치 밀도를 좁게 해 주고 또한 큰 면적 저휘도의 기구를 사용하는 것이 좋다. 형광등을 사용할 경우 기구의 라인은 책상을 마주하는 시선이 되도록 평행하게 하는 것이 바람직하며 시선에 직각으로 배열할 경우는 책상 앞 상부에 설치하고 램프에 눈이 부시지 않도록 적당한 차광을 하는 것이 좋다.

제도용지나 연필의 선에서 발생하는 반사는 제도판의 기울기를 조절하여 막아줄 필요가 있다. 스탠드와 같은 보조조명에 의해 높은 조도를 얻는 것은 간편한 방법이긴 하지만 눈부심이 생기기 쉬울 뿐만 아니라 인접자에게도 영향을 주기 쉬우므로 이러한 점을 고려하여 기구의 위치와 조사(照射)의 방향을 조정할 필요가 있다.

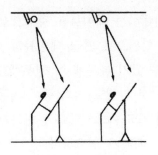

설계실(45°기울임 방법으로 머리나 손에 의한 그늘이 없고 전반조명에 의한 현휘는 없다.)

그림 2-21 설계사무실 조명

4) 개인사무실

개인사무실은 일반적으로 면적이 작고 단독 사용이 주이므로 반드시 밝기를 균일하게 할 필요는 없으며 기분적으로 조금은 가라앉은 느낌을 주는 조명이 바람직하다. 단, 고령자가 있는 실에서는 책상면과 같이 필요한 장소에는 충분한 조도를 얻을 수 있도록하여 시력을 보조해 줄 필요가 있다. 또한 실내에 응접세트·테이블 등을 배치했을 때는 그 부분도 따로 조명할 수 있도록 설비를 해두는 것이 좋다. 설비로서는 주된 밝기를 취할 형광등 기구 외에 보조적인 악센트 효과를 가진 조명기구 이를테면 다운라이트(down light)·벽등(bracket)을 병용하던지 플로어 스탠드(floor stand)를 설치해 둠에 따라 필요한 장소에 충분한 밝기를 얻을 수 있게 될 것이다.

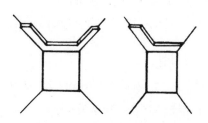

개인사무실 천장조명을 U형, L형 등으로 하여 집무시 조명기구가 시야에 들어오지 않게 하는 것이 설계 포인트이다.

그림 2-22 개인사무실 조명

5) 회의실

회의실에서는 연속적인 시작업은 적지만 인쇄물 기타 대상이 잔잔한 것을 읽던지 장시간에 걸친 회의가 있을 수도 있으므로 밝고 눈부심이 적은 쾌적한 조명을 필요로 한다.

일반적으로 소형 회의실에서는 테이블을 중심으로 기구를 배치하고 대형회의실에서는 실용상의 형편으로 가끔 테이블의 이동이나 칸막이의 신설 등도 적지 않게 있을 수 있기 때문에 이 경우에도 지장이 없도록 기구를 배치해야 한다. 이러한 것 외에도 집회 등의 이용에 대비하여 메인 테이블을 밝게 해 주고 또한 슬라이드 · 영화 등의 영사 시에도 편리하도록 보조광이 가능하도록 하는 배려가 필요하다.

6) 사무기계실

타이프라이터 · 계산기 · 인쇄기 등의 사무기계 작업이 행하여지는 실에서 시작업은 그 속도가 크고 또한 정확성이 중요하며 대상의 성질도 복잡하여 보기 어려운 것이 많다. 이러한 곳에서의 조명은 고조도로 특히 그림자가 작아야 하고 반사에 의한 눈부심이 없는 것이 요구된다.

전반조명은 되도록이면 저휘도 대면적의 기구에 의해 일정한 조도를 얻을 수 있도록 하는 것이 좋다. 형광램프는 기계의 양측 상방 내지는 후상방에 배치하는 것이 그림자나 반사에 의한 눈부심을 없애기 쉽다.

7) 금고 · 서고

금고나 서고에서는 항상 작업을 하는 장소는 아니지만 경우에 따라 충분한 조도가 필요하다. 금고와 서고의 조명은 좁은 장소에서 선반 · 케이스 등의 연직면 아래까지 밝게 할 필요가 있고 이러한 곳에는 형광등을 선반 · 케이스 등에 따라 배치시킨다. 은행금고의 경우 금속 마감면의 반사로 눈부심이 일어나기 쉬우므로 휘도가 낮아야 한다.

8) 전화교환실 · 전기실 · 기계실

전화교환 작업은 파일럿 램프(pilot lamp)[94]가 보기 쉽고 교환대에서는 반사에 의한 눈부심이 없는 조명이어야 한다.

---

94) 파일럿 램프(pilot lamp) : 기기의 동작상황이나 회로 도통의 유무 등을 나타내는 램프

조명기구는 형광등을 교환수 머리 위 약간 전방에 배치한다. 릴레이판 (relay panel)의 조명은 청소와 보수가 용이하도록 전방 1 m 정도 떨어진 위치에 형광등을 설치하고 아래까지 밝도록 해준다.

전기실은 배전반·제어반 등의 면을 일정한 밝기로 하고 특히 계기 유리면에서 발생하는 반사광이 눈에 들어오지 않도록 조명기구의 설치위치를 결정해야 한다. 기계실은 그늘이 지는 부분이 적도록 기계의 형·크기·배치를 신중히 고려하여 조명기구 배치를 해야 한다.

9) 홀·로비

현관 홀은 건물 출입구에 있어 창밖의 밝기와도 대비되므로 일반적으로 500 lx 이상의 밝은 조도로 하여야 전체 건물에 명쾌한 느낌을 줄 수 있다. 1층의 엘리베이터 홀은 특히 옥외에 인접해 있으므로 밝게 할 필요가 있다.

이러한 장소에는 형광등을 이용한 광천장 조명처럼 저휘도 대면적의 광원을 이용하여 홀 전체에 부드럽고 명쾌한 느낌의 밝기를 얻어 낼 수 있다. 또한 백열전구를 이용한 다운라이트 조명을 적당하게 병용하여 실 전체에 참신한 변화와 차분한 분위기를 연출해 주는 것도 좋은 방법이다.

10) 복도·계단

복도와 계단에서 작업을 하지는 않지만 원활한 동선이 이루어지도록 적당한 밝기를 유지시키고 밝기의 얼룩이나 그늘이 생기지 않도록 해야 한다.

복도와 계단의 바닥면과 벽면 반사율은 밝기의 느낌에 큰 영향을 미친다. 바닥면에 적당한 패턴의 변화를 주는 것은 시각적으로도 사용자로 하여금 변화를 주어 긴 복도와 같은 곳에서는 단조로움을 깨는 역할을 한다.

바닥면에 광택이 있으면 광원의 정반사가 높아져 눈이 부시게 되고 보행자의 보행에 지장을 초래할 수 있다. 복도의 조명은 일반적으로 형광등은 길이 방향이 복도와 평행하도록 배치하는 것이 시각상 저항감이 적다. 계단 조명은 기구를 계단참 좌우에 배치하는 것이 좋다.

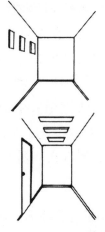

긴 복도에는 조명기구의 배광을 고려하여 밑바닥에 밝음의 얼룩짐이 없도록 한다.

그림 2-23 복도조명

11) 세면장 · 변소

높은 조도는 필요하지 않지만 진한 그늘이 생기지 않도록 해야 한다. 거울등은 거울의 양측에 설치하는 것이 효과적이다. 거울이 클 경우에는 거울 상부에 설치하는 것이 좋다. 전반적으로 세면장과 변소의 청결감을 유지하기 위하여 마감타일은 백색 또는 아이보리색이 적당하다. 진한 색은 어둡고 음산한 느낌을 줄 수도 있으므로 주의해야 한다.

❸ 상점조명

1) 상점조명의 요점

상품이 바르고 확실하게 보이도록 조명한다는 것과 상품을 보기 위한 조명에 그 치지 않고 상품에 고객의 시선이 조금이라도 더 멈추게 한다는 것이 상점조명설계의 포인트이다. 상점조명은 고객이 매상에 적극적으로 협력할 수 있도록 유도하는 것이 중요하기 때문에 경쟁 상점의 조명상태·소비자의 동태·주변 상권의 조사 연구 등을 토대로 해야 한다.

지금까지의 상점조명설계에서는 두 가지 방법이 주로 이용되었다. 한 가지는 인접한 상점보다 한 단계 더 밝게 하는 수법이고 또 다른 한 가지는 동업상점의 조명방식을 그대고 모방하는 수법이 있다.

상점조명에서 우선 생각해야 할 것은 어두운 시각이 되어도 등불만 켜면 영업을 할 수 있다고 하는 것이다. 이 경우 상품이 단순하면 할수록 비

교적 낮은 조도로도 충분하겠지만 상품이 복잡해지면 높은 조도가 필요해
지고 고객은 상품의 재질·마감·색채 등에 대해서도 세심한 비교를 하려
고 하므로 채광의 방향·광원의 광질·광색 등에 대해서 각별히 주의를 기
울여야만 한다.

상점조명은 고객이 매상에 적극적으로 참가하는 조명을 해야 한다. 무
관심 상태인 사람에게 적극적으로 구입하는 입장이 되도록 하는 조명을
생각해야 할 것이다. 그리고 상점의 상품을 항상 신선하게 보이게 하자면
계절에 따라 조명을 변화시켜 줄 필요가 있다.

상품은 계절에 따라 색채와 반사율이 변하기도 하고 특색이 달라지기도
하기 때문이다. 고객들은 계절감이 있는 상품을 선호하기 때문에 국부조
명을 중심으로 하고 전체조명은 극히 일부만 변경하는 것이 좋다. 진열상
품을 보고 1차 발을 멈춘 고객이 상품을 선택하고 구매하는 상업행위의
주체가 되는 곳은 상점 내이므로 보다 좋은 조명수법을 사용해야만 한다.

대체로 상점의 전반조명은 형광등을 이용하여 균일하고 유연한 조명으
로 하고 요소요소에 백열전구에 의한 스포트라이트[95]를 설치하여 상점 내
악센트 포인트를 강조하는 악센트 조명을 병용하여 상점 전체에 활기가
넘치는 기분이 들도록 해야 한다.

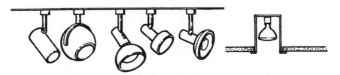

그림 2-24 악센트 조명기구

2) 좋은 상점조명의 조건

상점조명의 경우 조명의 양부가 매상에 직접 관련되어 있으므로 생산조
명이나 명시조명과는 상당한 차이가 있다. 따라서 조명계획이 생활에 관
한 것보다는 심리에 관한 것 또는 고객의 감정에 호소하는 쪽에 상당한
비중을 두어야 한다. 결국은 매상과 직접적인 관련이 있다는 것에 주목해
야 한다.

---

95) 스포트라이트(spot light) : 반사경 또는 렌즈를 사용하여 측 방향으로 높은 광도를 얻을 수 있게 한 투광기

① 밝기

취급하는 상품이 섬세한 것일수록 고조도로 하지 않으면 안 된다는 것은 일반 조명이론과 일치하지만 그 밖에 밝은 상점은 사람의 눈을 끌며 밝은 상점은 거짓이 없어 보이고 안심감을 준다는 것에도 조명 설계자는 주목해야 한다.

또한 조명은 자칫하면 설계 조도치로 밝기가 논의되지만 눈에 보이는 밝기는 조명된 것이 반사하는 빛이기 때문에 같은 조도 하에서도 상점 내 벽면의 반사율과 취급 상품의 채색 밝기가 다르면 그 상점이 주는 밝기에 대한 인상은 완전히 다르게 된다.

② 조도 분포

상점 내를 평균하여 같은 밝기로 할 것인가, 명암이 적당하도록 배분을 할 것인가는 그 상점의 경영 내용을 바탕으로 생각해야 한다. 이를테면
ⓐ 쇼윈도의 밝기는 다른 상점과 비교가 되도록 한다.
ⓑ 진열면을 무의식적으로 보았을 때 밝기를 느끼는 것은 2배 이상의 차가 있을 때이므로 진열한 것의 최고 부분을 10 정도로 했다면 10으로 한 주위는 6 정도로 하고 8로 한 주위는 4 정도로, 6이나 4 정도로 한 주위는 2 정도로 해 주면 진열한 상품들과 좋은 조화를 이루게 될 것이다.

③ 조명의 질

조명의 입장에서 물체는 재질·형·색·밝기 4요소가 중요하겠지만 상품의 매력과 특색을 확실하게 보여주기 위해서는 **재질·형·색** 그리고 **조명방식**을 생각해야 한다.
ⓐ **재질** : 광택이 있는 상품을 선명하게 보이게 하고 소프트한 상품을 부드럽게 보이게 하기 위해서는 우선 질 좋은 빛을 선택해야 한다.
ⓑ **형** : 물체의 형은 그림자의 유무, 그림자의 진하기에 따라 다르게 보인다. 정면에서 일정하게 채광할 때와 3방향에서 같은 양의 밝기로 채광하였을 때는 상품의 입체감이 상당히 떨어진다.

이때 2방향의 밝기 중 한쪽 방향은 밝게 하고 다른 한쪽은 어둡게 하여 밝기의 비를 3 : 1 정도로 했을 때 대상 상품이 더욱 실체감이 있어 보이게 된다. 이처럼 보통 입체감의 강약으로는 2 : 1 내지는 7 : 1 정도의 범

위로 하면 적합하다. 그러나 밝기의 비가 10：1을 넘으면 상품 본래의 모양이 비뚤어져 보이게 되거나 어두운 쪽의 디테일은 완전히 사라져 버린다는 점에 유의해야 한다.

ⓒ 색 : 대상 물체의 색은 본래의 색과 같은 계통의 광색을 가진 강한 램프로 조명하면 색이 더욱 아름답게 보이고 그 반대의 광원은 대상 물체의 분위기가 칙칙해져 버린다. 나뭇잎이 수은등 아래서 싱싱하게 보이고 꽃은 백열등 아래서 더욱 아름답게 물든 것처럼 보이는 것은 이 때문이다.

이상에서 상점조명은 상품이 확실히 보이도록 하고 고객의 눈에 잘 띄는 조명으로 하여 고객에 대한 서비스에 머무르지 않고 강하게 호소하여 고객이 매상에 보다 적극적으로 참여하게 하는 조명이어야 함을 알 수 있다.

또한 밝고 느낌이 좋은 부드러운 확산광으로 하면서도 질량감과 입체감을 갖도록 직접광을 사용하는 것이 좋다. 특히 색채가 다양한 양복·양장·화장품·식품 등은 상품의 연색성을 고려하여 백열등과 형광등을 잘 혼용해서 상품에 활기를 불어넣어 주는 광색과 지향성을 갖도록 해야 한다. 한편 고객에겐 광원으로부터 눈부심이 생기지 않도록 젖빛 외구나 루버를 사용한다.

3) 상점조명의 설계와 실제

상점조명은 앞에서 서술한 바와 같이 매상에 기여하는 것을 중심으로 생각해야 한다. 그러기 위하여서는 건축설계·내장설계와 병행해서 하는 것이 좋다. 이때 장래 경영의 변화도 예측해서 실행해야 한다.

① 전반조명에 대해서

상점 내 조도 분포의 평균치를 전반조명으로 생각하는 것이 합리적인 생각이긴 하지만 어느 정도의 크기를 갖고 다른 공간을 가진 경우에는 상점 내를 몇 개의 부분으로 나누어 장소별로 전반조명을 하는 것이 바람직하다. 이 경우 전반조명이 갖는 감각은 등기구 개개의 형과 배열에 따라 다소나마 그 실의 감각을 지배하는 경향이 있음에 유의해야 한다.

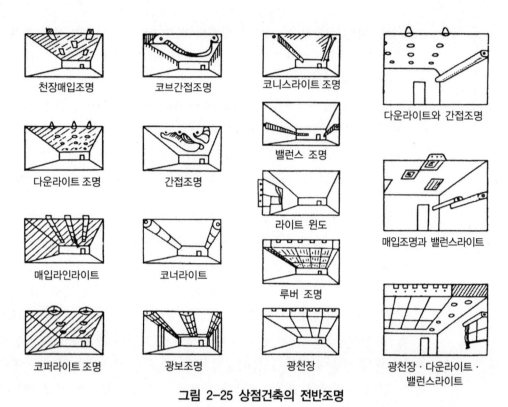

천장매입조명

코브간접조명

코니스라이트 조명

다운라이트와 간접조명

다운라이트 조명

간접조명

밸런스 조명

라이트 윈도

매입조명과 밸런스라이트

매입라인라이트

코너라이트

루버 조명

코퍼라이트 조명

광보조명

광천장

광천장 · 다운라이트 · 밸런스라이트

그림 2-25 상점건축의 전반조명

※ 출처 : 건축조명 연구회편, 건축의 조명계획과 배선설비 p.262

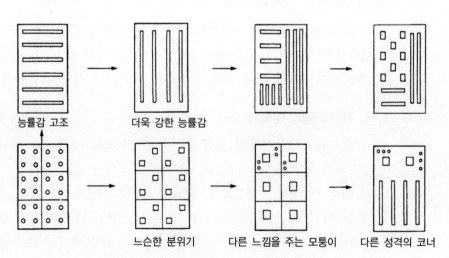

능률감 고조

더욱 강한 능률감

느슨한 분위기

다른 느낌을 주는 모퉁이

다른 성격의 코너

그림 2-26 천장 조명기구 배열이 실의 공간느낌에 미치는 영향

※ 출처 : 건축조명 연구회편, 건축의 조명계획과 배선설비 p.264

ⓐ **진열창(show-window)** : 진열창은 상점의 얼굴이므로 특별한 매력을 지녀야 한다. 특히 상점 앞을 지나는 사람은 불과 3~4초 만에 통과해 버리므로 어떻게 보행자의 주의를 끄느냐가 진열창 조명설계의 포인트가 된다. 아무리 진열을 잘하고 특이한 상품을 진열한다 해도 조명이 나빠 보기 힘들고 고객의 눈에 잘 뜨이지 않으면 소용이 없다. 따라서 일반적으로 상점 내 조도의 2~4배 밝기로 하여 우선 밝기로부터의 차이로 돋보이게 한다.

Ⓐ 주간의 진열창 조명 : 주간에는 밖이 밝기 때문에 그 영상이 유리창 표면에 반사하여 애써 만든 진열이 잘 보이지 않게 된다. 이것을 피하기 위하여 그림 2 - 27처럼 유리창 표면을 경사지게 하는 방법을 사용하던지 아니면 차양을 길게 내미는 방법 등이 채용되기도 하지만 이것만으로는 충분하다고 말할 수 없다.

그 때문에 특히 바깥의 밝기가 유리 표면에서 반사되는 것에 대항해서 상품의 반사율을 고려하고 진열창 내도 밝게 하면 대항할 수 있으므로 진열창 내의 밝기를 진열(display)되는 곳에는 10,000 〔lx〕, 전반은 20,000 〔lx〕 정도를 권장하고 있다.

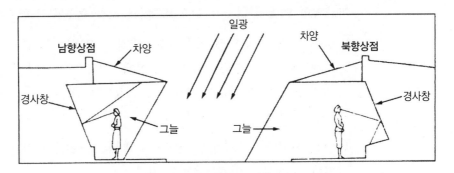

그림 2-27 경사 진열창을 이용한 정반사 방지

※ 출처 : 건축조명연구회편, 건축의 조명계획과 배선설비 p.264

Ⓑ 야간의 진열창 조명 : 상품조명이 밝기의 경쟁이 되었을 때 가장 포인트가 되는 것은 진열창이었지만 이것은 형광램프를 늘리는 것이 1차적이고 2차는 거기에 반사형 투과전구를 병용하는 것이었다. 결국 전반적

인 밝기로부터 디스플레이(display) 조명으로 바뀐 것이다.

진열창의 전반조명을 한층 더 고조도로 하기 위해서는 3차적으로 광원을 마그넷 포인트(magnet point)로 한다. 소위 반투명 유리 또는 플라스틱 국부조명 등기구에 거리의 보행자는 우선 끌리게 되고 그 다음 고객의 눈이 자연스럽게 상품으로 옮겨가게 하는 것이다.

그러나 경쟁에서 수를 많이 하면 상품의 인상을 약화시키게 되고 와트 수를 크게 하면 전력상으로나 기구의 구조상 불합리하게 되므로 자동차의 헤드램프(head lamp)와 같은 구조를 한 빔램프(beam lamp)로 교체한다.

미국에서는 빔램프(beam lamp)나 소형 투광기가 상당히 많이 사용되고 있다. 이와 병용해서 권장하고 싶은 것은 뒷 벽면 조명으로 이것은 디스플레이(display)를 돋보이게 하는 효과가 크다.

또한 광창을 만들어 실루엣(silhouette) 혹은 투과광으로 보여주는 수법도 권장하고 싶은 수법이다. 이와 같은 수법은 단순히 상품을 강하게 나타낼 뿐만 아니라 그 상품 고유의 분위기에 대한 공감성을 만들어 주기도 하기 때문이다.

ⓝ **진열장 조명** : 밝기가 진열장 주변 조도의 2배 이상 되도록 하고 특히 아래쪽이 어둡지 않도록 1/3 정도되는 곳을 목표로 조명한다.

Ⓐ 양복 및 양장 진열장 : 양복이나 양장의 복지는 색채가 많아 반사율이 나쁘므로 밝은 조명이 필요하고 이때 연색성도 고려해야 한다. 또한 수직면 조도가 부족하기 쉬우므로 스포트라이트(spot light)로 보강하는 것이 바람직하다.

Ⓑ 양품 진열장 : 색채가 많으므로 연색성을 고려하고 밝은 전반조명으로 한다. 소창에는 악센트조명을 한다.

Ⓒ 서점 : 충분한 수직면 조도가 필요하며 침착하고 밝은 느낌의 조명을 한다.

ⓒ **진열함 조명** : 진열함은 작은 진열창이라 생각하면 된다. 상점 조도의 3~4배 밝기로 한다.

ⓔ **진열대 조명** : 진열창과 진열함은 상품을 전시하기 위한 것이지만 진열
대는 전시와 동시에 고객이 직접 손으로 선택할 수 있는 것이 다르다는
점에 유의해야 한다.

사진 2-2 Boutique Shop의 천장 다운라이트조명과 벽면조명의 실례

사진 2-3 양화점 진열대 상부 Spot 조명의 실례

사진 2-4 피혁 제품점의 진열함과 진열대 조명의 실례

문 제

[문제 1] 실내조명설계 순서 4단계를 순서대로 쓰시오.

[문제 2] 건축화조명 수법을 스케치하고 설명하시오.

[문제 3] 기존 의상실 실내조명 현황을 스케치하고 건축화조명 수법을 이용하여 재설계하시오.

[문제 4] 기존 레스토랑 실내조명 현황을 스케치하고 건축화조명 수법을 이용하여 재설계하시오.

[문제 5] 기존 당구장 실내조명 현황을 스케치하고 건축화조명 수법을 이용하여 재설계하시오.

[문제 6] 기존 미장원 실내조명 현황을 스케치하고 건축화조명 수법을 이용하여 재설계하시오.

[문제 7] 기존 기차역 대합실 실내조명 현황을 스케치하고 건축화조명 수법을 이용하여 재설계하시오.

[문제 8] 기존 공항 대합실 실내조명 현황을 스케치하고 건축화조명 수법을 이용하여 재설계하시오.

[문제 9] 기존 백화점 진열장, 진열창, 진열대 조명 현황을 스케치하고 건축화조명 수법을 이용하여 재설계하시오.

[문제 10] 주택 조명설계에 대하여 실별로 스케치하고 기술하시오.

[문제 11] 사무실 건축의 조명설계에 대하여 스케치하고 기술하시오.

[문제 12] 상점 건축의 전반조명설계에 대하여 스케치하고 기술하시오.

[문제 13] 다음 용어에 대하여 간단히 설명하시오.
    ① down lighting   ② pendant lighting
    ③ foot light   ④ 3로 스위치
    ⑤ glare zone

제3장 전원설비

3-1 개 요

옥외의 배전선으로부터 수전(受電)하여 조명·동력 기타 설비에 적합한 전압으로 전력을 공급하기 위해서는 변전설비(變電設備)[96]가 필요하고 또한 정전 때의 비상등이나 화재감지기 작동을 위하여서는 축전설비(蓄電設備)[97]를 필요로 한다.

고층 건축이나 대형 건축에서는 소화펌프나 기타 중요한 설비를 위한 자가발전 설비와 전산기나 수술용 전원으로서 무정전 장치의 필요성이 생긴다. 이러한 전기의 사용을 위하여 설치되는 기계, 기구, 전선로 등의 공작물, 발전, 변전, 송배전선 등의 공작물을 총칭하여 전기공작물이라 한다. 이 전기공작물을 대별하면 다음과 같다.

① 전기사업용 전기공작물
② 자가용 전기공작물
③ 일반용 전기공작물

여기에서는 일반 건축물의 대상이 되는 ②, ③번, 특히 ②번의 자가용 전기공작물에 대해서 설명하기로 한다. 자가용 전기공작물과 일반용 전기공작물의 구분은 건물의 용도, 설비 내용 등에서 정해지지는 않지만 일반 사무소나 빌딩 등에서는 전력회사와의 계약 전력이 50 kW를 넘으면 자가용 전기공작물로 된다. 계약 전력이라고 하는 것은 부하설비에 수요율(demand factor)과 부등률(diversity factor)을 고려해서 전력회사와 협의하여 정한다.

---

96) **변전설비**(substation) : 전력회사의 배전선으로부터 수전한 고압 또는 특고압을 건물 내의 전등, 전동기, 전기 기구 등에 공급하기 위해 필요한 저압으로 낮추는 전기설비

97) **축전설비**(storage battery system) : 예비전원으로서 상용전원이 정전했을 때 자가용 발전설비가 기동하여 정격전압을 확보할 때까지 중간 전원으로서 사용된다.

$$수요율 = \frac{최대수요전력}{부하설비용량} \times 100\,\% \quad \cdots\cdots\cdots\cdots\cdots\cdots\cdots (3\text{-}1)$$

$$부등률 = \frac{각\ 부하의\ 최대수용전력의\ 총계}{부하를\ 총합한\ 때의\ 최대수용전력} \times 100\,\% \cdots\cdots (3\text{-}2)$$

이 외에 전력의 사용빈도를 나타내는 것으로 부하율이 있다.

$$부하율 = \frac{평균수용전력}{최대수용전력} \times 100\,\% \quad \cdots\cdots\cdots\cdots\cdots\cdots\cdots (3\text{-}3)$$

3-2 변전설비 (變電設備 : substation)

빌딩이나 공장의 조명, 전열, 동력 등의 부하설비에 전력을 공급하기 위하여서는 각 설비에 적합하게 조절한 전압으로 급전(給電)해야 한다. 그러나 보통 이들 모든 설비의 부하를 합치면 수백 또는 수천 kW까지 되는 경우도 있다.

따라서 여기에 사용되는 전압이 전력회사로부터 직접 공급되는 경우는 드물고 특별고압 또는 고압으로 수전(受電)해서 이것을 변압기로 고압 또는 저압으로 변전한다.

이와 같은 방법으로 전기를 수전하여 변전하는 설비를 전원설비 또는 수변전설비라고 한다. 대도시에서는 약 1,000〔m²〕정도 이상의 건물부터는 초기 계획 단계에서부터 변전실의 위치를 미리 고려해야 한다.

(1) 변전소의 종류

건물의 종류, 규모, 위치에 따라 결정한다. 옥외식과 옥내식, 개방형과 폐쇄형이 있다.

변전소는 옥외식이 옥내식에 비하여

① 자재 건물비가 적게 든다.

② 설비 및 배열이 보기 쉽고 보수가 편리하다.

③ 전기사고가 발생했을 때 그 파급범위를 한정시킬 수 있다.

④ 해안지대나 연기, 부식성 gas가 발생하는 곳은 보수가 힘들므로 주의를 요한다.

(2) 변전실의 위치와 설비

변전실의 위치가 나쁘면 배선비가 증가하고 선로에 여분의 공간이 필요하게 되며 침수 기타 재해 때 송전이 되지 않는다. 일반 건물의 옥내 변전실 위치는 다음과 같은 장소가 좋다.

1 위치

① 부하의 중심에 가까울 것.
② 기기의 반출입에 지장이 없을 것.
③ 외부로부터 송전선의 인입이 손쉬울 것.
④ 지반이 좋고 침수, 기타의 재해가 일어날 염려가 적을 것.
⑤ 주위에 화재, 폭발 등의 위험성이 적을 것.
⑥ 염해, 유독 gas 등의 발생이 적을 것.
⑦ 경제적일 것.

2 설비

① 기기의 발열에 대하여 충분한 환기량을 가질 것.
② 빌딩의 지하층에 설치할 경우 기기가 침수되지 않도록 충분한 배수설비를 한다.
③ 기기에 나쁜 영향을 주는 습기나 먼지가 없도록 한다.
④ 기기의 조작과 보수에 충분한 조명을 한다.
⑤ 보수원이 상주할 경우 냉방시설이 바람직하다.

(3) 변전실의 넓이

변전실의 최소 면적 $[m^2]$ = $3.3 \times$ 설비변압기의 용량 $[kVA]$ ...... (3 - 4)

(4) 변전실의 구조

변전실의 구조는 방화·소음방지를 고려한 철근콘크리트조가 바람직하다.

1 천장높이

① 고압의 경우 보 아래 3.0 m 이상

② 특별고압의 경우 보 아래 4.5 m 이상

2 바닥 하중

$500 \sim 1{,}000 \, \mathrm{kg/m^3}$

3 바닥 두께

$200 \sim 300 \, \mathrm{mm}$

4 완전한 방화구획

5 출입문은 갑종 또는 을종 방화문(건축법 시행령 제64조)

3-3 예비전원설비 (stand by power supply system)

　일반 빌딩이나 공장에서 상용전원이 비상정전이 되었을 경우 조명, 엘리베이터, 급배수, 공기조화기 등의 정지로 인해 각종 재해사고를 일으킬 염려가 있다. 이러한 사고를 사전에 방지하기 위하여 최소한의 보안전력을 확보할 수 있는 예비전원이 필요하다. 소규모의 것은 축전지 설치로 어느 정도 시간은 지탱할 수 있으나 오랜 시간은 어렵다. 또한 대규모로 용량이 큰 것은 비상용 자가발전설비 설치가 요망된다.

　예비전원이 필요한 건물과 장소는 다음과 같다.

① 은행, 사무실, 빌딩 : 전기계산실, 손님대기실, 금고둘레, 현금취급장소, 텔레타이프
② 백화점 : 금전출납기, 매장의 조명, 장식창 조명(진열창, 진열장, 진열대), 냉동설비(슈퍼)
③ 병원 : 수술실 기기 및 조명, 병실, 복도, 주방
④ 대극장 : 복도, 객실, 스피커 회로
⑤ 공장 : 정전에 의하여 생산품의 품질 또는 생산설비에 중대한 영향을 미치는 곳
⑥ 무선수신소 및 중계소, 방송국, 신문사
⑦ 건축주가 희망하는 곳

3-4 자가발전설비 (generator equipment)

(1) 축전지설비(storage battery system)

축전지는 비상등이나 화재경보장치 외에 전화 교환기용 · 전기시계 · 확성장치나 차단기의 제어용 전원으로 사용된다. 전화등의 약전용은 전화교환기실 등 개별로 설치되는 것이 많다. 비상등이나 차단기 투입용은 변전실 부근에 설치된다.

또한 자가발전기의 시동도 전지 또는 압축공기에 의한다. 축전지에는 연 축전지와 알카리 축전지가 있고 정류기에서 교류를 직류로 바꾸어 충전한다. 개방형과 폐쇄형이 있고 개방형은 유산과 증류수의 보충이 필요하므로 바닥이나 벽을 내산성으로 하고 충전시 수소가스를 발생하므로 배기설비가 필요하다.

축전지의 수명은 정격 용량의 80 % 용량으로 감퇴하였을 때를 전지의 수명으로 한다.

1 배치

배치에서 중요한 것은 보수, 점검, 수리를 용이하게 할 수 있어야 한다.

2 구조

① 천장높이는 2 m 이상으로 한다.
② 내진성을 고려한다.
③ 충전 중 수소가스의 발생이 있으므로 배기설비가 필요하다.
④ 개방형 축전지를 사용할 경우 조명기구는 내산성으로 한다.
⑤ 부하에 가깝게 한다.
⑥ 축전지실 내의 배선은 비닐선을 사용한다.
⑦ 실내에는 배수설비를 한다.

(2) 발전기설비(generator system)

발전기실은 상용전원과 절환 조작상 변전실에 인접한 곳에 단독실로 배치시킨다. 오일탱크(oil tank) · 기동용 엔진 컴프레서(engine compressor) · 소음기 등을 배치해야 한다.

　　디젤엔진은 가솔린엔진에 비하여 중량이 크고 진동이 심하므로 기계의 기초는 기관 중량의 5배 정도가 필요하고 지하실에 설치할 경우 건물 기초와 절연시켜야 한다. 엔진 배기가스의 소음은 소음기를 거쳐 실외로 방출한다. 발전기는 100 [kVA] 이상은 고압 3상 3,300 [V]로 하고 저압발전기는 보통 3상 220 [V]로 한다.

1 건축구조

① 엔진 기초는 건물 기초와 관계가 없는 장소로 한다.

② 엔진실의 천장높이는 피스톤 배출높이와 연료탱크 높이를 고려해서 정한다.

③ 중량물의 운반설치가 용이토록 한다.

④ 배기관의 배관 space 및 소음으로 인해 부근에 말썽이 나지 않는 장소를 택한다.

⑤ 냉각수 탱크는 엔진의 펌프 측에 설치한다.

⑥ 실의 구조는 내화구조로 하고 출입문은 밖으로 열리게 한다.

2 위치와 넓이

　　건물 내에 설치되는 디젤엔진은 지하실에 설치되는 경우가 많고 이러한 경우는 방수 및 배수에 충분한 고려가 필요하다.

① 넓이 $S > 1.7 \sqrt{P}$ [m²], 추천치 $S > 3 \sqrt{P}$ [m²] …… (3-5)

　　여기서 S : 발전기실의 필요 면적 [m²]
　　　　　P : 마력 [PS]

② 높이 $H = (8{\sim}17)D + (4{\sim}8)D$ ……………………………… (3-6)

　　여기서 D : 실린더 지름

문 제

[문제 1] 변전설비에 대하여 기술하시오.

[문제 2] 옥내외 변전소를 비교해서 기술하시오.

[문제 3] 변압기 용량이 2,000 kVA일 때 변전실의 면적을 산출하시오.

[문제 4] 예비전원설비에 대하여 기술하시오.

[문제 5] 예비전원이 필요한 건물과 장소에 대하여 기술하시오.

[문제 6] 자가발전설비에 대하여 기술하시오.

[문제 7] 발전기가 3,000마력일 때 발전기실의 넓이를 산출하시오.

[문제 8] 다음 용어에 대하여 간단히 설명하시오.

① substation

② storage battery system

③ demand factor

④ diversity factor

⑤ 갑종방화문, 을종방화문

제4장 배전과 배선

4-1 배선설계의 원칙

전력을 발생하는 것을 **발전(發電)**이라 하고 이것을 수송하는 것을 **송전(送電)**, 수요지에서 분배하는 것을 **배전(配電)**이라고 한다. 전기설비의 배선(配線)은 그 목적에 따라 전등 등의 부하에 전력을 공급하는 **전원배선**과 단말[98]에 정보를 전송하는 **정보전송배선**, 즉 통신·신호 등 2종류로 크게 나눌 수 있다.

후자는 전압·전류의 변화, 주파수의 고저·조합 등에 의한 정보를 전송한다. 따라서 전력으로서는 비교적 작다. 여기에 비하여 전자는 전력이 크므로 감전·누전에 의한 사고발생의 기회가 크다. 그래서 전력을 공급하는 배전에는 안전을 위한 법적인 규제가 따른다. 여기서는 주로 전력을 공급하는 배선에 대해서 설명하기로 한다.

4-1-1 전선 (electric wire)

1 절연전선 (insulated wire)

전선이라 하는 것은 강전류 전기의 전송을 목적으로 하는 전기도체를 절연물로 피복한 전기도체 또는 절연물로 피복한 위를 다시 보호피복을 한 도체 등을 말하며 절연전선의 종류는 다음과 같다.

① 특별고압 절연전선(사용전압 25,000〔V〕이하)

② 고압 절연전선

③ 600〔V〕비닐 절연전선

④ 600〔V〕폴리에틸렌 절연전선

---

98) 단말(remote location equipment) : 중앙관제방식에 있어서 기기나 장치가 있는 현지에서 정보를 검출하여 신호를 중앙으로 송출하고 또한 중앙으로부터의 신호를 받아 조작하는 부분의 총칭

⑤ 600 〔V〕 불소수지 절연전선

⑥ 600 〔V〕 고무 절연전선

⑦ 옥외용 비닐 절연전선

⑧ 인입용 비닐 절연전선

⑨ 인하용 절연전선

⑩ 형광등 전선

⑪ 네온 전선

2 코드 (cord)

실내에서 전등을 매달 때나 소형기구를 사용하자면 코드를 사용해야 한다.

전기용품에 관한 법률의 적용을 받는 코드류는 정격전압이 100 V 이상 600 V 이하, 공칭단면적 100 〔mm²〕 이하의 것에 한한다. 일반적으로 사용하는 코드류는 고무코드, 비닐코드, 고무캡타이어코드, 비닐캡타이어코드, 전열기용코드 등이 있으며 코드의 굵기는 단면적이 0.75 〔mm²〕 이상이어야 한다.

3 캡타이어 케이블 (cabtyre cable)

주로 광산, 공장, 농장, 수중조명 등에서 사용되는 이동용 전기기기 및 이와 유사한 용도에 사용되는 것으로서 하나 내지 여러 개의 심선을 합성고무나 염화비닐 등으로 피복한 케이블로 내마모성, 내굴곡성이 크며 내수성이 있다.

4 저압 케이블

사용전압이 저압전로의 전선에 사용하는 케이블에는 전기용품에 관한 법률의 적용을 받는 것을 제외하고는 고시하는 규격에 적합한 것을 사용하여야 한다.

5 고압 케이블 및 특별고압 케이블

사용전압이 고압 또는 특별고압 전로의 전선에 사용하는 케이블에는 고시하는 규격에 적합할 것을 사용하여야 한다.

4-1-2 전선 굵기의 결정

전선·케이블에는 종별이 많지만 그 종별의 선정은 사용전압·설치 장소 등에 의해 규정되고 있다.

1 허용전류 (allowable ampacity)

전선에 전류를 통하면 전류의 제곱에 비례하는 줄(joule)의 열이 발생한다. 발생한 열은 전도·대류·방사 등으로 방열되는 데 발생한 열과 방열한 열의 차이만큼 온도가 상승한다. 그러므로 전선에 흐르는 전류가 어느 한도를 넘으면 열로 인하여 절연물이 손상되고 때로는 화재의 원인이 되므로 이를 방지하기 위하여 절연전선 또는 코드의 종별, 굵기 및 공사방법에 따라 절연물의 손상 없이 안전하게 흐를 수 있는 최대 전류의 값을 허용전류라 한다.

그리고 전선에 전류가 흐르면 열이 발생하므로 이 열이 어느 한도 이상에 이르면 고무전선 등의 절연력은 약해진다. 그 한도의 전류 용량은 전선의 굵기에 따라 정해져 있다. 보통 허용 한도는 면선 65 ℃, 비닐선 60 ℃로 하고 있다.

2 전압강하 (voltage drop)

전원에서 부하에 다다르는 배선간에 소비된 전압의 양을 전압강하라 한다. 배선에 전압만 늘릴 경우 전류는 흐르지 않지만 부하가 접속되면 전류가 흐르고 옴(ohm)법칙에 의해 송전단(送電端)과 부하의 수전단(受電端)에서는 전압이 다르다.

이를테면 전동기를 운전하면 변압기의 2차 측에서 200 V였던 것이 전동기의 단자에서는 190 V로 떨어져 있다. 이때 전압의 차 10 V를 전압강하라고 한다. 전압강하는 **배선의 길이에 비례하고 전선의 굵기에 반비례**한다.

전압강하가 커지면 전구의 광속은 줄고 형광등의 경우에는 점등이 안 되는 수도 있다. 또한 전동기의 회전력이 저하하는 등 운전에 지장을 초래하기도 한다. 따라서 전압강하가 커지지 않도록 적절한 전선의 굵기를 선택해야 한다.

그러나 무턱대고 굵은 전선을 사용한다는 것은 배선비가 증대하게 되므로 일반적으로는 간선 및 분기회로에서의 전압강하는 각각 수전전압의 2 %로 제한하고 있다. 이를테면 100 V 회로의 경우 전압강하는 2 V까지 허용된다.

3 기계적 강도 (magnetic stress)

전선의 굵기는 최대 직경 12 mm, 최소 0.1 mm로 42계급으로 나누고 있다. 전선에는 그 심선(core wire)의 구성에 따라 **단선**[99]과 **꼰선**이 있다. 단선은 1본의 전선으로 된 것이며 직경으로 표시한다. 꼰선은 단선을 꼬아서 합친 것으로 공칭단면적

---

99) 단선(solid wire) : 1개의 도체로 만들어진 전선(1.6 mm, 2.0 mm 등)

을 mm^2로 부르고 최대 $1,000\ mm^2$, 최소 $0.9\ mm^2$이다.

단선의 기계적 강도는 꼰선보다 우수하지만 굵어지면 유연성이 떨어지고 다루기가 어려우며 꼰선은 연하고 다루기가 쉽지만 심선이 가늘기 때문에 기계적 강도는 못하다. 옥내배선에서는 시공장소 시공방법에 따라 기계적 강도와 시공성과를 총합적으로 검토해서 결정할 필요가 있지만 일반적으로 단선은 $1.6\sim3.2\ mm$, 꼰선은 $5.5\ mm^2$ 이상으로 금속관 공사의 경우는 가능하면 꼰선 쪽이 바람직하다.

4-1-3 전로(電路)의 절연(絕緣)과 접지(接地)

통상의 사용상태에서 전기가 통하고 있는 회로를 전로라 칭하지만 이 전로를 대지에서 절연하는 것은 전기공작물의 중요한 원칙이다. 전로가 충분히 절연되어 있지 않으면 새는 전류에 의한 화재나 감전의 위험성이 있고 또한 전력손실이 증가하는 등 각종 장해를 일으키게 된다.

그러나 전선과 기기의 절연이 깨어지고 고압 측과 저압 측이 혼촉하면 고압이 직접 옥내배선에 침입하여 전등과 전기기기를 태워 손상을 입힐 뿐만 아니라 감전이나 화재를 동반할 수도 있다. 또한 전동기나 전기세탁기 등의 내부절연이 저하하면 외부에 접촉하여도 감전한다. 그 때문에 필요개소를 전기설비기준에 관한 규칙 제15조에 따라 접지(earth, grounding) 하도록 규정하고 있다.

4-1-4 보호

전기설비계통에는 여러 가지 원인에 따라 이상전류 이를테면 과부하 전류·단락전류 또는 위험한 지락(地絡)전류가 흐르기도 하고 낙뢰에 의한 전압 차단기의 개폐서치(일종의 송전로선에 발생하는 위험전압)에 의한 이상전압이 첨가될 수 있다.

이러한 이상전류나 전압은 보호장치로 차단하지 않으면 안 된다. 저압전기배선의 보호에는 과전류 보호기에 의한 과전류 보호, 지락보호기 또는 누전차단기 등에 의한 지락보호가 있다.

1 과전류 보호 (overcurrent protection)

옥내배선에서 과전류는 과부하 전류(보통 상용전류의 6배 이하)와 단락전류(보통 상용전류의 10배 이상)가 있다. 과부하 전류는 회로의 용량 이상으로 부하를 접속한다던가 동력의 경우 정격 이상의 부하가 걸릴 경우에 일어난다. 단락전류는 과실이나 사고에 따라 부하의 단자 사이가 단락될 경우에 일어난다.

일반적으로 현장에서 쇼트(short)라고 부르는 것은 바로 이 단락을 말한다. 이상의 과전류에 대한 전원 및 기계기구를 보호하기 위하여 적당한 과전류 보호장치를 배선의 필요한 장소에 설치할 필요가 있다.

즉, 간선으로부터 분기회로에 접속할 경우와 같이 전선의 굵기가 서로 다른 부분에는 가는 쪽의 전선을 보호할 과전류 보호장치가 필요한지 검토하지 않으면 안된다. 과전류 보호장치에는 퓨즈(fuse), 배선용 차단기 등이 있다.

❷ 지락보호 (ground fault protection)

배선에서 1선단선, 배선의 절연저하 기타 이유로 접지사고가 일어났을 경우 그 회로를 차단 또는 검지하는 것을 지락보호라 한다. 지락전류에 의한 장해는 다음과 같다.

① 대지(對地) 전압의 상승에 의한 인체 감전사고
② 상기와 같은 이유로 발열에 의한 화재
③ 전기 고장·장해

지락보호는 저압회로에서는 누전차단기[100])가 주로 이용되고 고압배선에서는 지락절전기에 의한 경우가 많다.

4-2 옥내배선

4-2-1 전기방식

옥내배선에 사용되고 있는 일반적인 전기방식은 다음과 같다.

❶ 100V 단상 2선식(100V 1 φ 2L)

과거에는 전등·전기기기 등이 일반적으로 100 V용이 많았기 때문에 여기에 공급하는 방식도 100 V 단상 2선식을 사용하는 일이 많았다. 주택 등 부하가 작은 수용가에서는 전력회사의 배선으로부터 100 V 단상 2선식으로 인입하여 그대로 같은 방식으로 전등·콘센트 등에 배전한다.

---

100) 누전차단기(earth leakage circuit breaker)

그러나 건물이 커지면 부하가 커지게 되고 배선의 길이가 길어지게 되므로 건물 전체를 100 V 단상 2선식으로 배선한다는 것은 비경제적이다. 따라서 분전반으로부터 분지하여 전등·콘센트의 배선은 100 V 단상 2선식을 쓰고 인입구에서 분전반까지의 간선은 다른 방식을 채용하는 일이 많다. 100 V 단상 2선식이 주로 많이 사용되는 것은 다음과 같다.

① 일반 전등이나 형광등·수은등
② 선풍기·전기세탁기·전기냉장고·TV·전자레인지 등의 가정용 전기기기 (가전제품)
③ 소형 단상 전동기
④ 소형 뢴트겐(Röntgen)

❷ 200V 단상 2선식(200V 1 ϕ 2L)

200 V 단상 2선식이 주로 많이 사용되는 것은 다음과 같으며 이 방식은 대지전압 (對地電壓)[101]이 150 V를 넘기 때문에 일반주택에는 적합하지 못하다.

① 40 W 이상의 고출력 형광등·수은등
② 0.75 kW 이하의 단상전동기·룸쿨러
③ 공업용 전열기
④ 대형 뢴트겐(Röntgen) 장치
⑤ 전기용접기
⑥ 공업용 적외선 가열장치(예 : 자동차 도색 건조작업)

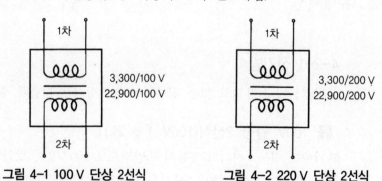

그림 4-1 100 V 단상 2선식   그림 4-2 220 V 단상 2선식

---

101) voltage to ground : 전로의 전선과 대지 사이의 전압

❸ 100/200 V 단상 3선식(100/200 V 1 φ 3L)

100 V용의 전등 또는 콘센트와 200 V용의 대형 전열기나 40 W 형광램프 등의 전원을 같은 회로에서 취할 수 있는 방식이다. 100 V의 부하는 그림 4 - 3처럼 중앙의 선과 외측의 선 사이에 접속한다.

양방의 부하에 흐르는 전류가 중앙의 선을 통할 때 흐르는 방향이 반대이기 때문에 부하가 같을 경우는 중앙의 선에 완전히 전류가 흐르지 않고 양측의 부하 용량이 서로 다를 경우는 그 차만의 전류가 흐른다. 따라서 이 방식으로는 양측의 부하 용량은 가능하면 같아지도록 배분한다.

이 방식은 100 V 단상 2선식에 비하여 전선의 본 수는 많아지지만 가는 전선으로 완료했으므로 전등 간선으로서 사용하는 일이 많으며 비교적 전선 재료비가 싸다. 100/200 V 단상 3선식이 주로 많이 사용되는 것은 다음과 같다.

① 3 kW를 초과하는 일반 전등
② 40 W 이상의 형광등
③ 0.75 kW 이하의 단상전동기
④ 전선 수는 많지만 가는 전선이면 되므로 중·대규모 빌딩의 간선으로 사용
⑤ 단상 2선식 200 V와 동일하게 사용할 수 있다.

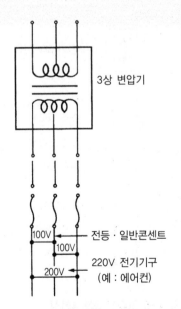

그림 4-3 110V/220V 단상 3선식

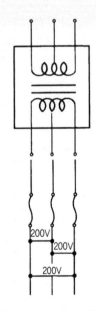

그림 4-4 220V 3상 3선식

❹ 200 V 3상 3선식(200 V 3 ø 3L)

일반적으로 공장의 동력용이나 전열용으로 쓰이고 특히 0.4~37 kW 정도의 3상 유도기, 5 kW 이상의 전열기나 용접기 등의 일반 전동기에 공급하는 방식이다. 이 경우 간선도 같은 방식을 쓴다. 200 V 3상 3선식이 주로 많이 사용되는 것은 다음 과 같다.

① 일반 전동기
② 공업용 전열기, 정류기
③ 용접기
④ 일반 동력용으로 사용(3상 전동기)

❺ 380 V 3상 4선식(380 V 3 ø 4L)

이른바 400 V 배선이라 한다. 전력용 배선은 이 방식으로 공용이 가능하며 경제 적인 이점이 있다. 이 방식은 전등 · 전동기 양방에 전력을 공급할 수 있으므로 초 고층 건축물이나 대규모 공장 등에 사용되는 일이 있다.

① 대형 업무용
② 섬유 공업용

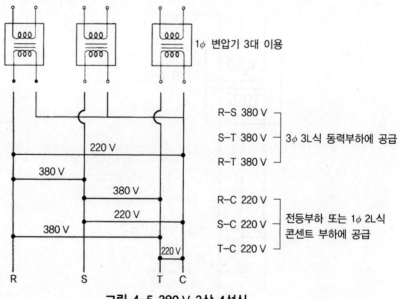

그림 4-5 380 V 3상 4선식

6 옥내배선의 설계 순서

① **부하 결정** : 전열기, 전동기 등의 큰 기계기구와 전등 및 소형 전기기구, 배전반, 분전반 위치

② **전기방식 선정** : 앞의 **1**~**5**의 내용을 검토

③ **공사방법 선정** : 건물의 종류 및 용도와 보수, 내구성, 증설 및 변경의 빈도 등을 검토

④ **분기회로 설계** : 15 A 분기회로, 20 A 분기회로, 30 A 분기회로, 50 A 분기회로, 개별 분기회로 등

⑤ **간선 설계** : 인입구에서 분전반까지의 배선을 말한다.

⑥ **기구 및 재료 선정** : 사용목적, 시설장소, 사용빈도, 시공방법 등에 적합한 것을 선정한다.

⑦ 인입구 및 인입선 설계

⑧ 배선도 작성

⑨ 설계도 작성

⑩ 재료명세서 작성 및 공사비 산출

7 배선도를 그리는 목적

① 필요한 재료 산출 및 공사비 내역서 산정에 필요하다.

② 전기공사 시공에 사용한다.

③ 배선의 신설 및 검사에 도움이 된다.

④ 정기적 검사와 개보수 공사 시에 필요하다.

⑤ 화재발생 시에 전기가 원인인지 유무 판별 시에 사용한다.

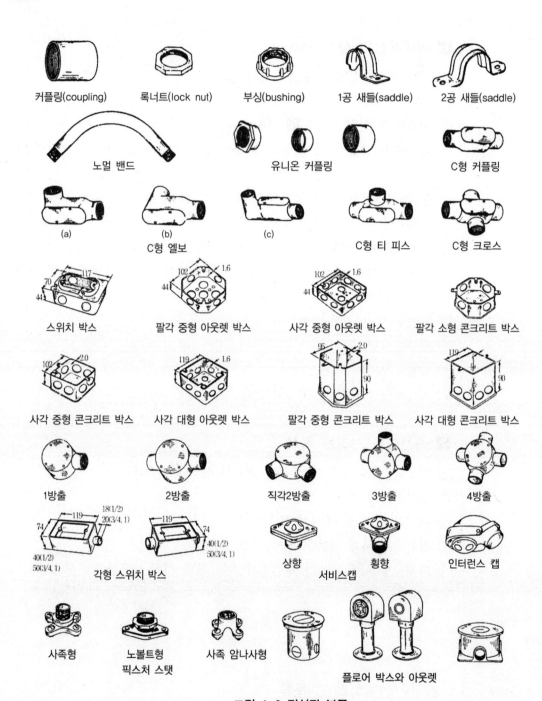

커플링(coupling) 록너트(lock nut) 부싱(bushing) 1공 새들(saddle) 2공 새들(saddle)

노멀 밴드 유니온 커플링 C형 커플링

(a) (b) (c)
C형 엘보 C형 티 피스 C형 크로스

스위치 박스 팔각 중형 아웃렛 박스 사각 중형 아웃렛 박스 팔각 소형 콘크리트 박스

사각 중형 콘크리트 박스 사각 대형 아웃렛 박스 팔각 중형 콘크리트 박스 사각 대형 콘크리트 박스

1방출 2방출 직각2방출 3방출 4방출

각형 스위치 박스 상향 횡향 인터런스 캡
서비스캡

사족형 노볼트형 사족 암나사형 플로어 박스와 아웃렛
픽스처 스탯

그림 4-6 전선관 부품

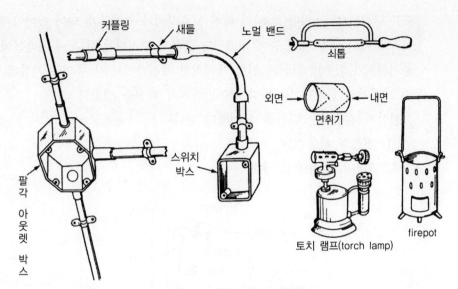

그림 4-7 합성수지 노출배관

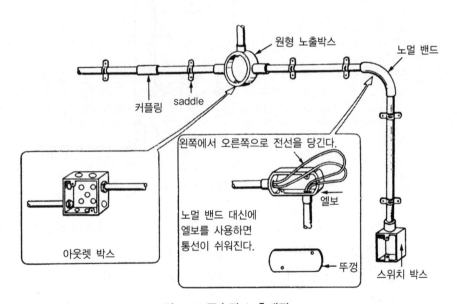

그림 4-8 금속관 노출배관

4-2-2 간선계획과 그 종류

☑ 간선(幹線 : main line)

간선이란 배전반에서 각 층 분전반 또는 동력제어반 사이의 배선을 말하며 건축 전기설비에서 인체의 동맥에 상당하는 부분이다(그림 4-9). 따라서 과부하(過負

荷)·단락(短絡)·지락(地絡)에 대한 보호장치가 적절하게 되어 있어야 할 뿐만 아니라 화재나 각종 재해 등에 대해서도 충분히 고려해야 한다. 옥내배선에는 간선과 분기회로가 있으며 간선은 인입 개폐기인 배전반에서 각 층의 분기점에 설치된 분기 개폐기인 분전반 및 동력 제어반까지의 배선을 말한다.

간선의 결정에는 다음을 고려해야 한다.

① 전선의 허용전류

② 전선의 허용전압 강하

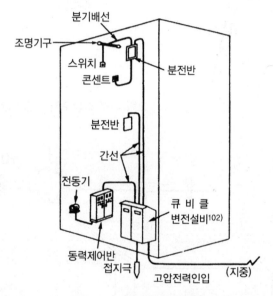

그림 4-9 옥내계통 배선도

①의 경우 주위온도의 영향, 전선관 등에 다수 수납하여 배선하는 경우의 영향을 고려하고 ②의 경우 회로의 공칭전압값의 2 % 정도를 고려한다. 또한 장래의 증설 및 변경을 고려하여 다소간의 여유를 둘 필요가 있으며 수요율을 고려하여야 할 것이다.

❷ 간선의 종류

분전반이 2개소 이상 있는 곳에서의 간선 배선방식은 그림 4 - 10과 같이 한다. 그림 4 - 10의 (a)에서 (e)까지는 배전반이 1개소에 있는 경우이고 (f)와 (g)는 배전

---

102) **큐비클변전설비**(cubicle incoming installation) : 금속제의 바깥상자에 변압기, 개폐기, 배전반 등의 자가변전설비 1조를 넣은 것.

반이 2개소에 있는 경우이다. (a), (b)는 각 층마다 수요전력이 비교적 클 경우이거나 건물이 관리상 각 층별로 구분되어 있을 경우에 사용된다.

특히 (a)의 경우는 큰 용량의 부하 또는 분산되어 있는 부하에 대하여 단독회선으로 배선한 것이다. 배전반으로부터 각 분전반까지 단독으로 배선되므로 전압강하가 평균화되고 사고의 경우 사고 파급범위가 좁아진다. 그러나 배선이 혼잡하여 설비비가 많아진다. 따라서 대규모 건물에 적합하다.

(c), (d)는 각 층마다의 부하가 작을 경우에 사용되고 다수의 층을 합침에 따라 간선의 회선 수를 줄일 수가 있다. (a)부터 (d)까지는 통상 단상 3선식 100/300 V 및 3상 3선식 200 V에 사용되고 있다. (e), (f)는 대용량 간선 1회선만으로서 사용 동량(銅量)과 샤프트(shaft)의 점유면적 등의 감소를 예측한 것이다. (e)의 경우에는 간선 사고가 건물 내의 모든 부하에 영향을 미치므로 간선 자체의 신뢰도를 높이지 않으면 안 된다.

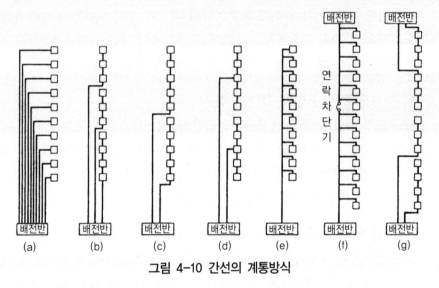

그림 4-10 간선의 계통방식

(f)의 경우는 2개소의 배전반에서 급전(給電)되고 있으므로 상·하의 간선에 사고가 일어나도 건물의 반틈은 지장 없이 급전될 수 있고 연락차단기에 의해 전체의 부하에 급전하는 것도 가능하다. (g)의 경우는 1간선에 사고가 있어도 다른 3간선에는 급전할 수 있다. 이상의 각 계통은 기본형이므로 실제로는 건물의 성격에 따라 변형하여 최적의 계통을 설계해야 할 것이다.

❸ 분전반(分電盤 : panel board)

분전반은 배전반(switch board)으로부터의 각 간선에서 소요의 부하에 배선을 분기(分岐)하는 개소에 설치하는 것으로 배전반의 일종이며 여러 가지 형식이 있다. 분전반은 주개폐기, 분기회로용 분기개폐기나 자동차단기를 모아서 설치한 것이다. 분전반은 강판제 캐비닛제가 많이 사용되며 주개폐기나 각 분기회로용 개폐기는 나이프스위치(knife switch)나 노퓨즈 브레이커(no fuse breaker)가 사용된다.

큰 규모의 건물에서는 분기회로의 전선과 전선관의 치수가 크면 공사가 매우 힘들고 때로는 공사가 불가능한 경우도 있다. 그러므로 분전반의 수를 많이 하고 분기회로의 길이를 짧게 하는 것이 사고 범위를 축소시키고 공사를 유리하게 할 수 있다. 보통은 1개의 분전반에 넣을 수 있는 분기개폐기의 수는 예비회로를 포함하여 40회로, 예비회로는 당초 사용회로의 30 % 정도로 한다.

일반적으로 한층에 분전반을 적어도 1개씩 설치하고 될 수 있으면 분기회로의 길이를 30 m 이하가 되도록 분전반의 위치를 선정하는 것이 바람직하다. 또한 분전반은 보수나 조작이 편리하도록 복도나 계단 부근의 벽에 설치하는 것이 바람직하다. 분전반의 위치를 결정할 때 유의사항은 다음과 같다.

1) 부하의 중심에 가까울 것

소규모 건물의 경우 분전반의 위치는 배선 경제상 그다지 영향이 없으므로 시공 상 지장이 없지만 분전반을 3면 이상 필요로 하는 규모의 건물이면 간선의 길이 · 분기회로의 길이 등 경제성을 총합적으로 검토할 필요가 있다. 표준은 600~800 m^{2}에 1면으로 한다.

2) 파이프샤프트(pipe shaft)에 가까운 곳

고층건물의 경우는 파이프샤프트가 설치되어 있으므로 간선은 이 샤프트 내를 입상하여 각 층에서 횡선을 되도록이면 짧게 한다.

3) 조작이 안전하고 편리할 것

분전반의 조작은 일반인이 하는 경우가 많으므로 감전의 우려가 없도록 안전한 것으로 하고 또한 비상 시에는 신속하게 조작할 수 있도록 열쇠의 잠금을 실내에 설치하지 않도록 한다. 이를테면 주택은 부엌 출입구 부근이나 현관 홀 부근으로 하고 사무실은 출입구에 가까운 복도나 홀 등의 벽면에 설치한다.

4) 기타

분기회로 수가 많아지면 분기회로의 배관이 집중해서 분전반과 맞추기가 어려워진다. 따라서 분기회로의 수는 40회로 정도를 표준으로 생각하고 그 이상의 경우는 분전반 외부 박스의 크기에 유의한다. 철근콘크리트 건조물에 파이프샤프트가 없을 경우 보를 조금 이동함으로써 간선의 입상부분 시공이 아주 용이하게 될 수도 있다.

4 분기회로(分岐回路 : branch circuit)

저압 옥내 간선으로부터 분기하여 전기 기기에 이르는 저압 옥내 전로가 분기회로이며 분전반으로부터의 전선도 물론 분기회로에 해당한다. 전기 기기를 안전하게 사용하고 또한 고장이 났을 경우 파급되는 범위를 될 수 있는 대로 좁혀서 신속한 복귀를 하기 위하여 모든 부하는 분기회로에서 사용되어야 한다. 분기회로의 공사에 대해서는 공규 제1조 및 제2조에 정해져 있으며 중요한 항목을 들면 다음과 같다.

① 1개의 정격전류가 50〔A〕를 초과하는 전기 기기에 이르는 전로는 그 이외의 부하를 접속하지 않는다.

② ① 이외의 경우는 그 전로에 부하를 접속하여도 좋으나 정격전류의 합계는 다음과 같이 되어 있다.

    ㉠ 백열전구의 전구용 출구 및 정격전류가 30〔A〕미만의 콘센트가 없는 전로 에서는 50〔A〕

    ㉡ 백열전구의 전구용 출구 및 정격전류가 20〔A〕미만의 콘센트가 없는 전로 에서는 30〔A〕

    ㉢ 기타의 전로에서는 15〔A〕

③ 저압 간선의 분기점으로부터 전원의 길이가 1.5 m 이하의 개소에 개폐기 및 자동차단기를 설치한다.

④ ③의 자동차단기에는 다음에 정해진 값 이하의 정격전류의 것을 사용할 것.

    ㉠ 1개의 백열전구 전구용 출구에 이르는 전로에서 그 분기점으로부터 길이가 1.5 m 이하의 경우에는 지름 2 mm의 연동선 또는 이와 동등 이상의 세기 및 굵기의 전선을 사용할 경우에는 50〔A〕

    ㉡ 저압 옥내 전로의 전선에 지름 1.6 mm의 연동선 또는 이것과 동등 이상의 세기 및 굵기의 전선을 사용하는 경우에는 20〔A〕

ⓒ 기타의 경우는 15〔A〕와 그 전로의 최소 굵기의 전선의 허용전류 값 중에
서 큰 값

⑤ ①의 개폐기 및 자동차단기는 각 극에 설치하여야 한다. 또한 분기회로를
나누기 위하여서는 다음 사항을 고려하여야 한다.

ⓐ 같은 스위치로 점멸되는 전등은 같은 회로로 한다.

ⓑ 같은 방, 같은 방향의 출구는 될 수 있는 대로 같은 회로로 한다.

ⓒ 복도, 계단 등은 될 수 있는 대로 같은 회로로 한다.

ⓓ 습기가 있는 장소의 출구는 될 수 있는 대로 별도의 회로로 한다.

ⓔ 건물의 평면계획과 구조를 고려하여 배선하기 쉽도록 회로를 나눈다.

ⓕ 각 분기회로는 부하의 균형을 좋게 한다.

5 전등부하

전등부하에는 조명부하와 콘센트부하가 있다. 조명부하는 조명방식에 따라 크게
다르다. 이를테면 같은 200〔lx〕에서도 사무소 건물의 형광등 기구에 의한 경우와
호텔의 백열등 기구에 의한 경우는 광원의 효율 외에도 조명기구의 효율도 호텔
쪽이 훨씬 좋지 않을 것으로 생각되어 조명부하로서는 큰 차이를 일으킨다. 또한
같은 사무실에서 광원이 같다면 조도와 조명부하는 비례할 것으로 생각되지만 반
드시 그렇지만은 않다. 이를테면 500〔lx〕 정도까지는 문제가 없지만 1,000〔lx〕 가
까이 되면 눈부심(glare) 등의 문제가 생겨서 조명기구에 덮개를 설치하던지 조명
기구의 효율을 줄여서 조명의 질을 중시하여 500〔lx〕를 1,000〔lx〕로 하기 위하여
조명부하가 3배 이상으로 되는 경우도 있다. 이와 같이 조명부하는 복잡하다.

콘센트(receptacle, plug socket)에는 불특정의 것에 사용하는 일반 콘센트와 사
무기기 등 용량이 큰 것에 사용하는 전용 콘센트가 있다. 건물의 종류에 따라 콘센
트의 설치 개수 및 그 수요율이 크게 다르기 때문에 콘센트 부하도 마찬가지로 건
물의 종류에 따라 크게 다르다. 전등부하의 밀도는 사무소 건물에서는 약 30 W/m²,
호텔에서는 연회장 시설일 경우 약 40 W/m², 상점 건축에서는 30~80 W/m² 정도
이다.

6 스위치 설치의 유의사항

① 설치높이는 바닥위 1.2 m 전후로 한다.

② 평상시 실내에 거주할 경우에는 실내 측에 설치한다. 창고, 변소 등 평상시

거주하는 곳이 아니면 실외 측에 설치한다.

③ 입구 측에 설치할 경우에는 문이 열리는 방향을 고려한다. 문 뒤쪽에 설치하지 않도록 한다. 즉, 문의 실린더 측에 설치하면 된다.

④ 사무실의 경우 장래 칸막이의 변경을 예상하여 한곳에 집중적으로 설치하지 말고 span 1개마다 나누어서 설치하도록 한다.

⑦ 콘센트 설치의 유의사항

① 설치높이는 바닥위 0.3 m 전후로 한다.

② 출입문이나 가구, 기계 등의 뒷면에 가지 않도록 유의한다.

③ 사용목적에 부합한 것을 사용한다.(예 : 1~3P, 10 A, 15 A, 20 A 등)

④ 엘리베이터 홀이나 복도 등에 청소용 콘센트를 20~30 m 간격으로 설치한다.

⑤ 간이주방에는 전기곤로용 20 A 콘센트를 설치한다.

⑥ 욕실에는 전기면도기용 방습형 콘센트를 거울 밑에 설치한다.

⑦ 기둥에 설치해야 할 때는 칸막이 벽에 가려지지 않도록 설치한다.

⑧ 일반 사무실인 경우 사무용 기기 사용이 편리하도록 1span(6 m × 6 m)당 2~4개를 설치한다.

매입 스위치	노출 텀블러 스위치	연용 텀블러 스위치
풀스위치	매입 텀블러 플레이트	매입 텀블러 스위치용 연결 플레이트(3P)

그림 4-11 스위치

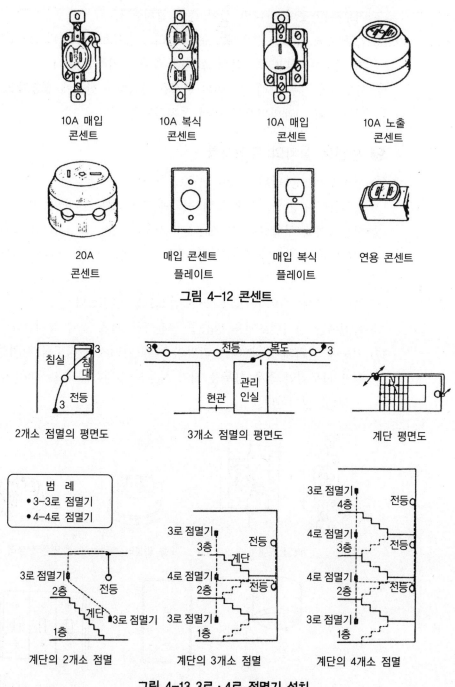

10A 매입 콘센트	10A 복식 콘센트	10A 매입 콘센트	10A 노출 콘센트
20A 콘센트	매입 콘센트 플레이트	매입 복식 플레이트	연용 콘센트

그림 4-12 콘센트

2개소 점멸의 평면도 3개소 점멸의 평면도 계단 평면도

범 례
• 3-3로 점멸기
• 4-4로 점멸기

계단의 2개소 점멸 계단의 3개소 점멸 계단의 4개소 점멸

그림 4-13 3로 · 4로 점멸기 설치

문 제

[문제 1] 전기방식에 대하여 스케치하면서 기술하시오.

[문제 2] 옥내배선설계 순서에 대하여 기술하시오.

[문제 3] 옥내배선 계통도를 스케치하고 설명하시오.

[문제 4] 간선의 계통방식을 스케치하고 설명하시오.

[문제 5] 분전반 위치 결정에 대하여 기술하시오.

[문제 6] 분기회로에 대하여 기술하시오.

[문제 7] 스위치 설치 시 유의사항에 대하여 기술하시오.

[문제 8] 콘센트 설치 시 유의사항에 대하여 기술하시오.

[문제 9] 백화점 건물에 가장 적합한 전기배선 공사방법은?

[문제 10] 다음 용어에 대하여 간단히 설명하시오.

    ① remote location equipment

    ② 허용전류

    ③ 전압강하

    ④ 기계적 강도

    ⑤ 과전류 보호와 지락보호

    ⑥ 3로 스위치

제5장 방재 전기설비

5-1 개 요

건축물의 재해에는 화재(火災)·수해(水害)·지진(地震)·뇌해(雷害) 등 여러 가지가 있다. 이러한 것 중 화재에 의한 재해가 현저히 많으며 인사 사고도 많다. 무서운 화재로부터 귀중한 인명과 재산을 보호한다는 것은 대단히 중요한 일이다.

아무리 인간이 주의를 기울여도 화재를 미연에 방지하는 데는 한계가 있기 때문에 인간의 눈과 귀를 대신하여 인명과 재산을 보호해 주는 방재 전기설비를 건축물에 설치함으로써 우리는 안심할 수 있게 되었다.

건축법에는 화재를 방지하고 인명의 안전을 보호하기 위하여 방재·피난에 관한 많은 규정을 만들어 놓고 있다. 소방법에서도 이러한 재해에 대하여 예방, 경계, 피난, 진압을 하기 위한 많은 규정을 만들어 놓고 있다. 이들에 대한 구체적인 설계 및 시설기준은 법령과 시행세칙 등으로 다음과 같은 것이 규정되어 있다.

① 자동화재 통보설비
② 전기화재 경보기
③ 소방서에 통보하는 화재 경보설비
④ 비상 경보설비 또는 기구
⑤ 유도등 및 표식등
⑥ 비상용 콘센트설비

5-2 자동화재 통보설비(automatic fire alarm system)

자동화재 통보설비는 건물 내의 화재 초기 단계에서 발생한 열 또는 연기를 발견하고 벨·사이렌 등의 음향장치에 의해 건물 내의 관계자에게 알려주는 설비로서 감지 → 통보 → 소화의 기능 순으로 구성되어 있다.

(1) 자동화재 통보설비의 구성

화재에 의해 발생한 열 또는 연기 등을 감지하는 감지기와 발생장소를 명시하는 수신기 · 발신기 · 음향장치 · 표시등 등으로 구성되어 있다.

■ 수신기(fire alarm control panel)

늘 사람이 있는 장소에 설치하여 수신기는 감지기 또는 발신기로부터 화재 발생 신호를 수신하여 화재 발생을 당해 건물의 관계자에게 램프 표시 및 음향장치 등으로 알려주는 것으로 발신을 중계기의 고유신호로 수신하는 R형과 공통신호로 수신하는 P형이 있지만 일반적으로 사용되는 것은 P형이다.

P형 수신기는 감지기 또는 발신기로부터 발하여지는 신호 또는 중계기를 통하여 송신되는 신호를 수신하여 화재발생을 당해 소방대상물의 관계자에게 통보하는 것으로 각 경계구역별로 1회선으로 되어 있으며 기능에 따라 1급과 2급으로 나누어져 있다. P형 2급은 1급의 간이형이며 5회선까지의 소형의 것에 한하고 있다.

1) P형 1급 수신기의 기능

① 화재 발생지구의 표시
② 비상 경종의 울림
③ 발신기와 부수신기와의 전화 연락
④ 전원 경보장치
⑤ 화재표시 시험장치
⑥ 발신기 감지기 배선의 도전(導電) 시험장치
⑦ 예비전원 시험장치
⑧ 음향 동시경보 및 정지장치
⑨ 부속장치

2) P형 2급 수신기의 성능

1급 수신기의 구조와 거의 같으나 회선수가 5회선 이하로 화재표시 동작 시험장치의 상용전원으로 교류전원을 사용하던 것이 정전 시 자동적으로 예비전원으로 절환되어야 하고 정전 복구 시에는 자동적으로 상용전원으로 절환할 수 있는 예비전원을 보유하여야 한다.
① 화재발생 지구의 표시
② 비상경보
③ 화재표시 시험장치

수신기 설치 장소는 수위실, 중앙감시실 등 사람이 항상 있는 장소에 설치하며 벽걸이형의 경우는 밑바닥에서 중심까지 1,500 mm, 전원은 축전지 또는 교류 저압 옥내간선으로 하되 전원까지의 배선 도중에 다른 배선을 분기시키지 않는 것이라야 한다.

3) R형 수신기

감지기 또는 P형 발신기에서 발하는 신호를 중계기를 통해 수신하여 화재발생을 소방 대상물의 관계자에게 통보하는 것으로 감지기의 감지구역을 포함한 경계구역을 자동적으로 판별하는 기록장치와 지구등(地區燈)[103] 또는 표시장치나 화재표시 동작 시험장치, 수신기와 중계기 사이에 외부배선의 단선 도통장치[104]를 가지고 있어야 한다.

R형 수신기는 P형 수신기와 목적도 동일하며 감지기와 수신기 사이에 고유의 신호를 가지며 회선 수가 많은 경우 P형 수신기에 비해 전선 수가 적게 드는 이점이 있다.

R형 수신기의 특징은
① 전로 수가 적게 들어 경제적이다.
② 선로 길이를 길게 만들 수 있다.
③ 증설 또는 이설이 용이하다.
④ 발생지구를 선명하게 숫자로 표시할 수 있다.
⑤ 신호의 전달이 정확하다.

❷ 감지기(fire detector)

자동화재 통보설비의 눈과 귀라고도 할 수 있으며 화재 발생 시에 생기는 열 또는 연기 등에 의해 자동적으로 화재의 발생을 감지하는 것으로 열식(熱式)과 연식

---

103) **지구등**(zone indication lamp) : 자동화재 경보설비의 수신기 표시부분에서 화재 발생장소를 창 또는 지도 위에 표시하는 경보등
104) **단선 도통장치**(continuity system) : 전기배선의 단선이나 접속상태를 조절하는 장치

(煙式)으로 대별된다.

열감지기는 열에 의한 공기팽창과 바이메탈(bi-metal)[105]을 이용해서 감지하는 것으로 일정한 온도에 달하면 작동하는 정온식(定溫式)과 급격한 온도 상승률에 의해 작동하는 차동식(差動式) 및 양쪽의 특징을 각각 이용한 보상식(補償式) 등 셋으로 나눌 수 있다.

차동식은 그 외형에 따라 스폿형(spot type)과 분포형(distribution type)으로 세분된다. 분포형은 아주 가는 동파이프의 공기관을 천장면에 둘러쳐서 관내의 공기 팽창을 검출기로 검출하는 것이다.

연기감지기로는 광전효과를 이용한 광전식(光電式)과 이온화식(ionization system)이 있다. 어느 것이나 공중에 발생한 연기의 입자를 포착하여 전달한다. 감지기는 구조 및 방식에 따라 다음과 같이 4종류로 나눌 수 있다.

1) 차동식 분포형 감지기(공기관식 : pneumatic tube detector)

실내온도의 상승률, 즉 상승 속도가 일정한 값을 넘었을 때 동작하는 것으로 바깥지름 2 mm, 안지름 1.5 mm의 가느다란 동 파이프를 천장을 돌아가면서 배관하여 두고 화재가 일어나면 그의 온도 상승으로 파이프 속의 공기가 팽창하여 파이프에 접속된 감압실의 접점을 동작시켜서 화재 신호를 발신한다. 넓은 방의 경계에 적합하다.

2) 차동식 스폿형 감지기(rate of rise spot type detector)

가장 널리 사용되고 있으며 화기를 취급하지 않는 장소에 적합하다. 이 것은 차동식 분포형 감지기의 동파이프 대신에 공기실을 비치하여 그 속의 공기가 화재의 온도 상승으로 팽창하여 감압실의 접점을 동작시킨다. 이 감지기 1개의 경계면적은 내화구조에는 70 m², 비내화구조에는 40 m² 이다.

3) 정온식 스폿형 감지기(fixed temperature spot type detector)

화재 시 온도 상승으로 바이메탈(bi-metal)이 팽창하여 접점을 닫음으로써 화재신호를 발신한다. 이 방식은 주위 온도가 일정한 값(75 ℃)을 넘으

---

105) 바이메탈(bi-metal) : 팽창계수가 다른 2가지의 얇은 금속판을 밀착시켜 1매의 판으로 만든 것으로 온도가 약간만 변하여도 굽혀지는 성질을 갖고 있다. −10∼20 ℃ 정도에 잘 사용되는 것으로 황동과 인바(invar)를 조합한 것이 있다.

면 동작하는 것이다. 보일러실, 주방 등 항상 화기를 취급하는 장소에 적합하다. 이 감지기 1개의 경계면적은 내화구조의 경우 20 m², 비내화구조에는 5 m²이다.

4) 보상식 스폿형 감지기(spot type combined heat detector)

이 감지기는 화재발생시 열에 의해 화재를 자동적으로 감지하는 것으로 차동식과 정온식의 장점을 따서 고온도에서는 반드시 동작을 하도록 한 것이다. 즉 온도상승률이 일정한 값을 초과할 경우와 온도가 일정한 값을 초과한 경우에 동작하는 두 가지 기능을 겸비하고 있다.

감지기를 설치하여야 할 장소는 소방법 시행령 제48조 및 제49조에 규정된 자동화재 통보설비 및 전기화재 경보기의 설비 설치기준에 의한 건물 내에서 다음에 설명한 이외의 장소이다.

① 복도, 계단 기타 이에 유사한 장소
② 설치면의 높이가 15 m 이상인 장소
③ 외부 기류가 유통하는 장소로 화재발생을 유효하게 감지할 수 없는 곳
④ 특수 고정 소화설비(스프링클러 설비, 포말 소화설비, 불연성가스 소화설비, 물 분무 소화설비)를 설치한 경우 그의 유효범위 내의 부분
⑤ 주요 구조부를 내화구조로 한 건축물의 천장 속 부분
⑥ 파이프 샤프트(pipe shaft), 승강기 샤프트(elevator shaft) 등으로 주요 구조부를 내화구조로 한 것
⑦ 진동이 심하여 감지기의 기능 유지가 곤란한 장소

3 발신기(transmitter)

발신기는 감지기의 동작 이전에 화재 발견자가 수지유리(resin glass)를 깨뜨리고 수동으로 누름 버튼을 누름으로써 화재신호를 수신기에 발신하여 경보를 내는 장치이다. 수신기 형식에 맞추어 P형 1급, P형 2급으로 나누어져 있다.

발신기의 설치 장소는 소화전과 동일 장소로 하고 소화전 표식 등과 겸용할 수 있으며 펌프 기동의 확인이 용이하여야 한다. 계단, 출입구 부근 등의 여러 사람의 눈에 띄기 쉽고 조작이 용이한 장소에 설치하여야 하며 각 층마다 각 부분으로부터 기동장치까지의 보행거리가 50 m 이하가 되도록 하며 설치 높이는 밑바닥에서 중심까지 0.8 m 이상 1.5 m 이하의 곳에 설치하고 "누름스위치"라는 표시를 한다.

❹ 음향장치

수신기의 작동과 연동하여 소리를 울리고 당해 방화 대상물의 전 구역에 화재발생을 유효하고 신속하게 알려줄 수 있도록 만들어져 있다. 수신기 부근에 설치하는 주음향장치와 각 층에 설치하는 지구 음향장치로 나누어지며 벨 또는 사이렌 등의 음향장치가 사용된다. 음량은 음향장치로부터 1 m 떨어진 위치에서 90폰(phon) 이상이어야 한다. 음향장치의 수평거리는 25 m 이하가 되도록 설치한다.

5-3 비상경보설비(emergency alarm system)

화재 발생을 건물 내의 여러 사람들에게 알려주기 위한 기구 또는 설비를 말한다. 비상경보기구로서는 경종·휴대용 확성기·수동식 사이렌·비상벨·부저 등이 있지만 널리 사용되고 있는 것은 비상벨이다. 비상벨 누름단추의 위치는 통로 홀의 출입구 계단의 정면에 설치한다.

설치높이는 밑바닥에서 중심까지 1,450 mm로 하여 화재 통보기 설비로 겸용할 수 있다. 벨의 위치는 발신기의 상부로 하고 설치높이는 밑바닥에서 중심까지 2,000 mm로 한다.

자동화재 감지설비가 설치되어 있는 중규모의 건물에서는 별개의 비상벨이나 사이렌을 설치할 필요는 없지만 지상 11층 이상 또는 지하 3층 이상인 건물이나 수용인원이 큰 건물에서는 벨이나 사이렌으로 혼란을 일으킬 염려가 있으므로 방송설비가 의무화되어 있다.

5-4 유도등설비(emergency exit sign lighting system)

유도등 및 유도표식은 극장 등의 많은 사람들이 모이는 시설에서 비상 시 사람들이 혼란 없이 안전한 장소로 피난할 수 있도록 피난구, 피난통로 등의 보기 쉬운 곳에 설치하는 것이다.

유도등은 설치 장소에 따라 피난구 유도등과 통로 유도등 및 객석 유도등으로 분류된다. 또한 이러한 기구는 비상전원을 설치한 것으로 통상은 상용전원으로 상

시 점등하고 정전 시에는 자동적으로 비상전원으로 대체되어 20분 이상 점등하게
하는 것이다.

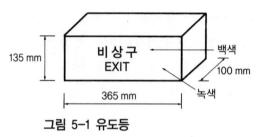

그림 5-1 유도등

유도등 설치기준은 다음과 같다.

① 피난구 유도등은 피난구란 취지를 표지한 녹색의 등화로 하고 방화 대상물
의 피난구 위에 설치하여야 한다. 표지는 비상구, 비상계단으로 하며 EXIT
영문도 병기(倂記)할 수 있다. 글자의 크기는 각각 $25\,\mathrm{cm}^2$ 이상이고 병기글
자 EXIT는 $12.5\,\mathrm{cm}^2$이어야 한다. 서체는 각고딕체, 환고딕체, 명조체로 하고
자획의 굵기는 $6\,\mathrm{mm}$ 이상이어야 한다. 표시면의 바탕색은 녹색으로 하고
표시글자는 무색(백색)이어야 한다.

② 통로 유도등은 방화 대상물의 복도, 계단, 통로, 기타의 피난용 설비가 있는
장소, 그 장소의 조도는 피난에 유효하도록 설치되어야 한다.

③ 객석 유도등은 객석이 일정한 조도가 유지되도록 설치하여야 한다. 객석 내
통로 바닥이 $0.2\,[\mathrm{lx}]$ 이상이어야 한다.

④ 유도표식은 피난의 방향을 명시한 표지로 하고, 많은 사람들의 눈에 띄기
쉬운 곳에 설치한다.

⑤ 전원은 축전지를 사용할 경우 자동전환으로 하고 20분 이상 점등시킬 수 있
는 용량이어야 한다.

⑥ 외함의 재료는 방청가공된 금속판으로 두께 $0.5\,\mathrm{mm}$ 이상, 내열성 유리판은
두께 $3\,\mathrm{mm}$ 이상, 회로판은 두께 $2\,\mathrm{mm}$ 이상의 절연체로 한다.

⑦ 표시면의 규격은 가로 $365\,\mathrm{mm}$, 세로 $135\,\mathrm{mm}$, 폭 $100\,\mathrm{mm}$의 장방형이어야
한다.

⑧ 사용전압은 $2\,\mathrm{V}$ 이상 $300\,\mathrm{V}$ 이하이어야 하고 충전부가 노출되지 아니하는
것은 $300\,\mathrm{V}$를 초과할 수 있다.

⑨ 피난구 유도등의 조명도는 직선거리로 $30\,\mathrm{m}$ 떨어진 곳에서 표시면의 문자
및 색채를 용이하게 식별할 수 있어야 한다.

5-5 비상콘센트설비

비상콘센트설비(emergency power outlet for fire extinguishing)란 초고층 건물 등과 같이 소화용 사다리가 미치지 않는 높이의 건축물에 대하여 배연설비와 조명설비의 전원공급을 목적으로 하는 설비를 말한다.

이를테면 화재 시에 소방대가 조명·파괴기구·배연기의 전원으로서 사용하기 위해 설치한 것이다. 이때 사용되는 전원의 용량으로는 3상 200 V, 30 A 이상 및 단상 100 V, 15 A 이상에서 비상전원에 접속되어 있어야 한다. **비상콘센트의 설치 기준**은 다음과 같다.

① 지상 11층 이상의 층수에 그 층의 각 부분으로부터 1개의 비상콘센트까지 거리는 50 m 이하가 되도록 한다.

② 설치 장소는 계단실, 비상용 엘리베이터의 승강 로비 벽면 또는 그 부근에서 소방대원이 소화활동을 원활히 할 수 있는 위치에 설치하도록 계획한다.

③ 설치높이는 바닥면에서 1.0~1.5 m로 한다.

5-6 피뢰침설비(lightning rod system)

피뢰침설비는 낙뢰에 의한 피해를 최소 한도로 막고 낙뢰전류를 신속히 대지에 방류하는 설비를 말한다. 건축물의 설비기준 등에 관한 규칙에 의하면 건축법 시행령 제87조 제2항의 규정에 의하여 건축물의 높이산정 규정에 관계없이 지표면으로부터 건축물 최상부 돌출부까지 높이가 20 m 이상인 건축물 또는 공작물에는 피뢰설비를 하여야 한다.

그러나 중요한 건조물, 천연기념물, 여러 사람이 모이는 건물, 위험물을 취급하거나 저장하는 건물 등은 그 높이가 20 m 이하의 경우라도 피뢰침을 설치하도록 되어 있다. **피뢰침의 등급**은

① P급 보호(완전보호) : 산정의 관측소·휴게소

② Q급 보호(증강보호) : 중요 건축물

③ R급 보호(보통보호) : 보통 건축물·도회지 건물

④ S급 보호(간이보호) : 농가 등에서 간단한 설비를 원할 때

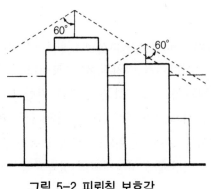

그림 5-2 피뢰침 보호각

피뢰침설비의 계획순서는 건물의 종류, 용도, 규모 등에 따라서 그 목적을 잘 정하고 다음과 같은 순서로 진행한다.

① 건물의 종류와 용도에 따라 보호각의 위치를 결정한다.(일반 건물은 60° 이하, 위험물 취급 건축물은 45° 이하)

② 보호각 내에 피보호물이 들어가도록 피뢰침의 설치 위치를 결정한다.

③ 인하도선의 수와 인하장소를 결정한다.

④ 접지판과 그 수 및 매설방법을 결정한다.

⑤ 건축구조에 따라 돌침부, 인하도선, 접지판 등 일부 또는 전부를 생략할 수 있는 간략법이 허용되는 경우도 있다.

[예제 1] 아래 그림과 같은 위험물 창고에 피뢰침을 설치하고자 한다. 피뢰침의 높이(h)는 얼마 이상이어야 하는가?

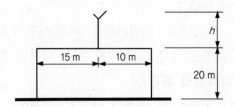

풀이 위험물 관계 건축물의 경우 피뢰침 보호 각도는 45°이므로

(1) $\tan 45° = \dfrac{15\,\text{m}}{x}$ $x = \dfrac{15\,\text{m}}{\tan 45°}$

$= 15\,\text{m}$

피뢰침 좌측의 15 m 부분은 $15 \times \tan 45° = 15$ m

(2) $\tan 45° = \dfrac{10\,\text{m}}{x}$ $x = \dfrac{10\,\text{m}}{\tan 45°}$

$= 10\,\text{m}$

피뢰침 우측의 10 m 부분은 $10 \times \tan 45° = 10$ m

h값은 좌, 우측 중 최대값 15 m를 채택하면 된다.

[예제 2] 아래 그림과 같은 경우 피뢰침의 높이 h는 얼마 이상이어야 하는가?

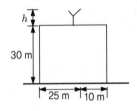

풀이 일반 건축물의 경우 피뢰침 보호 각도는 60°이므로

(1) $\tan 60° = \dfrac{20\,\text{m}}{x}$ $x = \dfrac{20\,\text{m}}{\tan 60°} = 11.6\text{m}$

(2) $\tan 60° = \dfrac{10\,\text{m}}{x}$ $x = \dfrac{10\,\text{m}}{\tan 60°} = 5.8\text{m}$

h의 값은 11.6 m를 채택한다.

피뢰침의 구조는 구조상으로 크게 나누면 **돌침부·피뢰도선·접지전극**으로 나눌 수 있다. 돌침부는 공중에 돌출시킨 막대기 금속체를 말하며 대, 중, 소 3종류가 있고 첨단 지름이 16 mm, 14 mm, 12 mm로 최소 12 mm 이상의 구리 막대로 되어 있다.

돌침부의 첨단은 건축물 맨 윗부분부터 25 cm 이상 돌출시켜 설치해야 하며 돌침의 지지철물로는 주로 동관이나 황동관이 사용되지만 철관을 사용하는 경우에는 피뢰도선은 관내를 통과해서는 안 된다.

피뢰도선은 낙뢰전류를 흘리기 위한 돌침과 접지전극과를 접속하는 도선이며 피보호물의 꼭지로부터 접지전극 사이의 거의 수직인 도체부분을 인하도체(引下

導體)라 한다. 철골 또는 철근콘크리트 건축물에서는 건물 전체를 낙뢰로부터 보호하기 위하여 철근 또는 철골을 하나의 피뢰도선으로서 이용하는 것이 보통이다.

접지전극은 지중에 매설한 도체이며 그 재료는 한 면의 면적이 0.35 mm² 이상, 두께 1.4 mm 이상인 동판을 사용한다. 또한 건물의 철골을 이용하여 기초의 접지저항이 5〔Ω〕이하이면 접지전극은 생략하여도 된다. 접지전극의 매설은 인하도선의 아래쪽에서 건물의 벽면 및 지면에 수직으로 지하 3 m 이하 되는 곳에 묻는다.

피뢰침 접지저항은 접지전극 단독의 경우 20〔Ω〕이하, 2개 이상을 설치한 경우는 종합 저항이 10〔Ω〕이하가 되어야 한다. **피뢰침설비의 시공상 유의사항**은 다음과 같다.

(1) 돌침부의 시공

① 돌침과 지지철물과의 가설은 나사조임이나 땜 등으로 전기적, 기계적으로 완전히 한다.

② 돌침과 피뢰도선의 접속에는 도선 접속용 단자, 돌침부 접속철물 또는 도선 접속구멍 중의 어떤 것을 사용하여 나사조임으로 전기적으로 완전히 설치한다.

③ 돌침지지 파이프 및 피뢰도선은 전용지지 철물로 2 m 이내의 간격에서 건물에 고정한다.

(2) 피뢰도선부의 시공

① 돌출부와 접지극을 잇는 경로는 될 수 있는 대로 짧게 하고 어쩔 수 없을 경우 구부림의 반지름을 20 cm 이상으로 한다.

② 도선은 전선, 전화선, 가스관 등으로부터 1.5 m 이상 떨어져야 한다.

③ 도선을 도중에서 접속하는 것은 피한다.

④ 땅속에 들어가는 도선부분이나 도선을 보호할 필요가 있는 부분에는 경질비닐관, 도관 또는 동관, 황동관 등을 사용하여 지상 25 cm, 지하 30 cm까지 보호한다.

⑤ 피뢰도선의 단면적은 동선일 경우 30 mm² 이상, 알루미늄일 경우 두께 1.4 mm 면적 0.35 m² 이상인 용해도금 철판을 사용한다.

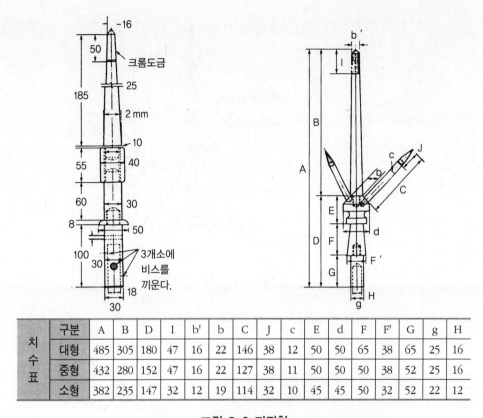

구분		A	B	D	I	b'	b	C	J	c	E	d	F	F'	G	g	H
치수표	대형	485	305	180	47	16	22	146	38	12	50	50	65	38	65	25	16
	중형	432	280	152	47	16	22	127	38	11	50	50	50	38	52	25	16
	소형	382	235	147	32	12	19	114	32	10	45	45	50	32	52	22	12

그림 5-3 피뢰침

3) 접지전극부의 시공

① 도선과 접지전극의 접속은 특히 부식에 주의해야 한다.

② 접지전극은 인하도선의 근처에 각각 1개 또는 2개 이상 매설되며 2개 이상
의 접지전극을 사용할 경우는 2 m 이상 떨어뜨리고 보통 30 mm 이상의 도
선으로 접속한다.

③ 다른 접지극 또는 접지선과는 2 m 이상 떨어뜨려야 한다.

④ 설치 후 유지관리상 접지전극의 위치를 표시하는 것이 바람직하다.

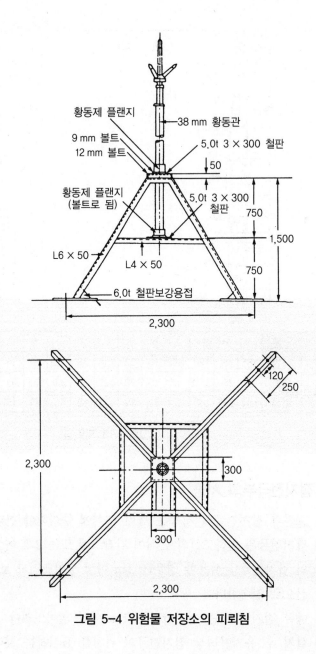

황동제 플랜지

38 mm 황동관

9 mm 볼트

12 mm 볼트

5.0t 3 × 300 철판

황동제 플랜지
(볼트로 됨)

5.0t 3 × 300
철판

L6 × 50

L4 × 50

6.0t 철판보강용접

50

750

1,500

750

2,300

120

250

2,300

300

300

300

2,300

그림 5-4 위험물 저장소의 피뢰침

문 제

[문제 1] 자동화재 통보설비의 구성에 대하여 기술하시오.

[문제 2] 감지기의 종류를 쓰고 각각에 대하여 기술하시오.

[문제 3] 유도등 설치기준에 대하여 기술하시오.

[문제 4] 비상콘센트 설치기준에 대하여 기술하시오.

[문제 5] 피뢰침 등급에 대하여 기술하시오.

[문제 6] 피뢰침설비의 계획 순서에 대하여 기술하시오.

[문제 7] 피뢰침 구조를 스케치하고 설명하시오.

[문제 8] 피뢰침설비의 시공상 유의사항에 대하여 기술하시오.

[문제 9] 주유소 건물에 피뢰침을 설치하고자 한다.
피뢰침 높이 h는 얼마 이상이어야 하는가?

[문제 10] 오피스 빌딩에 피뢰침을 설치하고자 한다.
피뢰침 높이 h는 얼마 이상이어야 하는가?

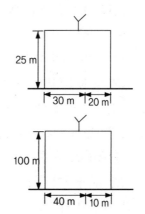

[문제 11] 다음 용어에 대하여 간단히 설명하시오.

① bi-metal

② zone indication lamp

③ continuity system

제6장 통신·신호·정보설비

6-1 개 요

통신설비란 음이나 빛으로 각종 통보, 통화, 표시, 경보를 하는 것으로 통상 100 V 이하의 전원이 사용되므로 약전설비라고도 한다. 정보를 전달하는 수단으로서는 벨이나 부저 또는 점등·점멸 등의 단순한 신호에 의한 것부터 내용을 상세하게 전달하는 방송, 전화, 전광게시, 공업용 텔레비전(ITV) 등 목적이나 기구에 따라 대단히 종류도 많다.

6-2 전화설비(telephone system)

전화기는 1876년 벨에 의해 발명되었고 1901년 12월 12일 캐나다 뉴펀들랜드의 작은 연구실에서 이탈리아 출신 발명가 굴리엘모 마르코니(Guglielmo Marconi : 1874~1937)가 대서양 건너 영국에서 보낸 전파를 무선으로 수신하는 데 성공, 20세기가 통신혁명의 시대가 될 것임을 알리는 전조였다.

전화는 크게 단독전화, 공동전화, 구내교환전화(PBX : Private Branch Exchange), 집합자동전화로 나눌 수 있다.

단독전화는 주택 등 1대의 전화기를 전화국과 단독으로 사용하는 것이다. 2실 이상에 바꾸어 꽂을 수 있는 콘센트식 전화나 2개의 전화기를 설치하는 친자전화를 사용할 수 있다.

공동전화는 다른 집에서 통화중일 때는 사용할 수 없지만 2집 이상의 전화기가 전화선 등 국교환설비를 공동으로 사용하는 것이다.

구내교환전화는 건물 내 다수의 전화기(내선)가 교환기를 경유해 몇 개의 국선에 의해 외부로 통하는 것으로 전력설비, 배전선, 단자반, 보안설비 등으로 구성되며 보통 2~3개 정도의 다이얼(dial)로 내선통화도 가능하다.

필요 회선수(전화기 대수)는 건물의 용도와 면적에 따라 통상 표 6 - 1처럼 하고 전화 사용인원 1인당 0.4~0.7대 정도로 한다.

표 6-1 전화 설치대수

구　분	상사회사	은행·사무소	백화점 매장	관공서	증권회사	병원병실
국선수(대/10 m²)	0.2~0.3	0.15~0.3	0.03	0.2~0.3	0.3~0.6	0.03
내선수(대/10 m²)	1.0~1.5	1.0~1.5	0.5~1.0	0.5~1.0	0.6~1.5	0.03

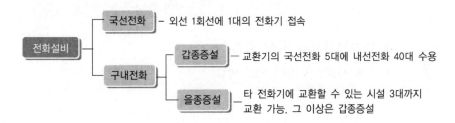

전화교환의 목적은 될 수 있는 대로 회선을 집약하고 전송로의 사용효율을 높이고 경제적으로 양호한 교환을 할 수 있게 하는 것이다. **구내교환기**는 교환방식에 따라 수동식, 자동식이 있고 설치방법에 따라 탁상형과 벽걸이형이 있으며 국선과 내선의 대수나 접속방식 등에 따라 종류도 많다.

수동식은 설비비는 싸지만 송·수신 모두 교환수를 경유해야 하니까 인건비가 많아지므로 자격 있는 교환수와 전용 교환기실이 필요 없는 국선 5 내선 30 이하의 경우에 많이 쓴다. 교환수는 15~20회선에 1인 정도 필요하다.

자동식은 일반적으로 "0"번을 누르면 국선에 통하지만 외부로부터의 전화는 중계대의 교환수를 경유한다. 자동식의 경우 시외통화 등 요금상의 문제가 있고 시외는 교환을 경유하든가 통화시간 측정장치를 부설한다. 자동교환기에는 단독 제어방식과 전 공통 제어방식이 있다.

전자는 스텝 바이 스텝방식(step by step system)이라고도 부르고 릴레이와 회전형 스위치 등 2단계로 접속되어 접점이 많고 고장도 일어나기 쉬우며 번호 변경이 어렵지만 설비비가 싸고 증설이 용이하다.

후자는 현재 크로스바방식(crossbar system)이 주체로 종횡으로 크로스하는 10본의 바에 각각 전자석이 붙어 있고 이것과 와이어 스프링 계전기(wire-spring relay)로 구성되어 있어 앞 것의 개량형으로 동작이 확실하고 보수 인원도 적으며 교환기

실의 면적도 약 10 % 정도 작은 등 이점이 많지만 설비비가 비싸다. 또한 전 공통 제어방식은 가동 부분이 없는 전자교환방식과 반도체방식이 개발되어 실용화되어 있다.

❖ **내선전화기의 약산 방법**

Ⓐ **전화 사용인원 수에 의한 방법**

$$\text{내선 전화기 수} = \frac{\text{전화 사용 인원}}{(1.6 \sim 2.0)} \times 1.1 \quad\text{(6-1)}$$

분모의 수치는 상사, 증권회사 등은 1.6 이하. 관청, 일반회사, 공장 등은 2, 학교, 병원은 2 이상 적용

Ⓑ **건축면적에 의한 방법**

$$\text{내선 전화기 수} = \frac{\text{건축 연면적}\,[\text{m}^2]}{(27 \sim 32)} \times 1.1 \quad\text{(6-2)}$$

사무실은 분모의 수치를 10~20 정도로 한다.

(1) 교환실

30회선 정도까지는 앞에 말한 바와 같이 전용실은 설치하지 않아도 좋지만 소음이 많은 장소는 피한다. 수동식 교환대는 1좌석에 20~30회선을 받을 수 있고 자동식 중계대는 1좌석에 100회선 정도로 교환기의 방식이나 기종에 따라 다르지만 2~3좌석 이하라면 축전지, 정류기, 중계대 등을 1실에 모을 수 있다.

이 이상 규모의 경우는 자동교환기의 기계실, 전지실, 중계대실을 각각 전용실로 구분하는 외에 교환수의 휴식실(최소 7 m², 인원 1인당 1.3 m²)을 설치하고 보수관계 기술원실이 필요한 경우가 있다. 수동교환실 또는 자동식 중계대실의 면적[106]은 1좌석의 경우 10.5 m²로 여기에 1좌석이 늘어날 때마다 약 3 m²씩 덧붙인다.

---

106) 중계대실 면적 A : $A = 7.5 + 3n$ [m²] (n은 교환 좌석수)

(2) 교환기실의 구조·설비

교환대 또는 중계대실은 차음과 흡음성을 잘 유지하여야 하므로 될 수 있으면 전실을 설치하는 것이 바람직하다. 방송이나 텔레타이프와 실을 함께 설치 운영하는 것은 가급적 피한다.

① 소요의 넓이와 면적을 가질 것.

② 바닥은 2중 바닥으로 하고 깊이 15~20 cm의 배선 피트(pit)를 설치한다.

③ 바닥 하중은 기종에 따라 다르지만 자동 교환기실에서 600~1,000 kg/m^2 전후로 한다.

④ 전지실은 거치 개방형 전지를 사용할 경우는 바닥, 벽을 내산성 마감으로 하고 급배수설비를 한다.

⑤ 천장고는 교환, 중계대실에서는 보 밑 2.3 m, 교환기실은 기계에 따라 다르지만 보 아래 2.4~2.8 m 이상이 필요하다.

⑥ 채광·환기가 좋고 먼지·습기·진동이 적을 것.

(3) 교환기(PBX . private branch exchange)

PBX에 사용되는 교환기는 자석식·공전식·자동식 3종이 있다. 자석식과 공전식은 수동식으로 교환수의 중계로 가능하다.

■ 자석식 교환기

교환기 중에서 가장 간단한 것이며 신호용 전원은 각 전화기 중에 있는 자석발전기로 통화용 전원은 각 전화기에 부속된 건전지에 의한다. 타 전화기에 비하여 비싸고 취급하기 불편하며 회선이 적을 때 사용한다.

② 공전식 교환기

PBX에 가장 많이 사용하고 있다. 전원은 건물 내에 설치된 축전지에 의하고 표시방법은 램프식이다.

③ 자동식 교환기

내선전화 상호간의 전화를 할 때는 2~3개의 숫자를 눌러 부르고 전화국으로부터 착신할 경우는 일반 수동 중계대에 들어가 교환수에 의해 접속된다. 내선에서 외부에 발신할 경우에는 수동 중계대의 교환수에 의한 경우와 내선전화 "0"번을 돌려 국선에 잇고 직접 외선에 발신하는 방법이 있다.

공전식에 비하여 교환수의 수가 적어도 되며 내선전화간의 통화기밀을 유지할 수 있는 반면 설치비가 비싸므로 내선 전화수가 160회선 이상이면 자동식으로 하고 그 이하이면 오히려 공전식이 유리하다.

(4) 전화배관 배선공사

① 미관상 가능한 한 매립공사가 바람직하다.

② 실제 사용에 편리한 위치에 전화용 outlet box 배치.

③ 장래의 증설을 고려하여 배관 배선한다.

④ 배관의 굴곡은 가능한 한 완만하게 한다.

⑤ 관을 매설할 경우 반드시 2 mm 두께 이상의 것을 사용한다.

⑥ 인입구의 배관은 건물의 외부에 약 10 cm 정도 내 놓는다.

⑦ 지하 인입의 경우 미리 인입 방향을 예정하여 건물의 기초에서 약 1 m 정도 내어 놓는다.

⑧ 대규모 건물의 경우 샤프트(shaft)를 설치하는 것이 바람직하다.

6-3 인터폰설비(interphone system)

주택의 현관과 거실을 연결하는 벨(bell)이나 차임(chime)은 왕복시간을 요하므로 인터폰 대신에 각 실간의 연락에도 설치되는 경향이다. 외부에는 통하지 않지만 구내교환기에 의한 내선전화와 거의 마찬가지로 각종 특징을 가진 기종이 있고 간단히 설비되고 설비비도 싸므로 공장, 병원, 여관 등에 널리 사용되고 있다.

동작원리에 따라 프레스토크식(press talk)과 **동시통화식**으로 나눌 수 있다. 프레스토크식은 수신할 때마다 통화단추를 누르고 상대의 말을 들을 때에는 놓고 통화하는 방식이며 스피커가 마이크를 겸용한다. 이 방식은 값이 싸지만 불편하다. 동시통화식은 전화와 같은 요령으로 통화할 수 있다. 이 방식은 door phone에 가장 많이 사용한다.

접속방식에 따라서는 **모자식, 상호식** 및 **복합식** 3종류로 나눌 수 있으며 모자식은 1대의 "모"기에 여러 대수의 "자"기를 접속한 것으로서 배선은 간단하지만 사용빈도가 많은 곳에서는 적당하지 않다.

상호식은 각 기가 직접 상대와 통화할 수 있다. 배선 수도 많아지고 전원설비도 각 기에 필요로 하기 때문에 설비비가 고가가 된다. 복합식은 상호식의 각 기가 "모" 기로 되어 "자"기를 분기 편성한 것으로서 각 기가 모자의 구성으로 되어 있다.

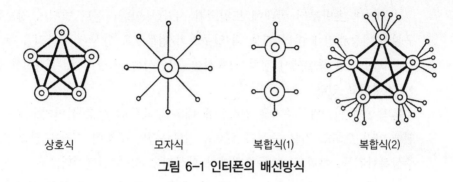

| 상호식 | 모자식 | 복합식(1) | 복합식(2) |

그림 6-1 인터폰의 배선방식

용도에 따라 분류하면 병원에서는 호출 인터폰, 방송용 인터폰 등이 있으며 공업용으로는 구내 지령, 연락장치, 기타 엘리베이터 인터폰 등이 있다.

6-4 인텔리전트 빌딩(Intelligent Building)의 정보 · 설비

인텔리전트 빌딩을 직역하면 '총명한 두뇌를 가진 빌딩' 또는 '고기능 빌딩'이라할 수 있다. 즉, 인텔리전트 빌딩이란 건축환경 · 통신 · 사무자동화 · 빌딩자동화 등의 4가지 시스템을 유기적으로 통합하여 첨단서비스 기능을 제공함으로써 경제성 · 효율성 · 쾌적성 · 기능성 · 신뢰성 · 안전성을 추구한 지적 생산의 장소에 적합한 빌딩이라 정의할 수 있다.

정보화 사회에서는 기업의 생산성을 높이기 위하여 고부가가치의 정보를 첨단정보 시스템을 통하여 효율적으로 유동시킬 수 있는 환경이 요구된다. 첨단정보빌딩또는 지능형 빌딩이라 불리는 인텔리전트 빌딩은 미국의 UTBS(United Technologies Building System)사가 미국의 코네티컷주 하트포트에 건설하여 1984년 1월에 완성한 시티 플레이스(City Place)에서 그 특징을 선전하는 의미로 사용되었었다.

6-4-1 인텔리전트 빌딩의 현상과 전망

21세기의 정보산업화 사회에서 사무자동화(OA : Office Automation)에 의한 생산성 향상은 필수적이라 할 수 있다. 따라서 앞으로는 통신 네트워크를 활용한 고도의 시스템화에 의해서 정보화를 보다 경영전략적으로 이용하려는 경향이 강해질 것이므로 인텔리전트 빌딩의 수요가 갈수록 늘어날 전망이다.

1990년대 초반부터 국내에 도입되기 시작한 인텔리전트 빌딩이 정보화 사회의 구현이 가능해짐에 따라 건물 내 입주자의 업무효율 향상에 주안점을 두고 출발했던 오피스빌딩 중심에서 점차 교육시설, 병원시설, 공공시설, 주거시설 등으로 확산 진행되고 있다.

특히 1997년 9월 『주거용 건축물에 대한 구내통신 선로 설비기술 표준』이 공고됨에 따라 오피스 건물 중심의 초고속 정보통신망 구축이 주거용 건축인 오피스텔, 주상복합건물, 아파트, 단독주택까지 확산되고 있는 실정이다.

사이버아파트(cyber apartment)처럼 주거용 건물과의 차별화를 시도하는 경향이 전개되고 있고 『재택 근무자나 소규모 사무실(SOHO : Small Office Home Office) 영업』이 용이하도록 초고속 인터넷 시설을 기본으로 한 인텔리전트빌딩 산업지원 및 초고속 정보통신시설 인프라(infra) 구축과 이용 활성화를 위해 일정 규모 이상의 아파트나 건물을 대상으로 건축물의 구내통신선로 설비의 기술 표준 고시에 따른 초고속 정보통신 건물 인증마크(EMBLEM) 부여제도가 시행되고 있다.

6-4-2 인텔리전트 빌딩의 특징

인텔리전트 빌딩의 기본적 구성은 빌딩 자동화(BAS : Building Automation System)·사무자동화(OAS : Office Automation System)·정보통신(TC : Telecommunication)·건축환경(AE : Architectural Environment) 등 4개 요소로 분류된다. 한편 인텔리전트 빌딩은 고도정보화 사회에 있어서 업무의 개성이나 효율적인 운용관리 체계를 갖추어야 한다. 이에 대한 특징을 보면 다음과 같다.

❶ 경제성

인텔리전트 빌딩은 일반 빌딩에 비해서 초기 투자비가 다소 증가되지만 냉난방, 전기, 수도 등 에너지 분야에서 20 % 비용절감, BA(Building Automation) 시설의 운용 및 유지분야에서 20 % 절감, 사무생산성 20~30 % 향상 등 직·간접적 경제성이 실로 큰 것으로 나타나고 있다.

❷ 생산성

사무자동화의 주요 목적은 사무작업의 효율화와 생산성 향상에 있다.

❸ 유연성

최근 대부분의 기업들이 문서의 기안에서부터 결재, 시행, 보존, 검색, 활용까지의 모든 업무처리를 네트워크와 연결된 자신의 컴퓨터를 통해 처리 가능한 전자결재 시스템[107]을 도입함에 따라 효율적인 레이아웃(layout) 설계와 문서의 전산 파일(file)화 등을 통하여 필요한 공간을 축소해 나가는 등 오피스빌딩에 있어서 공간의 유연성은 매우 중요하다.

❹ 쾌적성

쾌적성을 고려한 계획은 아트리움(atrium), 휴게실, 체육시설 등 쾌적한 사무환경 조성에 필요한 편의시설을 확보·운용함으로써 업무수행 중 누적되는 스트레스를 해소하고 자유롭게 창조적인 작업을 할 수 있게 된다.

6-4-3 빌딩 자동화 계획(BA : Building Automation Planning)

빌딩 자동화 기능은 빌딩 관리 시스템(Building Management System), 시큐리티 시스템(Security System) 및 에너지 절약 시스템 등 세 가지 요소로 구성되며 통신 시스템과 통합 운용함으로써 고도의 환경제어에 의한 빌딩 운용관리의 경제화, 효율화, 쾌적화를 기대할 수 있다.

6-4-4 사무 자동화 계획(OA : Office Automation Planning)

사무 자동화는 종래의 수작업으로 처리하던 업무를 컴퓨터 등 각종 기기 LAN(Local Area Network : 기업내 지역정보 통신망) 등 정보통신 네트워크와 통합 운용함으로써 정보처리 및 사무처리를 보다 능률적이고 경제적으로 수행하는 것을 의미한다.

---

107) **전자결재 시스템**(Electronic Documentation Interchange System) : 인터넷망을 이용하여 전화와 팩스, 우편 및 사업장 방문을 통하여 수행되는 각종 관리업무를 실시간으로 전산관리 및 처리할 수 있도록 지원하는 시스템

6-4-5 정보통신 계획(TC : Telecommunication Planning)

정보통신 시스템은 디지털 PABX(Private Automatic Branch Exchange)를 중심으로 OA(Office Automation Planning : 사무자동화 계획) 및 BA(Building Automation Planning : 빌딩자동화 계획) 기능을 통합 운용하여 빌딩 내를 네트워크화함은 물론 외부통신망과의 접속에 의한 정보교환이 가능하도록 함으로써 필요한 정보를 얻을 수 있게 한다.

정보통신 시스템은 다기능 전화이용이나 팩시밀리(facsimile), 비디오텍스(videotex) 및 화상통신(video conference system)이 가능한 전송교환 서비스, 음성메일과 문서메일 등의 전자메일 서비스, 원격지간 TV 회의를 포함한 통신회의 서비스 등을 들 수 있다.

1 구내자동 교환기(PABX : Private Automatic Branch Exchange)

국선과 구내단말기 또는 구내단말기 상호간 회선을 교환, 접수할 수 있는 접속장치로 국선중계대, 신호기 및 교환기능의 일부를 부여하기 위하여 별도로 부가하는 부속설비를 포함한 장치로 정의된다. 대표적인 제품이 한국통신이 개발한 TDX-CPS(Time Division Exchange - Customer Premises Switching)이다.

2 비디오텍스(Videotex)

정지화상에 의한 각종 정보를 공중전화망을 통하여 단말에 선택 표시함과 동시에 예약, 주문 등의 쌍방향 기능을 갖춘 뉴미디어(new media)로서 종래의 매스컴이나 개별통신 미디어 이외의 분야를 대상으로 하고 있다.

3 원격회의(Teleconference)

텔레컨퍼런스란 먼 거리에 떨어져 있는 사람들이 전자 통신기기를 이용하여 회의하는 것을 의미하며 일명 통신회의, 전자회의, 원격회의 등으로 불리고 있다. 사무업무 가운데 많은 시간적 비율을 점하고 있는 것으로 "TV 회의"가 있다. 통신 기능을 이용한 회의 서비스를 국제적으로는 텔레컨퍼런스라 한다.

4 전자메일(Electronic Mail)

전화나 팩시밀리 등의 전기통신의 장점을 살리면서 우편이나 전보의 기능을 복합적으로 이용할 수 있는 서비스이다. 이와 같은 통신을 '2 Path Communication'

또는 '메시지 통신'이라 부른다.

인텔리전트 빌딩에서는 LAN으로 연결된 워크스테이션(work station)[108], PC워드프로세스 등의 사이에서 메시지 교환을 하는 시스템을 도입하는 경우가 많은데 이는 온라인으로 즉결 처리되는 결재 절차가 중단 없는 업무의 흐름을 유도해 업무 효율을 극대화시킬 수 있다.

문 제

[문제 1] 전화설비에 대하여 기술하시오.

[문제 2] 전화설비의 교환방식에 대하여 기술하시오.

[문제 3] 오피스 빌딩의 전화 사용자가 400명일 경우 내선전화기 대수를 산출하시오.

[문제 4] 연면적 2,000 m²의 오피스 빌딩 내선 전화기 대수를 산출하시오.

[문제 5] 전화교환실의 구조와 설비에 대하여 기술하시오.

[문제 6] 전화설비의 배관공사에 대하여 기술하시오.

[문제 7] 인터폰설비의 배선방식에 대하여 스케치하고 설명하시오.

[문제 8] 인텔리전트 빌딩의 현상과 전망에 대하여 기술하시오.

[문제 9] 인텔리전트 빌딩의 특징에 대하여 기술하시오.

---

108) **워크스테이션**(work station) : 대규모화되고 신에너지 기술이 적용되는 전력 시스템을 해석하기 위한 초고속 데이터 처리를 가능하게 하는 장치.

[문제 10] 다음 용어에 대하여 간단히 설명하시오.

① PBX

② step by step system

③ cross bar system

④ BAS

⑤ SOHO

⑥ OAS

⑦ TC

⑧ Videotex

⑨ Teleconference

⑩ LAN

⑪ 전자결재 시스템

제7장 수송설비

수송설비의 종류와 특징

수송설비라 함은 엘리베이터, 에스컬레이터, 전동웨이터, 컨베이어 등과 같이 사람이나 물품을 운반하는 설비를 말한다. 최근 건물들이 초고층화·고급화되면서 건물의 상하 수송문제가 상당히 부각되고 있다.

수송설비의 종류와 특징에 대해서는 표 7-1에 나타내고 있다. 수송설비는 건물의 초기계획 단계에서부터 사전에 정밀한 조사와 예측계산이 필요하며 건물의 사용목적 또는 수송 대상물의 흐름 방향과 양 등을 명확하게 해 둘 필요가 있다.

여기서는 건축계획에서 알아두어야 할 수송설비에 관한 가장 기초적인 자료에 대해서만 설명한다.

표 7-1 수송설비의 종류와 특징

수송 대상	수송설비	특 징
사 람	승 용 엘리베이터	• 수직 교통기관으로서 대표적인 것이다. • 여러 가지 사양이 있어 선택의 폭이 넓다. • 고속 수송을 할 수 있다.
	에스컬레이터	• 층과 층 사이를 경사로 연결하여 사람을 연속적으로 옮길 수 있다. • 수송 속도는 늦지만 수송력은 크다. • 파노라마 효과가 있고 백화점에서는 주요 교통기관이 되고 있다.
사람+하물	사람+하물 겸용 엘리베이터	• 건물 내에서 물품의 수송에 사용되고 사람과 하물을 동시에 사용할 수 있다.
하 물	하물 전용 엘리베이터	• 공장·창고 등에서 이용하는 것으로 안전하고 취급이 용이하며 적용 범위가 넓다.
자 동 차	자동차 전용 엘리베이터	• 자주식에 비해 큰 폭의 소요 면적을 절약할 수 있다. • 단, 엘리베이터 1대에서 처리할 수 있는 주차 대수는 30대 정도로 제한하는 것이 적합하다.

7-2 엘리베이터설비(elevator system) 계획

엘리베이터 계획의 제1요소는 수송력이다. 즉, 어느 정도의 사람을 어느 정도의 시간에 처리하느냐 하는 것이다. 바꾸어 말하면 출발 간격이다. 엘리베이터는 소정의 위치(일반적으로 1층)에서 출발하여 도중에 타고 내린 후 다시 원래의 위치로 돌아온다. 이때 1왕복의 시간을 1주 시간이라고 한다. 이것은 아침·낮·저녁 시간에 따라 다르다. 평균 1주 시간은 엘리베이터의 보행시간, 문의 열고 닫힘, 승객의 타고 내림, 여러 가지 조건에 의한 손실시간 등의 합을 말한다.

엘리베이터의 용량·대수·사양(속도, 기타)을 선정할 경우 일반 건물에서는 아침 출근 시간대의 승객을 완전히 처리하는 것이 가능하다면 주간과 기타 퇴근 시도 충분히 처리할 수 있게 된다. 따라서 아침 출근 피크시간의 최대 수요를 가정할 수 있으면 여러 가지 계획 조건이 선정 가능해진다. 그러나 병원이나 호텔, 아파트 등에서는 사무소 건물과 같이 아침 출근 시간대 등의 조건이 다르므로 그 나름의 용도에 의한 인원 수송 내용을 파악해서 계획을 실행하여야만 한다.

표 7-2 엘리베이터 권장 속도

용 도	층 수	권장 속도 [m/min]
사무소	1~12	90~180
	13~20	180~240
	21~30	240~300
병 원	3~5	60~90
	6~10	90~100
	11~15	100~150
	16~20	150~180
아파트	1~9	60~90
	10~18	90~180

표 7-3 엘리베이터의 속도 구분

구 분	저 속 엘리베이터	중 속 엘리베이터	고 속 엘리베이터	초고속 엘리베이터
속 도 [m/min]	15 30 45	60 75 90 105	120 150 180 210 240	300 360 450 540 600

표 7-4 용도별 엘리베이터의 적재와 속도

용 도		적재(정원)	속도 [m/min]	제어방식
승 용 엘리베이터	소건물, 아파트(4~6층)	400~750 kg (6인) (11인)	30 45 60	교류1단속도, 교류2단속도, 교류귀환제어, 유압식
	중건물, 아파트(5~10층)	600~1,150 kg (9인) (17인)	45 50 90 105	교류2단속도, 교류귀환제어, 유압식
	사무소, 고층호텔, 아파트(10~20층)	1,000~1,600 kg (15인) (24인)	60 90 105 120 150 210 240	교류2단속도, 교류귀환제어, 직류치차109)부
	사무소, 고층호텔 (20층 이상)	1,150~1,600 kg (17인) (24인)	210 240 300 450 540	직류치차부
	백화점	1,350~1,800 kg (20인) (27인)	90 120 150	직류치차부, 직류치차부
	침대용(병원)	750~1,000 kg (11인) (15인)	30 45	교류2단속도
사람+하물 겸용 엘리베이터	사무소, 백화점, 소창고	750~1,000 kg	45 60 90	교류2단속도, 직류치차부, 유압식
	대형 백화점, 대형 창고	1,500~7,000 kg	15 30 45 60	교류1단속도, 교류2단속도, 직류치차부, 유압식
자동차용 엘리베이터		2,000~3,000 kg	15 30 45	교류2단속도, 유압식
전동 댐 웨이터		50~500 kg	10 15 20 30	교류1단속도

7-3 엘리베이터의 종류

표 7 - 4에서 보는 바와 같이 엘리베이터는 용도·속도·전원의 종류·권상기의 구조·운전 조작방식 등에 따라 다음과 같이 분류할 수 있다.

(1) 용도에 의한 분류

① 승용 엘리베이터(passenger elevator)

② 하물용 엘리베이터(freight elevator)

③ 사람 하물 겸용 엘리베이터(passenger and freight elevator)

④ 침대용(환자용) 엘리베이터(bed elevator)

---

109) **gear** : 기어

⑤ 자동차용 엘리베이터(motor-car elevator)

⑥ 댐 웨이터(dumb waitor)[110]

(2) 속도에 의한 분류

1 고속도

매분 120 m 이상의 속도로 직류 가변전압식이고 기어리스(gearless)형이 대부분이다. 초고층 빌딩에서는 180 m/min 이상의 것도 사용한다.

2 중속도

매분 60~105 m이고 60 m/min는 교류2단 속도를, 75~105 m/min는 직류 가변전압 기어형을 사용하는 것이 보통이다.

3 저속도

매분 45 m 이하, 교류2단 또는 교류1단 속도를 사용한다.

표 7-5 건물 종류에 따른 엘리베이터 속도

건물 종류	엘리베이터 속도 〔m/min〕
일반 사무소 건축	45~170
백 화 점	60~120
호 텔	45~100
아 파 트	30~70
병 원	15~45
일반 하물용 및 dumb waitor	15~45
초고층 건축의 고층 부분	180~300

(3) 전원 종류에 의한 분류

1 교류 엘리베이터

일반 상용전원에 의하여 권상 전동기를 운전하는 것으로 교류1단 속도와 교류2단속도가 있다.

---

110) 댐 웨이터(dumb waitor) : 하물, 요리 및 서류 등을 위층으로 들어 올리는 운반기를 말하며 수동식과 전동식이 있고 일반적으로 리프트라 부른다. 내부면적은 1 m^2 이하이며 입구높이는 1.2 m 이하가 보통이다. 저속도로 매분 45 m 이하이며 교류2단 또는 교류1단 속도를 사용한다.

❷ 직류 가변전압 엘리베이터

엘리베이터 1대마다 전동 발전기를 설치함으로써 여기서 발생하는 직류 전원에 의하여 직류 권상 전동기를 운전하는 것으로 속도는 직류전압을 변환시킴으로써 원활하게 제어된다. 권상기 구조상 기어식과 기어리스식이 있다.

(4) 권상기(traction) 구조에 의한 분류

❶ 기어식

전동기의 회전을 웜기어(worm gear)[111]로 감속하고 엘리베이터를 구동하는 것으로 저속·중속의 엘리베이터에 사용된다.

❷ 기어리스식

직류 가변전압의 고속도 엘리베이터에 사용되며 기어식과 같이 감속기를 사용하지 않고 권상 전동기의 전기자(armature) 축상에 직결하여 구동하는 것이다.

(5) 운전 조작방식에 의한 분류

엘리베이터의 운전 조작방식은 건물의 종류, 속도, 용도 등에 따라 다종 다양하며 제작회사에 따라서도 명칭이 다르고 내용도 조금씩 다르지만 다음과 같이 나눌 수 있다.

① 수동식 또는 카 스위치 시스템(car switch system)

　항상 전속 운전원이 운전한다.

② 자동 푸시버튼 시스템(push button system)

　승객 자신이 운전하는 자동식

③ 절환식(dual control system)

　평상시는 전속 운전원이 운전하고 한산할 때는 자동식으로 바꾼다.

④ 신호식(signal control system)

　평상시는 자동식으로 승객이 운전하고 특정한 경우에만 전속 운전원이 운전한다.

---

111) 웜기어(worm gear) : 1쌍의 톱니 편성으로 회전축을 그 심이 엇갈리게 90° 바꿈과 동시에 대폭적인 감속비를 얻을 수 있다. 힘을 크게 증폭할 수 있으며 댐퍼의 각도 조절용 등에 사용된다.

7-4 엘리베이터 구조

엘리베이터의 구조는 그림 7-1과 같이 권상기(traction mactune), 승강카 (elevator), 밸런스 추, 가이드 레일(guide rail), 제어기기, 안전장치, 신호장치 등으로 구성되어 있다.

전동기 축의 회전력을 로프차에 전달하는 기구를 권상기(traction machine)라 한다. 전동기, 제동기, 감속기, 견인구차, 로프, 균형추 등으로 구성되어 있다.

웜기어(worm gear)가 직결되어 있으며 이 웜기어로서 로프차에 직접 연결된 기어를 회전시키는 기어형 권상기와 기어를 사용하지 않고 전동기 축에 로프차를 직접 연결한 기어리스형 권상기가 있다.

전동기는 저속도, 중속도 엘리베이터에 사용되는 교류 전동기와 90 m/min 이상의 고속도 엘리베이터에 사용되는 직류전동기가 있다.

제동기는 역회전력으로 감속시키는 전기적 제동기와 전동기의 제동륜을 브레이크로 조이는 기계적 제동기가 있다.

로프(rope)는 엘리베이터에서 가장 중요한 부분 중의 하나로 강도가 큰 것과 유연성이 풍부한 것이 필요하다. 강도는 고탄소강을 사용하면 얻을 수 있고 유연성은 꼬임 방법과 소강선 수를 많이 함으로써 얻을 수 있다. 가장 많이 사용되는 로프는 19본의 소강선을 꼬아 모은 선을 8조 또는 6조로 꼰 것이 있다. 로프의 교체 시기는 단선, 마모, 사용년수, 부식 등에 따르지만 대체로 3~5년 사용하면 교체하는 것이 안전하다.

균형추(counter weight)는 권상기의 부하를 가볍게 하기 위해 승강카의 반대 측 로-프에 장치하는 것으로 다음 식 7-1에 의한다.

$$균형추의 \ 중량 = 전중량 + 최대 \ 적재량 \times (0.4 \sim 0.6) \ \cdots\cdots\cdots\cdots \ (7 \text{-} 1)$$

위 식은 전동기의 소요 용량을 최소로 하기 위한 조건이며 승강카가 정원 승차로 상승할 때 또는 무승차로 하강할 때 전동기의 부하가 최대로 되는 상태가 그 조건이 된다.

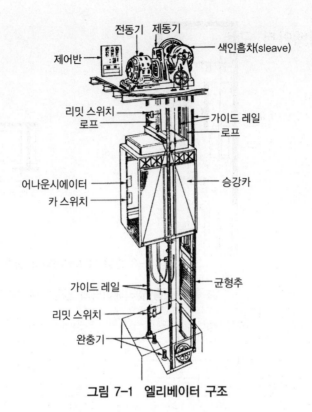

전동기　제동기
제어반
색인흠차(sleave)
리밋 스위치
로프
가이드 레일
로프
어나운시에이터
카 스위치
승강카
가이드 레일
균형추
리밋 스위치
완충기

그림 7-1　엘리베이터 구조

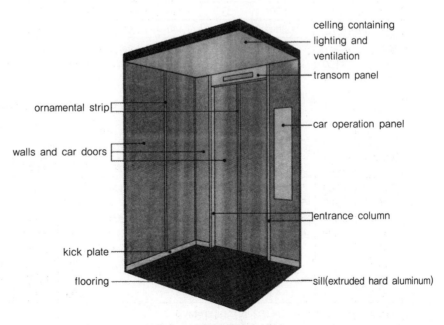

celling containing lighting and ventilation
transom panel
ornamental strip
car operation panel
walls and car doors
entrance column
kick plate
flooring
sill(extruded hard aluminum)

그림 7-2　엘리베이터 내부

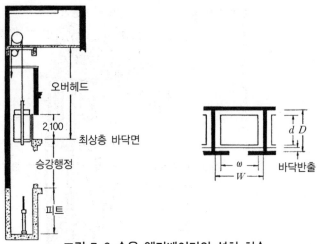

그림 7-3 승용 엘리베이터의 설치 치수

표 7-6 승용 엘리베이터의 권장 치수 및 적재량

건 물	적재량 [kg]	정원 [명]	승강기 치수		승강로		유효폭 [mm]
			ω	d	W	D	표준 높이(2,100)
사무소(소)	900	13	1,830	1,450	2,230	1,990	900
사무소(중)	1,150	17	2,130	1,530	2,530	2,072	1,050
사무소(대)·호텔	1,350	20	2,130	1,680	2,530	2,180	1,050
사무소(특대)	1,600	24	2,130	1,880	2,530	2,420	1,050
백 화 점	1,600	23	2,440	1,680	2,840	2,265	1,350
사무소(특수)	1,800	27	2,440	1,830	2,840	2,415	1,200

1. 승강로의 개구(W)는 속도 210 m/min 이상일 때는 60을 더한다.
2. 승강로의 깊이(D)는 속도 120 m/min 이상 180 m/min까지일 때는 40을 더하고 210 m/min 이상일 때는 130을 더한다.

표 7-7 승용 엘리베이터의 피트 및 오버헤드(OH) 치수 [mm]

속 도 [m/min]	적 재 량 [kg]									
	900		1,150		1,350		1,600		1,800	
	피트	오버헤드	피트	오버헤드	피트	오버헤드	피트	오버헤드	피트	오버헤드
75~90	1,800	5,400	1,800	5,400	1,800	5,400	1,800	5,450	-	-
105	2,100	5,600	2,100	5,600	-	-	-	-	-	-
120	2,400	5,950	2,400	5,950	2,400	6,000	2,400	7,450	-	-
150	2,500	6,150	2,500	6,200	2,600	6,200	2,600	7,450	2,600	7,450
180			2,700	6,200	2,700	7,750	2,700	7,750	2,700	7,750
210			3,400	8,200	3,400	8,200	3,400	8,200	3,400	8,200
240							4,000	8,950	4,000	8,950
300							4,600	9,450	-	-

1. 피트의 깊이 : 최하층 바닥면에서 피트 바닥면까지
2. over head : 최상층 바닥면에서 기계실 바닥 마감면까지(105 m/min까지는 승강행정 30 m, 120~180 m/min 까지는 승강행정 60 m, 210 m/min 이상은 90 m, 그 이상은 승강행정 10 m 증가마다 100 mm 더한다.)

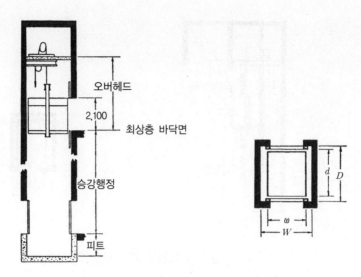

그림 7-4 하물용 엘리베이터의 설치치수

표 7-8 하물용 엘리베이터의 필요치수 및 적재량

적재량 [kg]	승강기 치수		승강로		유효 폭 [mm]
	ω	d	W	D	표준 높이(2,100)
1,000	1,680	2,130	2,420	2,380	1,530
1,600	1,980	2,440	2,720	2,690	1,830
2,000 · 2,500 · 2,700	2,590	3,050	3,330	3,300	2,440
3,000 · 3,600	2,590	3,660	3,480	3,960	2,440

표 7-9 하물용 엘리베이터의 필요 치수 및 적재량

속 도 [m/min]	적 재 량 [kg]							
	1,000		1,600		2,000		2,500	
	피트	오버헤드	피트	오버헤드	피트	오버헤드	피트	오버헤드
15~22	1,200	5,200	1,300	5,200	1,300	5,200	1,500	5,300
35~45	1,200	6,000	1,300	6,000	1,300	5,200	1,500	5,300

속 도 [m/min]	적 재 량 [kg]					
	2,700		3,000		3,600	
	피트	오버헤드	피트	오버헤드	피트	오버헤드
15~30	1,500	5,500	1,500	5,700	1,500	6,000
45	1,500	5,500	1,300	-	-	-

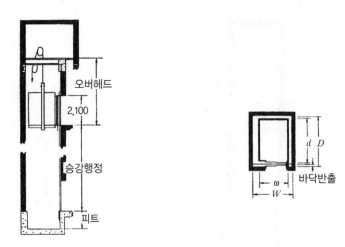

그림 7-5 병원용 엘리베이터의 설치 치수

표 7-10 병원용 엘리베이터의 권장 치수 및 적재량

적재량 〔kg〕	정원 〔명〕	승강기 치수		승강로		유효 폭 〔mm〕 표준 높이(2,100)
		ω	d	W	D	
1,000	15	1,620	2,440	2,210	2,725	1,100
1,600	24	1,620	2,440	2,210	2,725	1,100

표 7-11 병원용 엘리베이터의 피트 및 오버헤드(OH) 치수〔mm〕

45 m 이하		60 m		75~90 m		105 m		120 m		150 m	
피트	오버헤드	피트	오버헤드	피트	오버헤드	피트	오버헤드	피트	오버헤드	피트	오버헤드
1,200	5,820	1,500	6,020	1,800	6,220	2,100	6,420	2,400	7,300	2,500	7,500

Typical AC motor driven traction machine

Typical DC motor driven traction machine

Typical AC motor driven traction machine

Typical M-G set

그림 7-6 전동기(electric motor)

Typical control panel

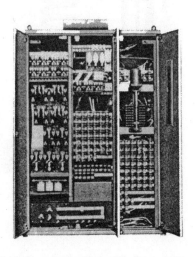

Typical control panel with doors open

그림 7-7 조절기 패널(control panel)

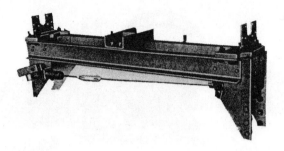

Typical type GS safety gear

Typical governor

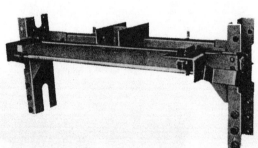

Typical car frame and platform

Typical oil buffer
for car and
counterweight

Typical spring
buffer for car

Typical spring
buffer for
counterweight

Typical type IS safety gear

그림 7-8 안전장치

7-5 엘리베이터 설치 대수

엘리베이터 설치 대수는 연면적 $4,000 \sim 6,000\,\mathrm{m}^2$ 당 1대 정도 설치하는 경우가 많지만 연면적이 작으면 1대당 차지하는 면적이 작고, 연면적이 크면 정원 수가 큰 엘리베이터를 설치하여 대수를 적게 하는 경향이 있다. 건물의 용도나 사용방법, 엘리베이터의 속도, 정원, 정지층수, 운행방법 등에 따라 운반 능력이나 기다림 시간에 차이가 있고 유사한 건물의 교통계산을 하여 대수를 정하지만 개략의 필요 대수 N 는 식 7-2로 구할 수 있다.

$$N = \frac{Q}{CC} \quad\cdots\cdots\cdots\cdots\cdots\cdots\cdots\cdots\cdots\cdots\cdots\cdots\cdots\cdots\cdots\cdots\cdots\cdots\cdots\cdots \quad (7\text{-}2)$$

여기서 Q : 피크 5분간의 이용 인원 〔인〕
CC : 1대당 5분간의 수송 능력 〔인/대〕

$Q = \phi M$
　M = 건물인구
　ϕ = 집중률
　　• 전용 사무소 : $0.2 \sim 0.3$　　　• 임대 사무소 : $0.1 \sim 0.15$
　　• 관공서 : $0.14 \sim 0.20$　　　• 아파트, 호텔 : $0.03 \sim 0.05$
　　• 백화점(입점자) : $0.08 \sim 0.18$

$CC = \dfrac{300r}{RTT}$
　r : 승강카 1대의 정원 〔인〕
　RTT : 평균 1주 시간 〔s〕
　RTT = 승객의 출입시간 + 문의 개폐시간 + 주행시간 + 손실
　　　　시간
$RTT = \dfrac{2S}{V} + AT$
　S : 승강행정[112] 〔m〕
　V : 속도 〔m/s〕
　AT : 부가시간 〔s〕

---

112) 승강행정(travel) : 승강실이 정지하는 최상층의 바닥면에서 최하층의 바닥면까지의 거리

- 사무소 : 서비스층 × 6∼16초
- 백화점 : 서비스층 × 30∼60초
- 호   텔 : 서비스층 × 8∼15초
- 병   원 : 서비스층 × 15∼25초

[예제 1] 사무소 건축의 엘리베이터 설치 대수를 구하시오. 단, 사용인원 500명, 승강차 정원 17인, 승강행정 60 m, 속도 60 m/min, 서비스층 20층

풀이 $N = \dfrac{Q}{CC}$

(1) $Q = \phi \cdot M$

　　　$= 0.2 \times 500$

　　　$= 100$

　　따라서

　　$N = \dfrac{100}{21.3}$

　　≒ 5대

(2) $CC = \dfrac{300r}{RTT}$

　　$RTT = \dfrac{2S}{V} + AT = \dfrac{2 \times 60}{60/60} + (20 \times 6초)$

　　　　$= 120 + 120$

　　　　$= 240$

7-6 엘리베이터 시설

(1) 엘리베이터 위치

① 엘리베이터는 건물에 출입하는 대부분의 사람이 항상 이용하는 것이므로 가장 눈에 잘 띄는 장소를 선택한다.

② 하나의 건물에 여러 대의 같은 종류의 엘리베이터를 설치할 경우에는 공통 승강 버튼으로 제어할 수 있도록 한다.

③ 바닥면적 5,000~6,000 m² 또는 그 이상의 대형 건물에서는 건물 중심에 엘리베이터를 집중시키든가 건물 밖의 교통사정을 고려하여 교통량이 많은 출입구 가까운 곳에 집중시킨다.

(2) 엘리베이터 샤프트와 기계실

기계실은 승강로 위에 설치하고 또한 제어판, 수전반, 권상기, 전동 발전기, 기동반 등을 놓기 때문에 샤프트 면적의 2.5배 정도가 필요하다. 엘리베이터 샤프트의 면적은 균형추·가이드레일 등 승강 카 면적의 2.0~2.7배 정도 필요하고 보나 기둥의 요철이 있으면 증가한다.

또한 샤프트에는 엘리베이터에 관계없는 전기 기타 배선이나 배관을 넣어서는 안 된다. 엘리베이터 피트는 어떠한 엘리베이터에라도 필요하므로 건축설계 초기 단계에서부터 고려해 둘 필요가 있다. 또한 피트는 속도에 따라 깊이가 변화한다.

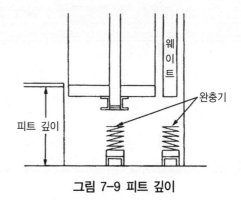

그림 7-9 피트 깊이

표 7-12 엘리베이터 속도와 샤프트

엘리베이터 속도 〔m/min〕	30	45	60	90	120	150	180	210	240
기계실 천장고 〔m〕	2.0	2.0	2.0	2.3	2.3	2.6	2.5	2.6	3.0
오버헤드 〔m〕	3.2~4.6	32.~4.6	3.2~4.8	5.2	5.5	5.7	6.0	6.4	7.1
정상부의 틈 〔m〕	1.2	1.2	1.4	1.6	1.8	2.0	2.3	2.7	3.3
피트 깊이 〔m〕	1.2	1.2	1.5	1.8	2.1	2.4	2.7	3.2	3.8

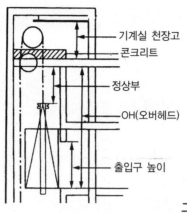

〔m/min〕	정상부 틈〔m〕	〔m/min〕	정상부 틈〔m〕
45	1.2	120~150	2.0
45~60	1.4	150~180	2.3
60~90	1.6	180~210	2.7
90~120	1.8	210~240	3.4

그림 7-10 정상부의 틈

7-7 에스컬레이터설비(escalator system)

(1) 에스컬레이터 설치 위치

에스컬레이터는 서로 다른 층을 하나의 층으로 사용하도록 하는 것이 목적이므로 건물의 주 사용목적에 따라 위치 선정이 까다롭다.

1 일반건축

① 가능한 한 주출입구에 가까운 곳
② 엘리베이터 승강장과의 연관성을 고려

2 건물의 주목적이 지하층·2층인 경우

① 은행·상점·식당 등이 2층에 있을 경우에는 외부 도로에서 직접 승강할 수 있는 위치가 좋다.
② 지하층에 식품전문점·식당 등이 있을 경우 외부의 손님을 맞이하기 위해서는 1층의 주출입구 가까이 설치하는 것이 좋다.

3 백화점

① 각 층의 중심에 설치하고 상승·하강중 상품을 위에서 바라보이게 하도록 한다.
② 외부통로에서 에스컬레이터가 보이는 위치.

4 교통기관

① 무엇보다 사람의 눈에 잘 보이는 곳.

② 개찰·출찰구에 너무 가깝지 않도록 한다. 사람들의 흐름에 혼란을 일으킬 수 있기 때문이다.

5 공통

① 주계단에 근접하지 않아도 좋다.

② 층별 차를 없애는 것이 주목적일 경우에는 반드시 2대 병렬 또는 교차형으로 하고 상승·하강을 각각 전용으로 설치한다. 단, 상승 피크 때나 하강 피크 때에는 2대 모두 같은 방향으로 운전을 해도 좋다.

③ 에어컨용 주 덕트를 횡단하지 않는 위치로 한다.

(2) 에스컬레이터의 종류

에스컬레이터는 엘리베이터에 비교해서 훨씬 더 많은 승객을 옮길 수 있다는 것이 특징이다. 엘리베이터는 1시간에 400~600명 수송이 가능하지만 에스컬레이터는 그보다 10배 이상의 수송능력을 가지고 있다. 이 때문에 백화점 등의 승객이 많은 건축에 적합하다.

에스컬레이터는 원칙적으로 기둥과 기둥 사이의 보에 걸리도록 하고 에스컬레이터의 속도는 30 m/min 이하가 원칙이다.

스텝(step)의 폭은 1,200형이 1,004 mm, 800형이 604 mm, 경사 각도는 양쪽 다 30°이다. 손잡이 안쪽은 투명유리 또는 젖빛 아크릴판으로 하고 그 속에 조명을 넣은 투명식과 조명식 등이 백화점, 호텔, 극장, 쇼핑센터 등에서 사용된다.

표 7-13 에스컬레이터의 수송력

폭 [mm]	시간당 수송 인원 [명]
1,200	8,000
900	6,000
800	5,000
600	4,000

에스컬레이터의 구조는 그림 7-11처럼 상부에 전동기가 있고 치차(gear)에 의해 감속하여 계단을 구동하고 있다. 여기서 사용하는 전동기는 대개 7.5~11 kW의 것이 많다.

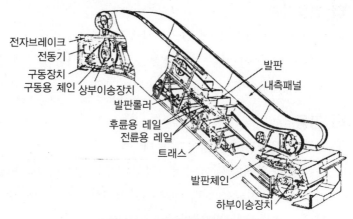

그림 7-11 에스컬레이터의 구조

에스컬레이터 설치 시 주의사항은 다음과 같다.

① 지지 보나 기둥에 균등하게 하중이 걸리는 위치

② 사람의 흐름을 파악하고 그 중심, 즉 엘리베이터의 정면 또는 현관의 중간에 배치한다.

③ 에스컬레이터의 바닥 면적은 적게 하고 승객의 시야가 최대한 넓도록 해야 한다.

④ 주행거리가 짧도록 한다.

에스컬레이터는 그림 7 - 12와 같은 안전장치가 필요하다.

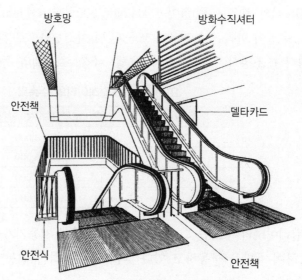

그림 7-12 에스컬레이터의 안전장치

단열형

종래 많이 채용되어 온 방식으로 점유 면적은 단열중복형의 2배가 된다.

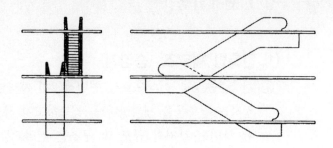

단열중복형

백화점이나 상점에서 승객을 각 층마다 유도할 수 있도록 하는 방식으로 점유 면적이 가장 작은 방식이긴 하지만 사용하기에 불편한 것이 흠이다.

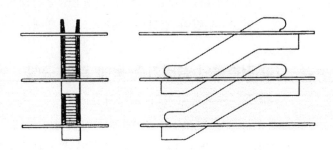

교차형

백화점 건축에서 가장 많이 채용하는 방식으로 편리하고 점유 면적도 비교적 작다.

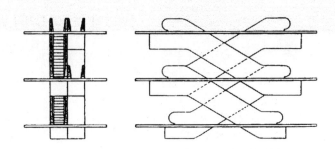

복열형

화려한 배열방법으로 편리하긴 하지만 점유 면적이 크다.

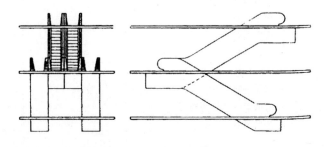

그림 7-13 에스컬레이터의 대표적인 배열

7-8 승강기 관계법령

(1) 건축법 제57조 〔승강기〕

① 건축주는 6층 이상으로서 연면적 2천 제곱미터 이상인 건축물(대통령령이 정하는 건축물을 제외한다)을 건축하고자 하는 경우에는 승강기를 설치하여야 하며 승강기의 규모 및 구조는 건설교통부령으로 정한다.

② 높이 41 m를 초과하는 건축물에는 대통령령이 정하는 바에 의하여 제1항의 규정에 의한 승강기 외에 비상용승강기를 추가로 설치하여야 한다. 다만 건설교통부령이 정하는 건축물의 경우에는 그러하지 아니하다.

(2) 건축물의 설비기준 등에 관한 규칙

제5조 〔승용승강기의 설치기준〕

건축법 제57조 제1항의 규정에 의하여 건축물에 설치하는 승용승강기의 설치기준은 〔별표 1〕과 같다. 다만 승용승강기가 설치되어 있는 6층 이상의 건축물에 1개층을 증축하는 경우에는 승용승강기의 승강로를 연장하여 설치하지 아니할 수 있다.

【별표 1】 승용승강기의 설치기준

건축물의 용도	6층 이상의 거실 면적의 합계	
	3,000 m² 이하	3,000 m² 초과
• 문화 및 집회시설(공연장 · 집회장 및 관람장에 한한다.) • 판매 및 영업시설(도매시설 · 소매시장 및 상점에 한한다.) • 의료시설(병원 및 격리병원에 한한다.)	2대	2대에 3천 제곱미터를 초과하는 경우에는 그 초과하는 매 2천 제곱미터 이내마다 1대의 비율로 가산한 대수. $2대 + \dfrac{A - 3{,}000\,\text{m}^2}{2{,}000\,\text{m}^2}$ [대]
• 문화 및 집회시설(전시장 및 동 · 식물원에 한한다.) • 업무시설 • 숙박시설 • 위락시설	1대	1대에 3천 제곱미터를 초과하는 경우에는 그 초과하는 매 2천 제곱미터 이내마다 1대의 비율로 가산한 대수. $1대 + \dfrac{A - 3{,}000\,\text{m}^2}{2{,}000\,\text{m}^2}$ [대]
• 공동주택 • 교육연구 및 복지시설 • 기타시설	1대	1대에 3천 제곱미터를 초과하는 경우에는 그 초과하는 매 3천 제곱미터 이내마다 1대의 비율로 가산한 대수. $1대 + \dfrac{A - 3{,}000\,\text{m}^2}{3{,}000\,\text{m}^2}$ [대]

(주) 승강기 대수 기준은 8~15인승은 1대로, 16인승 이상은 2대로 산정한다.

문 제

[문제 1] 수송설비의 종류와 특징에 대하여 기술하시오.

[문제 2] 엘리베이터의 용도에 의한 분류를 하시오.

[문제 3] 엘리베이터의 운전 조작방식에 의한 분류를 하시오.

[문제 4] 엘리베이터 구조를 스케치하면서 설명하시오.

[문제 5] 사무소 건축에서 엘리베이터의 승강행정이 90 m, 속도가 60 m/min, 정원이 18명, 건물 인구가 500명일 때 엘리베이터의 설치 대수를 산출하시오. 단, 서비스 층은 30층이다.

[문제 6] 엘리베이터 설치 위치에 대하여 기술하시오.

[문제 7] 에스컬레이터 설치 위치에 대하여 기술하시오.

[문제 8] 에스컬레이터의 안전장치에 대하여 스케치하면서 설명하시오.

[문제 9] 에스컬레이터 설치 시 주의사항에 대하여 기술하시오.

[문제 10] 에스컬레이터의 배열방법에 대하여 스케치하면서 설명하시오.

[문제 11] 다음 용어에 대하여 간단히 설명하시오.

① dumb waitor

② worm gear

③ over head

④ 승강행정

참고문헌

1) 小笠原 祥五 외 : 建築設備, 市ゥ谷出版社 (1987)
2) 石福 昭 외 : 建築設備, オーム社 (1986)
3) 吉田 燦 : 建築設備槪論, 章國社 (1985)
4) 井上字市 : 建築設備計劃法, コロナ社 (1966)
5) 崔英植 : 建築設備設計計劃, 世進社 (1997)
6) 松本敏南 외 : 建築設備, 學獻社 (1982)
7) 中島康孝 외 : 建築設備, 朝倉書店 (1983)
8) 照明學會編 : 照明데이터 북, 世進社 (1977)
9) 田居陸夫 : 建築電氣設備の基礎知識, オーム社 (1975)
10) 松浦邦男 : 建築照明, 共立出版 (1982)
11) 김갑송 : 基礎電氣工學, 성안당 (1982)
12) 지철근 : 建築電氣設備, 文運堂 (1979)
13) 中村守保 : 建築電氣設備, 丸善 (1980)
14) 建築照明硏究會編 : 建築の照明計劃と配線設備, 章國社 (1974)
15) 지철근 : 電氣應用, 文運堂 (1982)
16) 원종수 : 非常用照明裝置, 성안당 (1976)
17) 空氣調和・衛生工學會編 : 空氣調和設備の實務の知識, オーム社 (1989)
18) 空氣調和・衛生工學會編 : 空氣調和衛生工學便覽 I II III, 空氣調和・衛生工學會 (1975)
19) 井上字市 외 : 建築設備 , 朝倉書店 (1981)
20) 中島康孝 외 : 建築設備設計施工資料集成, 大光書林 (1977)
21) 阿部森雄 : 建築設備設製圖, 技術書院 (1980)
22) 戶ゥ岐健次 : 建築設備の設計, 明現社 (1978)
23) 吉村武 외 : 繪とき建築設備, オーム社 (1983)
24) 建築設備大系編緝委員會編 : 建築設備設計 I II, 章國社 (1965)
25) 配管工學硏究會編 : 配管ハンドブック, 産業圖書 (1973)
26) 정필선 외 : 電氣設備設計와 施工, 성안당 (1980)
27) 이영환 외 : 變電設備와 豫備電源, 성안당 (1981)
28) 최갑석 외 : 電氣製圖, 형설출판사 (1981)
29) 飮野香 : 特殊設備, 鹿島出版會 (1978)
30) 日本建築學會編 : 建築設備資料集成(設備計劃編), 丸善 (1977)
31) オーム社編 : 建築設備配管の實務讀本, オーム社 (1993)
32) 戶岐重弘 외 : 建築設備演習, オーム社 (1984)
33) 日本生氣象學會編 : 生氣象學の事典, 朝倉書店 (1992)
34) 空氣調和・衛生工學會編 : 空氣調和・衛生用語事典, オーム社 (1990)
35) 空氣調和・衛生工學會用語委員會編 : 空氣調和・衛生用語集, 空氣調和・衛生工學會 (1989)
36) 建築設備用語大事典 編纂委員會編 : 建築設備用語大事典, 技文堂 (1997)
37) 空氣調和・衛生工學會編 : 建築設備集成, オーム社 (1988)

제3편 공기조화설비

제1장 공기조화의 기초

1-1 공기조화의 개요

공기조화(空氣調和 : air conditioning)를 공조(空調)라고도 하는데 이것은 "실내 또는 특정 장소의 공기를 그 사용목적에 맞도록 가장 적당한 상태로 조정하는 것"이라고 정의할 수 있다.

위에서 말한 "가장 적당한 공기 상태의 조정"이란 **공기의 온도·습도·기류·청정도** 등 4가지 요소의 조정을 말한다. 공기조화란 위에서 말한 실내공기 상태를 인위적으로 조정하는 몇 가지 조작을 합성한 기술이라 말할 수 있고 그 조작의 정도는 다음과 같다.

① **온도를 조정하는 과정** : 공기의 냉각, 가열(현열[1]의 가감)
② **습도를 조정하는 과정** : 공기의 감습, 가습(잠열[2]의 가감)
③ **기류를 조정하는 과정** : 기류의 속도, 기류분포, 기압의 조정
④ **공기를 정화하는 과정** : 공기 중의 탄산가스 농도 조정, 먼지·세균·냄새·유해가스 등의 제거

이 밖에도 부수적으로 일어나는 문제로 공조설비 기기로부터 발생하는 진동과 소음을 처리하는 것도 대단히 중요하다. 이를테면 경주 석굴암 석실 내부 공조를 위해 설치한 공조실의 진동과 소음문제는 중요문화재 보존 차원에서 1913년 이후 오랫동안 문제가 되어 왔으며[3] 최근 조사결과 송풍기 교체를 시도하고 공조실 이전까지도 검토 중인 것으로 알려지고 있으나 저자가 1997년 초 문화재청으로부터 조사의뢰를 받고 현장조사한 바에 의하면 단순히 공조실의 진동 소음문제 처리 외

---

1) **현열**(sensible heat) : 복사·대류에 의한 열
2) **잠열**(latent heat) :증발에 의한 열
3) 최영식 ; 실내환경조절 측면에서 본 석굴암 평가에 관한 연구, 한국산업응용학회 논문집, Vol.1, No.2, pp.21-30.(1998)

에도 석실 내부의 석불 뒤 바닥에 설치된 공기 흡출구의 VH형 그릴(grille)에서 1차적으로 발생한 공기 마찰음 때문에 2차적으로 석실 내부 돔에서 발생하는 공명현상(resonance)이 원인이었으며 이에 대한 부수적 대책이 시급한 실정이었다.

1-2 공기조화의 종류

공기조화(air conditioning)의 종류를 목적 대상에 따라 분류하면 크게 **환경 공기조화**(comfort air conditioning)와 **산업용 공기조화**(industrial air conditioning)로 나눌 수 있다.

(1) 환경 공기조화

쾌감공조(快感空調)라고도 말한다. 인간을 대상으로 한 공기조화로서 인체의 건강과 인체 주변의 생활환경을 쾌적하게 유지하는 것을 목적으로 한 것이다. 즉, 거주지역의 온도·습도·기류와 공기의 청정도를 최적 상태로 조절 유지하여 노동능률을 향상시키기 위한 것이다. 주택·사무소·학교·점포·호텔·백화점·극장·오락장·병원·교통기관 등에 이용되고 있다. 환경 공기조화를 할 때의 실내환경조건은 표 1-1과 같다.

표 1-1 환경 공기조화의 실내환경조건

온　　　도	$17\,°C$ 이상 $28\,°C$ 이하
상 대 습 도	$40\,\%$ 이상 $70\,\%$ 이하
기　　　류	$0.5\,m/sec$ 이하
부유 분진량	공기 $1\,m^3$당 $0.15\,mg$ 이하
일산화탄소 함유량	$0.001\,\%(10\,ppm)$ 이하
탄산 가스 함유량	$0.1\,\%(1,000\,ppm)$ 이하

(2) 산업용 공기조화

공장제품의 생산과정이나 생산된 제품저장을 대상으로 하는 공기조화를 말한다. 공장제품의 품질향상과 제품의 균일화, 생산능률의 증진, 저장된 상품의 품질유지 등을 위해서는 공장공기의 온도·습도·공기의 청정도 조정을 절대적으로 필요로 하며 폐열회수 등의 열관리까지도 해야 한다.

이를테면 정밀하고 균일한 제품을 요구하는 정밀공작 기계공업, 공기의 온습도 영향을 받기 쉬운 제과·제약·섬유·인쇄·사진·전화교환실 그리고 발열로 인하여 고장을 일으킬 수 있는 전자계산기실 등 그 적용범위는 대단히 광범위하다.

첨단기술의 발전과 함께 오늘날 다양한 산업계에 있어서 공기조화설비는 필수불가결한 요소로 떠오르고 있다. 산업용 공기조화설비에 의해 쾌적한 작업환경을 만들었을 때 다음과 같은 경제적 효과를 기대할 수 있다.

① 작업능률 향상에 따른 생산성의 향상.
② 불량 제품의 감소.
③ 외부 오염공기의 침입 방지.
④ 태양일사가 직접 입사되지 않으므로 열부하의 안정화와 일정조도의 유지로 안정된 작업이 가능.

표 1-2 각종 산업용 공기조화 조건

생 산 공 장		온도 [℃]	습도 [%]	생 산 공 장		온도 [℃]	습도 [%]
식품	빵발효실	26~28	75	전기·기계	IC 제조	22~24	35~45
	빵포장실	18	65		코일·변전기	22	15
	초 콜 릿	18~20	45~50		정밀기계부품가공	24	45~50
	쌀 저 장	10~13	70~75		렌즈 연마	27	80
	차 저 장	5	40	섬유	목면 정방	27~29	55~70
담배	해 초 실	30	60~70		제 섬	26~27	70~80
	제 조 실	20~24	60~70		모	27~29	65~70
	창 고	18~24	60~65		정 방	27~29	50~60
제약	정제제조	23~25	25~30		제 섬	27~29	50~65
	분제제조	24~27	15~35	도기	성형건조실	43~66	50~90

(주) IC : Integrated Circuit, 정방 : spinning(방적)

1-3 쾌적실내환경

인체 내에서 발생하는 열은 인체의 활동 상태에 따라 변하지만 항상 일정한 체온을 유지하기 위하여 인체는 발생한 열량과 같은 양의 열량을 체외로 방출해야만 한다.

인체의 열수지는 그림 1-1에서처럼 주변환경과 끊임없이 체표면 경계층에서 대류에 의한 전열(C), 복사에 의한 전열(R), 땀의 증발(E), 전도에 의한 전열(C_d), 호흡에 의한 수분 증발 등으로 이루어진다. 그림 1-1은 우리나라 고유의 온돌난방 바닥에서 재실자와 주변환경 사이의 열수지 관계를 나타낸 것이다.

이러한 방열량은 착의상태나 주변환경의 온도·습도·기류속도·주벽면의 표면온도·일사 등의 복사열에 따라 영향을 받는다. 발열량에 따라 방열량이 적은 사람은 더위를 느끼고 그 반대의 경우는 추위를 느낀다. 인체는 거기에 대한 조정 기능을 갖추고 있지만 실내에서 재실자가 불쾌감을 느끼지 않도록 방열조정이 가능한 범위로 실내의 온습도나 기류속도를 유지토록 하는 것이 공기조화 시스템의 역할이다.

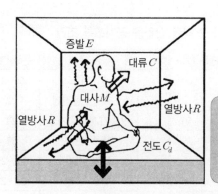

| M : Metabolic rate |
| R : Radiative heat exchange |
| C : Convective heat exchange |
| E : Evaporative heat loss |
| C_d : Conductive heat exchange $[W/m^2]$ |

그림 1-1 책상다리 자세의 인체와 주변환경 사이의 열교환 과정[4]

실내온도는 일반 사무실의 경우 여름에는 24~27 ℃, 겨울에는 20~22 ℃가 바람직하다고 한다. 이 값은 외기온도에 따라 변하므로 특히 여름에는 실온과 외기온도

---

4) 최영식 ; 床煖房時の溫熱環境ガ胡座人體に及ばす影響に關する基礎的硏究, 名古屋工業大學大學院 博士學位論文, p.129, 1995.

의 차가 지나치게 크면 히트쇼크(heat shock)를 느끼게 되고 보건상 좋지 않으므로 온도차를 5~7 ℃ 이하로 하는 것이 바람직하다. 습도는 실온이 위와 같이 적당한 값이라면 40~70 % 범위면 좋다.

또 기류속도에 대해서는 인체에 강한 기류(draft)가 부딪치면 불쾌감을 느끼게 되므로 0.5 m/s 이하로 하도록 하고 있지만 0.2 m/s 정도가 바람직하며 난방 시에는 이보다 약간 빠르게 하여도 좋다. 공기의 청정도도 쾌감상 또는 보건상 중요한 요소이다. 공기의 오염원으로 분진·탄산가스·일산화탄소·악취 등을 생각할 수 있는데 세균·유황산화물·질소산화물·탄화수소 등을 생각해야 할 경우도 있다.

일반 건물에 있어서 분진의 허용치는 0.15~0.2 mg/m^3 정도로 생각하면 된다. 탄산가스(CO_2)의 대기 중 농도는 0.03~0.04 %이지만 실내공기는 인간의 호흡과 연소기구의 연소에 따라 농도가 증가한다. 일반적으로 탄산가스의 허용치는 0.1~0.15 %(1,000~1,500 ppm)가 이용되고 있다.

일산화탄소(CO)는 흡연이나 연소기구에서 발생하는 것과 자동차 배기가스에 의한 것이 있고 이것은 유해가스이므로 그 허용치가 10 ppm으로 되어 있다. 악취는 사람의 호흡, 구취(口臭), 체취(體臭), 땀 등에 의한 것과 흡연에 의한 것, 조리에 의한 것 등이 있다. 표 1-3에 흡연의 정도에 따른 시간당 단위 면적의 환기량을 나타내고 있다.

표 1-3 흡연을 고려한 환기량

실의 종류	흡연 정도	환기량 [m^3/h·인]	
		권장치	최소치
집 회 장 · 회 의 실	아주 많다	85	51
호 텔	많 다	51	42
일 반 사 무 실	다소 있다	25	17
개 인 사 무 실	없 다	42	25
상점 · 백화점 · 극장	없 다	13	8.5
병 원 의 병 실	없 다	34	17

1-4 인체와 온열환경

인체를 둘러싸고 있는 주변환경의 물리화학적 요소는 열·공기의 질·음·빛·색·냄새나 물 등이 있다. 이러한 것 모두가 일상생활 중 중요한 것이지만 공기환경에서는 온열과 공기의 질이 물과 함께 인간의 생명을 유지하기 위한 가장 중요한 요소이다.

사람은 항상 온열환경 속에서 생활하고 있으며 체내에서는 열생산을 하고 동시에 주변환경과의 사이에는 그림 1-2에서처럼 열평형(heat valance)을 유지하려 하며 열평형 유지를 위한 열교환이 인체의 더위와 추위의 감각과 열적 쾌적성에 크게 영향을 미친다. 열적 쾌적성은 크게 환경 측과 인체 측의 양면에서 그 영향을 받는다. 환경 측의 요소로는 기온·방사온도(주벽면온도)·습도·풍속·기압·공기조성 등이 있고 인체 측의 요소로는 의복·대사량(산열량, 작업강도)·성별·연령·건강상태·민족·종족 등을 들 수 있다.

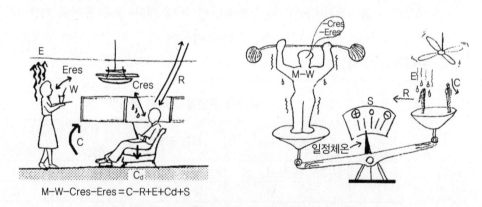

$$M-W-Cres-Eres=C-R+E+Cd+S$$

그림 1-2 인체와 환경 사이의 열수지(熱收支)

그러나 인간이 본래 갖추고 있는 천성적인 것이나 과거에 경험한 환경, 열환경에 대한 이력 등을 모두 고려할 수는 없기 때문에 그때그때의 상황에 따라 선택한다면 환경 측에서는 크게 **기온·습도·기류·열방사** 등 4요소가 직접적으로 관계하며 인체 측에서는 **대사량·착의량** 등 2요소가 관계한다. 이러한 인체와 열환경 사이의 관계를 단순화해서 나타내면 그림 1-3처럼 된다.

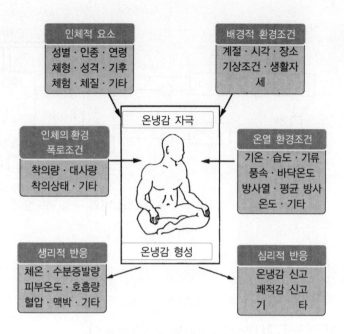

그림 1-3 인체의 온냉감 자극과 형성요소

1-5 공기조화설비의 기능적 구성

공기조화를 조정하는 요소 중 온도와 습도는 **열적인 기능**에 의해 조정되고 기류와 공기청정도의 유지는 **환기 기능**에 의해 조정된다. 따라서 공기조화설비는 열적 기능과 환기 기능이 없어서는 안 된다.

여기서 열적 기능이란 실내에 공급하는 공기를 냉각 · 가열 또는 감습 · 가습하는 기능을 말하며 환기 기능이란 송풍하는 공기 중에 적정량의 외기를 도입하고 이때 공기 중의 먼지나 유해물질을 제거하기도 하고 취출구[5])의 위치나 취출속도[6])를 가감하기도 하여 실내에 가장 적당한 기류를 만들어 주는 기능을 말한다.

이러한 기능을 수행하기 위한 공기조화설비는 여러 가지 방식이 있으며 그 구성도 다양하지만 가장 기본적인 덕트방식의 예를 그림 1-4에 나타내고 있다.

---

5) air outlet : 덕트에서 실내로의 공기의 취출구(diffuser)
6) outlet velocity

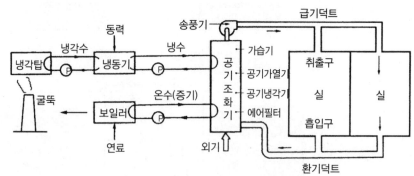

그림 1-4 공기조화설비의 구성(덕트방식)

1-6 공기조화장치

(1) 열원장치 (heat source equipment)

온열원으로서는 보일러, 냉열원으로서는 냉동기가 사용되고 보일러에서 만들어진 온수(hot water)나 수증기(steam)가 가열코일에 또 냉동기에서 만들어진 냉수(chilled water)가 냉각코일에 펌프 등의 힘으로 배관을 따라 공기조화기로 보내어져 순환 사용된다. 여기서 냉동기에는 응축기 냉각용수(수냉식의 경우)의 냉각용으로 냉각탑(cooling tower)이 부수적으로 설치된다.

(2) 공기조화기 (air conditioner)

열원장치로부터 열매에 의해 공기를 열처리하는 열교환기(냉각 coil, 가열 coil)와 공기 중의 먼지를 제거하는 공기정화장치로 이루어져 있다. 열교환기 중 냉각·감습작용을 하는 것은 냉각코일(cooling coil), 가열을 하는 것은 가열코일(heating coil), 가습을 하는 것은 가습기(물 또는 증기스프레이 : steam sprays)라 부른다.

(3) 송풍장치 (fan equipment)

공기조화기에서 처리된 공기를 실내에 공급하는 장치를 말한다. 송풍장치는 송풍기·덕트·터미널(취출구·흡입구)로 구성되어 있으며 공기조화기와 일체로 되어 있는 경우가 많다. 공기조화기 입구에 장착되어 있는 송풍기의 작동으로 실내의 흡입구에서 환기(return air)가 또한 외기 취입구로부터 외기(out air)가 각각 덕트

(duct)를 통하여 공기조화기로 흡입되어 조정된 공기가 덕트를 따라서 천장이나 벽 등에 설치되어 있는 취출구에 의해 실내로 취출된다. 이때 환기만으로는 실내의 CO_2 농도가 허용한도 이상이 되므로 외기가 송풍량 전체의 1/4 정도 사용된다.

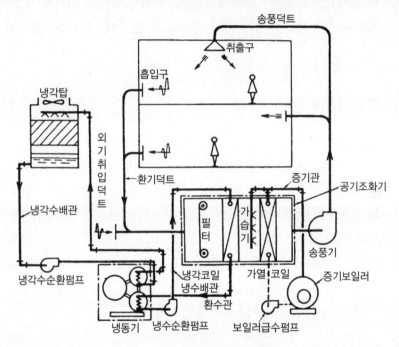

그림 1-5 공기조화설비 계통도

표 1-4 공기조화설비의 구성

항 목	기 기	기 능
열 원 설 비	보일러, 온풍로, 히트펌프, 냉동기, 부속기기	공조부하에 따른 가열 및 냉각을 하기 위하여 증기, 온수 또는 냉수를 만드는 설비
열 교 환 설 비	공기조화기, 열교환기	• 공조공간에 보내는 공기의 온도, 습도를 조정하는 설비 • 공조공간에 보내는 냉·온수의 온도를 조정하는 설비
열매수송설비	송풍기, 공기덕트(부속기기), 펌프, 배관(부속기기)	공조공간에 열매(공기 또는 물)을 보내기 위한 설비
실 내 유 닛	취출구, 흡입구, 팬코일유닛, 유인 유닛, 히트 패널, 기타 방열기	• 실내에 조화공기를 공급하는 장치 • 실내의 공기를 가열, 냉각, 감습, 가습하는 장치
자 동 제 어 ·중앙관제설비	자동제어용 기기, 중앙감시, 원격조정반 등	온도, 습도, 유량 등의 자동제어, 감시, 기록, 기기의 원격조작, 감시 등

(4) 제어장치(control device)

제어장치란 자동제어 기기와 중앙관제 장치를 말한다. 자동제어 기기는 실내의 공기조건을 일정하게 유지하게 하고, 설치된 장치나 기기를 항상 정상적이고 경제적으로 운전되도록 하기 위한 장치로서 **전기식, 전자식, 공기식**이 있다.

1-7 공기조화설비의 열원

공기조화설비의 열원(heat source)으로서는 화학연료·도시가스·전기 등이 사용되고 있지만 우리나라와 같이 에너지 자원이 부족한 나라에서는 에너지를 유효하게 이용하기 위하여 지속적으로 지역냉난방설비를 발달시키고 도시에서 버려진 쓰레기를 소각할 때 발생하는 배열(waste heat)을 병용하는 설비나 건물 내의 배열을 다시 회수해서 이용하는 열회수공조방식도 점진적으로 정착되어야 할 것이다. 한편 도시가스나 경유를 사용하는 엔진구동의 발전과 냉·난방을 동시에 하는 토털에너지방식[7]도 개발되어 사용되고 있다.

상기 이외의 열원으로서 태양열 이용이 있는데 효율 좋은 집열기와 히트펌프와 흡수냉동기를 합성해서 주택 등의 소규모 건축에 일부 응용되고 있으며 일본에서는 태양열을 이용한 바닥난방이 최근 널리 보급되고 있다. 이러한 것은 연간 태양 일사 수열량이 많아야 하고 담천(曇天)[8] 때나 야간을 고려해서 축열장치가 필요하기 때문에 설비비가 증액된다는 점도 있지만 태양열은 항상 무상으로 무한으로 얻을 수 있는 에너지이므로 우리나라에서도 장래 크게 이용될 것으로 생각된다.

---

7) **토털에너지방식**(total energy system) : 건물 단위로 발전을 하여 스스로 소비함과 동시에 폐열을 회수하여 냉난방이나 급탕에 이용하는 방식
8) **담천** : 기상학에서는 비가 오건 눈이 오건 간에 하늘에 구름이 20 % 이하이면 쾌청, 80 % 이상이면 담천, 30~70 %이면 청천이라 한다.

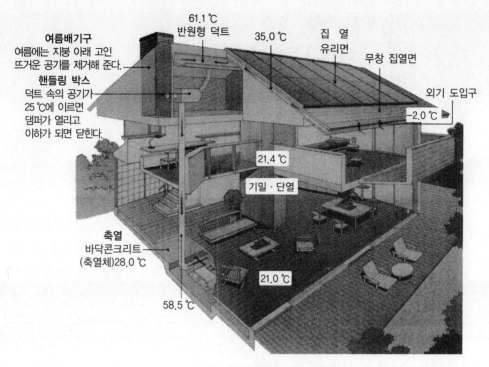

여름배기구
여름에는 지붕 아래 고인
뜨거운 공기를 제거해 준다.

핸들링 박스
덕트 속의 공기가
25℃에 이르면
댐퍼가 열리고
이하가 되면 닫힌다.

61.1℃
반원형 덕트

35.0℃

집 열
유리면

무창 집열면

외기 도입구

−2.0℃

21.4℃

기밀·단열

축열
바닥콘크리트
(축열체)28.0℃

21.0℃

58.5℃

그림 1-6 태양열 이용 주택

제2장 냉난방부하

2-1 냉난방부하

실내를 재실자가 희망하는 온도·습도로 유지하기 위해서는 그 실내 공간이 취득하는 열량 또는 수분을 흡수하기도 하고 손실되는 열량 또는 수분을 공급하기도 해야 한다. 이때 실내의 온도를 상승·하강시키는 열량을 현열부하(顯熱負荷, sensible heat load)라 하고 실내의 습도를 상승·하강시키는 수분의 양을 열량(잠열량)으로 환산하여 잠열부하(潛熱負荷, latent heat load)라 한다.

이때 흡수한 모든 열량을 냉방부하(취득 열량)라 하고 공급한 모든 열량을 난방부하(손실 열량)라고 한다. 이러한 열부하(heat load)는 단위시간당의 열량 (kcal/h)으로 나타내며 이것은 공조장치의 각 기기 용량을 결정하는 설계의 기초가 된다.

2-2 냉방부하 (cooling load)

실내의 온도·습도를 일정하게 유지하기 위하여 제거해야 할 취득 열량을 냉방부하라 하며 단위는 kcal/h 를 사용한다.

(1) 냉방부하의 분류

냉방부하의 분류를 표 2-1에 나타내고 있다. 냉방부하, 냉동기·냉각기의 용량, 송풍량과의 관계는 다음과 같다.

표 2-1 냉방부하의 분류

종 류	항 목		기 호		비 고
			현열	잠열	
① 실내 취득 열량	벽체에서의 열량		q_W		이 표의 부하합계가 냉방부하이지만 ① 실내 취득 열량은 전체의 50～60 %이며 특히 ①과 ②의 합을 취득 열량이라 부른다. ③은 재열을 할 경우에만 문제가 된다. ④는 외기와 환기를 위한 송풍량의 일부로서 받아들이는 외기이다.
	유리에서의 열량	일사에 의한 것	q_{GR}		
		전도에 의한 것	q_{GC}		
	틈새바람에 의한 열량		q_{IS}	q_{IL}	
	인체 발생 열량		q_{HS}	q_{IL}	
	기구 발생 열량		q_{ES}	q_{IL}	
② 기기내 취득 열량	송풍기에서의 열량		q_B		
	덕트에서의 열량		q_D		
③ 재열부하	－		q_R		
④ 외기부하	－		q_{FS}	q_{FL}	

표 2-2 표면열전달률 α 〔kcal/m$^2 \cdot$ h $\cdot$ ℃〕

계 절	벽의 외면 α_0	벽의 내면 α_i
여 름	20	9.5
겨 울	30	7.5

표 2-3 열전도율 λ 〔kcal/m$^2 \cdot$ h $\cdot$ ℃〕

재 료	내벽	외벽	비 고
동 관	320	320	
함석판	38	38	
화강암	2.5～3.0	2.5～3.0	
대리석	2.4	2.4	
대곡석	1.1	1.2	
콘크리트	1.3～1.4	1.4～1.5	
몰 탈	1.20	1.30	
석고플라스터	0.50	0.52	
노송나무	0.12	0.13	
라 왕	0.14	0.15	
합 판	0.13	0.14	
타 일	1.10	1.10	두께 0.6～1.0 cm
유리면	0.035	0.035	(B종) 섬유의 굵기 20 μ 이하
유리창	0.68	0.68	보통 판유리
글래스블록	0.063～0.066		

표 2-4 여름의 외기조건〔℃〕

시각	D 지 역				O 지 역			
	최고기온	평균기온	설계조건		최고기온	평균기온	설계조건	
			건구온도	습구온도			건구온도	습구온도
10	34.0	28.4	31.3	26.3	33.5	30.1	31.6	26.1
11	34.8	29.3	31.9	26.4	34.3	30.9	32.3	26.3
12	35.2	29.4	32.3	26.5	35.5	31.3	32.9	26.4
13	36.4	29.8	32.5	26.5	36.4	31.8	33.6	26.6
14	36.8	29.9	32.5	26.5	37.9	31.8	33.9	26.7
15	37.3	29.8	32.5	26.5	37.3	31.7	33.9	26.7
16	37.2	29.1	31.7	26.3	37.9	31.3	33.5	26.6

표 2-5 지역별 냉방설계용 외기조건

외기조건 / 지역	최고기온 평균값		설계조건(위험률 2.5%)		일사량 [cal/cm²/일]
	건구온도〔℃〕	습구온도〔℃〕	건구온도〔℃〕	습구온도〔℃〕	
속 초	34.1	31.2	31.2	29.0	-
춘 천	34.1	31.0	31.2	28.9	671
강 릉	35.4	32.1	32.2	29.7	565
서 울	33.7	30.7	30.9	28.7	543
인 천	32.4	29.9	29.9	28.0	465
울릉도	31.4	29.1	29.2	27.2	-
수 원	31.0	28.4	29.0	26.9	489
서 산	34.0	31.3	31.2	29.1	-
청 주	33.9	31.1	31.4	29.0	-
대 전	35.2	31.1	31.2	29.0	-
추풍령	33.5	31.1	31.1	29.0	-
포 항	35.2	31.7	32.1	29.4	-
군 산	33.5	30.9	30.8	28.8	-
대 구	36.3	31.8	32.9	29.5	-
전 주	35.2	32.0	32.1	29.6	-
울 산	35.0	32.3	31.9	29.9	-
광 주	34.4	31.1	31.5	29.0	-
부 산	32.2	29.2	29.8	27.5	-
충 무	33.2	30.6	30.6	28.6	-
목 포	33.8	31.1	31.0	29.0	601
여 수	32.9	30.0	30.1	28.1	-
제 주	33.9	31.2	31.1	29.0	-
서귀포	32.6	29.8	30.1	28.0	-
전 주	34.2	30.9	31.1	28.8	696

(주) 공기조화 · 냉동공학회 표준 기상자료(1985)

표 2-6 외기설계조건의 시각별 보정

시 각	건구온도의 보정 〔℃〕	건구온도의 보정 〔℃〕	시 각	건구온도의 보정 〔℃〕	건구온도의 보정 〔℃〕
오전 6시	-6.3	-2.4	오후 2시	0	0
7시	-4.6	-1.8	3시	0	0
8시	-3.2	-1.1	4시	-0.5	-0.2
9시	-2.0	-0.8	5시	-1.3	-0.4
10시	-1.0	-0.4	6시	-2.2	-0.7
11시	-0.6	-0.2	7시	-3.3	-1.1
정 오	-0.3	-0.1	8시	-4.0	-1.3
오후 1시	0	0			

(2) 외기설계조건

냉방설계용 외기의 온·습도조건은 여름철(6, 7, 8, 9월)의 전 냉방시간에 대한 위험률 2.5 %를 기준으로 한 외기온도와 일사량을 이용하여 작성된 상당외기온도를 사용한다. 일반적으로 표 2-5에 나타난 외기조건을 적용하지만 표 2-5는 여름철 오후 1시~3시 사이의 데이터이므로 적용시간이 다른 경우에는 표 2-6에 나타난 시각별 보정을 할 필요가 있다.

냉방 시의 풍량이나 송풍온도, 실내유닛의 용량을 결정할 때에는 그 방의 실내부하가 최대가 되는 계절과 최대가 되는 시간에 대하여 부하계산을 하여야 한다. 그러나 일반적으로 알려진 외기온이 최고가 되는 여름철 오후 2~3시경이 실내부하가 최대는 아니며 실의 방위에 따라 적용시간을 고려할 필요가 있다. 즉, 동쪽에 면한 방은 오전 9~11시, 남쪽은 12~14시, 서쪽은 15~17시에 최대가 된다. 그러나 북쪽에 면한 방이나 외기에 면하지 않은 방의 경우는 시간에 영향을 받지 않기 때문에 15시를 적용한다.

(3) 실내설계조건

냉방설계 시 특별한 실내 환경조건이 요구되지 않을 경우에는 일반적으로 건구온도 26 ℃와 상대습도 50 %를 기준으로 하며 난방설계 시에는 건구온도 20~22 ℃와 상대습도 40 %를 기준으로 하고 외기온도가 낮은 지방에서는 유리창면의 결로를 방지하기 위하여 실내습도를 35 %로 낮게 한다.

실제 인체를 대상으로 하는 실내쾌적 환경조건을 위하여서는 작업상태와 착의상태 그리고 계절에 따라 인체의 쾌적범위가 다르나 사무실에서 통상적인 작업이나 가벼운 보행 정도의 노동을 하고 있는 젊은 건강인을 대상으로 할 때에는 신유효온도(ET* : new effective temperature scale)의 범위 안에서 건구온도 17~28 ℃, 상대습도 40~70 % 범위에서 유지하도록 설계한다.

신유효온도 ET*는 예일대학 Pierce 연구소의 Gagge 박사에 의해 1971년에 발표된 이론에 기초를 둔 체감온도이다.[9] 1923년 미국 펜실베니아주 피츠버그에 설치된 ASHVE(The American Society of Heating and Ventilating Engineers) 연구소에서 Houghton과 Yaglou[10]에 의하여 만들어진 **유효온도**(ET : effective temperature)와 구별하기 위하여 신유효온도 또는 ET*(이티스타)라고 부른다.

ET*는 온열환경의 주요인인 공기온도, 방사온도, 기류, 습도, 착의량, 대사량의 6요소를 변수로 하여 인체의 발한(sweating) 상태와 평균피부온도(MST : mean skin temperature)에 기초를 두고 있으며 인체의 열평형 방정식에 근거하여 구한 종합온열지표이다. 이 ET*는 미국의 공조설계의 스탠더드로 제정하였으며 그 쾌적범위를 그림 2-1에 나타내고 있다. 그러나 이것도 서열범위(暑熱域)에서는 오차가 크다는 지적이 나오고 있으므로 취급에 주의할 필요가 있다.

ET* 계열의 지표로서 개개의 온열조건 영향을 알 수 있는 것 중 일본 나고야공업대학의 호리꼬시데쯔미(堀越哲美) 박사가 제안한 **수정습기작용온도** HOVT(Corrected Humid Operative Temperature)[11]를 들 수 있고 Gagge의 작용온도를 수정하여 崔英植 박사는 바닥난방 시 인체 측을 기준으로 한 **전도수정작용온도** OTf(modified operative temperature)[12]를 제안하였으며 OTf는 온열환경의 주요인을 공기온도, 방사온도, 기류, 습도, 바닥접촉온도, 착의량, 대사량 등 7요소를 변수로 하여 인체의 전도수정 평균피부온도(MSTd : Modified Mean Skin Temperature)에 기초를 두고 있으며 인체의 열평형 방정식에 근거하여 구한 종합온열지표로 그 쾌적범위를 그림 2-2와 그림 2-3에 나타내고 있다.

9) A.P.Gagge, Y.Nishi, R.R.Gonzales : Standard effective temperature-A single temperature index of temperature sensation and thermal discomfort, Proc. of the CIB Commission W45(Human Requirements), Symposium, Thermal comfort and Moderate Hwat Stress, Building Research Station, pp.229~250, 1973

10) Houghten,F.C. & Yaglou,C.P. : Deteming equal comfort lines, ASHVE Trans.Vol.29, p.163(1923)

11) 堀越哲美, 小林陽太郎 : 綜合的な溫氣環境指標としての修正濕り作用溫度の研究, 日本建築學會計劃系論文報告集, 第355号, pp.12~19(1955)

12) 崔英植, 堀越哲美, 宮本征一, 水谷章夫 : 床暖房時の氣溫と床溫が胡座人體に及ばす影響する研究, 日本建築學會計劃系論文集, 第480集, pp.7~14(1996)

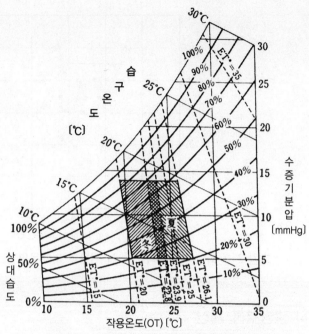

그림 2-1 SET*와 ASHVE의 쾌적범위

※ 출처 : 空氣調和·衛生工學會編 : 空氣調和·衛生の知識

MST : Usual Mean Skin Temperature ℃
MSTd : Modified Mean Skin Temperature by Author ℃
OT : Operative Temperature ℃
OTf : Modified Operative Temperature by Author ℃

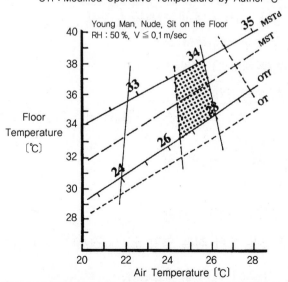

그림 2-2 최영식의 작용온도(OT)와 전도수정작용 온도(OTf)에 의한 쾌적범위 비교

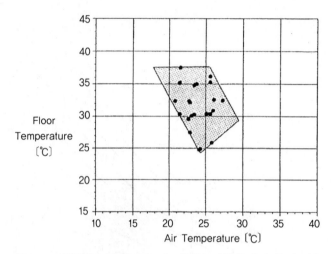

그림 2-3 최영식의 바닥난방 시 기온과 바닥온의 조합에 의한 쾌적범위

(4) 냉방부하 계산

냉방부하는 시각에 따라 현열(sensible heat)과 잠열(latent heat)로 나누어 다음의 순서에 따라 열취득을 계산한다.

① 실내 온·습도 조건 설정
② 실외 설계조건 설정
③ 외벽·지붕을 통한 열취득의 산정
④ 내벽·천장·바닥을 통한 열취득의 산정
⑤ 유리창을 통한 열취득의 산정
⑥ 침입외기(틈새바람) 열취득의 산정
⑦ 실내발생 취득열의 산정
⑧ 복사 축열 경감을 고려(송풍기·덕트의 취득 열량과 안전율)한 실내 냉방(현열·잠열별) 산정
⑨ 실내취득 열량의 합계 산정

▮ 벽체로부터의 취득 열량

1) 외벽·지붕을 통한 취득 열량 q_{wo} [kcal/h]

q_{wo}는 식 2-1에 의해 계산한다.

$$q_{wo} = A \cdot K \cdot \Delta t_e \ [\text{kcal/h}] \ \cdots\cdots (2\text{-}1)$$

여기서 A : 외벽면적 $[\text{m}^2]$ (높이는 층고를 적용한다.)
K : 구조체의 열관류율 $[\text{kcal/m}^2 \cdot \text{h} \cdot \text{℃}]$ (표 2-7 참조)
Δt_e : 상당온도차 $[\text{℃}]$ (표 2-11, 표 2-12 참조)

여기서 열관류율 K는 식 2-2로 구할 수 있다.

$$\frac{1}{K} = \frac{1}{\alpha_0} + \Sigma \frac{d}{\lambda} + \frac{1}{C} + \frac{1}{\alpha_i} \ \cdots\cdots (2\text{-}2)$$

여기서 α_0, α_i : 표면열전달률[13] $[\text{kcal/m}^2 \cdot \text{h} \cdot \text{℃}]$ (표 2-2 참조)
C : 틈의 전열률 $[\text{kcal/m}^2 \cdot \text{h} \cdot \text{℃}]$ (보통 5를 적용)
K : 열관류율 $[\text{kcal/m}^2 \cdot \text{h} \cdot \text{℃}]$ (표 2-7, 표 2-9, 표 2-10 참조)
d : 벽체 재료의 두께 $[\text{m}]$
λ : 열전도율 $[\text{kcal/m}^2 \cdot \text{h} \cdot \text{℃}]$ (표 2-3 참조)

상당온도차[14] Δt_e의 값은 실내외의 온도차에 의한 열 침입 외에도 일사에 의한 열 침입을 모두 가산한 것이기 때문에 일사에 의한 열 침입분을 가미해서 정해진 온도차의 것이다. 표 2-11에 D 지방 콘크리트벽의 상당 온도차의 값을 나타내고 있는데 섬지역을 제외한 나머지 곳에서는 이 값을 사용하여도 큰 차이는 없다. 또 이 표는 실온으로서 $t_i = 26$ ℃를 사용할 때 표 2-4(여름의 외기조건)의 설계외기온도 t_0를 사용한 것이므로 실제 사용할 때에는 다음 식으로 구한 보정치 $\Delta t_e'$를 이용하게 된다.

$$\Delta t_e' = \Delta t_e + \{(t_0' - t_0) - (t_i' - t_i)\} \cdots\cdots (2\text{-}3)$$

여기서 $t_0', \ t_1'$: 실제의 실외온도, 실내온도 $[\text{℃}]$
$t_0, \ t_1$: 설계조건의 외기온도, 실내온도 $[\text{℃}]$

---

13) **표면열전달률**(heat transfer coefficient) : 건축물의 전열 계산 시 적용하는 열전달률의 값은 일반적으로 정지한 공기의 경우 $\alpha = 3 \sim 30$을 적용하고 유동하는 공기의 경우 $\alpha = 10 \sim 500$을 적용한다.
14) **상당온도차**(equivalent temperature differential(ETD)) : 외기온도에 일사(햇빛)의 영향을 고려하여 정한 실내외의 유효온도 차 부재의 열특성별로, 방위사각별로 미리 계산하여 표시해 두었다. 실효 온도 차라고도 한다.

표 2-7 외벽·지붕의 구조와 열관류율 $[kcal/m^2 \cdot h \cdot \text{℃}]$

콘크리트벽	몰탈 15 mm 플라스터 3 mm 콘크리트 150 mm	$r_0 = 0.050 \ (1/a_0 = 1/20)$ $r_1 = 0.012 \ (d/\lambda = 0.015/1.3)$ $r_2 = 0.107 \ (d/\lambda = 0.15/1.4)$ $r_3 = 0.012 \ (d/\lambda = 0.015/1.3)$ $r_4 = 0.107 \ (d/\lambda = 0.003/0.5)$ $r_i = 0.133 \ (1/a_i = 1/7.5)$ $R = 0.320$ $K = 3.1 \ (K = 1/R)^*$
경량블록벽	몰탈 15 mm 플라스터 3 mm 경량블록 150 mm	$r_0 = 0.050$ $r_1 = 0.012$ $r_2 = 0.270 \ (d/\lambda = 0.15/0.55)$ $r_3 = 0.012$ $r_4 = 0.006$ $r_i = 0.133$ $R = 0.483$ $K = 2.1$
콘크리트슬래브지붕	방수 몰탈 20 mm 신더 콘크리트 60 mm 방수층 10 mm 콘크리트 12 mm 공기층 천장 120 mm (주) 보통 건축구조에서 사용되는 공간 공기층의 전열률은 $5 \, kcal/m^2 \cdot h \cdot \text{℃}$ 정도이다.	$r_0 = 0.050 \ (1/a_0 = 1/20)$ $r_1 = 0.015 \ (d/\lambda = 0.02/1.3)$ $r_2 = 0.083 \ (d/\lambda = 0.06/0.72)$ $r_3 = 0.042 \ (d/\lambda = 0.01/0.24)$ $r_4 = 0.086 \ (d/\lambda = 0.12/1.4)$ $r_5 = 0.200 \ (1/C = 1/5)$ $r_6 = 0.150 \ (d/\lambda = 0.12/0.48)$ $r_i = 0.105 \ (1/a_i = 1/9.5)$ $R = 0.731$ $K = 1.4$

* 열관류율 $K = \dfrac{1}{\dfrac{1}{\alpha_1} + \Sigma \dfrac{d_i}{\lambda_i} + \dfrac{1}{\alpha_2}}$ (α_1, α_2 : 열전달률, d : 벽체의 두께(m), λ : 열전도율)

표 2-8 지역별 상당온도 보정표

지명	위도	적용치 $[\text{℃}]$	지명	위도	적용치 $[\text{℃}]$
서울	37.57	-0.5	대구	35.53	-0.1
인천	37.48	-0.5	부산	35.1	+0.1
수원	37.27	-0.4	울산	35.55	0
전주	35.82	0	목포	34.78	+0.6
광주	35.13	+0.1	제주	35.52	+0.8

(주) 위에 나타나지 않은 지역은 아래표의 위도 범위에 따라 보정하여 사용한다.

위도 범위	기준치 〔℃〕	보정온도 〔℃/북위 1도〕
43 〉 x 〉 37.67	−0.5(37.67)	−0.62
37.67 〉 x 〉 35.67	0(35.67)	−0.25
35.67 〉 x 〉 35	+0.1(35)	+0.15
35 〉 x 〉 34.67	+0.8(34.67)	+0.21

표 2−9 내벽·바닥의 열관류율〔kcal/m² · h · ℃〕

콘크리트벽	플라스터 3 mm 콘크리트 120 mm 몰탈 15 mm	$r_i = 0.133 \ (1/a_i = 1/7.5)$ $r_1 = 0.006 \ (d/\lambda = 0.03/0.5)$ $r_2 = 0.012 \ (d/\lambda = 0.015/1.3)$ $r_3 = 0.092 \ (d/\lambda = 0.12/1.3)$ $r_4 = 0.012$ $r_5 = 0.006$ $r_i = 0.133$ $R = 0.394$ $K = 2.5$
경량블록벽	플라스터 3 mm 경량블록 150 mm 몰탈 15 mm	$r_i = 0.133$ $r_1 = 0.006$ $r_2 = 0.012$ $r_3 = 0.230 \ (d/\lambda = 0.1/0.43)$ $r_4 = 0.012$ $r_5 = 0.006$ $r_i = 0.133$ $R = 0.731$ $K = 1.4$
콘크리트슬래브지붕	리놀륨 3mm 몰탈 15mm 콘크리트 120mm 공기층 천장 12mm	$r_i = 0.167 \ (1/a_i = 1/6)$ $r_1 = 0.016 \ (d/\lambda = 0.003/0.19)$ $r_2 = 0.012 \ (d/\lambda = 0.017/1.3)$ $r_3 = 0.086 \ (d/\lambda = 0.12/0.4)$ $r_4 = 0.200 \ (1/C = 1/5)$ $r_5 = 0.150 \ (d/\lambda = 0.012/0.08)$ $r_i = 0.167$ $R = 0.798$ $K = 1.3$

표 2-10 건구류의 열관류율 〔kcal/m² · h · ℃〕

항 목		외 벽	내 벽
목제창	두께 3.0 mm	2.8	2.1
	두께 4.5 mm	2.1	1.7
철제창(중공, 밀폐)		2.7	2.1
철제문		6.0	3.8
철제문(상부 유리는 매입 40 %)		5.8	3.8
목제문(유리판 두께 1 cm)		4.2	3.0
목제문(상부 유리는 매입 40 %)		4.7	3.3
덧 문		3.84	
맹장지(두께 16.4 mm)			1.68
미닫이(미농지 마감)			4.78
미닫이(미농지 마감에 유리 끼움)			3.45
유리창			3.85
커 튼			3.63~3.87

표 2-11 콘크리트벽의 상당온도차 Δt_e 〔℃〕

벽	시각	Δt_e								
		H	N	NE	E	ES	S	SW	W	NW
콘크리트 두께 10 cm	8	5.4	1.3	6.5	7.5	4.9	1.8	2.5	2.8	2.0
	10	20.1	4.8	19.8	24.6	18.8	4.5	4.6	4.8	4.2
	12	33.5	6.6	14.6	21.2	20.8	11.4	7.4	7.6	7.1
	14	40.7	7.8	8.2	11.3	15.6	15.6	11.2	8.6	8.2
	16	38.7	8.1	8.5	8.9	9.1	14.6	19.8	13.3	10.4
콘크리트 두께 15 cm	8	6.5	1.7	3.1	4.7	3.8	2.5	4.2	4.2	2.9
	10	10.5	5.3	11.6	12.4	8.7	3.4	5.0	5.0	3.8
	12	23.7	4.7	15.5	19.9	17.6	6.6	6.4	6.4	5.6
	14	32.3	6.7	10.5	15.3	16.5	11.7	8.3	8.0	7.5
	16	35.6	7.3	8.0	8.9	11.6	13.6	13.2	9.1	8.1
경량 콘크리트 두께 10 cm	8	5.0	1.3	2.6	3.9	8.7	2.0	2.9	3.4	2.3
	10	14.9	5.9	16.9	18.8	13.3	3.6	4.3	4.9	3.8
	12	28.8	5.6	15.0	20.7	19.2	8.9	6.8	7.2	6.3
	14	37.0	7.2	7.9	14.0	16.5	13.4	9.0	8.6	7.8
	16	37.7	7.8	8.3	9.0	9.9	14.2	16.5	14.1	8.4

표 2-12 경량벽의 상당온도차 Δt_e [℃]

벽	시각	Δt_e								
		H	N	NE	E	ES	S	SW	W	NW
커튼월 C_1	8	30.8	5.0	24.1	31.5	22.9	4.0	3.4	3.4	3.3
	10	37.7	7.1	17.2	26.6	25.6	12.9	7.3	7.3	7.3
	12	47.0	8.6	8.8	11.4	18.8	18.6	12.4	8.8	8.8
	14	44.6	8.8	9.0	9.0	9.4	18.2	23.9	21.7	11.5
	16	33.6	7.6	7.8	7.8	7.8	11.0	29.2	34.3	24.1
커튼월 C_2	8	6.1	5.1	13.2	14.4	4.9	0.6	0.8	1.0	0.6
	10	26.2	4.4	21.3	29.4	21.0	6.3	4.8	4.9	4.6
	12	39.4	7.7	13.4	21.6	19.5	14.3	8.0	8.1	7.9
	14	43.8	8.6	8.8	9.0	11.6	17.7	15.8	9.0	8.8
	16	39.4	8.6	8.8	9.0	5.8	15.0	24.2	24.1	15.4
목조벽 E_1	8	14.5	6.7	22.6	26.4	16.6	2.6	2.7	2.7	2.6
	10	33.7	6.1	19.4	28.9	25.6	10.4	6.2	6.2	6.1
	12	44.9	8.4	8.5	17.2	20.7	17.4	9.6	8.5	8.4
	14	45.5	8.9	8.9	9.0	10.5	17.7	21.0	17.1	8.9
	16	36.7	8.3	8.3	8.4	8.4	13.0	27.5	30.8	22.2

단,

기호	외장 [mm]	공기층 [mm]	보온 두께 [mm]	내장 [mm]	열관류율 [kcal/m²· h·℃]	E_1	
						자재	두께 [mm]
C_1	알루미늄 1.5	30	석면벽 30	석면판 5	1.15	몰 탈	20
						졸 대	3
C_2	알루미늄 1.5	100	석면블록 100	석면벽 20	2.00	공기층	75
				석면판 5		회 벽	20

표 2-13 지붕의 상당온도차 Δt_e [℃]

시각	8	10	12	14	16	비 고
D_1	8.5	8.4	16.0	25.8	31.4	콘크리트 두께 15 cm, 몰탈 방수 2 cm
D_2	9.4	9.2	12.9	22.6	28.7	콘크리트 두께 15 cm, 아스팔트 방수 3 mm, 몰탈 3 cm, 타일 2 cm

2) 내벽·칸막이벽 또는 바닥면을 통한 취득 열량 q_{wI} [kcal/h]

$$q_{wI} = A \cdot K \cdot \Delta t \quad\cdots\cdots\cdots\cdots\cdots\cdots\cdots\cdots\cdots\cdots (2\text{-}4)$$

여기서 A : 면적 [m²] (높이는 천장고를 적용한다.)
K : 열관류율 [kcal/m²·h·℃] (표 2-9, 표 2-10 참조)
Δt : 실내외 온도차 [℃] (표 2-14)

표 2-14 내벽·칸막이벽·바닥면에 대한 온도차 (Δt)

인접실·상층·하층이 공조는 되고 있는데 저온일 때	0
인접실·상층·하층의 온도가 t [℃]일 때 (t>실온)	t -온도
인접실이 Δt [℃]보다 높을 때	Δt
인접실·상층·하층이 공조가 안 된 일반실일 때	$\dfrac{t_0 - t_i}{2}$ $\quad t_0$: 외기온도, t_i : 실내온도
인접실·상층·하층이 보일러실, 주방일 때	15~20 [℃]
지상의 바닥, 통풍이 안 되는 바닥밑일 때	0
필로티 위의 바닥일 때	표 2-11의 N측의 Δt_e

❷ 창을 통한 취득 열량 : q_G [kcal/h]

태양 일사면에 유리창이 있으면 일부의 열은 흡수되나 대부분은 직접 실내로 들어온다. 이와 같이 외부에서 유리를 통하여 실내에 들어오는 열은 태양열 복사에 의한 취득 열량과 전도에 의한 취득 열량으로 분류된다.

$$q_G = q_{GR} + q_{GT} \quad\cdots\cdots\cdots\cdots\cdots\cdots\cdots\cdots\cdots\cdots (2\text{-}5)$$

$$q_{GR} = I_{gR} \cdot k_s \cdot A_g \quad\cdots\cdots\cdots\cdots\cdots\cdots\cdots\cdots\cdots (2\text{-}6)$$

$$q_{GT} = K_g(t_0 - t_i)A_g \quad\cdots\cdots\cdots\cdots\cdots\cdots\cdots\cdots (2\text{-}7)$$

여기서 q_{GR} : 창에서의 태양열 복사에 의한 취득 열량 [kcal/h]
q_{GT} : 전도에 의한 침입 열량 [kcal/h]
I_{gR} : 유리창을 통한 표준 일사량 [kcal/m²h] (표 2-15 참조)
k_s : 차폐계수(차폐에 의한 관류율) (표 2-16 참조)
A_g : 유리창 면적 [m²]
K_g : 유리의 열관류율 [kcal/m²h℃]
　　단층유리 : 5.5, 복층유리 : 2.2, 글래스블록 : 2.9(150×150×100)
t_0, t_1 : 외기온, 실온 [℃]

🔞 틈새바람에 의한 취득 열량 q_I [kcal/h]

틈새바람의 양 : G_I [kg/h], Q_I [m³/h] (표 2 - 17 참조)

옥외 · 실내의 온도 : t_0 [℃] , t_i [℃] 라고 하면

옥외 · 실내의 절대습도 : x_0 [kg/kg′], x_i [kg/kg′]

틈새바람에 의한 현열취득량 q_{IS} [kcal/h] 는 공조계산에서는 공기유량 G [kg/h] 는 모든 습공기 중의 건공기의 중량을 나타낸 것이므로 건공기와 정압비열을 0.24 kcal/kg℃라고 하면 식 2 - 8과 같이 된다.

$$q_{IS} = 0.24 G_I (t_0 - t_i) \quad\cdots\cdots\cdots\cdots\cdots\cdots\cdots\cdots\cdots\cdots\cdots\cdots \quad (2 - 8)$$

표 2-15 유리창의 표준 일사량 $I_g R$ [kcal/m²h]

시각	수평	NE	E	ES	S	SW	W	NW	N
8	399	360	523	351	42	42	42	42	42
9	555	250	464	360	64	42	42	42	42
10	666	105	315	310	100	45	45	45	45
11	738	48	140	209	143	48	45	45	45
12	765	45	45	100	160	90	45	45	45
13	738	45	45	48	143	209	140	48	45
14	666	45	45	45	100	310	315	105	45
15	555	42	42	42	64	360	464	250	42
16	399	42	42	42	42	351	523	360	42

표 2-16 차폐계수(shade factor) k_s

차양의 종류	차양의 색	k_s
내측의 베네시안 블라인드*	엷은 회색	0.65
	크림색, 담배색, 백색	0.56
	알루미늄색	0.45
외측의 베네시안 블라인드	크림색, 알루미늄색	0.15
내측의 롤러(roller) 차양	엷은 회색	0.80
	황갈색	0.60
	크림색	0.41

* venetian blind : 창문의 실내 쪽에 설치하는 가동수평루버

표 2-17 냉방 시 틈새바람에 의한 환기 횟수〔회/h〕

실용적 V 〔m³〕	0	500	1,000	1,500	2,000	2,500	3,000 이상
환기횟수 n	0.7	0.6	0.55	0.50	0.42	0.40	0.35

또한 표준 공기의 비중량은 $1.2\,\text{kg}'/\text{m}^3$이므로 $G_I = 1.2\,Q_I$가 되고

$$q_{IS} = 0.29\,Q_I\,(t_0 - t_i) \quad\text{……………………………………}\quad (2\text{-}9)$$

또한 틈새바람에 의한 잠열취득량을 q_{IL}〔kcal/h〕라고 하면 수증기의 증발잠열로 597 kcal/kg을 사용하면 다음 식이 성립한다.

$$q_{IL} = 597\,G_I\,(x_0 - x_i) = 720\,Q_I\,(x_0 - x_i) \quad\text{……………}\quad (2\text{-}10)$$

정리하면 다음 식 2-11이 된다.

$$q_I = q_{IS} + q_{IL} \quad\text{……………………………………………}\quad (2\text{-}11)$$

틈새바람이란 문이나 창의 틈으로부터 자연침입하는 공기로서 그 양을 구하는 데는 여러 가지 방법이 있지만 표 2-17을 이용하도록 한다. 또한 여름에는 그 양이 많지 않으므로 신선한 외기를 혼합해서 급기하는 경우에는 무시할 때가 많다.

4 재실자의 발생 열량 q_H 〔kcal/h〕

재실자의 발생 열량은 현열과 잠열로 나누어 계산할 필요가 있다.

$$q_H = q_{HS} + q_{HL} \quad\text{………………………………………………}\quad (2\text{-}12)$$
$$q_{HS} = H_S \cdot N \quad\text{…………………………………………………}\quad (2\text{-}13)$$
$$q_{HL} = H_L \cdot N \quad\text{…………………………………………………}\quad (2\text{-}14)$$

여기서 $q_{HS} \cdot q_{HL}$: 재실자에 의한 현열취득량·잠열취득량 〔kcal/h〕
N : 재실자 수 〔인〕
$H_S \cdot H_L$: 1인당 발생 현열량[15]·잠열량[16] 〔kcal/h·인〕 (표 2-18)

---

15) 현열량(Sensible heat) : 복사·대류에 의한 열 방산
16) 잠열량(latent heat) : 증발에 의한 열 방산

실제 설계 시 재실자 수 N이 불분명할 경우에는 표 2 - 19를 참고하여 각 실의 바닥면적으로부터 재실자 수 N을 구한다.

표 2-18 인체의 발열설계치 〔kcal/h · 인〕

작 업 상 태	실 온		27 ℃		26 ℃		21 ℃	
	예	전발열량	H_S	H_L	H_S	H_L	H_S	H_L
정 좌	극 장	88	49	39	53	35	65	23
사무소 업무	사무소	113	50	63	53	59	72	41
착 석 작 업	공장의 경공업	189	56	133	62	127	92	97
보행 4.8 km/h	공장의 중공업	252	76	176	83	169	116	136
볼 링	볼링장	365	117	248	121	244	153	212

(주) H_S : 현열, H_L : 잠열

표 2-19 재실자 1인당의 바닥면적 및 조명 산출용 소비전력

실의 종류	인 원 〔m²/인〕	조 명 〔W/m²〕	실의 종류		인 원 〔m²/인〕	조 명 〔W/m²〕
일반 사무실	5.0	20~30	호 텔 객 실		18.0	15~30
은행 영업실	5.0	60~70	백화점	평 균	3.0	25~35
레 스 토 랑	1.5	20~30		혼잡시	1.0	
상 점	3.0	25~35		한 산	6.0	
호 텔 로 비	6.5	20~40	극 장		0.5	-
학 교 (교 실)	1.4	10~15	공 장		-	10~20

(주) 조명기구는 호텔은 백열등 기타는 형광등 기준임.

5 기기에서의 취득 열량 : q_E 〔kcal/h〕

1) 전등의 발생 열량 : q_{EI} 〔kcal/h〕

백열등 $q_{EI} = 860\ W \cdot f$ ·· (2 - 15)

형광등 $q_{EI} = 1{,}000\ W \cdot f$ (안정기 발열분을 가산) ············ (2 - 16)

여기서 W : 조명기구의 소비전력 〔kW〕

f : 조명기구의 발열량 〔kcal/h〕

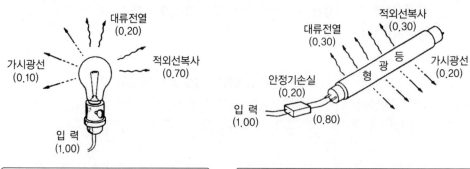

그림 2-4 전등의 발열량

2) 동력기기에서의 발생 열량 : q_{Em} [kcal/h]

$$q_{Em} = \frac{860 \cdot P \cdot \varphi_1 \cdot \varphi_2}{\eta_m} \quad\cdots\cdots\cdots\cdots\cdots\cdots\cdots\cdots\cdots\cdots\cdots\cdots \quad (2-17)$$

여기서 P : 전동기의 정격출력 [kW]

φ_1 : 전동기의 부하율

φ_2 : 전동기의 사용률

η_m : 전동기의 효율 [%]

표 2-20 전동기의 효율 η_m

kW	0~0.4	0.75~3.7	5.5~15	20 이상
η_m	0.60	0.80	0.85	0.90

6 공조기에서의 취득 열량과 안전율

송풍기 동력의 대부분은 보내는 공기의 온도를 높이므로 현열부하로 계산에 넣어야 한다. 또한 덕트도 표면의 열손실과 시공이 나쁜 부분에서의 공기빠짐에 의한 열손실도 생각해야 한다. 이 밖에 장치의 용량에 여유를 갖기 위하여 안전율을 생각하지만 송풍기 손실, 덕트 손실과 안전율을 함께 합쳐서 표 2 - 21에 나타낸 개산 값을 열부하에 가산한다.

표 2-21 공조기기에서의 취득 열량과 안전율의 개산값

일반의 경우	10 %
고속 덕트 등 송풍기 정압이 높을 경우	15 %
장치 용량에 여유를 갖고 정도가 높은 실온제어를 쉽게 하고 싶을 경우	20 %

[예제 1] 그림과 같은 사무실의 냉방부하를 다음의 설계조건으로 구하시오.

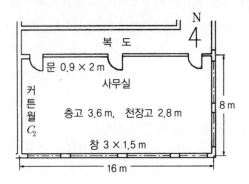

(1) 위치 : 대구지역, 4층 건물의 3층

(2) 외기 t_0 : 33.4 ℃, φ : 65 %

    실내 t_1 : 26 ℃, φ : 50 %

    시각 14 : 00

(3) 조명 : 형광등 30 W/m², 주간에도 조명, 발열량 1.08 kcal/h

    사무기기 : 1 kW 2대, 부하율 80 %, 사용률 50 %

(4) 거주 인원 : 30인(사무업무)

(5) 벽체의 종류와 열관류율 : 아래 표에 따른다.

벽체의 종류	열관류율 [kcal/m²h℃]
외벽 : 콘크리트 15 cm(S·E)	2.1
내벽 : 커튼월 C_2(W)	2.0
내 벽	2.5
바 닥	1.3
문	3.8
창(단층유리·내측 베네시안 블라인더 $k_s = 0.56$)	5.5

(6) 인접실과 상·하층은 공조되어 있지 않다.

풀이 (1) 벽체에서의 취득 열량(표 2 - 11, 표 2 - 12 이용)

각 방위의 외벽 상당온도차는 실제 사용할 보정치 $\Delta t_e{}'$를 식 2 - 3에 적용하여 표 2 - 22에 나타내고 식 2 - 1에 적용하여 산출한 벽체에서의 취득 열량은 표 2 - 23에 나타내고 있다.

(2) 유리창에서의 취득 열량(표 2 - 15, 표 2 - 16 이용)

① E측 : $q_{GR} = I_{gR} \cdot k_s \cdot A_g = 45 \times 0.56 \times 4.5 \times 2 = 227$

$q_{GT} = K_g(t_o - t_i) A_g = 5.5 \times (33.4 - 26) \times 4.5 \times 2 = 366.3$

② S측 : $q_{GR} = I_{gR} \cdot k_s \cdot A_g = 100 \times 0.56 \times 4.5 \times 4 = 1,008$

$q_{GT} = K_g(t_0 - t_i) A_g = 5.5 \times (33.4 - 26) \times 4.5 \times 4 = 732.6$

합 계　　2,334 kcal/h

(3) 틈새바람에 의한 취득 열량

신선한 외기를 혼합해서 급기한다고 생각하고 틈새바람은 무시한다.

(4) 재실자의 취득 열량(식 2 - 13, 식 2 - 14)

$q_{HS} = H_S \cdot N$

$= 53 \times 30 = 1,590$ kcal/h(현열 취득량)

$q_{HL} = H_L \cdot N$

$= 59 \times 30 = 1,770$ kcal/h(잠열 취득량)

(5) 기구에서의 취득 열량

① 형광등 : 식 2 - 16으로부터

$q_{EI} = 1,000 \, W \cdot f$

$= 1,000 \times 30 \times 8 \times 16 \times 1/1,000 \times 1.08$

$= 4,147$

② 사무기기 : 식 2 - 17로부터

$q_{Em} = \dfrac{860 \cdot P \cdot \varphi_1 \cdot \varphi_2}{\eta_m}$

$= \dfrac{860 \times 1 \times 2 \times 0.8 \times 0.5}{0.8}$

$= 860$

합 계　　5,007 kcal/h

이상 실내 취득 열량을 모두 합치면 표 2 - 24와 같이 된다. 계산 결과를 표 2 - 25와 같이 나타낸다.

표 2-22 식 2-3에 의한 Δt_e의 보정 계산표

방 위	E		S		W	
Δt_e	표 2 - 11에 의해	15.3	표 2 - 11에 의해 11.7		표 2 - 12에 의해 9.0	
Δt_e의 보정	$(33.4 - 32.9) - (26 - 26) = 0.5$		앞과 같음	0.5	앞과 같음	0.5
$\Delta t_e{'}$		15.8		12.2		9.5

표 2-23 식 2-1에 의한 벽체에서의 취득 열량 계산표

방위	벽체	면적 A 〔m^2〕		열관류율 K 〔kcal/m^2℃〕	상당온도차 $\Delta t_e{'}$ 〔℃〕	취득 열량 q_w 〔kcal/h〕
E	외벽	$8 \times 3.6 - 3 \times 1.5 \times 2$	$=19.8$	2.1	15.8	657
S	외벽	$16 \times 3.6 - 3 \times 1.5 \times 4$	$=39.6$	2.1	12.2	1,015
W	외벽	8×3.6	$=28.8$	2.0	9.50	547
N	내벽	$16 \times 2.8 - 0.9 \times 2 \times 3$	$=39.4$	2.5	표 2 - 14에서 $\dfrac{33.4 - 26}{2} = 3.7$	365
	문	$0.9 \times 2 \times 3$	$=5.4$	3.8		76
	바닥	8×16	$=128$	1.3		616
	천장				0	
계						3,276

〔표 2-24〕 실내 취득 열량 집계표 〔kcal/h〕

취득 열량의 구분		현 열	잠 열
(1) 실내 취득 열량	① 벽　체	3,276	
	② 유 리 창	2,334	
	③ 틈새바람	0	
	④ 재 실 자	1,590	1,770
	⑤ 기　구	5,007	
	소　　계	12,207	1,770
(2) 송풍기, 덕트의 취득 열량과 안전율 : (1)의 10 %		1,220	177
(3) 실내 취득 열량 현열 잠열 합계 : (1)+(2)		13,427	1,947
(4) 실내 취득 열량 합계		15,374	

표 2-25 냉방부하 계산서

명칭 : 사무소 건물의 냉방부하　　　　　　　　　　　　　　　　　No.

실명 : 3층 사무소	실 크기 : $16\,L \times 8\,W = 128\,m^2$
	$128\,m^2 \times 2.8\,H = 358.4\,m^3$

설계조건

외기 33.4 ℃ DB		℃ WB	65 %RH	kg/kg
실내 26 ℃ DB		℃ WB	50 %RH	kg/kg

상당온도차의 보정 계산

방　위	E	S	W	
상당온도차의 보정	15.3 +0.5	11.7 +0.5	9.0 +0.5	
상 당 온 도 차	15.8	12.2	9.5	

(1) 벽체로부터의 취득 열량

방위	벽 체	면적 [m²]	열관류율 [kcal/m²h℃]	온도차 [℃]	취득 열량 [kcal/h]
E	외 벽	19.8	2.1	15.8	657
S	외 벽	39.6	2.1	12.2	1,015
W	외 벽	28.8	2.0	9.50	547
N	내 벽	39.4	2.5	3.7	365
	문	5.4	3.8		76
	바 닥	128	1.3		616
	천 정			0	
	합　　　계				3,276

(2) 유리창에서의 취득 열량

방위	E	일사에 의한 침입 열량		227
		전도에 의한 침입 열량		366.3
	S	일사에 의한 침입 열량		1,008
		전도에 의한 침입 열량		732.6
	합　　　계			2,334

(3) 틈새바람에 의한 취득 열량

(4) 재실자의 취득량

현열 취득량	1,590
잠열 취득량	1,770

(5) 기구에서의 취득 열량

조 명 등	4,147
사무기기	860

취득 열량 산출 집계표 [kcal/h]

	취득 열량의 구분	현 열	잠 열
(1) 실내 취득 열량	① 벽　　　체	3,276	
	② 유 리 창	2,334	
	③ 틈새바람	0	
	④ 재 실 자	1,590	1,770
	⑤ 기　　　구	5,007	
	소　　　계	12,207	1,770
(2) 송풍기·덕트의 취득 열량과 안전율 : (1)의 10 %		1,220	177
(3) 실내 취득 열량 현열 잠열 합계 : (1) + (2)		13,427	1,947
(4) 실내 취득 열량의 총합계		15,374	

2-3 난방부하 (heating load)

난방부하는 공조장치 가운데 보일러, 공기가열기(방열기) 등 설비기기 용량의 산정 및 연료 소비량의 추정에 사용되는 자료이다. 난방부하는 냉방부하보다 내용은 간단하다. 이는 냉방부하에서 고려할 일사의 영향이나 조명기구·재실자의 발생 열량 등은 일반적으로 무시하며 냉방의 경우처럼 시각별 계산의 필요가 없기 때문이다.

(1) 난방부하의 분류

종래에는 일반 건물의 경우 난방 시 표 2-26의 ① 실내 손실 열량과 ② 외기부하의 합계치를 난방부하로 하고 실내의 재실 인원 및 사무기기 등에서의 발생 열량은 부하계산상 무시해 왔다.

그러나 최근에는 조명설비의 고조도화 및 사무 기계화 등에 따라 실내에서 발생하는 열은 급격히 증대하여 여름철 냉방 시와 마찬가지로 부하계산시 무시할 수 없는 건물이 많아졌다.

표 2-26 난방부하의 분류

종 류	항 목	기 호 현열	기 호 잠열
① 실내 손실 열량	전도에 의한 열량	q_r	
	틈새바람에 의한 열량	q_{IS}	q_{IL}
② 외기부하	–	q_{FS}	q_{FL}

특히 대형 건물의 경우 겨울철에 건물의 외주부는 난방을 하고 내부는 냉방을 하는 특수한 예도 있다. 따라서 내부 발생열을 무시할 수 없는 건물의 경우에는 표 2-27에 나타낸 발생 열량을 난방부하에서 뺀 값을 이용하여 설계해야 한다.

표 2-27 실내 취득 열량의 분류

종 류	항 목	기 호 현열	기 호 잠열
실내 취득 열량	기구에 의한 발생 열량	q_{ES}	q_{EL}
	인체에 의한 발생 열량	q_{HS}	q_{HL}

(2) 난방부하 계산

난방부하 계산에 필요한 실내의 손실 열량은 벽·유리 및 기타 구조체를 통한 열관류에 의한 손실 열량과 창이나 문의 틈새 사이로 침입하는 틈새바람에 의해 손실되는 열량과 10 % 정도의 안전율을 가산하여 합계한 것이다.

■ 전도에 의한 손실 열량

1) 외벽·외창·지붕을 통한 손실 열량 q_{to} 〔kcal/h〕

난방에 있어서 실내외 열교환은 냉방과는 달리 일정한 온도차에 의한 정상 상태의 열전도 계산만을 한다. 즉 q_{to}는 열관류율(K값, 부표 20 참조)과 실내외 온도차를 적용하여 다음 식 2 - 18과 같이 정상 열전도로 계산한다.

$$q_{to} = p \cdot K \cdot (t_i - t_0) \cdot A \ \text{〔kcal/h〕} \cdots\cdots\cdots\cdots (2\text{-}18)$$

여기서 P : 방위보정계수 (표 2 - 28 참조)
K : 구조체의 열관류율 〔kcal/m²h℃〕
T_i, T_0 : 실내외온도 〔℃〕
A : 전열면적 〔m²〕

① 방위별 부가계수(방위보정계수, p)

q_{to}를 정상 상태로 간주할 경우 방위보정계수는 필요 없다. 방위보정계수 p는 동일구조의 구조체(벽체)라 하더라도 방위에 따라 풍속이 다르므로 열전도율이 변화하고 일사에 의한 건조도도 변화한다.

따라서 실제 건물 외부의 외기 상황이나 외벽면의 방위에 따라 풍속, 일사 등에 의한 영향이 변동하여 계산치가 대단히 불확실하고 이것을 상세히 계산하기는 어려운 문제이므로 전열손실을 계산할 때에는 안전율을 고려하여 표 2 - 28의 방위보정계수 p값을 적용한다.

② 난방설계용 실내설계조건

난방부하 계산 시 쾌적한 실내온도와 외기온도를 먼저 설정해야 한다. 그러나 정확한 실내 온열환경조건이 요구되지 않는 경우에는 유효온도(ET)[17]

---

17) 유효온도(Effective Temperature) : Yaglou가 제안한 인체의 한서(寒暑) 감각에 대한 온도·습도·풍속을 이용한 단일척도 지표로서 열방사(熱放射)와 인체 접촉 부위의 열전도가 가미되어 있지 않은 결함이 있다.

범위 내에서 가능한 한 온습도조건을 완화하여 건구온도 18℃, 상대습도 40%를 권장하고 있다. 다만, 유리창에서의 결로 방지를 위하여 기준상태와 동일한 신유효온도(ET*)를 이용하여 상대습도를 35%까지 낮추거나 실내온도와 평균 복사온도(MRT)와의 차가 2℃ 이상인 경우에는 기준온도를 효과온도로 바꾸어 건구온도의 설계조건을 정한다.

실제 설계 시에는 표 2-40에 나타낸 것처럼 사무실의 경우 건구온도 22℃, 상대습도 40%를 적용하며 그 외의 실에 대해서는 사용목적에 따라 표 2-41에 나타낸 난방설계용 실내온습도 설계조건을 기준으로 한다. 실내온도는 일반적으로 벽체(직접난방일 경우 방열기가 설치되어 있는 반대 측 벽체)에서 1 m 떨어진 곳에서 바닥 위 1.5 m 높이(바닥 복사난방의 경우 0.75 m)의 호흡선을 기준으로 측정한다.

그러나 천장이 높은 실의 온도분포는 높이에 따라 다르므로 주의하여야 한다. 천장이 높은 실의 온도분포는 표 2-42를 이용하여 보정하여야 한다. 일반적으로 난방 시의 실내조건으로 건구온도는 20℃ 전후, 상대습도는 40~50% 정도로 한다. 표 2-29에 건물의 용도별 난방설계용 실내온도를 나타내고 있다.

표 2-28 방위보정계수(p)

방 위	보정계수(p)
북측 외벽 및 외창, 지붕면, 최하층 바닥면	1.15~1.20
북동, 북서 측 외벽 및 외창	1.15
동, 서측 외벽 및 외창	1.10
남동, 남서 측 외벽 및 외창	1.05
남측 외벽 및 외창	1.00~1.05

표 2-29 건물용도별 난방설계용 실내온도 (t_i)

실 명	실온[℃]	실 명		실온[℃]
주택·아파트(거실)	20~23	병 원	병 실	18~24
사무소(사무실)	20~23		진료실	20~23
학 교(교 실)	16~18	호 텔	객 실	20~23
극장·영화관(객석)	18~20		식 당	18~20
백화점·점포(매장)	18~20	박물관(진열실)		16~18

③ **난방설계용 외기설계조건**

난방설계용 외기온도조건은 겨울철(12, 1, 2, 3월)의 난방기간에 대한 위험률[18] 2.5 %를 기준으로 한 건구온도와 상대습도를 사용하며 지역과 건물의 종류에 따라 결정되고 일반적으로 일본과 한국의 지역별 난방설계용 외기설계조건은 표 2-30과 표 2-31을 적용한다.

2) 내벽·내창·바닥(천장)으로의 손실 열량 q_{TI} [kcal·h]

q_{TI}는 외기의 영향을 받기 때문에 식 2-19로 계산한다. 또 지하외벽, 흙에 접한 바닥과 벽의 경우도 식 2-19에 의해 계산한다.

$$q_{TI} = K \cdot (t_i - t_0) \cdot A \cdots\cdots\cdots\cdots\cdots\cdots\cdots\cdots (2\text{-}19)$$

단, t_0는 내벽·내창·바닥(천장)의 경우는 난방을 하지 않는 실의 온도로 하지만 개략적으로 계산하여 난방하고 있는 실의 실온과 외기온도의 중간온도를 취한다. 또 지하외벽과 흙에 접한 바닥·벽의 경우는 표 2-32와 표 2-33에 나타낸 난방 설계용 지중온도를 이용한다. 또한, 실내에서는 방위보정을 할 필요가 없다.

3) 틈새바람에 의한 손실 열량 및 외기부하 q_{IS}

각 부하의 계산식은 냉방 시와 마찬가지로 다음 식으로 계산한다. 틈새바람의 풍량은 냉방 시와 동시에 산정하지만 환기횟수 n(회/h)는 표 2-37을 이용한다.

$$q_{IS} = 0.24 G_I(t_i - t_0) = 0.29 Q_I(t_i - t_0) \cdots\cdots\cdots\cdots (2\text{-}20)$$

여기서 q_{IS} : 틈새바람에 의한 손실 열량 [kcal/h]
Q : 틈새바람의 양 [m³/h]
t_i, t_0 : 실내외 온도 [℃]

$$q_{IL} = 597 G_I(x_i - x_0) = 720 Q_I(x_i - x_0) \cdots\cdots\cdots\cdots (2\text{-}21)$$

$$q_{FS} = 0.24 G_F(t_i - t_0) = 0.29 Q_F(t_i - t_0) \cdots\cdots\cdots\cdots (2\text{-}22)$$

---

18) **위험률**(Level of Significance) : 가설의 검정에 있어서 가설이 옳음에도 불구하고 이를 기각하는 오류 확률을 말하며 유의수준(有意水準)이라고도 한다.

표 2-30 난방설계용 외기온도(일본)

난방기간\\지명	0~24시 DB [℃]	0~24시 WB [℃]	4~23시 DB [℃]	4~23시 WB [℃]	8~17시 DB [℃]	8~17시 WB [℃]	10~21시 DB [℃]	10~21시 WB [℃]
사 포 로	-12.0	-16.0	-11.6	-15.8	-9.4	-14.8	-9.2	-14.6
센 다 이	-4.4	-8.9	-4.7	-8.9	-7.3	-9.1	-2.1	-9.1
동 경	-1.7	-11.4	-1.6	-11.6	0.6	-12.2	1.3	-12.1
나 고 야	-2.1	-8.2	-1.8	-8.3	0.3	-9.1	0.0	-8.3
오 사 카	0.6	-7.2	-0.5	-7.4	1.1	-7.4	2.1	-8.1
후쿠오카	-1.0	-6.4	0.3	-6.4	1.5	-6.0	1.4	-6.4

표 2-31 난방설계용 외기조건(한국)

외기조건\\지역	최저기온 평균치 t_w [℃]	설계조건 (TAC 2.5 %) 건구온도 [℃]	설계조건 (TAC 2.5 %) 상대습도 [%]	설계용 풍속 V [m/sec]
속 초	-10.7	-7.10	55.3	3.8
춘 천	-17.9	-13.3	69.7	1.7
강 릉	-10.8	-7.20	56.4	3.7
서 울	-14.0	-10.0	65.2	2.8
인 천	-13.4	-9.40	67.4	4.6
울릉도	-6.50	-3.40	70.5	4.6
수 원	-16.5	-12.1	70.4	1.7
서 산	-12.9	-9.00	74.0	2.6
청 주	-16.9	-12.4	72.0	1.9
대 전	-13.9	-9.90	71.7	1.7
추풍령	-13.3	-9.30	65.8	4.1
포 항	-9.70	-6.20	58.2	3.2
군 산	-10.1	-6.50	72.4	4.4
대 구	-10.9	-7.20	60.2	3.1
전 주	-11.8	-8.00	73.3	1.1
울 산	-9.20	-5.80	63.2	3.1
광 주	-10.0	-6.50	71.7	2.6
부 산	-7.90	-4.60	55.3	4.8
충 무	-7.20	-4.00	62.5	2.9
목 포	-6.50	-3.40	74.5	5.1
여 수	-7.60	-4.40	61.5	5.1
제 주	-1.70	-0.80	73.2	5.2
서귀포	-2.20	-0.30	67.4	3.6
진 주	-10.4	-6.80	64.9	1.5

(주) 공기조화·냉동공학회 표준기상자료(1985)

표 2-32 난방설계용 지중온도(일본의 예, 단위 : ℃)

지 명	지중 깊이 [m]								
	1	2	3	4	5	6	8	10	15
사포로	-4.7	-0.5	2.3	4.2	5.4	6.3	7.2	7.7	8.0
센다이	1.2	4.8	7.2	8.7	9.8	10.5	11.3	11.7	12.0
동 경	3.8	7.4	9.8	11.3	12.4	13.1	13.9	14.3	14.6
나고야	3.9	7.7	10.2	11.9	13.0	13.8	14.6	15.0	15.3
오사카	5.6	9.2	11.6	13.2	14.3	15.0	15.8	16.2	16.4
후쿠오카	5.5	9.0	11.4	12.9	14.0	14.7	15.5	15.9	16.1

표 2-33 난방설계용 지중온도 (단위 : ℃)

지 역	월평균 지표온도		동결심도 [cm]	깊이에 따른 지중온도(1월)		
	최저	최고		0.5 [m]	2 [m]	3 [m]
속 초	-0.4	25.9	47	0.19	6.5	8.60
춘 천	-0.9	26.7	157	-5.3	2.8	5.50
강 릉	-0.1	26.4	44	0.4	3.9	9.40
서 울	-2.5	27.0	77	-0.2	5.6	8.10
인 천	-1.3	27.0	65	-1.0	6.0	8.30
울릉도	1.4	26.1	14	2.2	8.1	10.1
수 원	-1.5	26.7	117	-4.3	3.7	6.40
서 산	-0.6	27.3	75	-1.7	5.8	8.30
청 주	-1.7	27.8	98	-3.2	4.8	7.40
대 전	-0.7	27.2	87	-2.1	5.6	8.20
추풍령	-1.2	27.1	79	1.9	5.5	8.00
포 항	0.8	28.3	37	0.9	7.8	13.0
군 산	0.7	28.6	43	0.5	7.5	9.90
대 구	-0.1	28.9	59	-0.7	6.9	9.40
전 주	0.6	28.7	58	-0.6	6.7	9.20
울 산	2.4	28.4	37	0.9	7.9	11.0
광 주	1.3	28.7	42	0.6	7.8	10.2
부 산	3.0	28.4	7	2.8	9.1	11.2
충 무	2.3	27.4	22	1.9	8.5	10.7
목 포	2.1	28.0	15	3.5	9.4	11.5
여 수	1.6	26.8	11	2.7	9.0	11.1

$$q_{FL} = 597\,G_F(x_i - x_0) = 720\,Q_F(x_i - x_0) \quad\cdots\cdots\cdots\cdots\cdots\cdots \quad (2\text{-}23)$$

여기서 q_{IL} : 틈새바람에 의한 열량(잠열)

          q_{FS} : 외기부하(현열)

          q_{FL} : 외기부하(잠열)

          $x_0,\,x_i$: 실내외 절대습도

          $t_0,\,t_i$: 실내외 온도

          $G_I,\,Q_I$: 틈새바람의 양

4) 실내 취득 열량

계산은 냉방 시와 같은 식을 이용해서 계산하지만 산정값은 난방부하 값에서 빼기 때문에 산정값의 안전 측이 냉방의 부하계산과 역이 되는 점에 주의를 요한다.

[예제 2] 그림과 같은 건물높이 30m인 사무소 건물의 난방부하를 계산하시오. 단, 설계조건 은 다음과 같다.

실내온도 22 ℃,	외기온도 -3 ℃,
인접실온도 22 ℃	상층온도 -3 ℃,
하층온도 22 ℃,	복도온도 12 ℃

실의 구조체 구조와 열관류율은 표 2-34와 같으며 문은 목재문, 창은 기밀성이 높 은 새시를 사용한다.

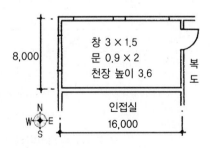

표 2-34 설계대상 사무소 건물의 벽체구조 및 열관류율 K

구 분	구 조	K [kcal/m²·h·℃]
외 벽	콘크리트 THK.150 mm 바탕 위 : 외부 몰탈 마감, 내부 플라스터 마감	3.13
내 벽	경량블록 THK.120 mm 바탕 위 : 양면 플라스터 마감	1.73
바 닥	콘크리트 THK.120 mm 바탕 위 : 플로링 마감	2.11
창유리	이중유리 (공기층 THK.20 mm)	2.60
문	양면합판 THK.30 mm	2.10
천 장	방수 콘크리트 THK.120 mm 및 몰탈 바탕 위 W.P 3회 마감	3.75

풀이 위 설계조건의 난방부하 계산 결과를 표 2 - 35에 나타낸다.

합계 : 21,985 + 5,017 = 27,002 kcal/h

$\therefore q = (q_{t_0} + q_{IS}) \times 1.1 = 27,002 \times 1.1 = 29,702$ kcal/h

표 2-35 구조체의 난방부하 계산결과

구분	방위	벽 면	면 적 A [m²]	K	$t_i - t_0$	p	q_{t_0} [kcal/h]
	동	내 벽	$(8 \times 3.6) - (0.9 \times 2) = 27$	1.73	10	1.0	467
	동	문	$0.9 \times 2 = 1.8$	2.10	10	1.0	38
	서	외 벽	$(8 \times 3.6) - (3 \times 1.5) = 24.3$	3.13	25	1.1	2,092
	서	창유리	$3 \times 1.5 = 4.5$	2.60	25	1.1	322
q_{t_0}	남	내 벽	$16 \times 3.6 = 57.6$	1.73	0	1.0	0
	북	외 벽	$(16 \times 3.6) - (3 \times 1.5 \times 2) = 48.6$	3.13	25	1.2	4,564
	북	창유리	$3 \times 1.5 \times 2 = 9$	2.60	25	1.2	702
		바 닥	$16 \times 8 = 128$	2.11	0	1.0	0
		천 장	$16 \times 8 = 128$	3.75	25	1.15	13,800
계							21,985

표 2-36 틈새바람의 부하계산

구 분	실용적 V [m³]	n [회/h]	$Q = V \times n$ [m³/h]	계수	$t_i - t_0$	q_{IS} [kcal/h]
q_{IS} 틈새바람	$16 \times 8 \times 3.6 = 461$	1.5 (표 2 - 37)	$461 \times 1.5 ≒ 692$	0.29	25	5,017

표 2-37 난방 시 틈새바람에 의한 환기회수 〔회/h〕

건축 구조	상급 구조	중급 구조	하급 구조
콘크리트 조	0.5 이하	0.5~1.5	
서양식 목조	1~2	2~3	
동양식 목조	2~3	3~4	3~6

표 2-38 출입문의 틈새바람 〔m³/h · m²〕

종 류	출입문의 틈새바람의 양 〔m³/h · m²〕				
	개폐빈도가 적은 것	개폐빈도가 일반적인 것			
		건물의 높이			
		1~2층 건물	15 m	30 m	60 m
회전식 출입문	30	200	230	260	320
유리문(틈새 5 mm)	160	550	660	740	910
목재문(1 m × 2 m)	40	240	290	320	400
공장문	30	55			
차고문	75	250			

표 2-39 창문 틈새바람의 풍량 (B) 〔m³/h · m²〕

명 칭		소형 (0.75 × 1.8 m)			대형 (1.35 × 2.4 m)		
		문풍지 없음	문풍지 없음	기밀한 새시	문풍지 없음	문풍지 없음	기밀한 새시
여름	목제새시	7.9	4.8	4.0	5.0	3.1	2.6
	기밀성이 나쁜 목제새시	22.0	6.8	11.0	14.0	4.4	7.0
	금속제 새시	14.6	6.4	7.4	9.4	4.0	4.6
겨울	목제새시	15.6	9.5	7.7	9.7	6.0	4.7
	기밀성이 나쁜 목제새시	44.0	13.5	22.0	27.8	8.6	13.6
	금속제 새시	29.2	12.6	14.6	18.5	8.0	9.2

표 2-40 난방설계용 실내조건

건구온도〔℃〕	습구온도〔℃〕	노점온도〔℃〕	상대습도〔%〕	엔탈피〔kcal/kg〕	절대습도〔kg/kg'〕
22	13.8	7.7	40	9.3	0.0065

(주) 직접난방에서 복사효과를 기대할 수 있는 경우에는 건구온도를 20 ℃로 한다.

표 2-41 난방설계용 실내온습도 설계조건

종 류	건구온도 [℃]	상대습도 [%]	유효온도 [℃]
주택, 아파트의 거실	22	50	19.5
주택, 아파트의 침실	18	50	16.5
주택, 아파트의 현관홀	18	50	16.5
주택, 아파트의 복도, 계단	18	50	16.5
호텔의 거실	22	60	20.0
호텔의 침실	18	60	16.5
호텔의 현관홀	20	50	18
호텔의 식당, 공용부문	20	50	18
병원의 병실	18	50	16.5
병원의 의사실	22	50	19.5
병원의 진료실	24	60	22
병원의 대합실	20	50	18
병원의 수술실	21~30	55~65	19~26
극장의 객석	20	50	18
영화관의 객석	18	50	16.5
영화관의 복도	18	5050	16.5
학교의 교실	18	50	16.5
학교의 강당	16	50	15
학교의 교원실	20	50	18
공장의 앉은 작업	18	50	16.5
공장의 경작업	16	35	14
공장의 중노동	13	35	12
은 행	21	50	19.0
사무실	21	50	19.0
상 점	16	50	15
백화점	18	50	16.5
식당·다방	20	50	18
공회당	16	50	15
교 회	20	50	18
체육관	13	60	12
수영장	24	50	24
화장실	13	50	12

표 2-42 천장높이와 실내온도 분포

천장높이	실온 분포
3 m 이하	표 2-41을 표준 실온으로 함.
3~4.5 m	$t_h = t + 0.06(h-1.5)t$
4.5 m 이상	$t_h = t + 0.18t + 0.183(h-4.5)$

(주) t_h : 바닥 위 높이 h [m]의 온도 [℃],　t : 표준 실온 [℃],　h : 바닥 위 높이 [m]

2-4 냉난방부하의 개산값

건물 냉난방부하의 개략적인 개산값을 표 2 – 43에 나타내고 있다.

표 2-43 냉난방부하 개산값 $[kcal/h \cdot m^2]$

건물의 종류와 용도		냉방부하 $[kcal/h \cdot m^2]$	난방부하 $[kcal/h \cdot m^2]$
사무소 건축	저 층	70~120 (연)	70~90 (연)
	고 층	100~150 (연)	90~110 (연)
주택 · 공동주택	남 향	190	(일반) 100
	북 향	140	(한냉지) 130~150
극장 · 공회당	객 석	450	390
	무 대	100	190
백화점 · 점포	1층 매장	350	50~70
	일반 매장	260	50~70
호 텔	객실 · 로비	70~140(연)	100~130(연)
병 원	병 실	80~85	100~140
	진료실	150~200	110~140
	수술실	300~600	400~700

문 제

[문제 1] 공기조화의 정의와 실내 환경조건에 관하여 기술하시오.

[문제 2] 쾌적실내 환경과 흡연을 고려한 환기량에 관하여 기술하시오.

[문제 3] 인체와 온열환경에 관하여 열수지 관계를 스케치하고 설명하시오.

[문제 4] 인체의 온냉감 자극과 형성요소에 관하여 기술하시오.

[문제 5] 공기조화설비를 구성하는 항목, 기기 및 기능에 관하여 설명하시오.

[문제 6] 공기조화설비의 열원에 대하여 기술하시오.

[문제 7] 공기조화부하를 분류하고 설명하시오.

[문제 8] 다음 다층 평면벽의 열관류율을 산출하시오.

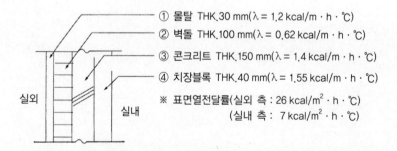

① 몰탈 THK.30 mm(λ = 1.2 kcal/m · h · ℃)
② 벽돌 THK.100 mm(λ = 0.62 kcal/m · h · ℃)
③ 콘크리트 THK.150 mm(λ = 1.4 kcal/m · h · ℃)
④ 치장블록 THK.40 mm(λ = 1.55 kcal/m · h · ℃)

※ 표면열전달률(실외 측 : 26 kcal/m² · h · ℃)
　　　　　　　　(실내 측 : 7 kcal/m² · h · ℃)

실외　　실내

[문제 9] 문제 08의 결과를 이용하여 면적 5 m², 외기온도 34 ℃, 실내온도 26 ℃일 때의 관류 열량을 구하고 표면온도와 벽 내부 경계면의 온도를 구하시오.

[문제 10] 어떤 건물의 남서쪽 유리창의 총합계 면적이 40 m²일 때 오후 2시에 이 유리면을 통하여 침입하는 열량은 얼마인가? 단, 창유리는 보통유리 단층이고 그 안쪽에는 베네시안 블라인더(밝은색)를 설치한다. 실내온도는 26 ℃, 외기온도는 35 ℃이며 장소는 서울로 한다.

[문제 11] 상당온도차(ETD)란 무엇인지 기술하시오.

[문제 12] total energy system에 대하여 설명하시오.

[문제 13] 그림과 같은 사무소 건물의 냉방부하를 계산하시오. 단, 설계조건은 다음과 같다. 외벽은 콘크리트 두께 15 cm, 실내조건은 26 ℃, 50 %이며 장소는 서울로 하며 외기온도는 30 ℃로 한다. 창은 복층유리로 창의 내측에는 밝은색의 베네시안 블라인더를 설치하며 사무실 조명은 형광등 조명으로서 3 kW, 사무기기는 2 kW, 재실 인원은 40인, 구조체의 열관류율은 표에 따르고 인접실과 상, 하층은 저온으로 공조를 하고 있는 것으로 한다. 풀이를 한 후 표 2 - 44에 그 계산 결과를 넣으시오.

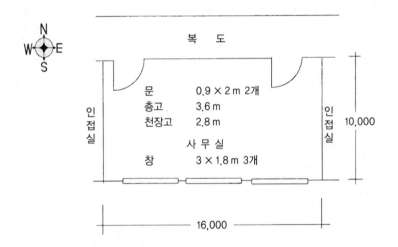

벽체의 종류	열관류율 [kcal/m²·h·℃]
외벽 : 콘크리트 15 cm (S)	2.1
내 벽	2.0
바 닥	1.3
문	3.8
창	2.2
베네시안 블라인더	$k_s = 0.56$

표 2-44 냉방부하 계산서

명칭 :　　　　　　　　　　　　　　　　　　　　　　　　　　　No.

| 실명 : | | | 실 크기 : L×W = 　　 m² |
| | | | m²×H = 　　 m³ |

설계조건

외기	℃DB	℃WB	%RH	kg/kg
실내	℃DB	℃WB	%RH	kg/kg

상당온도차의 보정 계산

방　위	E	S	W	
상당온도차의 보정				
상 당 온 도 차				

(1) 벽채로부터의 취득 열량

방위	벽 체	면적 〔m²〕	열관류율 〔kcal/m²h℃〕	온도차 〔℃〕	취득 열량 〔kcal/h〕
	합　　　계				

(2) 유리창에서의 취득 열량

방위				
	합　　　계			

(3) 틈새바람에 의한 취득 열량

(4) 재실자의 취득량

현열 취득량	
잠열 취득량	

(5) 기구에서의 취득 열량

조 명 등	
사 무 기 기	

취득 열량 산출 집계표 〔kcal/h〕

취득 열량의 구분		현 열	잠 열
(1) 실내 취득 열량	① 벽　　　체		
	② 유 리 창		
	③ 틈새바람		
	④ 재 실 자		
	⑤ 기　　　구		
	소　　　계		
(2) 송풍기·덕트의 취득 열량과 안전율 : (1)의 10%			
(3) 실내 취득 열량 현열 잠열 합계 : (1) + (2)			
(4) 실내 취득 열량의 총합계			

[문제 14] 다음 그림과 같은 사무실의 냉방부하를 계산하시오. 단, 설계조건은 다음과 같고 기타 필요한 사항은 각자가 가정한다.

① 장소 : 서울, 30층 건물의 최상층   ② 외기조건 : 33 ℃, 65 %
③ 실내조건 : 26℃, 50 %   ④ 실내인원 : 30명
⑤ 실내조명 : 형광등 20 W/m²   ⑥ 사무기기 : 2 kW
⑦ 주위상황 : 인접실은 냉난방을 하고 있고 복도는 냉난방을 하지 않는다.
⑧ 건물구조

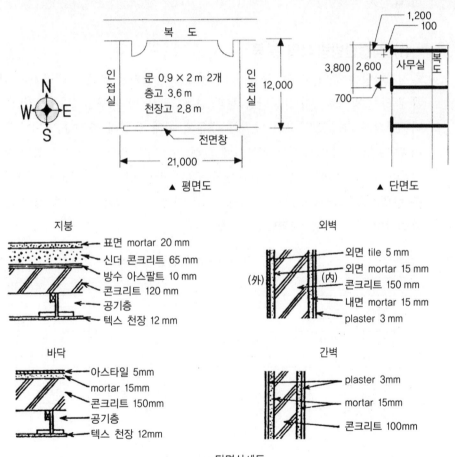

▲ 평면도   ▲ 단면도

▲ 단면상세도

[문제 15] 문제 13의 사무소 건물에 대한 난방부하를 계산하시오. 단, 실내조건은 22 ℃, 50 %, 외기조건은 0 ℃, 40 %로 바꾸고 나머지 사항은 문제 13과 동일한 것으로 한다.

제3장 직접난방설비

3-1 직접난방설비 개요

(1) 직접난방방식의 분류

직접난방은 증기, 온수, 등유 등의 열매를 방열기를 통해 실내공기를 직접 따뜻하게 하는 방식으로서 온풍난방 등과 같은 간접난방과 구별한다. 직접난방을 열의 이동방식에 따라 분류하면 난기의 대류에 의해 인체에 따뜻함을 느끼게 해 주는 대류난방과 실내 방열체의 열복사에 의해 인체에 따뜻함을 느끼게 하는 복사(방사)난방이 있다. 일반적으로 직접난방이라고 불리는 방식은 열매로서 증기·온수 등을 방열기를 통해 난방하는 증기난방·온수난방·복사난방에 의한 중앙난방방식을 가리키며 규모가 큰 지역난방도 포함된다.

표 3-1 중앙난방방식의 비교

구 분	증기난방	온수난방	복사난방
사용열매·온도	증기(100~110 ℃)	온수(70~90 ℃)	온수(40~60 ℃)
보일러 취급	어렵다.	용이하다.	용이하다.
외기온도 변화에 대한 제어	능력조정이 어려워 나쁘다.	능력조정이 용이해서 가능하다.	축열량이 최대이기 때문에 나쁘다.
실내 상하 온도차	크다.	보통	작다
실내 습도	습도저하가 현저하다.	습도저하가 있다.	습도저하를 피할 수 있다.
동결에 의한 파손	유리	불리	불리
소음 발생	쉽다	없다	없다.
열용량	매우 작다.	보통	많다.
시공·보수	용이	용이	곤란
설비비	小	中	大
연료 소비량	많다.	작다.	작다.
적용 건축물	고층 건축에 적합	고층 건축에 부적합	고층 건축에 부적합
	대규모 사무실	중·소규모 사무실	주택
	병원·공장	주택	노인시설
	학교	병원	학교

3-2 증기난방설비(steam heating system)

(1) 증기난방설비 개요

증기난방설비는 증기보일러에서 100 ℃ 이상의 공급증기를 발생시켜 증기가 가진 잠열을 방열기 내에서 발산케 하여 실내를 난방하는 설비이다. 방열기 내의 증기는 잠열을 잃으면 식어서 85 ℃ 부근에서 응축하여 응축수[19]가 되어 방열기트랩을 통하여 증기보일러로 되돌아간다.

(2) 증기난방의 분류와 배관방식

증기난방은 사용 증기압력, 배관방식, 증기공급방식, 환수관 배관방식, 응축수 환수방식 등에 따라 분류할 수 있으며 각종 방식이 조합된 것도 있다. 표 3 - 2에 증기난방방식의 분류와 특징을 나타내고 있다.

표 3-2 증기난방방식의 분류와 특징

분류	명칭	특 징
증기 압력	저압	압력 1.0 kg/cm² 미만, 일반은 0.1~0.35 kg/cm² 정도
	고압	압력 1.0 kg/cm² 이상, 일반은 1~3 kg/cm² 정도
배관 방식	일관식	증기공급관과 환수관을 공용한다.
	이관식	증기공급관과 환수관을 각각 설치하여 별개 계통으로 한다.
공급 방식	상향 공급	증기주관부터 입상관까지의 공급관을 상향에 배관하는 방식임. 예 주관을 최하층 천장배관으로 하고 여기서 입상관을 분기한다.
	하향 공급	증기주관을 최상층 전장 또는 지붕 아래 설치하고 여기서 입하관을 분기하여 각 방열기에 공급한다.
환수관 배관 방식	건식 환수	보일러 수면보다 상부에 환수주관을 설치하여 관 내부에 응축수가 만수되지 않은 상태로 반틈만 흐르게 한다.(관말에 증기트랩 설치)
	습식 환수	보일러 수면보다 하부에 환수주관을 설치하여 관 내부에 응축수가 만수된 상태로 흐르게 한다.(장치배수밸브 설치)
응축수 환수 방식	중력식	환수관에 1/100 정도의 구배를 주어 고저 차에 의한 중력만으로 보일러에 환수한다(공기빼기밸브 설치). 대규모 장치의 경우 중력만으로 낮은 곳의 탱크까지 환수하며 응축수펌프로 가압하여 펌프에 환수한다.
	진공식	환수관 끝에 진공펌프를 설치하여 장치 내 공기를 흡인하여 진공을 100~250 mmHg 정도로 유지하여 환수를 강제적으로 촉진시킨다.

---

19) 응축수(condensate) : 수증기가 냉각되고 응축하여 액화한 물

　일반적으로 증기난방에서 널리 이용되고 있는 배관방식은 저압증기 2관식의 중력식 응축수펌프 병용식 또는 진공환수방식과 고압증기 2관식 진공환수방식 등이 있다. 대규모 고층건축의 고압증기 난방방식은 주배관으로 고압증기를 보내고 각 방열기에 급기는 필요한 개소에 감압밸브를 설치하여 고압을 저압증기로 하여 난방에 사용하는 경우가 많다. 일반적으로 이용되고 있는 계통도별 배관방식은 다음과 같다.

❶ 저압증기 2관식 중력공급식(건식)

① 증기주관은 끝을 1/100구배 정도로 낮추고 관 끝에 관말트랩[20]을 설치한다.
② 환수주관은 1/200구배 정도로 하고 내려가는 부분에 공기빼기 밸브를 설치한다.

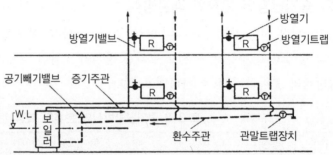

그림 3-1 저압증기 2관식 중력공급식(건식)

❷ 저압증기 2관식 중력식 응축수펌프 병용식

① 환수주관을 응축수 펌프의 부속 수수(受水)탱크에 접속, 수수탱크까지의 환수를 중력식으로 하고 보일러 급수펌프에 보낸다.
② 응축수펌프의 설치 위치는 최하위 방열기보다 낮은 위치에 설치한다.
③ 펌프 부속탱크 접속까지의 환수주관은 건식이므로 관끝에 증기트랩을 설치한다.

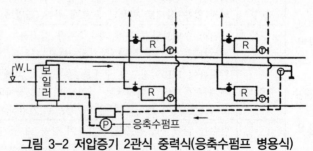

그림 3-2 저압증기 2관식 중력식(응축수펌프 병용식)

---

20) **관말트랩**(drip trap) : 증기주관의 말단에 설치하여 배관으로부터의 열손실 등에 의해 발생되는 응축수를 배출하는 트랩

3 저압증기 2관식 진공환수방식

① 대규모 난방설비에서 중력식에 의한 환수가 원활하게 되지 않을 경우에 이 방식을 이용하여 증기의 순환을 원활하게 한다.

② 환수관의 관경이 다른 방식보다 가늘고 구배의 경감이 가능하여 리프트 이음[21]의 사용으로 낮은 곳에 있는 환수를 상방으로 끌어올릴 수 있기 때문에 보일러 수면보다 낮은 곳에 방열기를 설치할 수 있다.

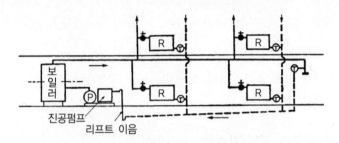

그림 3-3 저압증기 2관식(진공환수방식)

4 고압증기 2관식 진공 환수방식

① 고압증기보일러를 사용하므로 환수를 저수할 탱크를 급수펌프보다 높은 곳에 설치한다.

② 고압증기는 도중에 감압되어 저압으로 각 방열기에 급기되며 응축수는 진공펌프에 의해 흡인되어 핫웰탱크(hot well tank : 환수조)[22]에 환수된다.

③ 고압 보일러의 급수장치는 2종류 이상의 설치가 의무화되어 있다.

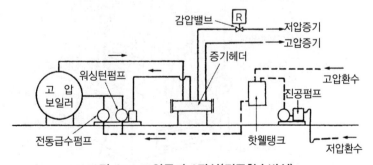

그림 3-4 고압증기 2관식(진공환수방식)

---

21) 리프트 이음(lift fittings) : 진공환수식의 난방장치에서 진공펌프 앞에 설치하는 이음으로 환수관을 방열기보다 위쪽으로 배관할 때 또는 진공펌프를 환수주관보다 높은 위치에 설치할 때 이용한다.

22) 핫웰탱크(hot well tank) : 증기난방에서 발생되는 고온의 응축수를 일시 저류하는 물탱크

(3) 증기난방용 기기

1 보일러(boiler)

보일러는 연료를 태울 때 발생하는 열로 용기 내의 물을 가열하여 소요 압력의 증기 또는 온수를 만들어 이것을 공급장치로 보내는 것으로 로·보일러 본체·부속장치·부속품 등으로 구성되어 있다. 부속장치는 연소장치, 급수장치, 통풍장치가 있고 부속품은 안전밸브, 취출밸브, 압력계, 수면계 등이 있으며 난방용 보일러는 사용 재질에 따라 다음과 같이 분류할 수 있다.

- 주철제 보일러
- 강판제 보일러 : 입형 보일러, 로통 보일러, 연관 보일러, 수관 보일러, 로통 연관 보일러

1) 주철제 보일러(cast iron boiler)

일반적으로 섹셔널 보일러(sectional boiler)라고 한다. 그림 3-5에 나타낸 것처럼 주철제 섹션을 몇 개씩 앞뒤로 나란히 니플(nipple)[23]로 접합한 구조로 되어 있다. 섹션[24] 수는 20개 정도이고 이것을 증감함에 따라 보일러 용량을 조정할 수 있다.

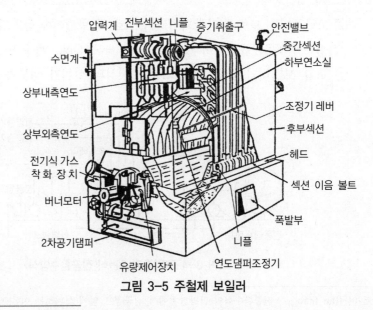

그림 3-5 주철제 보일러

---

23) 니플(nipple) : 짧은 관의 양끝에 수나사를 만든 이음으로 주철 보일러나 주철 방열기의 섹션을 결합할 때 사용
24) 섹션(section) : 섹셔널 보일러의 몸체를 구성하는 두께 120~190 mm의 원형으로 절단한 듯한 주철제 보일러 부재

주철제 보일러는 값이 싸고 각 섹션을 분해하여 반입할 수 있기 때문에 반입이 쉽고 부식에 강하여 소용량의 난방용 보일러로서 가장 많이 이용된다. 열에 의한 균열이 발생하기 쉬워 고압이나 대용량으로서는 부적합하고 내부청소도 하기 어렵다. 주철제 보일러는 난방용의 증기·온수 보일러로 널리 사용되고 있지만 압력은 증기 보일러에서 $1.0 \, \text{kg/cm}^2$ (게이지압[25]) 이하, 온수 보일러에서 수두압 $50 \, \text{mAq}(5 \, \text{kg/cm}^2)$ 이하의 저압용에 사용이 제한되어 있다. 또한 증발량[26]은 $5 \, \text{t/h}$ 정도까지가 보통이다.

2) 입형 보일러

입형 보일러는 그림 3 - 6에서처럼 원통형의 몸통을 수직으로 설치한 보일러로 협소한 장소에 설치 가능하고 설치도 간단하다. 그러나 효율이 나쁘고 내부 청소도 불편하다. 압력은 증기보일러의 경우 $0.5 \, \text{kg/cm}^2$ 이하, 온수보일러의 경우 수두압 $30 \, \text{mAq} \, (3 \, \text{kg/cm}^2)$ 이하 또한 증발량은 $0.5 \, \text{t/h}$ 정도이다.

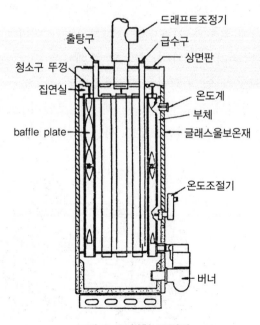

그림 3-6 입형 보일러

---

25) **게이지압**(gauge pressure) : 대기압을 0으로 하고 측정한 때의 게이지가 나타내는 압력, 즉 절대압과 그 때의 대기압의 차이다.

26) **증발량** : 단위시간에 발생하는 증기량 〔kg/h〕

3) 로통 보일러(flue tube boiler)

로통 보일러는 보일러 몸통을 관통하는 지름이 큰 로통을 설치한 것이라서 구조가 간단하여 내부 청소나 검사는 용이하지만 효율이 낮고 증기 발생까지의 시간이 길며 만일 파괴되었을 때 피해가 크기 때문에 그다지 사용되지 않는다. 압력은 10 kg/cm² 이하, 증발량은 3.0 t/h 정도까지이다.

4) 연관 보일러(smoke tube boiler, fire tube boiler)

연관 보일러는 보일러 몸통의 수부(水部)에 연소가스의 통로가 되는 여러 개의 관을 설치하여 전열 면적을 증가시킨 보일러이다. 효율이 좋고 동일 용량에서는 소형으로도 가능하며 증기발생까지의 시간이 짧고 증기량도 많다. 그러나 구조가 복잡하여 고장이 나기 쉽고 내부 청소를 하기 어렵다. 압력은 10 kg/cm² 이하, 증발량은 4.0 t/h 정도까지이다.

5) 로통연관 보일러(fire and smoke tube boiler)

로통연관 보일러는 그림 3-7에 나타낸 것과 같이 보일러 몸통의 수부(水部)에 로통과 연관으로 조합한 보일러이다. 로통과 연관으로 조합하는 방법은 여러 가지가 있지만 그 중에서도 연소가스는 연관 내를 2~4회 통과하므로 전열 면적이 크고 열효율은 80~87%로 좋다. 로통연관 보일러는 공장에서 조립을 완료한 패키지 보일러(packaged boiler)로서 설치가 간단하고 배관공사만으로도 사용할 수 있다.

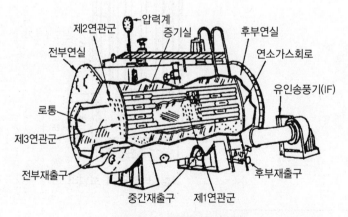

그림 3-7 로통연관 보일러

또한 기름 연료로 자동발정 등의 자동제어 장치를 완비한 것이 난방용으로 널리 쓰이고 있다. 압력은 10~12 kg/cm² 이하, 증발량은 6.0 t/h 정도까지이다.

6) 수관 보일러(water tube boiler)

수관(水管) 보일러는 비교적 지름이 작은 몇 개의 드럼(drum)과 여러 개의 지름이 작은 수관으로 구성되어 있으며 수관 내를 흐르는 물이 외부에서 가열된 증기를 발생시킬 수 있도록 한 것이다. 따라서 고압 대용량의 증기를 얻을 수 있고 열효율이 좋으며 전열 면적이 크므로 보유 수량이 적어서 증기 발생까지 시간이 짧다.

그러나 증기 사용에 변동이 있으면 압력이나 수면이 변동하기 쉬우므로 정도(精度)가 높은 자동제어(automatic control) 장치가 필요하다. 수관 보일러는 수관속의 물을 비중 차에 의해 자연적으로 순환시키는 자연순환식 수관 보일러와 펌프에 의해서 강제적으로 순환시키는 강제 유동식 수관 보일러가 있다.

① 자연순환식 수관 보일러

그림 3 - 8에 나타낸 것처럼 로벽 내면에 설치된 여러 개의 수관(로벽수관)으로 연소실을 둘러싸고 있기 때문에 로벽수관은 로벽을 보호해서 연소실의 방사열을 유효하게 흡수한다. 난방용으로서는 압력 20~30 kg/cm² 이하, 증발량 20 t/h 정도의 것이 많이 사용되고 있다.

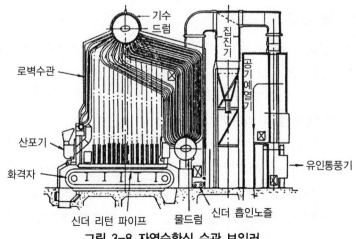

그림 3-8 자연순환식 수관 보일러

② 강제유동식 수관 보일러

강제순환식과 관류식이 있다. 강제순환식은 자연순환식의 경우와 마찬가지로 물의 순환회로를 만들어 보일러 내의 물을 펌프해서 강제적으로 순환시키는 것이다. 관류식은 그림 3 - 9처럼 급수펌프에서 보내진 물을 코일에 감긴 1본의 전열관에 유도하여 이것을 가열해서 증기·온수를 만들어 내는 보일러이다.

고압용으로 적합하며 전체를 소형화할 수 있어 80~90%의 효율을 얻을 수 있다. 증발량이 2~6 t/h 정도의 것이 전자동화되어 많이 쓰이고 있다.

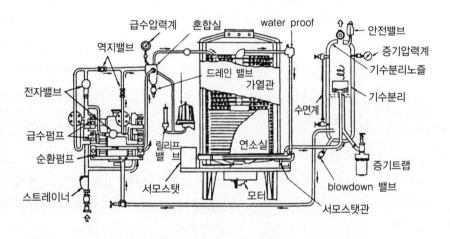

그림 3-9 소형 관류 보일러

🔢 보일러용 연료

보일러용 연료로서는 그 형태에 따라 고체연료, 액체연료, 기체연료가 있지만 고체연료는 최근 그다지 사용되지 않고 있다.

1) 액체연료(liquid fuel)

보일러용 액체연료의 주된 것은 중유이지만 소용량 보일러에는 경유가 사용되는 것도 있다. 또 중유는 1종, 2종, 3종으로 분류되고 일반적으로는 이것을 A 중유, B중유, C 중유라고 부른다. 보일러용 중유로서는 종래 C 중유가 사용되어 왔지만 연소가스에 포함된 아연산가스는 대기오염의 원

인이 되므로 최근에는 양질의 연료를 사용하는 것을 의무화하는 도시가
많아졌다.

2) 기체연료(gaseous fuel)

보일러용 기체연료로서는 도시가스[27], 액화천연가스(LNG)[28], 액화석유
가스(LPG)[29] 등이 쓰이고 있다. 표 3-3에 기체연료의 발열량을 나타내고
있다.

표 3-3 기체연료의 발열량

종 류	도시가스	액화천연가스	액화석유가스
발열량 [kcal/m³]	3,600~11,000	8,000~11,000	11,000~12,000

3 중유연소장치

중유 등의 액체연료를 연소시키는데는 버너(burner)로 연료를 분무해서 공기와
잘 혼합할 수 있도록 하여 로내에 불어 넣어야만 한다. 버너는 연료를 분무하는
방법에 따라 회전식 버너, 압력분무식 버너, 증기·공기분무식 버너 등이 있다.

1) 회전식 버너(rotary burner)

로터리 버너라고도 한다. 그림 3-10에 나타낸 것처럼 회전하는 원상의
로터리 내에 보내진 중유가 원심력에 의해 밖으로 널리 퍼지고 같은 축상
에 설치된 송풍기에서 보내져 온 공기에 의해 분무되는 것이다.

공기와 잘 혼합되어 연소가 좋고 중유의 온도가 낮아도 사용할 수 있으
므로 100~1,000리터/h 정도의 소용량의 것이 많이 사용되고 있다.

---

27) 도시가스(city gas) : 도시에서 가정용이나 소공업용으로 사용되는 가스를 말하며 석탄·코크스·타프타·원
유·중유·천연가스·액화석유가스 등을 원료로 한 제조가스를 정제, 혼합하여 소정(4,000~5,000 kcal/m³)
의 발열량으로 조정한 것

28) 액화천연가스(liguified natural gas) : 천연적으로 산출되는 천연가스를 -162℃까지 냉각 액화한 것을 말하
며 발열량이 높고 비중이 공기보다 작아 폭발의 위험성이 적다.

29) 액화석유가스(liguified petroleum gas) : 천연가스나 석유정제의 과정에서 채취된 가스를 압축 냉각해서 액화
시킨 것으로 저장, 운반, 취급에 편리하고 발열량도 높으나 공기보다 무거우므로 누설되는 경우 인화폭발 위
험성이 크며 일반적으로 「프로판가스」라 한다.

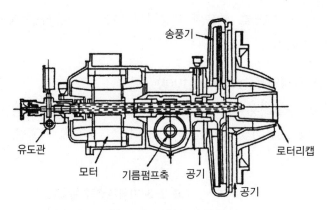

송풍기

유도관

모터　　기름펌프축　　공기

로터리캡

공기

그림 3-10 회전식 버너

2) 압력분무식 버너(pressure injection burner)

건타입 버너라고도 한다. 중유를 $5 \sim 20 \text{ kg/cm}^2$로 가압해서 분무하기 때문에 대용량에 사용되지만 유량 조정 범위는 적다.

3) 증기·공기 분무식 버너

증기 또는 압력공기에 의해 분무하므로 분무가 양호해서 유량 조정 범위가 크고 대용량의 것에 쓰여진다.

4 오일탱크와 오일펌프

1) 오일탱크(oil tank)

외부에서 반입된 기름을 일시 저장하는 탱크로 옥내·옥외 어디라도 설치할 수 있다. 주로 오일 버너(oil burner)에 공급되는 오일을 저장하는 것으로 보관용의 스토리지 탱크(storage tank)와 조금씩 사용하는 서비스 탱크(service tank) 등이 있다. 그림 3-11은 지하 오일탱크 구조의 예를 나타낸 것이다. 소방법 및 위험물에 관한 시행령에서 지정 중량 이상(중유 : 2,000 l , 경유 : 500 l , 휘발유 : 100 l)에서는 탱크의 크기, 구조, 설치 장소는 소방법규에 따라 결정해야 한다.

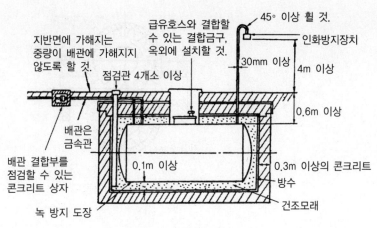

그림 3-11 지하 오일탱크

2) 오일 서비스탱크(oil service tank)

대용량 보일러의 경우 메인탱크(main tank)와 버너(burner)와의 사이에 서비스탱크(service tank)를 설치하여 기름을 완전연소시키기 위하여 예열하는 데 쓴다. 급유탱크라고도 부른다. 그림 3 - 12에 예열용 코일이 붙은 오일 서비스탱크를 나타내고 있다.

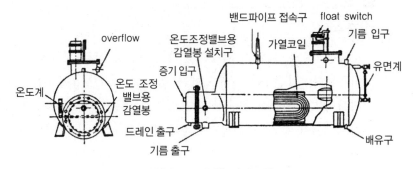

그림 3-12 오일 서비스탱크

3) 오일펌프(oil pump)

유압펌프라고도 한다. 오일탱크에서 서비스탱크로 송유할 때는 서비스탱크 내에 설치된 플로트스위치(float switch)에 의해 자동적으로 오일펌프가 운전되며 서비스탱크의 저유량은 항상 일정하게 유지된다. 오일펌프에는 보통 그림 3 - 13에 나타낸 기어펌프(gear pump)가 쓰인다.

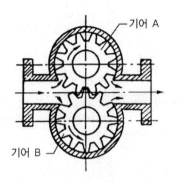

기어 A

기어 B

그림 3-13 기어펌프

5 증기헤더(steam header)

보일러에서 발생한 증기는 일단 증기헤더에 모였다가 여기서 각 계통별로 공급
된다. 증기헤더의 직경은 보통 보일러 증기관 관경의 1.5~2.5배로 한다. 증기헤더
에는 압력계·온도계 설치구, 드레인 포킷(drain pocket), 트랩장치를 한다. 각 계
통에서 고압증기와 응축수는 핫웰탱크(hot well tank)[30]에 모아서 보일러에 급수된
다. 핫웰탱크에는 수면계, 배수구, 온도계 등을 설치한다.

6 보일러 급수장치

1) 급수

일반적으로 보일러 급수에는 천연수, 상수도, 재활용수, 연화수[31] 등이
이용된다. 천연수나 상수도에는 광물질, 유기물, 불순물, 기체 등이 용해
되어 있다. 이러한 불순물을 포함하고 있는 물을 사용하면 전열면에 스케
일(scale)이 부착하여 열전도율이 떨어지고 부식을 일으켜 고장의 원인이
된다.

반면 재활용수나 연화수에는 거의 불순물이 포함되어 있지 않기 때문에
보일러 급수로서 아주 적합하다. 보일러 급수처리에는 불순물 중 광물질
은 증류법이나 이온교환법으로, 불순물은 여과법으로, 기체는 가열해서
제거하는 방법 등이 이용되고 있다.

---

30) 핫웰탱크(hot well tank) : 환수조라고도 한다. 증기난방에서 발생되는 고온의 응축수를 일시 저류하는 물탱
크로 온수는 여기에서 펌프 등으로 다시 보일러에 급수된다.
31) 연화수(water softening) : 수중의 칼슘염, 마그네슘염을 제거하는 것으로 경수를 연수로 하는 것.

2) 급수장치

보일러는 응축수나 순환수를 환수해서 급수하므로 도중에 누수가 없는 한 보급은 필요 없지만 실제로 증발하여 수위가 낮아지기도 하므로 어느 정도의 보급을 해야만 한다. 이때 급수는 보일러 내의 온도를 급변시키지 않도록 환수관에 접속한다.

급수펌프로는 고압 보일러에 워싱턴펌프, 터빈펌프, 인젝터[32] 등이 쓰이고 저압 보일러는 응축수펌프, 진공급수펌프 등이 쓰인다. 운전 중 급수장치에 고장이 발생하면 보일러를 파손하여 큰 고장의 원인이 되기도 하므로 급수장치에는 반드시 예비를 설치하고 단독으로 최대 증발량 이상을 급수할 수 있는 급수장치를 2조 갖춘다.

① 워싱턴펌프(worthington pump)

기동급수펌프라고도 한다. 그림 3-14에 나타낸 증기 실린더에 고압증기를 공급하여 실린더에 직결된 왕복펌프를 구동하는 것으로 소용량 보일러에 이용된다. 보일러 점화 시는 운전이 안 되므로 보조 전동펌프가 필요하다.

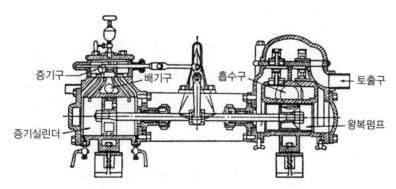

그림 3-14 워싱턴펌프(worthington pump)

② 터빈펌프(turbine pump)

완곡한 몇 개의 날개차(깃차 : impeller)를 회전시켜 발생하는 원심력에 의해 급수하는 펌프를 와권펌프(volute pump)라 하고 와권(渦卷)펌프의 날개차 외주에 끝이 퍼진 안내날개(guide vane)를 설치한 펌프를 터빈펌

[32] 인젝터(injector) : 고압 보일러의 급수장치로 사용되며 증기노즐, 혼합노즐, 토출노즐로 구분된다.

프(turbine pump)라고 한다. 고압 보일러에는 고양정이 요구되므로 다단 터빈펌프가 이용된다. 그림 3 - 15에 터빈펌프를 나타내고 있다.

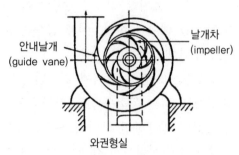

그림 3-15 터빈펌프

③ 인젝터(injector)

중기의 분자에 의하여 급수를 보일러에 압입하는 장치다. 노즐에서 증기 분무를 내어 고속 수류를 만들어 급수하기 때문에 구조가 간단하고 값이 싸므로 소용량 보일러나 예비 급수펌프로 잘 이용된다. 효율이 나쁘고 급수온도가 높으면 사용할 수 없는 결점이 있다. 고압 보일러의 급수장치로 사용되며 증기노즐, 혼합노즐, 토출노즐로 구분된다. 그림 3 - 16에 인젝터의 구조를 나타내고 있다.

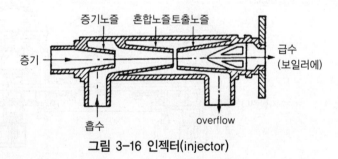

그림 3-16 인젝터(injector)

④ 응축수펌프(condensate pump)

응력환수식의 증기난방장치에서 반관(return pipe)의 끝까지 자연유하한 응축수는 응축수펌프에서 보일러에 급수된다. 응축수펌프는 콘덴세이션펌프(condensation pump)라고도 하며 그림 3 - 17에 나타낸 것처럼 응축수탱크, 전동기직결 와권펌프, 자동스위치, 탱크 내의 부자(float)로 구성되어 있다. 펌프의 운전은 탱크 내의 수위를 부자로 검출해서 자동적으로 실행된다.

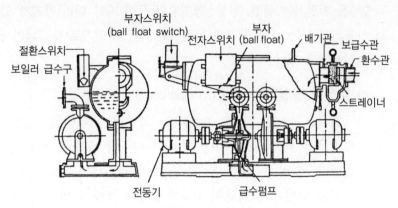

그림 3-17 응축수펌프

⑤ **진공급수펌프(vacuum feed pump)**

대규모 증기난방장치에서는 관내의 응축수와 공기를 진공급수펌프로 흡인하여 보일러에 급수하는 진공환수식이 채용된다. 진공급수펌프는 그림 3-18에 나타낸 것과 같이 동일 축상에 결합된 진공펌프와 급수펌프를 조합시킨 것으로 탱크, 진공펌프, 와권펌프, 함수분리기, 자동스위치, 탱크 내 부자로 구성되어 있다.

관내 압력은 진공펌프에서 100~250 mmHg가 되므로 관내 응축수와 공기는 흡인되고 이것들은 분리되어 응축수 탱크에 회수된다. 펌프의 운전은 탱크 내의 수위를 부자(float)로 검출해서 자동적으로 실행된다.

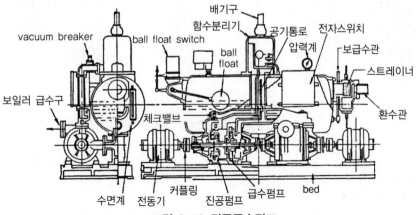

그림 3-18 진공급수펌프

⑥ 방열기(radiator)

증기용 방열기는 재질, 형상, 방열방법 등에 따라 여러 가지가 있지만 일반적으로 사용되고 있는 것은 주철제 방열기와 대류 방열기로 대별되며 온수난방용으로 널리 이용되고 있다.

1) 주철제 방열기(cast iron radiator)

형식은 2주형, 3주형, 3세주형, 5세주형, 벽걸이형, 길드형 등이 있고 길드형[33]을 제외하고는 어느 것이나 단일절(섹션)을 필요매수만 포개서 조립한다. 그림 3 - 19에 5세주형 방열기를 나타내고 있다. 방열기의 방열능력을 나타내기 위하여 표준방열량이 정해져 있고 통상 표면적을 갖고 용량을 나타내고 있다.

표준방열량은 실내온도 18.5 ℃, 증기온도 102 ℃일 때 주철제 방열기의 표면적 $1m^2$ 당 방열량은 약 650 kca1/h가 되고 이 650 kca1/h를 방열기의 표준방열량이라고 한다. 그래서 표준열량에서 방열기의 실제 방열량을 나눈 것을 그 방열기의 상당방열 면적(EDR)[34]이라고 한다. 주철제 방열기는 주철제 중공의 섹션을 조립하여 내부에 증기 또는 온수를 통해서 방열량의 1/3은 복사, 2/3는 대류에 의하여 방열하며 외벽 측의 창 밑에 설치한다.

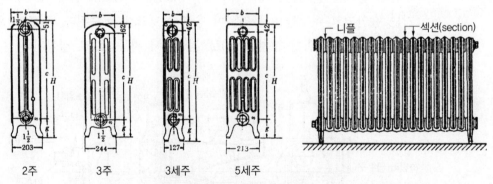

| 2주 | 3주 | 3세주 | 5세주 |

그림 3-19 주철제 주형 방열기 및 5세주형 방열기의 니플과 섹션

---

33) 길드형(gilled radiator) : 여러 개의 핀(fin)을 병렬로 성형한 주철관을 1~3개씩 조립한 것으로 공장이나 온실 등에 사용한다.

34) 상당방열 면적(Equivalent Direct Radiation) $EDR = \dfrac{방열기의 \ 전 \ 방열량 \ [kcal/h]}{표준방열량 \ [kcal/m^2 \cdot h]}$

2) 대류형 방열기(convector, cabinet heater)

대류형은 대류 방열기(convertor)와 baseboard 방열기가 있으며 증기·온수(고온수 사용 가능) 어느 것이라도 사용할 수 있다. 대류형 방열기는 팬이 달린 파이프 방열관을 금속제 케이싱(casing) 내에 넣어 자연 대류에 의해 하부로부터 공기를 도입부 그릴(grille)에서 온기를 내는 구조로 되어 있으며 최근에는 주철제 방열기보다 더 많이 쓰이고 있다.

convertor는 그림 3-20에 나타낸 것처럼 케이싱의 높이가 창 아래, 즉 50~70 cm이고 baseboard 방열기는 그림 3-21에 나타낸 것처럼 배관의 단수에 따라 다르지만 높이가 낮아 실내면적을 절약함과 동시에 실내 공기의 대류를 원활하게 해 주기도 한다.

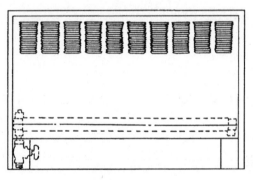

그림 3-20 convector

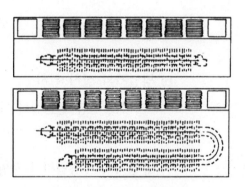

그림 3-21 baseboard heater

3) 표준방열량

열매의 종류	표준방열량[kcal/m^2·h]	표준 상태에 있어서의 온도	
		열매의 온도 [℃]	실 온 [℃]
증 기	650	102	18.5
온 수	450	80	18.5

4) 방열기 내의 응축수 량

$$Q_c = \frac{q}{L} \ [kg/m^2 \cdot h]$$

여기서 Q_c : 응축 증기량 $[kg/m^2 \cdot h]$
　　　 q : 방열기의 방열량 $[kg/m^2 \cdot h]$
　　　 L : 그 증기 압력에서의 증발 잠열 $[kcal/kg]$

5) 소요 방열기(section 수) 계산

• 증기난방

$$N_s = \frac{손실열량\,(H_L)}{650 \times 방열기의\ 면적\,(a_0)}$$

• 온수난방

$$N_w = \frac{손실열량\,(H_L)}{450 \times 방열기의\ 면적\,(a_0)}$$

[예제 1] 전 손실 열량 18,000 kcal/h인 사무실에 설치할 온수난방용 방열기의 필요 섹션 수를 구하시오. 단, 방열기 섹션 1개의 방열 면적은 0.30 m²로 한다.

풀이 $N_w = \dfrac{H_L}{450 \cdot a_o} = \dfrac{18,000}{450 \times 0.30} ≒ 134$ 섹션으로 한다.

6) 방열기의 설치 위치

외벽에 면한 열손실이 가장 큰 곳인 창문 아래에 설치하고 벽과의 거리는 50~60mm 정도로 한다.

7) 방열기의 호칭법과 도시방법

방열기의 호칭은 종류별, 쪽수에 따라 주형 방열기의 경우 2주는 II, 3주는 III, 세주형 방열기의 경우 3세주는 3, 5세주는 5, 벽걸이형은 W, 수직형은 H, 종형은 V로 표시한다.

예를 들어 3세주 650, 18쪽을 조합한 것은 3-650×18로 표시한다. 도면상에 나타낼 때는 원을 3등분하여 그 중앙에 방열기 종별과 형을 표시하고 상단에 쪽수를, 하단에 유입관과 유출관경을 표시한다.

15	→ 방열기 절수 ←	3
III – 650	→ 방열기 종별과 형 ←	W – V
3/4 × 3/4	→ 유입 유출 관경 ←	1/2 × 1/2

3주형 방열기 높이 650 mm   벽걸이 횡형, 쪽수 3
쪽수 15, 유입 및 유출관경 20 A   유입 및 유출관경 15 A

7 밸브류

밸브는 관내를 흐르는 증기·온수 등의 유량조절과 흐름방향의 전환, 개폐, 배출 등을 조절하기 위하여 배관의 도중이나 용기 등에 설치하는 것으로서 밸브바디 (valve body)와 밸브시트(valve seat)가 중요한 부분으로서 밸브바디의 상하작용에 의하여 개폐된다.

밸브는 그 주된 것으로서 글로브밸브(globe valve), 게이트밸브(gate valve), 체크밸브(check valve), 안전밸브(relief valve, safety valve), 공기빼기밸브(air release valve), 감압밸브(reducing valve) 등이 있다.

1) 글로브밸브(globe valve)

스톱밸브(stop valve)라고도 한다. 입구와 출구의 중심축이 일직선상에 있고 유체의 흐름이 S자 모양을 하고 있다. 밸브 속에서 흐름의 방향을 바꾸고 전개(全開) 때에도 밸브가 유체 속에 있으므로 유체의 에너지 손실이 크지만 밸브의 개폐 속도가 빠르고 내압성이 있으므로 수도나 증기용으로 널리 사용된다.

그러나 주로 고압증기에 사용되며 구조상 유체의 마찰저항 손실은 크고 액체의 완전 배출이 어렵기 때문에 저압증기, 액체(냉·온수, 유류) 등에는 부적합하여 사용되지 않는다. 또한 고압에 잘 견디고 게이트 밸브(gate valve)에 비하여 값이 싸다.

2) 게이트밸브(gate valve)

슬루스밸브(sluice valve)라고도 한다. 밸브바디(valve body)가 흐름에 대해 직각이고 밸브시트(valve seat)에 대하여 미끄럼운동을 하는 밸브로서 밸브바디(valve body)를 완전히 열면 흐름에 대한 저항이 거의 없고 압력이 크게 작용하므로 큰 직경의 관이나 개폐를 자주 하지 않는 관에 잘 사용한다.

주로 액체, 저압증기에 사용되며 유체의 마찰저항 손실은 글로브밸브에 비하여 작고 관내 액체의 완전배수가 가능하기 때문에 특히 저압증기의 횡주관이나 드레인(drain)의 잔류를 피하는 곳에 가장 적합한 구조이다.

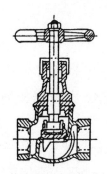

그림 3-22 글로브밸브(globe valve)

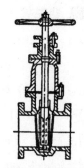

그림 3-23 게이트밸트

3) 체크밸브(check valve)

액체·증기 등의 유체를 한쪽 방향으로만 흐르게 하고 역방향으로는 흐르지 못하게 하는 밸브로서 리프트체크밸브(lift check valve)와 스윙체크밸브(swing check valve)가 있다. 리프트형은 확실히 폐쇄되기는 하나 수평관에만 이용되고 입형관에는 사용되지 않는다. 급배수관이나 냉매관 등에 많이 사용된다.

4) 안전밸브(relief valve, safety valve)

증기 등의 압력이 제한 압력 이상 상승한 경우 증기를 배출하여 제한 압력 이하로 하여 안전을 유지케 하거나 워터해머(water hammer) 등의 이상 압력이 생긴 경우 과잉 압력을 자동적으로 방출시키는 밸브를 말한다.

일반적으로 사용되는 안전밸브는 보일러 등의 압력 기기류 또는 압력 용기의 안전유지를 위하여 사용되고 배관 자체의 내압 보안에 사용되는 일은 드물다. 온수보일러·열교환기 등의 안전밸브로서는 온도와 압력과 각각 서로 다른 조건으로 작동하는 릴리프밸브(relief valve)를 사용한다.

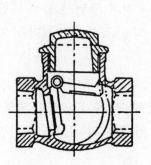

그림 3-24 스윙 체크밸브

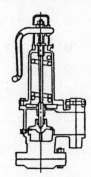

그림 3-25 안전밸브

5) 공기빼기밸브(air release valve, air vent)

공기빼기밸브의 용도는 배관 내·방열기 내의 공기를 배제하는 것으로 진공환수방식의 증기난방을 제외한 나머지 증기, 온수, 복사난방 등에 사용되며 증기온수용 자동 공기빼기밸브와 온수용 수동 공기빼기밸브가 있다.

6) 감압밸브(reducing valve)

감압밸브는 고압배관과 저압배관 사이에 설치하며 고압 측의 압력 및 저압 측 증기의 변화에도 불구하고 저압 측의 압력을 항상 일정하게 유지하는 밸브이다. 감압밸브는 작동방법에 따라 다이어프램(diaphragm)형, 파일럿(pilot)형, 벨로즈(bellows)형이 있다.

고저압의 압력비는 2 : 1 이내로 하고 이것을 초과할 경우에는 2조의 감압밸브를 직렬로 사용하고 유량이 큰 1조의 감압밸브로 부족할 경우 병렬로 2조의 감압밸브를 설치한다. 그림 3 - 27에 벨로즈(bellows)형 감압밸브의 구조도를 나타내고 있다.

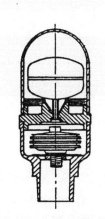
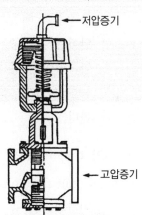

←저압증기

←고압증기

그림 3-26 자동 공기빼기밸브　　　　**그림 3-27 벨로즈형 감압밸브**

8 증기트랩(steam trap)

증기트랩은 방열기 내·관내에 발생하는 응축수와 공기를 증기에서 분리시킨 다음 이것을 제거하는 작용을 하는 기구로서 증기가 갖는 열을 효율적으로 이용하고 환수관 내의 압력 상승을 막아 증기의 흐름을 좋게 한다. 증기배관용 트랩에는 액과 증기의 비중 차를 이용한 수봉(水封) trap[35], ball float trap, 상향·하향 bucket

---

35) 수봉 트랩(water seal trap) : 수봉함으로써 기능을 수행하는 트랩

trap, 응축수 수온이 증기온보다 낮은 것을 이용해서 벨로즈(bellows) 속에 봉입된 약액의 증기 압력을 변화시켜 트랩작용을 시키는 벨로즈형 열동트랩, ball float형 열동트랩이 있다.

1) 벨로즈형 열동트랩(bellows trap, thermostatic trap)

실로폰 트랩이라고도 하며 내압력은 1kg/cm^2 이하이고 일반적으로 0.35kg/cm^2 이하의 저압증기를 사용하는 방열기트랩이나 저압증기 관말 트랩에 사용되며 응축수 뿐만 아니라 저온 공기도 통과시키는 특성이 있기 때문에 주로 에어리턴방식(air return type)이나 진공환수방식에 사용된다. 그림 3 - 28에 구조도를 나타내고 있다.

2) ball float trap

플로트트랩, 다량트랩이라고도 하며 응축수가 트랩에 고이면 플로트의 부력을 이용해서 플로트를 밀어올려 밸브를 열고 증기의 압력에 의하여 응축수를 배출하지만 응축수의 수위가 낮아지면 플로트도 내려져 밸브를 닫아 공기·증기의 통과를 저지한다. 응축수 배출 능력이 크기 때문에 저압·고압의 증기헤더, 열교환기 등의 증기 반관에 사용되고 공기의 배출 능력이 없으므로 장치 내 공기를 반관에 유도하는 공기빼기배관을 필요로 한다.

3) ball float형 열동트랩

ball float trap에 열동트랩을 붙여 공기도 통과시키는 것으로 1kg/cm^2 이하의 저압증기에 이용되는 열교환기 등 다량의 응축수를 배출하는 장치에 사용되며 공기빼기배관은 필요 없다. 그림 3 - 29에 구조도를 나타내고 있다.

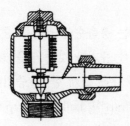
그림 3-28 벨로즈형 열동트랩

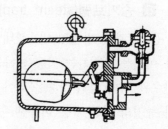
그림 3-29 ball float형 열동트랩

4) 상향·하향 bucket trap

버킷(bucket)의 부력을 이용한 것으로 버킷 속의 응축수를 밀어내는 데는 트랩 출입구 압력 차가 $0.07\,\mathrm{kg/cm^2}$ 이상 필요하므로 고압증기 관말트랩 또는 기기류에 사용된다. 증기관 내와 환수관 내와의 압력 차만 응축수를 올릴 수가 있지만 실용상 압력 차의 50 % 정도에 상당하는 수주 높이까지 응축수를 양수할 수 있다. 버킷트랩은 상향과 하향이 있으며 상향은 공기를 배출할 수 없기 때문에 열동식트랩을 병용한다.

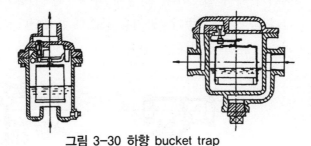

그림 3-30 하향 bucket trap

5) 보일러리턴 트랩(boiler return trap)

환수트랩이라고도 한다. 환수를 저압 보일러에 돌려보내기 위하여 환수관의 말단부에 설치한 플로트식의 트랩으로 응축수가 흘러서 일정한 수위가 되면 플로트는 상승하여 대기압을 차단하고 증기가 침입하여 트랩 내의 압력이 보일러 압력과 똑같게 되며 중력에 의해서 보일러에서 급수되는 것으로 다른 트랩과는 사용목적을 달리한다.

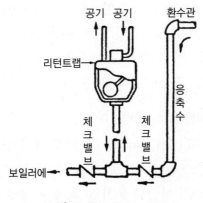

그림 3-31 return trap

중력환수방식 증기배관에서는 보일러의 압력이 높아지면 반관 속의 응축수가 보일러에 돌아오기 어려우므로 이 응축수가 돌아오는 것을 원활하게 할 목적으로 사용된다. 그림 3 - 31에 환수트랩을 나타내고 있다.

6) 스트레이너(strainer)

배관에 설치되는 밸브나 기기 등의 앞에 설치하는 것으로 관속의 유체에 혼입된 불순물을 제거하여 기기의 성능을 보호하는 여과기로서 일종의 찌꺼기 제거 밸브이다. 형상에 따라 Y형·U형·V형 등이 있으며 용도에 따라 물·기름·증기·공기용 등으로 분류된다. 그림 3 - 32에 스트레이너의 구조도를 나타내고 있다.

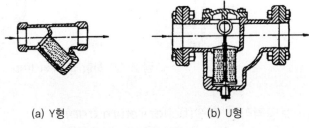

(a) Y형   (b) U형

그림 3-32 스트레이너(strainer)

7) 신축 이음쇠(expansion joint)

배관 속을 증기나 냉·온수가 흐르면 온도 변화에 따라 관의 팽창·수축이 일어나고 배관이나 기구 등이 파손하기도 하고 변형을 일으키기도 하기 때문에 배관 도중에 신축 이음을 설치하여 팽창·수축을 흡수시킨다. 철의 팽창률은 1 ℃일 때 1 m 당 0.012 mm이므로 이 신축을 흡수하기 위해 사용되는 것이 신축 이음쇠이다. 신축 이음에는 슬립 이음(slip joint), 벨로즈 신축 이음(bellows expansion joint), 신축곡관(expansion bend), 스위블 이음(swivel joint) 등 4종이 있다.

① 슬립 이음(slip joint)

슬립 이음(slip joint)은 관 끝을 다른 관 끝에 삽입하고 패킹(packing)과 커플링(coupling)으로 조여 고정하는 형식으로 단면의 형상에 따라 S슬립, D슬립, 바슬립 등이 있고 주로 장변이 500 mm 이하인 덕트에 이용된다.

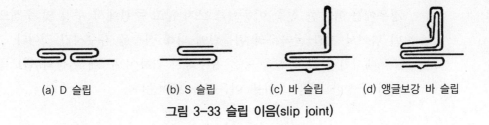

(a) D 슬립   (b) S 슬립   (c) 바 슬립   (d) 앵글보강 바 슬립

그림 3-33 슬립 이음(slip joint)

② 벨로즈 신축 이음(bellows expansion joint)

주로 스테인리스강의 벨로즈를 사용한 이음으로 백리스(backless) 신축 이음이라고도 한다. 온도 변화가 많은 장소나 배관의 이동 우려가 있는 장소에 사용한다.

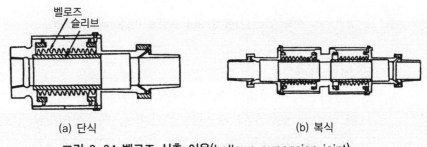

(a) 단식   (b) 복식

그림 3-34 벨로즈 신축 이음(bellows expansion joint)

③ 신축곡관(expansion bend)

온도 변화에 의해 팽창 수축을 흡수하는 관이음을 말하며 루프형, 벨로 즈형 등이 있다.

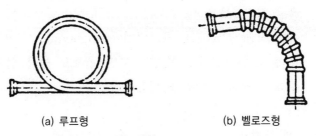

(a) 루프형   (b) 벨로즈형

그림 3-35 신축곡관(expansion bend)

④ 스위블 이음(swivel joint)

돌림 이음 또는 엘보반환이라고도 한다. 주관에서 지관을 분기시키는

경우에는 특수한 신축 이음쇠를 쓰지 않고 주관에서 수평 및 수직으로 몇 번 꺾어서 지관 굴곡부의 비틀림에 의해 신축을 흡수시킨 것이다. 그림 3 -36에서처럼 관의 신축 등을 흡수하기 위하여 두 개 이상의 엘보를 사용해서 구성한 것을 스위블 이음쇠를 보여준다.

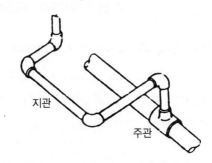

지관

주관

[그림 3-36] 스위블 이음(swivel joint)

8) 배관 재료

증기관의 관재료는 통상 아연도금 하지 않은 강관(흑가스관)을 사용하며 온수관 또는 부식에 약한 증기관 등에는 아연도금 강관을 사용한다. 기타 사용 압력이나 온도에 따라 고압배관용 탄소강관·고온배관용 탄소강관 등이 있다. 이음류에는 나사식 관이음, 강관용 플랜지 이음, 강관 용접형 이음 등이 있다.

9) 보온 재료

배관, 기기류 등 불필요한 부분에서의 열의 방산을 방지하기 위하여 보온을 한다. 보온재료로서는 규조토(diatomaceous earth), 암면(rock wool), 유리면(glass wool), 마그네시아(magnesia), 석면(asbestos) 등이 많이 쓰이며 보일러나 탱크 등에는 석면, 규조토 등을 섞어서 물반죽하여 소정의 두께로 입히는 방법을 사용한다.

(4) 배관법

❶ 저압증기 보일러 급수배관법

급수방법은 각각의 증기배관법에 따라 다르며 사용기기도 다르다. 일반적으로 이용되고 있는 저압 섹셔널 보일러에 대한 급수는 시 상수와 콘덴세이션 펌프

(condensation pump)[36] 또는 시 상수와 진공급수 펌프 중 어느 한쪽과 조합한 방법이며 각 펌프, 시 상수의 급수 압력은 $0.7\,kg/cm^2$ 정도가 많이 사용된다. 그림 3 - 37에 시 상수와 진공펌프에 의한 급수배관의 예를 나타내고 있다.

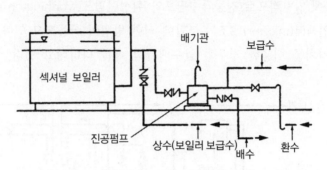

그림 3-37 저압 보일러 진공식급수배관 예

섹셔널 보일러에 환수주관을 접속할 경우 보일러에서 물이 역류하는 것을 방지하기 위하여 그림 3 - 38과 같은 하트포드 접속(hartford connection)법이 일반적으로 이용되고 있다.

이 접속방식은 미국의 하트포드 보험회사에서 제창된 주철 보일러의 급수배관방법으로 그림 3 - 38과 같이 환수파이프나 급수파이프를 균형파이프에 의하여 증기파이프에 연결하되 급수장소를 안전 저수면 이상의 위치에 접속하도록 고려한 것으로서 이와 같이 하면 환수배관이 파손될 때 역류해서 보일러 물이 유실하여 안전수위 이하로 되는 것을 막아준다.

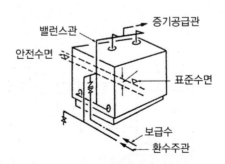

그림 3-38 하트포드 접속법(hartford connection)

---

36) 콘덴세이션 펌프(condensation pump) : 양수기의 한 가지로 응축수 탱크와 펌프가 일체가 되어 응축수 탱크가 만수되면 float switch가 작동되고 펌프가 기동되어 급수된다.

2 고압증기 보일러 급수배관법

보일러에 대한 급수장치는 안전위생 규칙에 따라 본 설비와 예비설비 2조를 설치하도록 되어 있지만 고압 보일러의 경우는 시 상수의 이용은 압력이 되지 않기 때문에 일반적으로 전동급수펌프와 워싱턴펌프(worthington pump), 전동급수펌프와 인젝터(injector) 2조의 조합에 의한 방법이 이용되고 있다. 그림 3 - 39에 3종류의 장치를 이용한 경우의 급수배관의 예를 나타내고 있다.

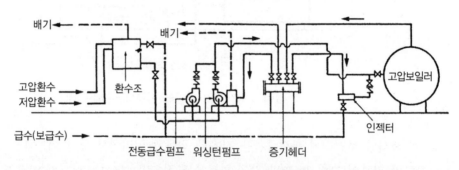

그림 3-39 고압증기 보일러 급수배관 예

3 오일버너 급유배관법

일반적으로 송유 경로는 오일탱크에서 오일서비스탱크를 경유하여 오일버너에 급유된다. 오일탱크의 설치 위치가 서비스탱크 위치보다 낮은 곳에 있을 경우에는 송유펌프(기어펌프)에 의해 압송한다. 오일서비스탱크에서는 기름을 완전연소시키기 위하여 전기 · 증기 등에 의해 적당한 온도로 가열할 장치를 설치한다. 그림 3 - 40에 일반적인 오일버너배관의 예를 나타내고 있다.

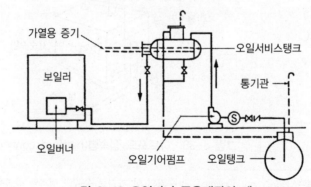

그림 3-40 오일버너 급유배관의 예

4 국부배관법

감압밸브 설치(그림 3 - 41, 그림 3 - 42), 관말트랩장치 설치(그림 3 - 43), 증기주관 분기취출배관과 스위블 이음(swivel joint)[37] (그림 3 - 44), 리프트 이음(그림 3 - 45)을 그림으로 나타내고 있다.

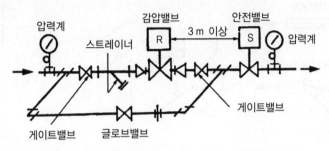

그림 3-41 다이어프램(diaphragm)형 감압밸브 설치

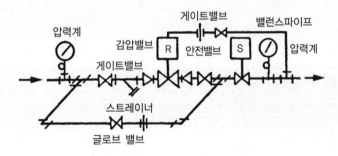

그림 3-42 벨로즈(bellows)형 감압밸브 설치

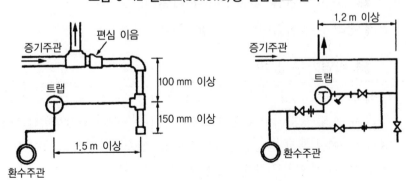

그림 3-43 관말트랩장치 설치

---

37) 스위블 이음(swivel jont) : 온수 또는 저압증기의 가는 분기관에 사용하며 [그림 3 - 44]처럼 2개 이상의 엘보 이음쇠로 나사 맞춤부의 나사의 회전을 이용해서 배관의 신축팽창을 흡수시킨다. 나사맞춤이 헐거워지는 경우가 있으므로 너무 큰 신축에 대해서는 틈이 생길 우려가 있다.

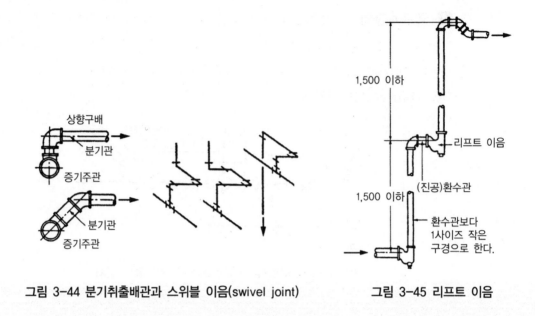

그림 3-44 분기취출배관과 스위블 이음(swivel joint)　　　그림 3-45 리프트 이음

상향구배
분기관
증기주관
분기관
증기주관

1,500 이하
리프트 이음
(진공)환수관
1,500 이하
환수관보다
1사이즈 작은
구경으로 한다.

(5) 저압증기난방 설계법

■ 배관방식과 사용 기기류의 선정

건물의 규모나 용도 등을 고려해서 배관방식을 결정하고 필요한 기기류의 종류를 선정한다.

■ 실내 겨울철 난방부하의 산정

제2장의 2-3절 난방부하를 참조한다.

■ 방열기구 설계

해당 건물에 가장 적합한 방열기구를 선정하고 각 실마다의 난방부하에 따라 기구의 수량 및 방열기구의 용량을 결정한다. 각 실의 난방부하를 사용 방열기의 표준방열량에서 빼고 상당방열면적(EDR)을 산출하여 적당한 방열기의 형식, 수량을 제작회사의 방열기구 방열량표에 따라서 선정한다.

표 3-4에 어느 제작회사 카탈로그의 컨벡터(convector)[38] 방열량표의 일부를 나타내고 있다.

---

38) 컨벡터(convector) : 대류방열기, 강판제의 케이싱에 에어로핀(aerofine)관 사용의 가열기를 넣은 방열기이며 공기는 밑에서 들어가서 가열되어 상부 개구부에서 유출하여 자연대류에 의해 실내를 난방한다.

표 3-4 컨벡터(convector) 방열량표 〔증기·kcal/h, EDRm^2〕

케이싱 깊이 〔mm〕	케이싱 높이 〔mm〕		케이싱 길이 〔m〕							
	자립형	벽걸이형	0.5	0.6	0.7	0.8	0.9	1.000	1.100	1.200
220	500	365	1.12	1.39	1.67	1.95	2.23	2.49	2.76	3.03
			1.72	2.15	2.57	2.99	3.42	3.84	4.25	4.66
	600	465	1.27	1.60	1.91	2.22	2.54	2.85	3.15	3.46
			1.97	2.46	2.94	3.42	3.91	4.39	4.86	5.33
	700	565	1.33	1.66	1.99	2.32	2.65	2.98	3.29	3.62
			2.05	2.56	3.05	1.57	4.07	4.58	5.06	5.56

4 보일러 및 급수펌프의 설계

보일러의 용량은 최대 연속부하에서 단위시간당 발생하는 증발량 G_s 〔kg/h〕에 의해 나타낸다. 그러나 보일러의 발생증기는 압력과 온도에 따라 보유하는 열량이 다르므로 기준상태, 즉 표준 압력[39]하에서 100℃의 건포화증기[40]로 환산한 상당 증발량(환산증발량)으로 나타내는 것이 보통이다. 상당증발량 G_e 〔kg/h〕는 실제증발량 G_s 〔kg/h〕, 급수 및 발생증기의 엔탈피[41]를 i_1 〔kcal/kg〕, i_2 〔kcal/kg〕라고 하면 식 3-1로 구할 수 있다.

$$G_e = \frac{G_s(i_l - i_2)}{538.8} \quad \cdots\cdots\cdots\cdots\cdots\cdots\cdots\cdots\cdots\cdots\cdots\cdots\cdots\cdots\cdots \quad (3-1)$$

이때 용량의 표시는 열량〔kcal/kg〕과 상당방열면적〔m^2·EDR〕 등이 사용된다. 보일러 부하의 표시방법은 정격출력, 상용출력, 방열기 용량 등으로 나타낸다.

1) 보일러 부하의 산정

보일러 부하의 산정은 다음 ㉠, ㉡, ㉢, ㉣ 4항목의 합으로 구한다.

---

39) **표준 압력**(standard pressure) : 대기압 760 mmHg
40) **건포화증기**(dry saturated steam) : 액이 전부 증발해서 습기가 포함되지 않은 포화증기로 건증기라고도 함.
41) **엔탈피**(enthalpy) : 그 물체가 보유하는 열량의 합계 즉, 전열량(全熱量)을 말한다.
　　　　건조공기의 엔탈피 = $0.24t$ 〔kcal/kg〕
　　　　습공기의 엔탈피 = $0.24t + (597 + 0.44t)x$ 〔kcal/kg〕
　　　　t : 건조공기온도〔℃〕, x : 대기중의 절대습도〔kg/kg'〕

① 난방부하

전 방열기의 방열량의 합계로 증기난방의 경우 $1\,m^2 \cdot EDR$ 당 650 kcal/h, 증기 응축량 $1.25\,kg/h\,m^2$로 산정한다.

② 급탕부하 및 기타 열부하

급탕 1리터당 약 60 kcal/h로 산정한다.

③ 배관부하

배관 열손실로 소규모 장치에서는 ㉠+㉡의 약 30 %, 대규모 장치에서는 약 12 % 정도로 하며 일반적으로는 20~25 %를 사용한다.

④ 예열부하

보일러 점화 시의 부하는 건물의 종류와 규모에 따라 큰 차이가 있지만 일반적으로 ㉠+㉡+㉢의 약 20 % 정도로 한다.

2) 보일러 능력의 표시법

보일러 정격출력은 보일러 부하의 ㉠+㉡+㉢+㉣에 상당하는 값으로 최대 부하 시에 출력을 말하며 상용출력은 ㉠+㉡+㉢에 상당하는 값이다. 또 방열기 용량은 ㉠+㉡의 부하에 상당하는 출력이다. 표 3-5에 섹셔널 보일러(sectional boiler)[42]의 출력표 일부를 나타내고 있다.

표 3-5 섹셔널 보일러 출력표

보일러 번호	정 검 출 력		상 용 출 력		방열기 용량	
	열 량	환산증발량	열 량	환산증발량	열 량	증기 EDR
	1,000 kcal/h	kg/h	1,000 kcal/h	kg/h	1,000 kcal/h	m^2
S-4	126.0	233.9	96.92	179.8	80.77	124.3
S-5	172.0	319.2	137.6	255.3	114.7	176.4
S-6	218.0	404.6	174.4	323.6	145.3	223.6
S-7	264.0	490.0	211.2	391.9	176.0	270.8
S-8	310.0	575.4	248.0	460.2	206.7	317.9
S-9	356.0	660.7	284.8	528.5	237.5	365.1
S-10	402.0	746.1	321.6	596.8	268.0	412.3
S-11	448.0	831.5	358.4	665.1	298.7	459.5

---

42) 섹셔널 보일러(sectional boiler) : 주철제의 섹션을 몇 장의 볼트로 합쳐 만든 보일러(주철제 보일러)

3) 급수펌프의 선정

보일러 정격출력 $[EDRm^2]$[43]에 따라 응축수펌프 또는 진공펌프를 선정한다. 일반적으로 각 펌프 용량의 표시는 제작회사 카탈로그의 방열면적, 급수압력·수량 등을 이용한다.

5 보일러 배치계획

보일러실 및 보일러 위치를 결정할 때는 보일러 및 압력용기 안전규칙에 따라 제한을 받는다.

1) 설치 장소

전열면적 $3m^2$ 이상의 보일러는 전용건물 또는 칸막이벽으로 구획된 장소에 설치한다.

2) 출입구

보일러실의 출입구는 2개소 이상 설치한다.

3) 가연물로부터의 거리

본체가 피복되어 있는 보일러 및 금속제의 굴뚝으로부터 0.15 m 이내에 있는 가연물은 금속 이외의 불연재료로 피복한다.

4) 거치 위치

본체를 피복하지 않은 보일러 및 입형 보일러의 경우 몸통 내경 500 mm 이하, 길이 1,000 mm 이하의 경우 그림 3 - 46에서처럼 $W \rangle 0.3$ m로 하고 이 이상일 때는 $W \rangle 0.45$ m, $L \rangle 1.2$ m로 한다. 또 천장과 보일러 사이는 1.2 m 이상이 되게 한다.

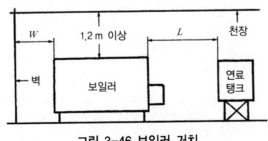

그림 3-46 보일러 거치

---

43) **보일러 정격출력**(rated output, gross output)

6 기름 연소장치 설계

오일버너의 용량을 산정하고 버너의 종류를 선정한다. 또 연료의 소비량으로부터 오일탱크, 서비스탱크, 송유펌프(기어펌프) 등의 용량을 산정한다. 이들 장치는 소방법규의 규제를 받기 때문에 설계 시 주의를 요한다.

1) 오일버너 용량 산정

보일러 정격출력 Q_m [kcal/h], 보일러 효율 η, 사용연료의 고발열량[44] h_0 [kcal/kg], 비중량[45] γ_0 [kg/l]라고 하면 오일버너의 용량 Q [l/h]는 다음 식으로 구할 수 있다.

$$Q = \frac{Q_m}{\eta \cdot h_0 \cdot \gamma_0} \quad \cdots\cdots\cdots\cdots\cdots\cdots\cdots\cdots\cdots\cdots\cdots\cdots \quad (3\text{-}2)$$

보일러의 효율은 안전율을 고려해서 60% 정도로 한다. 연료의 발열량, 비중량은 표 3-6에 나타내고 있다.

표 3-6 각종 연료의 발열량, 비중

종 류	고발열량 [kcal/kg]	비중량 [kg/l]	종 류	고발열량 [kcal/kg]	비중량 [kg/l]
등 유	11,140	0.793	B 중유	10,600	0.920
A 중유	10,700	0.895	C 중유	10,500	0.949

2) 연소용 공기량의 산정

이론공기량[46] L_0 [Nm³/kg], 공기과승률[47] μ, 연료소비량 G [kg/h], 보일러실 실온 t_R [℃] 라고 하면 공기량 V [m³/h] 는 다음 식으로 구할 수 있다.

---

44) **고발열량**(higher calorific power) : 연소할 때 연료에 수소나 수분이 함유되면 공기 중의 산소와 화합해서 연소가스 중에 물이 발생한다. 이것을 증발시키는 증발열은 열량으로는 이용되지 않지만 고발열량이란 이 증발까지 포함시킨 발열량을 말한다.

45) **비중량**(specific weight) : 물체의 단위 체적당 중량 [kg/m³], [kg/l], [g/cc]

46) **이론공기량**(theoretical air) : 연료를 완전 연소시키는 데 필요한 최소한의 공기량

47) **공기과승률**(excess air factor) : 실제 연소에 필요한 실제 공기량의 비율

$$V = \frac{273 + t_R}{273} \times \mu \times L_0 \times G \cdots\cdots\cdots\cdots\cdots\cdots\cdots\cdots\cdots (3-3)$$

이론공기량이란 연료가 완전연소하는 데 이론상 필요한 공기량을 말하며 중유의 경우 10.8~11.5 Nm³/kg, 등유의 경우 11~11.3 Nm³/kg 정도를 채용한다. 또한 기름을 완전연소시키기 위해서는 이론 공기량보다 다소 여분의 공기를 공급할 필요가 있는데 실제 공급할 공기량을 이론 공기량에서 제외한 값을 공기 과승률이라 하고 버너 점화의 경우 1.2~1.4 정도이다.

3) 굴뚝의 단면적 산정

연소가스가 보일러 내부와 연도를 통과하는데 필요한 통기력을 갖기 위하여 굴뚝은 충분한 높이와 단면적을 필요로 한다. 건축법시행령 제54조에 의하면 굴뚝의 지반면에서의 높이는 중유·경유·코크스 땔감 보일러에서는 9 m 이상, 기타 보일러에서는 15 m 이상으로 되어 있다. 또 굴뚝의 유효높이 및 구경은 다음에 나타낸 켄트의 식에 따라 얻어진 값보다커야만 한다.

연료의 소비량을 Q [kg/h], 굴뚝 상단의 최소 단면적을 A [m²], 보일러화상에서 굴뚝 최상부까지의 높이를 H [m]라 하면 연료의 소비량 Q 는식 3-4로 구한다.

$$Q \leq (147A - 27\sqrt{A}\,) \times \sqrt{H} \cdots\cdots\cdots\cdots\cdots\cdots\cdots\cdots\cdots (3-4)$$

4) 오일탱크 용량 산정

오일탱크는 일반적으로 옥상이나 지하 저장탱크로 하던지 옥내 탱크를실내에 설치한다. 구조, 설치 장소, 저유량은 소방법과 위험물 관계법에규제를 받는다. 오일탱크의 용량은 7~10일분의 저유량으로 한다.

5) 오일서비스탱크 용량 산정

유면(油面)을 버너(burner)의 중심보다 0.5~2.0 m 높게 하여 버너에 자연 급유되도록 한다. 탱크의 용량은 1~3시간분의 저유량으로 한다.

6) 송유펌프 용량산정

송유기어펌프의 설치는 오일탱크에 가까운 위치로 하고 펌프 용량은 최대연료 소비량의 2~4배로 한다.

7 저압증기 난방의 배관 설계

습식환수방식 및 단관식은 거의 사용하지 않기 때문에 2관(복관) 중력식과 2관 진공환수방식에 대해서 설명한다.

1) 증기관의 결정방법

저압증기 주관의 마찰손실(압력강하) R [kg/cm^2/100 m]은 일반적으로 각부 같은 값으로 보일러에서 방열기까지 사이의 관내허용압력손실 ΔP [kg/cm^2], 보일러에서 가장 먼 방열기까지의 증기관 전길이 l [m], 배관 도중 국부저항의 직관저항에 대한 비율을 k라 하면 식 3-5로 구할 수 있다.

$$R = \frac{100 \times \Delta P}{l\,(1+k)} \quad\cdots\cdots\cdots\cdots\cdots\cdots\cdots\cdots\cdots\cdots\cdots\cdots\cdots\cdots\cdots\cdots\cdots\cdots\cdots (3\text{-}5)$$

일반적으로 k는 대규모 장치에서 0.5, 소규모 장치에서 1.0 정도로 해서 개략적으로 계산한다. 표 3-7에 일반적으로 사용되고 있는 보일러에서 방열기 사이의 관내허용압력손실 ΔP와 저압증기 주관의 마찰손실 R의 값을 나타내고 있다. 관경은 식 3-5 또는 표 3-7에서 R의 값을 결정하여 표 3-8의 용량표에서 선정한다.

표 3-7 관내 허용압력손실 ΔP 및 저압증기 주관의 마찰손실 R의 값

보일러 압력 [kg/cm^2]	ΔP [kg/cm^2]	R [kg/cm^2/100m]
0.1	0.03	0.02
0.3	0.10	0.05
0.5	0.15	0.10
1.0	0.33	0.20

표 3-8 저압증기관 내 용량표 〔EDRm²〕

관경 〔B〕	순구배횡관, 하향급기입관 R=압력강하 〔kg/cm²/100m〕(복, 단관)				역 구배 횡관 상향급기입관		비 고
	0.02	0.05	0.1	0.2	입관	횡관	
3/4	4.5	7.4	10.6	15.3	4.5	-	
1	8.4	14	20	29	8.4	3.7	
$1\frac{1}{4}$	17	28	41	59	17	8.2	1. 순구배는 관내 증기와
$1\frac{1}{2}$	26	42	61	88	26	12	응축수의 흐르는 방향
2	48	80	115	166	48	21	이 같을 경우의 구배를
$2\frac{1}{2}$	94	155	225	315	90	51	말하고 구배는 1/200~
3	150	247	350	510	130	85	1/300로 한다.
4	300	500	720	1,040	235	192	2. 역구배는 역의 경우로
5	540	860	1,250	1,800	440	360	1/50~1/150의 구배로
6	860	1,400	2,000	2,900	770	610	한다.
8	1,800	2,900	4,100	5,900	1,700	1,340	

2) 환수관의 관경 결정

환수관의 관경은 증기의 값 R을 이용해서 표 3-9의 환수관 용량표에서 선정한다.

표 3-9 저압증기의 환수관 용량표 〔EDRm²〕

압력강하 관경〔B〕	횡주관 R 〔kg/cm²/100m〕					입관 R 〔kg/cm²/100m〕			
	R=0.02		0.05		0.1	0.02	0.05	0.1	
	진공식	건식	진공식	건식	진공식	진공식	진공식	진공식	건식
¾	44.5	–	69.6	–	99.4	77	121	176	17.6
1	77	34.4	121	42.7	176	130	209	297	41.8
1¼	130	70.5	209	88	297	209	334	464	92.0
1½	209	114	334	139	464	439	696	975	139
2	436	246	696	297	975	734	1,170	1,640	278
2½	734	408	1,170	492	1,640	1,190	1,860	2,650	–
3	1,190	724	1,860	910	1,760	1,760	2,780	3,900	–
4	2,410	1,580	3,810	1,950	4,270	4,270	6,600	9,300	–
5	4,270	–	6,600	–	6,780	6,780	10,850	15,200	–

[예제 2] 그림과 같은 저압증기 난방장치의 관경을 결정하시오. 단, 증기관 내 허용 압력손실
은 0.06 kg/cm² 정도로 하고 환수에는 응축수펌프를 사용하는 것으로 한다.

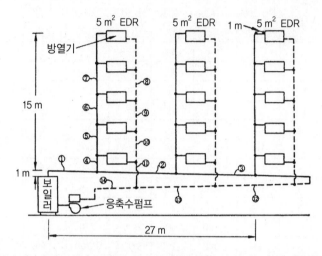

풀이 응축수펌프 병용식(그림 3 - 2)은 펌프의 부속탱크 접속부까지 환수관은 건식임
에 유의한다.

(1) 증기주관의 마찰손실 R [kg/cm²/100m] 값의 산정

최말단 방열기까지의 파이프 연장을 구하면

전 길이 $l = 1+27+15+1 = 44$ [m]

배관의 국부저항이 같다고 가정하고 배관 도중 국부저항의 직관저항에 대
한 비율 $k = 1.0$ (소규모 장치)으로 하면 식 3 - 5에서

$$R = \frac{100 \times 0.06}{44(1+1)} = 0.068 \, \text{kg/cm}^2/100 \, \text{m}$$

따라서 증기배관 용량표(표 3 - 8) 중의 안전 측의 값으로 $R = 0.05$ kg/cm²/
100 [m]으로 한다.

(2) 배관 관경 결정 : 각 배관 부분의 EDR을 구하고 증기배관 용량표(표 3 - 8)
및 환수관 용량표(표 3 - 9)에서 관경을 구한다.

구간	R	m²EDR	관경	구간	R	m²EDR	관경
①		75	2	⑧		10	¾
②		50	2	⑨		15	¾
③		25	1¼	⑩		20	1
④	0.05	25	1½	⑪	0.05	25	1
⑤		20	1½	⑫		25	1
⑥		15	1¼	⑬		50	1¼
⑦		10	1¼	⑭		75	1¼

3-3 온수난방설비 (hot water heating system)

(1) 온수난방설비의 개요

온수난방에는 100 ℃ 이하의 온수를 사용하는 보통온수난방과 100 ℃ 이상의 온수를 사용하는 고온수난방이 있다. 일반 건물에서는 보통온수난방이 이용되고 있다. 여기에서는 보통온수난방에 대해서 설명하기로 한다. 보통온수난방은 온수보일러의 물을 75~90 ℃ 정도 온수로 하여 온수가 가진 현열을 각실 내에 설치된 방열기 내에서 방열시켜 실내를 난방하는 설비이다. 방열기 내의 온수가 식어서 60~70 ℃가 되면 다시 보일러에 되돌아간다.

온수난방은 열원에서 가열한 온수를 열매로 이관식 또는 일관식의 배관을 통하여 방열기 또는 온수 코일에 공급하여 난방하는 방식으로 온수온도, 온수의 순환방식 및 배관방식 등에 따라 분류되며 **열월설비, 배관, 방열기기, 순환펌프, 팽창탱크**로 구성된다.

온수난방은 증기난방과는 달리 현열(Sensible Heat)을 이용하는 방식으로 중온수와 고온수는 지역난방의 열분배계통과 공업용 프로세스(Process)배관에 주로 사용한다.

온수난방의 특성

  ✪ 장점

    ① 난방부하 변동에 대해 온도조절이 용이하다.
    ② 열용량이 크므로 보일러를 정지시켜도 실온이 급변하지 않는다.
    ③ 실내 쾌감도는 증기난방보다 좋고, 연료 소비량이 적다.
    ④ 보일러 취급이 간단하고 안전하여 소규모 건축에 적합하다.
    ⑤ 배관의 부식이 적고, 수명이 길다.

  ✪ 단점

  ① 중·대규모에서는 증기난방보다 설비비가 높고 많은 방열기가 필요하다.
  ② 열용량이 크므로 예열시간이 길다.
  ③ 온수용 주철제 보일러는 사용 압력에 제한이 있으므로 고층 건물에는 부적합하다.
  ④ 혹한기에는 동결의 위험이 있다.

(2) 온수난방의 분류와 배관방식

온수난방은 온수순환방식, 배관방식, 온수공급방식 등으로 분류되고 각종 방식이 조합된 것이다. 표 3 - 10에 온수난방 각종 방식의 분류를 나타내고 있다. 일반적으로 널리 온수난방에 이용되고 있는 방식은 2관식 하향공급식의 중력식 또는 강제순환방식, 2관식 상향공급 강제순환방식 등이 있고 반탕방식은 분기배관탕의 순환량을 균일하게 해 주는 배관방식으로 그림 3 - 47과 같은 리버스리턴방식(reverse return piping system)[48)도 많이 이용되고 있다.

표 3-10 온수난방 각종 방식의 분류

분류법	명 칭	개　　　설
순환 방식	중력순환식	온도 밀도 차에 의한 대류작용으로 자연순환시킨다. 방열기를 보일러보다 높은 곳에 설치한다. 주택 등 소규모 건축에 이용된다.
	강제순환식	온수순환펌프로 강제순환시킨다. 순환이 안정되고 관경이 중력식보다 작다. 대규모 장치에 이용된다.
배관 방식	일 관 식	왕탕관과 반탕관을 공용한 것
	이 관 식	왕탕관과 반탕관을 각각 설치하여 별개 계통으로 한 것
	리버스리턴 방식	2관식으로 각 방열기에 왕탕관과 반탕관의 총 관길이를 같도록 하여 순환을 각 방열기에 대해서 평균화한 것
공급 방식	상　향　식	왕탕주관을 최하층 천장에 배관하고 상향으로 입관을 뽑아낸 방식
	하　향　식	왕탕주관을 최상층 천장 또는 지붕 아래 설치하고 하향으로 입관을 뽑아낸 방식

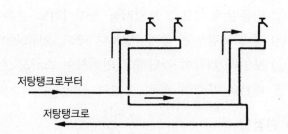

저탕탱크로부터

저탕탱크로

그림 3-47 리버스리턴방식(reverse return piping system)

---

48) 리버스리턴방식(reverse return piping system) : 흘러가는 관이나 되돌아오는 관 중 어느 한쪽을 일단 반대방향으로 보내고 나서 본래대로 되돌아오게 하는 배관방식

1 2관식 하향공급 중력식

그림 3 - 48에 2관식 하향공급 중력식의 배관 예를 나타내고 있다. 왕탕(往湯) · 반탕(返湯) 주관 모두 하향구배 1/100~1/250 정도로 해서 관내의 공기는 모두 팽창탱크에 모이도록 배관, 공기가 한 곳에 모이기 쉽도록 하여 방열기 내에는 공기 빼기밸브를 설치하도록 하였다.

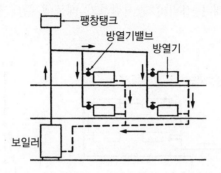

그림 3-48 2관식 하향공급 중력식의 배관 예

2 2관식 상향 · 하향 공급 강제순환방식

온수순환펌프는 반탕(返湯) 주관 말단의 보일러 가까이 설치하든가 왕탕(往湯) 주관의 보일러 가까이에 설치한다. 이 경우 사용되는 보일러의 양정이 순환수두가 되고 일반적으로 0.5~3 mAq 정도의 펌프를 사용한다. 장치 내의 공기는 원칙적으로 팽창탱크에 모이도록 배관구배를 한다. 그림 3 - 49에 상향식, 그림 3 - 50에 하향식 배관의 예를 나타내고 있다.

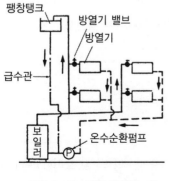

그림 3-49 상향식배관 예

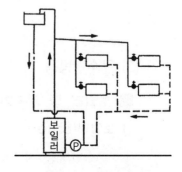

그림 3-50 하향식배관 예

❸ 일관식(직열루프식 · 편류 이음식 · 바이패스밸브식)

단관식은 주관이 1본으로 그림 3 - 51의 직열루프식, 그림 3 - 52의 편류 이음식, 그림 3 - 53의 바이패스(by-pass)밸브식 등이 이용되고 있다. 단관식에서는 방열기에서 나온 온수가 주관에 유입하기 때문에 하류로 가면서 온도가 점차 내려가고 부하에 따라 방열기에 들어가는 온도가 변동하므로 설계나 조정이 까다롭다. 그러나 배관 설비비가 저렴하기 때문에 주택건축 등에 많이 사용되고 있다.

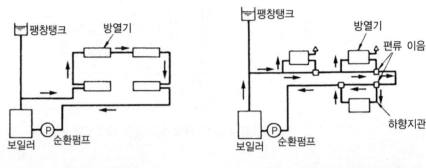

그림 3-51 단관식(직열루프식)   그림 3-52 단관식(편류 이음식)

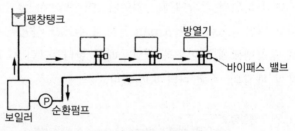

그림 3-53 단관식(바이패스밸브식)

(3) 온수난방용 기기

❶ 보일러 및 부속기기

1) 보일러(boiler)

온수난방용 보일러에는 일반적으로 입형 보일러(그림 3 - 6)나 주철제 보일러(그림 3 - 5)가 사용되지만 증기를 열매로 열교환기를 이용해서 온수를 공급하는 방법도 있다.

2) 온수순환펌프(hot water circulation pump)

온수순환펌프는 온수 보일러에서 가열된 온수를 방열기로 보내고 순환시켜서 다시 보일러로 급수한다. 그림 3 - 54와 같은 와권펌프[49]가 사용된다.

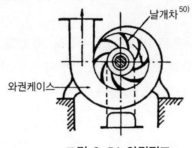

날개차[50]

와권케이스

그림 3-54 와권펌프

2 팽창탱크(expansion tank)

보통 0 ℃의 물을 100 ℃까지 가열하면 그 용적은 약 4.3 % 증가한다. 팽창탱크는 온수난방장치 내의 물의 온도가 상승해서 팽창했을 경우 이것을 팽창탱크로 보내고 또 팽창탱크에서 장치로 물을 보급하여 항상 장치 내의 압력을 일정하게 유지하도록 해 준다.

팽창탱크는 밀폐회로 배관에 사용되고 개방형과 밀폐형 2종류가 있다. 개방형은 탱크 내의 수면이 대기에 개방되어 있어서 장치로의 보급수 배관은 펌프 흡인측의 배관에 접속한다. 또 설치 위치는 장치 내 최고 부위에 있는 방열기나 배관보다 높은 위치로 하고 펌프의 흡인 압력을 대기압 이상으로 하여 장치 내의 공기가 빠지는 것을 방지한다.

밀폐형은 소규모 온수 난방장치 또는 고온수 난방장치에 사용된다. 탱크 내의 압력은 항상 대기압보다도 높은 압력으로 유지되어 있기 때문에 장치 내의 공기를 배출하기 위하여 에어벤트[51]를 설치할 필요가 있다.

---

49) **와권펌프(volute pump)** : 그림 3 - 54에서처럼 다수의 날개차(혹은 깃, vane)를 장치한 날개가 와권케이스(spiral casing) 속에서 급속히 회전함으로 인하여 흡인 측에 진공이 생겨서 물을 흡상하고 흡상된 물은 날개의 중심부로 들어와 회전하는 날개 속에서 원심력을 받아 양수작용을 일으켜 토출관으로 나온다. 와권펌프는 볼류트 펌프(volute pump)와 터빈펌프(turbine pump)가 있다. 터빈펌프는 20m 이상의 고양정에 사용한다.

50) **날개차(impeller)** : 회전축 또는 회전통 주위에 날개를 설치한 것으로서 송풍기, 압축기, 스파이럴펌프(spiral pump), 수차, 터빈, 계기류 등에 사용한다.

51) **에어벤트(air vent)** : 증기배관 속의 공기를 자연배출하는 방식으로서 방열기 및 증기관의 끝에 공기빼기밸브를 설치하여 공기를 배제하는 방식이다.

❸ 방열기(radiator)

온수난방용 방열기는 주철제 방열기(cast iron radiator), 컨벡터(convector), 팬 컨벡터(fan convector), 베이스보드(baseboard) 방열기 등을 사용한다. 요즘은 그림 3 - 55와 같은 케이싱(casing) 내에 송풍기를 내장한 팬컨벡터(fan convector)가 많이 사용되고 있다.

표준방열량은 실내온도 18.5 ℃, 온수온도 80 ℃일 때 방열기 표면적 1 m² 당 방열량 450 kcal/h로 하고 표준방열량으로 방열기의 실제 열량을 나눈 값을 그 방열기의 상당방열면적〔EDR〕으로 한다.

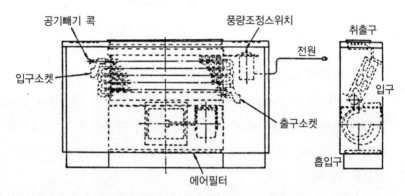

그림 3-55 팬 컨벡터(fan convector)

❹ 밸브류

온수난방에 사용되는 밸브는 게이지밸브, 체크밸브, 안전밸브, 공기빼기밸브 등이 있다. 그 외에도 그림 3 - 56에 나타낸 것처럼 자동혼합 3방밸브와 같은 특수한 밸브도 사용된다. 왕탕관과 반탕관을 혼합 3방밸브로 연결하여 왕탕관 관내 수온을 조정한다.

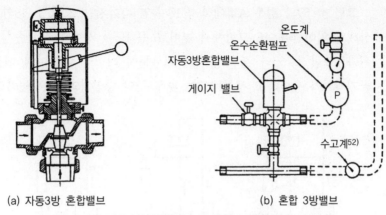

(a) 자동3방 혼합밸브   (b) 혼합 3방밸브

그림 3-56 자동3방 혼합밸브와 혼합 3방밸브의 설치 예

5 신축 이음

주로 횡관에 슬립형 이음(slip joint) 또는 벨로즈형 신축 이음(bellows expansion joint)을 사용하고 횡주관에서 입관의 분기부분을 스위블 이음(swivel joint)으로 하는 것이 많다.

(4) 배관법

1 온수순환펌프와 팽창탱크의 위치와 접속배관법

장치배관 내의 펌프와 팽창탱크의 위치와 접속배관 방법에는 일반적으로 그림 3-57~그림 3-60에 나타낸 방법이 이용되고 있다. 그림 3-57의 경우 팽창탱크 수면과 팽창관의 최고 높은 곳까지의 높이 H를 B~A 사이의 배관손실 수두분보다 높지 않으면 순환펌프의 압력에 의해 팽창관에서 항상 온수가 넘쳐 소음의 원인이 된다.

그림 3-58의 경우 그림의 A점에 팽창탱크 수두압이 걸리고 그 이후의 배관, 즉 장치의 대부분의 부분이 펌프의 흡입 측까지 배관손실 수두분만 각 위치에 수두압 보다 낮은 압력으로 된다. 따라서 온수배관 최고 높은 곳의 수두압 H가 A~C 사이의 배관손실 수두 이상이 되도록 팽창탱크를 설치하지 않으면 장치의 대부분이 대기압 이하로 되어 공기빼기가 어렵게 되고 장치 내에 공기가 침입할 위험마저 발생한다.

---

52) 수고계(altitude gauge, 水高計) : 온수 보일러의 압력을 수두로 나타내는 계기로 지시눈금의 단위는 m으로 표시된다.

그림 3 - 59의 경우 A점에서 펌프 흡입 측까지는 그림 3 - 58의 경우와 마찬가지 상태가 일어난다. 또 그림에서 높이 H 를 B~A 사이의 배관손실 수두분보다 높게 된다. 그림 3 - 60의 경우 장치의 대부분이 대기압 이상이기 때문에 방열기 등의 공기빼기가 용이하고 팽창탱크는 높은 곳의 방열기와 같은 높이라도 지장이 없다.

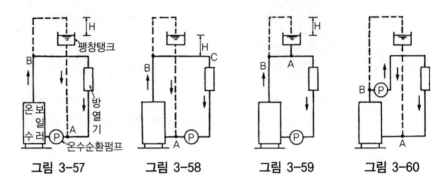

그림 3-57   그림 3-58   그림 3-59   그림 3-60

❷ 배관상의 유의사항

횡주관에서 편심 이음[53]을 이용할 경우 하향구배 배관은 관의 상면을 맞추고 상향구배에서는 관의 하면을 맞추도록 한다. 겨울철 난방 정지 시의 동결방지를 하기 위하여 장치의 최하부에 배수밸브를 설치하여 전 장치 내의 배수를 가능하도록 한다. 보일러에서 팽창탱크에 이르는 팽창관 도중에는 절대로 밸브류를 설치하지 않도록 주의한다.

(1) 온수난방 설계법

❶ 배관방식과 사용기기류의 선정

해당 건물에 가장 적합한 배관방식 특히 공급방식을 결정하고 보일러, 연소장치, 방열기, 펌프 등의 기종을 선정한다.

❷ 실내 겨울철 난방부하의 산정

❸ 방열기구 설계

각 실마다 난방부하에 따라 기구 수량 및 각 방열기 용량을 제작회사의 카탈로그에서 결정한다. 표 3 - 11에 컨벡터 방열량을 나타내고 있다.

---

53) 편심 이음(eccentric pipe fitting) : 직선방향으로 접합된 2개의 관의 축심이 엇갈릴 때 이 관을 접합하는 이음으로 소켓, 티, 부싱 등의 이음에 사용한다.

표 3-11 컨벡터 방열량 [kcal/h] (온수 평균온도 77 ℃, 입구 공기온도 18.5 ℃일 때)

케이싱 깊이[mm]	케이싱 높이 [mm]		케이싱 길이 [mm]							
	자립형	벽걸이형	500	600	700	800	900	1,000	1,100	1,200
220	500	365	680	850	1,020	1,180	1,360	1,520	1,680	1,840
	600	465	770	970	1,160	1,360	1,540	1,740	1,920	2,110
	700	565	810	1,010	1,210	1,410	1,610	1,810	2,000	2,190

4 보일러 및 연소장치 설계

온수 보일러의 능력 표시는 증기 보일러와 거의 마찬가지이지만 일반적으로 발열량[kcal/h]과 상당방열면적 [m² · EDR] 으로 표시된다. 따라서 보일러 부하를 소요 정격출력으로 산정하고 이 출력을 만족하는 발열량 또는 상당방열면적 [EDR]을 가진 보일러를 선정한다. 표 3 - 12에 패키지형 온수보일러의 출력표를 나타내고 있다.

표 3-12 패키지형 온수 보일러(저압 · 중유(AB) · 등유)

번 호	1	2	3	4	5	6	7	8	9
발열량 [1,000 kcal/h]	60	70	100	120	150	190	240	300	360
용 량 [l]	40	60	70	110	130	220	300	360	440
EDR [m²]	150	175	250	300	375	475	600	750	900
전열면적 [m²]	1.54	1.82	2.25	2.86	3.52	4.36	5.62	6.07	7.47

5 배관 설계

배관 계통의 약도[54]를 작성하고 각 배관 구간의 순환 수량의 산정, 배관 허용 마찰저항치에서 각부 배관의 관경을 결정한다.

1) 각부 순환 수량의 결정

순환 수량을 G [kg/h], 방열기의 방열량 합계를 Q [kcal/h], 방열기 출입구 온도차를 Δt [℃] 라 하면 순환 수량 G 는 식 3-6으로 구할 수 있다.

$$G = \frac{Q}{\Delta t} \cdot \frac{1}{C_P} \quad\cdots\cdots (3-6)$$

---

54) 배관 계통의 약도(sketch drawing, design drawing) : 약설계도로 대략을 설계하여 그린 도면(summary design)

Δt 는 중력식의 경우 10~20 ℃, 강제식일 경우 5~10 ℃ 정도로 한다.

2) 배관 허용 마찰저항의 산정

이용할 수 있는 순환수두를 H [mmAq], 보일러에서 가장 먼 방열기에 이르는 왕복관 길이를 l [m], 배관 내 국부저항의 직관저항에 대한 비율을 k 라고 하면 허용 마찰저항 R [mmAq/m]은 식 3 - 7로 구할 수 있다.

$$R \leqq \frac{H}{l\,(1+k)} \quad\text{...} \quad (3\text{-}7)$$

이용할 수 있는 순환수두[55] H [mmAq]는 강제식의 경우 펌프수두(펌프 양정)로 하고 k 는 주택과 같은 소규모 장치에서 1.0~1.5, 대규모 장치에서 0.5~1.0으로 한다. 또 R값과 관내 물의 속도 v 는 중력식의 경우 $R =$ 0.1~0.3 [mmAq/m], $v =$ 0.03~0.20 m/s로 하고 강제식의 경우 $R =$5~ 30 [mmAq/m], $v =$1.5 m/s 이하로 한다.

3) 온수순환펌프 용량 산정

펌프의 양정은 장치의 배관 마찰저항 손실수두 이상이면 좋지만 일반적으로 0.5~4 mAq 정도의 것을 사용한다.

4) 배관경의 결정

앞에서 구한 순환수량 G와 허용마찰 저항값 R을 이용해서 표 3 - 13의 온수에 대한 철관의 저항표에 의해 관경과 유속을 구하는 방법도 있다.

6 팽창탱크 용량 산정

팽창탱크는 개방식과 밀폐식이 있지만 보통 온수난방에서는 개방식을 이용하므로 여기서는 개방식 탱크 용량 산정에 대하여 설명하기로 한다. 온수의 팽창 수량 Δv [l]는 장치 내 전 수량을 v [l], 발화 때의 물의 밀도를 ρ_1 [kg/ l], 온수밀도를 ρ_2 [kg/ l] 라고 하면 식 3 - 8로 구할 수 있다.

$$\Delta v = \left(\frac{1}{\rho_2} - \frac{1}{\rho_1} \right) \cdot v \quad\text{...} \quad (3\text{-}8)$$

---

55) 수두(水頭, water head) : 물의 깊이 또는 중력 방향의 높이를 나타내는 것으로 압력이나 위치에너지의 척도가 된다. mmAq 등의 단위를 사용한다. 1 mmAq = 1 kg/m²

v의 개략적인 산정값은 방열 면적 $1m^2$ 당 $15\,l$ 정도이다. 밀도는 이를테면 10℃의 물을 85℃로 가열하여 온수를 만들었을 때 $\rho_1 = 1.0$, $\rho_2 = 0.969$ 정도가 된다. 팽창탱크의 내용체적은 식 3-8에 의해 구한 팽창량 Δv의 1.2~1.5배가 된다.

표 3-13 온수에 대한 철관의 저항표

관경 (in)		¾	1	1¼	1½	2	2½	3	4	5	6	8	10	12
압력손실 [mmAq/m]	0.10	34.00 / 0.030	69.00 / 0.035	140.0 / 0.04	213.0 / 0.045	413.0 / 0.06	820.0 / 0.07	1,310 / 0.08	2,700 / 0.09	4,950 / 0.11	7,750 / 0.12	16,050 / 0.14	29,000 / 0.17	–
	0.15	44.00 / 0.035	87.00 / 0.045	177.0 / 0.05	270.0 / 0.060	520.0 / 0.07	1,030 / 0.09	1,660 / 0.10	3,450 / 0.12	6,250 / 0.14	9,750 / 0.15	20,250 / 0.18	36,250 / 0.20	–
	0.20	52.00 / 0.045	102.0 / 0.050	208.0 / 0.06	320.0 / 0.070	613.0 / 0.08	1,210 / 0.10	1,955 / 0.11	4,060 / 0.11	7,300 / 0.16	11,400 / 0.18	23,560 / 0.20	42,250 / 0.24	–
	0.30	66.00 / 0.068	130.0 / 0.070	265.0 / 0.08	400.0 / 0.090	770.0 / 0.10	1,620 / 0.13	2,450 / 0.14	5,100 / 0.17	9,250 / 0.20	14,400 / 0.22	29,500 / 0.26	53,000 / 0.30	–
	0.50	9.000 / 0.070	175.0 / 0.090	355.0 / 0.10	535.0 / 0.120	1,030 / 0.14	2,150 / 0.17	3,280 / 0.19	6,800 / 0.22	12,300 / 0.26	19,000 / 0.30	39,000 / 0.34	70,000 / 0.40	–
	0.70	107.5 / 0.090	211.0 / 0.100	435.0 / 0.13	650.0 / 0.140	1,250 / 0.17	2,450 / 0.20	3,950 / 0.22	8,250 / 0.28	14,800 / 0.32	23,000 / 0.36	47,000 / 0.42	84,000 / 0.48	–
	1.00	133.0 / 0.110	260.0 / 0.130	525.0 / 0.15	800.0 / 0.170	1,530 / 0.20	3,030 / 0.24	4,850 / 0.28	10,000 / 0.34	18,000 / 0.38	28,400 / 0.42	57,500 / 0.50	102,500 / 0.85	–
	2.00	195.0 / 0.160	390.0 / 0.190	770.0 / 0.24	1,180 / 0.260	2,250 / 0.30	4,500 / 0.36	7,100 / 0.40	14,600 / 0.48	26,500 / 0.55	41,000 / 0.65	84,000 / 0.75	149,500 / 0.85	–
	3.00	243.0 / 0.190	480.0 / 0.240	975.0 / 0.28	1,470 / 0.320	2,820 / 0.36	5,550 / 0.44	8,850 / 0.50	18,150 / 0.60	33,000 / 0.70	50,500 / 0.80	104,500 / 0.95	186,000 / 1.10	245,000 / 1.20
	4.00	285.0 / 0.240	565.0 / 0.280	1,140 / 0.34	1,725 / 0.360	3,300 / 0.44	6,500 / 0.55	10,500 / 0.60	21,300 / 0.70	38,600 / 0.85	59,000 / 0.95	121,500 / 1.10	217,000 / 1.20	343,500 / 1.40
	5.00	325.0 / 0.260	635.0 / 0.320	1,290 / 0.38	1,950 / 0.420	3,750 / 0.50	7,400 / 0.60	11,750 / 0.65	24,100 / 0.80	43,600 / 0.95	66,500 / 1.10	137,500 / 1.20	245,000 / 1.40	338,500 / 1.60
	7.50	406.0 / 0.320	800.0 / 0.380	1,620 / 0.46	2,450 / 0.550	4,700 / 0.65	9,250 / 0.75	14,700 / 0.85	30,000 / 1.00	54,500 / 1.20	82,500 / 1.30	170,500 / 1.50	303,500 / 1.70	481,500 / 1.90
	10.0	476.0 / 0.380	940.0 / 0.460	1,900 / 0.55	2,870 / 0.600	5,470 / 0.70	10,760 / 0.85	17,160 / 0.95	35,000 / 1.20	63,500 / 1.40	96,500 / 1.50	199,500 / 1.80	352,500 / 2.00	560,000 / 2.00
	20.0	697.0 / 0.550	1,375 / 0.650	2,800 / 0.80	4,200 / 0.900	7,975 / 1.10	15,750 / 1.30	24,900 / 1.40	50,900 / 1.70	92,200 / 2.00	141,000 / 2.20	288,500 / 2.60	510,000 / 3.0	–
	30.0	872.0 / 0.700	1,725 / 0.850	3,480 / 1.00	5,250 / 1,100	9,920 / 1.30	19,650 / 1.60	31,050 / 1.80	63,100 / 2.20	115,000 / 2.60	176,000 / 2.80	257,500 / 3.00	–	–
	50.0	1,150 / 0.090	1,280 / 1,100	4,600 / 1.30	6,930 / 1.400	13,150 / 1.70	25,900 / 2.00	40,900 / 2.40	83,000 / 2.80	151,000 / 3.20	231,000 / 3.60	범례	상단 : 유량 [kg/h] 하단 : 유속 [m/s]	
	100.0	1,680 / 1,300	3,330 / 1,600	6,660 / 1.90	10,100 / 2,200	19,000 / 2.60	37,500 / 3.00	59,100 / 3.40	87,500 / 3.60	–	–			

[예제 3] 그림과 같은 온수난방 장치에서 각 구간(A~F)의 순환수량, 관경 및 보일러 용량을 구하시오.

단, ① 방열기 출입구의 온도차는 6 ℃이다.

② 배관의 열손실은 30 %, 예열부하는 20 %이다.

③ 국부 저항의 상당 길이는 직관 길이의 100 %로 한다.

④ 기기류의 저항은 0.5 mAq로 가정하고 온수순환펌프의 양정은 3 mAq로 한다.

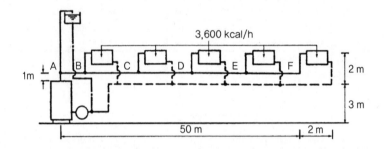

풀이 (1) 각 구간의 순환 수량 및 관경의 산정

그림에서 각 방열기의 용량 Q = 3,600 kcal/h, 출입구의 온도차 Δt는 문제조건 ①에서 6 ℃이니까

방열기의 순환 수량 G [kg/h]는 식 3 - 6을 이용하여

$$G = \frac{Q}{\Delta t} = \frac{3,600}{6} = 600 \ [\text{kg/h}]$$

따라서 각 구간의 유량은

A~B간 = 600 × 5 = 3,000 [kg/h]   B~C간 = 600 × 4 = 2,400 [kg/h]

C~D간 = 600 × 3 = 1,800 [kg/h]   D~E간 = 600 × 2 = 1,200 [kg/h]

E~F간 = 600 × 1 =　　600 [kg/h]

배관 상당 연장 l [m]는 문제조건 ③에서 국부 저항의 상당 길이 100 %에서

$$l = (1 + 50 + 2 + 2 + 50 + 3) \times 2 = 216 \ \text{m}$$

단위 배관 길 이당 허용마찰저항 R [mmAq/m]은 배관 상당 연장

$$l = 216 \ \text{m}$$

이용할 수 있는 순환수두는 문제조건 ④에서 H = 3 - 0.5 = 2.5 mAq이므로 식 3 - 7에서 허용마찰저항 R은

$$R \leq \frac{H}{l \cdot (1+k)} = \frac{2.5}{216(1+0.5)} = \frac{2.5}{324} \fallingdotseq 0.008 = 8 \ [\text{mmAq/m}]$$

각 구간의 관경은 표 3 - 13에서 압력 손실값이 8보다 작은 안전 측의 값의 각 구간 유량과 허용마찰저항값에 따라 결정한다.

R값은 안전 측으로 7.5 mmAq/m을 택한다.

구 간	G [kg/h]	R [mmAq/m]	관경 [B]
A~B	3,000	7.5	2
B~C	2,400	7.5	$1\frac{1}{2}$
C~D	1,800	7.5	$1\frac{1}{2}$
D~E	1,200	7.5	$1\frac{1}{4}$
E~F	600	7.5	1

(2) 보일러 용량 산정

   ① 난방부하(전 방열기 용량)　　3,600 × 5　　= 18,000 kcal/h

   ② 배관 열손실(①의 30 %)　　18,000 × 0.3　　= 5,400 kcal/h

   ③ 보일러 상용출력(①+②)　　18,000 + 5,400 = 23,400 kcal/h

   ④ 예열부하(③의 20 %)　　23,400 × 0.2　　= 4,680 kcal/h

   ⑤ 보일러 정격출력(③+④)　　23,400 + 4,680 = 28,080 kcal/h

따라서 제작회사의 카탈로그에서 상용출력 23,400 kcal/h, 정격출력 28,080 kcal/h를 만족하는 발열량을 가진 보일러를 선정한다.

3-4 　복사(방사)난방설비(radiant heating system)

(1) 복사난방설비의 개요

복사난방은 실내온도와 함께 주벽면의 온도를 조정하여 난방하는 것으로 일반적으로 이용되고 있는 방법은 바닥·천장·벽 등에 방열관(pipe coil)을 매설하여 여기에 50~60 ℃ 정도의 온수를 순환시켜 구조재 표면을 25~35 ℃ 정도로 가열하여 이것으로부터의 방사열을 이용하는 난방방식이다.

(2) 복사난방의 분류와 배관방식

복사난방에 사용되는 가열면을 패널(panel)이라 하고 패널을 종류에 따라 분류하면 바닥패널, 천장패널, 벽패널 등 3종으로 나눌 수 있는데 벽패널은 특수한 경우 이외에는 거의 이용되지 않는다. 표 3 - 14에 바닥과 천장패널에 대하여 나타내고 있다.

배관방식은 복사난방용 방식과 온수난방 병용식이 있다. 병용식의 경우 보통 온수난방과 복사난방의 공급 온수온도가 각각 다르기 때문에 이음 또는 자동혼합밸브를 설치하여 리턴온수를 공급온수에 혼입해서 온도조정을 한다.

표 3-14 바닥패널과 천장패널

분류	구　　　조	비　　　고
바닥 패널	몰탈 콘크리트 보온재 콘크리트	① 바닥면을 가열면으로 이용하기 때문에 시공은 용이하지만 바닥하중이 커진다. ② 표면온도가 33 ℃ 이하로 패널 표면적이 부족할 경우가 많지만 가장 널리 쓰는 방식이다.
천장 패널	몰탈 콘크리트 보온재 알루미늄 천장판	① 천장면을 가열면으로 하는 방법으로 시공은 까다롭지만 패널하중은 바닥패널보다 작다. ② 표면온도가 바닥패널보다 높아 방열량이 크므로 천장높이 3.5 m 이하의 실에는 사용하지 않는 것이 좋다.

또 리턴의 배관은 온수난방과 복사난방을 병용할 수 있지만 왕탕관은 각각 서로 다른 계통으로 하기 때문에 계통 수가 많은 경우는 온수헤더를 설치할 필요가 있다. 그림 3 - 61에 병용식배관의 예를 나타내고 있다.

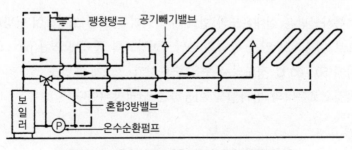

그림 3-61 온수난방 병용 복사난방 배관의 예

패널에 사용되는 관재는 강관(steel pipe)과 동관(copper pipe)이 있지만 동관이 내식성이 우수하기 때문에 강관보다 많이 이용되고 있다.

특히 신더 콘크리트(cinder concrete)[56]를 매설할 경우에는 부식 때문에 강관의 사용을 피한다. 코일의 배관방식은 그림 3 - 62에 나타내고 있다. 일반적으로 (a), (b), (c)가 많이 이용되는데 특히 우리나라의 경우 (c)를 가장 많이 쓰며 (d)의 경우는 공장과 같은 넓은 바닥면에 주로 사용된다.

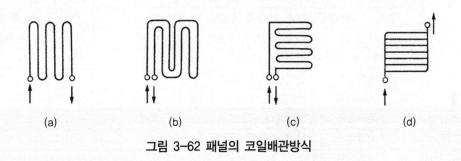

그림 3-62 패널의 코일배관방식

3-5 지역난방설비 (district heating system)

(1) 지역난방설비의 개요

지역난방은 하나의 구내 또는 지역 안에 있는 다수의 건물에 대하여 한 곳 또는 여러 곳의 보일러실에서 온수 또는 증기를 공급해서 난방하는 방식이다. 지역난방을 이용하면 보일러가 한곳에 집중해 있기 때문에 큰 용량의 효율이 좋은 보일러를 사용할 수 있고 연료 소비량도 절약된다. 또 각 건물의 보일러실, 연소장치 등의 설비공간이 감소되고 환경적으로 대기오염을 감소하는 이점도 있다.

---

56) 신더 콘크리트(cinder concrete) : 골재로서 탄재를 사용한 경량 콘크리트를 말한다.

(2) 지역난방의 분류와 배관방식

지역난방을 공급 열매로 분류하면 고온수와 고압증기에 의한 것으로 나눌 수 있다. 표 3-15는 고온수와 고압증기에 의한 방식을 비교한 것이다.

표 3-15 고온수와 고압증기에 의한 방식 비교

구 분	고 압 증 기	고 온 수
급 기	주방, 세탁, 기타 급기가 용이	다른 장치를 설치해야 한다.
높은 곳에의 공급	고층 건물에 직결공급이 가능	보일러 압력 증대로 불가능
급열거리	수 km 이상의 수송은 압력강하가 커서 곤란	10 km 정도는 급열 가능
배관열손실	열손실이 크다.	열손실이 작다.
예열시간	간헐난방 시 빨리 끝난다.	간헐난방 시 오래 간다.
온도제어	증기온도 제어가 까다롭다.	온수온도 제어가 용이하다.
유지관리	까다롭다.	용이하다.
배관부식	부식이 크다.	부식이 적다.
열량측정	환수 측 수량 측정이 용이하다.	급열량의 계산이 까다롭다.
배관비용	적다.	크다.
배관구배	필요하다.	필요 없다.

고압증기에 의한 배관방식은 환수관을 설치하여 응축수를 회수하는 방식과 설치하지 않고 각 건물마다 응축수를 배수시켜 회수하지 않는 방식이 있다. 환수관을 설치하지 않는 경우 배관설비비는 경감하겠지만 응축수에 남은 열량이 쓸모없게 되므로 그만큼 연료비가 증가하게 된다. 그림 3-63은 환수관을 설치한 배관의 예를 나타낸 것이다.

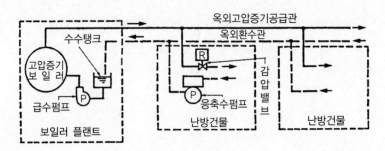

그림 3-63 증기에 의한 배관 예

　고온수에 의한 배관방식은 온수 보일러에서 순환펌프를 이용해서 직온수를 공급하는 방식과 증기 보일러의 증기를 이용해서 열교환기에서 고온수를 만들어 공급하는 방식이 있다. 이때 사용하는 순환펌프는 주로 터빈펌프를 사용한다.

　열교환기를 이용한 방식의 가열방법에는 온수에 고압증기를 직접 분사하여 고온수를 만드는 직접식과 열교환기 내의 코일에 증기를 통과시켜 고온수를 만드는 간접식이 있다. 그림 3 - 64는 온수 보일러를 이용한 증기 가압탱크공급방식의 예를 나타낸 것이다.

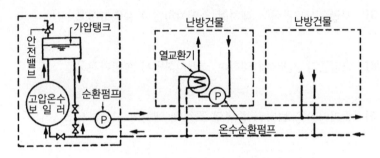

그림 3-64 온수에 의한 배관 예

문 제

[문제 1] 직접난방방식의 증기난방, 온수난방, 복사난방에 대하여 비교 기술하시오.

[문제 2] 증기난방방식의 분류와 특징에 대하여 기술하시오.

[문제 3] 저압증기 2관식에 대하여 스케치하면서 설명하시오.

[문제 4] 고압증기 2관식에 대하여 스케치하면서 설명하시오.

[문제 5] 증기난방용 보일러 종류와 특징에 대하여 기술하시오.

[문제 6] 지하 오일탱크를 스케치하면서 설명하시오.

[문제 7] 오일서비스탱크와 오일펌프에 대하여 기술하시오.

[문제 8] 방열기에 대하여 종류별 특징을 기술하시오.

[문제 9] 방열기의 호칭법과 도시방법에 대하여 기술하시오.

[문제 10] 난방용 밸브류에 대하여 종류별 특징을 기술하시오.

[문제 11] 증기트랩(steam trap)의 기능은 무엇인가? 또 그 종류는 어떤 것들이 있는가?

[문제 12] 저압증기 보일러 급수배관을 스케치하면서 설명하시오.

[문제 13] 고압증기 보일러 급수배관을 스케치하면서 설명하시오.

[문제 14] 하트포드(hartford) 접속법이란 무엇인지 스케치하고 설명하시오.

[문제 15] 신축 이음쇠의 종류를 열거하고 간단히 설명하시오.

[문제 16] 팽창탱크의 역할은 무엇인가?

[문제 17] 그림과 같은 저압증기 난방장치의 관경을 결정하시오. 단, 증기관 내 허용압력손실은 0.06 kg/cm² 정도로 하고 환수관은 건식으로 한다.

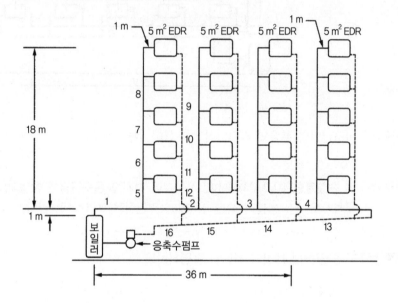

[문제 18] 온수난방을 분류하고 배관방식에 대하여 기술하시오.

[문제 19] 리버스리턴방식(reverse return piping system)을 스케치하고 설명하시오.

[문제 20] 온수난방의 2관식 상하향배관을 스케치하고 설명하시오.

[문제 21] 온수순환펌프와 팽창탱크의 위치와 접속방법에 대하여 기술하시오.

[문제 22] 설계 순서에 대하여 기술하시오.

[문제 23] 그림과 같은 온수난방장치에서 각 구간의 순환 수량, 관경 및 보일러 용량을 산출하시오. 단, 방열기 출입구의 온도차는 8 ℃, 배관의 열손실은 25 %, 예열부하는 22 %, 국부저항의 상당길이는 직관길이의 100 %, 기기류의 저항은 0.5 mAq로 가정하고 온수순환펌프의 양정은 3 mAq로 한다.

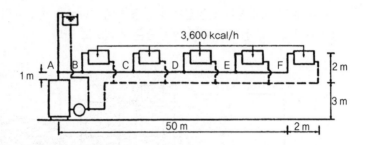

[문제 24] 복사난방의 분류와 배관방식에 대하여 기술하시오.

[문제 25] 전 손실열량 10,000 kcal/h인 사무실에 설치할 온수난방용 방열기의 필요 섹션 수를 구하시오. 단, 방열기 섹션 1개의 방열면적은 0.30m²로 한다.

[문제 26] 다음 용어에 대하여 간단히 설명하시오.

① 응축수(condensate)   ② hot well tank

③ section   ④ gauge pressure

⑤ city gas   ⑥ LNG

⑦ LPG   ⑧ 연화수

⑨ injector   ⑩ EDR

⑪ swivel joint   ⑫ enthalpy

⑬ 이론공기량   ⑭ 편심 이음

⑮ 수두

제4장 지역냉난방

　지역냉난방설비(District Heating and Cooling System)란 일정지역의 건물군에 1개소 또는 여러 개소의 열생산 공장에서 만든 냉수·증기·온수 등의 열매를 배관을 통하여 냉방, 난방, 급탕 등을 하는 시스템을 말한다. 규모가 적을 경우에는 그룹 또는 블록냉난방이라고도 하며 열병합발전[57] 설비의 형식으로 채택하는 경우도 있다.

　일본의 경우 불특정 다수의 열수요가에 열매를 공급할 때 5 Gca1/h(1기가칼로리＝1,000,000 kcal) 이상의 열 발생 능력을 가진 시설에 의한 지역냉난방은 공익사업으로서 가스나 전기와 마찬가지로 「열공급사업법」의 적용을 받아 공익사업으로 취급하여 공급구역 내에서 사업독점권이 주어지고 수요가에게 안정공급이 의무화되어 있다.

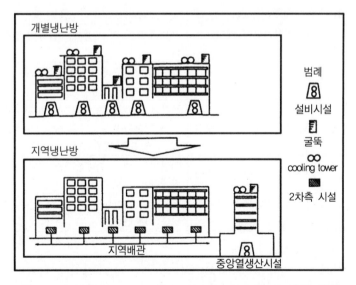

그림 4-1 DHC(District Heating and Cooling System)의 개념도

---

57) **열병합발전**(cogeneration system, power production in combination with heat supply) : 발전소의 폐열이나 발전용 증기터빈의 도중에서 추기(抽氣)한 저온증기를 사용하여 지역난방 등에 열을 공급하는 방식

1870년대에 유럽 및 미국에서는 증기기관의 배기를 주변건물에 이용하기 시작하여 구미 여러 나라에서는 100년 이상 지역냉난방의 역사를 갖고 있으며 파리나 함부르크 등에서는 도시의 기반으로서 광대한 네트워크(network)가 구축되어 있다.

한편 우리나라에서는 그 역사가 아직은 일천하지만 최근 도시의 기반으로서 정착하기 시작하였으며 지역냉난방의 도입이야말로 21세기형 쾌적도시 건설에서는 빼놓을 수 없는 키워드(key word)라 하여도 과언이 아닐 것이다.

4-1 지역냉난방 도입의 목적

(1) 남은(未利用) 에너지의 유효 활용

쓰레기 소각장이나 변전소 등에서 지금까지 이용되지 않았던 에너지나 전력, 가스, 석유를 유효하게 활용할 수 있어 표 4-1에서처럼 남아 있는 에너지의 유효 활용을 도모할 수 있게 되었다.

표 4-1 미이용 에너지의 유효 활용

No	미이용 에너지	유효 활용
1	쓰레기처리장의 배열 (waste heat)	쓰레기 소각 시 발생하는 다량의 열은 유용한 에너지원이다.
2	해수·하천수	해수나 하천수의 수온이 여름에는 외기보다 낮고 겨울에는 높은 것을 이용한다.
3	생활배수·처리수의 배열	생활폐수·처리수는 해수나 하천수와 마찬가지로 여름에는 외기보다 낮고 겨울에는 높아 연간을 통하여 15~25℃의 안정된 열원이다.
4	지하철·지하상가의 배열	지하철 구내나 지하상가는 전차, 조명, 인체 등으로부터 발생하는 열로 충만해 있다.
5	변전소·지하송전 케이블의 배열	트랜스나 케이블의 냉각수나 실내환기 공기가 갖고 있는 열을 이용한다.
6	LNG 탱크의 배열	저온비축을 위하여 다량으로 발생하는 냉배열(冷排熱)을 이용한다.

(2) 도시재해의 방지

냉난방·급탕용 연료를 취급하는 공장은 1개소뿐이므로 다른 건물에서는 개별로 연료 등 위험물의 취급이나 저장이 불필요하게 되어 화재 등의 재해 발생을 줄이는 데 큰 역할을 한다.

(3) 대기오염의 방지

고효율로 운전관리방식의 고도화를 꾀하고 깨끗한 에너지를 사용하는 시스템을 선정함에 따라 대기오염 방지에 기여한다. 또한 도시 배열을 유효하게 이용함으로써 에너지 절약을 달성하게 되고 도시의 히트 아일랜드(heat island)[58]화, CO_2에 의한 온난화 등 넓은 의미에서 대기오염 방지에 기여한다.

(4) 도시경관의 향상

각 건물마다 굴뚝이나 냉각탑 등 외관에 영향을 미치는 것이 불필요하게 되어 보다 자유롭게 건물을 설계할 수 있고 보다 아름다운 도시경관 향상이 가능해졌다.

(5) 에너지의 안정 공급

다양한 에너지원의 사용 및 고도의 기술도입과 운전관리를 바탕으로 시스템의 신뢰성을 높일 수 있게 되었고 더구나 에너지 사정의 영향을 적게 받으므로 수요자가 높은 공급 안정성을 장기간 보장받을 수 있다.

(6) 설비의 경제성 향상

설비를 공유하게 됨으로써 기기의 대형화에 의한 스케일메리트(scale merit)를 얻을 수 있게 되었고 또 건물 용도에 따라 열의 사용하는 시간대가 어긋나기 때문에 기기의 설비 용량을 저감할 수 있는 등 경제성 향상을 기대할 수 있다.

(7) 건물공간 및 스케일(scale)의 유효 이용

지역냉난방 플랜트 스페이스(plant space)에는 용적 완화장치가 있어 각 건물의

---

58) heat island(열섬) : 다량의 폐열에 의해 어느 지역의 온도가 섬 모양으로 주위보다 높아지는 현상이며 대도시나 공업지역에서 겨울철이나 야간에 발생하기 쉽다.

기계실 공간이 축소되는 등 개개의 건물에서 타 용도로 사용할 수 있는 공간이 발생하게 되어 건물의 용적률[59] 완화를 기대할 수 있다.

(8) 설비관리의 간소화

각 건물의 설비기기가 간단하게 되어 설비관리를 용이하게 할 수 있다.

4-2 세계의 지역냉난방

지역냉난방은 처음에는 유럽과 미국에서 화력발전소의 배열(排熱)을 유효하게 이용하는 지역난방으로 시작한 것으로 1875년 독일의 함부르크(Hamburg)에서, 1877년 미국의 뉴욕(NewYork)에서 사업화된 것이다.

그 후 1919년 영국의 맨체스터(Manchester), 1920년 덴마크의 코펜하겐(Copen-hagen), 1924년 소련의 레닌그라드(Leningrad) 등에서 사업화되기 시작하였다. 북부유럽에서 지역난방이 보급된 배경으로 이곳은 기후조건이 나빠 난방이 불가결하므로 지역난방이 하나의 도시시설로서 공공적으로 정비될 수밖에 없었다는 생각이 지배적이었음을 들 수 있다. 한편 미국의 경우 지역난방이 하나의 사업으로 주목되어 배열(排熱) 이용이나 전용 보일러에 의한 고효율의 열공급방식이 보급되어 갔다. 또 미국은 지역난방이 사업화되어 1962년 미국 하트포드(Hartford) 시에서 세계 처음으로 지역냉난방이 시작되었다.

우리나라의 경우 1973년 대한주택공사가 시공한 반포아파트 단지를 시작으로 1987년 서울의 목동지구 아파트 단지에 열병합 발전설비 형식으로 완공된 지역난방방식이 있다. 지역냉난방방식은 열 경제성 면에서는 유리하지만 그러기 위해서는 다음의 조건이 필요하다.

① 에너지 소비 밀도가 높아야 한다.
② 설비의 연간 부하율이 높아야 한다.
③ 사회적 협력과 에너지 최적화 건축에 대한 정서가 있어야 한다.

---

59) 용적률(건축법 제48조) : 대지면적에 대한 건축물의 연면적의 비율(공업지역의 경우 400% 이하)

4-3 지역냉난방의 열매

지역냉난방에서 이용되는 열매는 다음과 같이 분류할 수 있다.

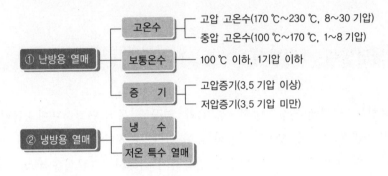

지역냉난방의 열매에 대한 공급온도와 압력용도는 다음과 같다.

(1) 증기

미국의 경우 고압은 850 kPa[60] 이상, 중압은 850~220 kPa, 저압은 220 kPa 이하의 증기 보일러를 쓰고 있다.

(2) 고온수

미국과 일본의 경우 공급관은 150~220 ℃, 환수관은 70~90 ℃ 정도의 고온수를 쓰며 일반적으로는 공급관 110~120 ℃, 환수관 70~90 ℃ 정도의 온수가 많이 사용되고 있다. 유럽에서는 열병합발전방식에 의한 지역난방이 많고 우리나라 지역난방의 경우 대부분 열매로 고온수를 사용하고 있으며 대략 120~190 ℃ 정도의 중온수·고온수가 사용되고 있다.

열병합발전방식은 토탈에너지방식(total energy system)[61]으로 코제네레이션 시스템(cogeneration system)이라고도 하며 가스, 석유 등의 연료를 에너지원으로 하여 터빈 또는 엔진을 구동시켜서 발전하고 그 배열을 이용하여 냉방·난방·급탕을 하는 방식으로 에너지 절약성이 높아 최근 많은 분야에서 이용되고 있다.

---

60) kPa → kgf/cm² : 1.02×10^{-2}
61) **토탈에너지방식**(total energy system) : 건물 단위로 발전을 하여 스스로 소비함과 동시에 발전기를 구동하는 열기관으로부터 발생되는 폐열을 회수하여 냉난방이나 급탕에 이용하는 방식

(3) 냉수

냉수공급관의 온도는 4 ℃가 최저이며 환수관은 12~14 ℃로 온도차가 7~8 ℃ 정도이다.

4-4 지역냉난방의 배관방식

사용하는 열매체(온수·냉수·증기)와 열공급 목적(난방·냉방·급탕)에 따라 단관식, 2관식, 4관식, 5관식, 6관식 등이 있다. 지역난방을 하기 위해 종래에는 2 관식이 많이 채택되었지만 냉난방을 겸용하기 위해서는 4관식을 채용하며 이 방식은 연중 항상 냉온수를 공급하므로 가장 바람직한 방식이라 할 수 있다.

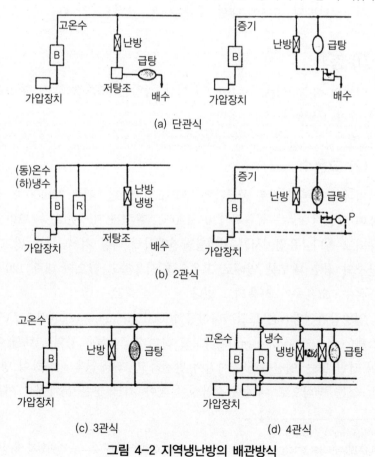

그림 4-2 지역냉난방의 배관방식

4-5 지역냉난방의 배관매설 방식

가공(架空)배관·지상배관·매설배관이 있으며 가공배관·지상배관은 공사비가
싼 이점이 있지만 동결과 외관상의 문제가 있기 때문에 지역냉난방의 배관은 지중
에 매설하는 매설배관이 주배관방식으로 채택되고 있다.

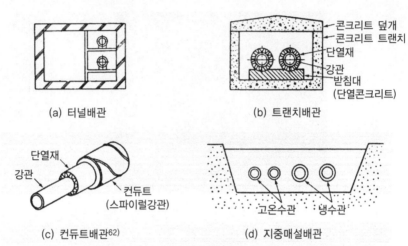

(a) 터널배관   (b) 트랜치배관

(c) 컨듀트배관[62]   (d) 지중매설배관

그림 4-3 지중매설배관

4-6 지역냉난방의 실례

(1) 일본의 동경 신주쿠(新宿) 신도심 지구(1971. 4)

① 설비용량 : 41,000 RT[63](세계 최대급 에너지 생산공장)

② 공급대상 : 200 m 급의 초고층 건물 14건

③ 최종규모 : 59,000 RT 예정

④ 지역배관 : 냉수·증기를 독립시킨 4관방식[64]

---

62) **컨듀트배관**(conduit pipe) : 배관의 외면 부식과 단열재에 대한 흡습을 방지

63) **냉동톤**(ton of refrigeration) : 0 ℃의 물 1톤을 24시간 동안 걸려 0 ℃의 얼음으로 만드는 데 필요한 시간당
열량(냉동 능력)

64) **4관방식**(four pipe system) : 팬코일 유닛 등의 냉온수배관에서 송수관에 냉수·온수의 2관을 설치하고 회수
관에도 냉수·온수의 2관을 설치, 열하부에 따라 냉수·온수가 항상 자유로이 선택 사용되는 이점이 있다.
 ※ four pipe district cooling and heating : 난방급탕용 열매와 냉방용 냉수의 지역배관에 각각 송관과 반관
의 합계 4본의 배관을 행하는 지역냉난방

표 4-2 신주쿠(新宿) 신도심 지구 지역배관

구 분	배관 구경	연 장
냉수관	1,400~150 ø 방식피복시공	
증기관	600~100 ø	8,283 m
응축수관	300~50 ø	

지역배관 루트
공급구역

그림 4-4 동경 신주쿠(新宿) 신도심 냉난방 시설 지구

(2) 일본의 동경 HIGASIKINJA(東銀座) 지구(1982. 4)

① 설비용량 : 냉동기 1,600 RT / 보일러 11.6 Gcal/h

② 공급대상 : 사무소·호텔 3건

③ 지역배관 : 냉수·증기를 독립시킨 4관방식

표 4-3 HIGASIKINJA(東銀座) 지구 지역배관

구 분	배관 구경	연 장
냉수관	200 ø	110 m
증기관	200~150 ø	115 m
응축수관	80~65 ø	115 m

그림 4-5 일본 동경 HIGASIKINJA(東銀座) 냉난방 시설 지구

(3) 일본의 나고야 SAKAE 지구(1991. 6)

① 설비용량 : 냉방 22.1 Gcal/h(7,300 RT)/난방 22.1 Gcal/h

② 공급대상 : 백화점, 사무소 · 업무용 시설(공급 대상 면적 : 264,000m²)

③ 에너지 공장 : 사카에 가스빌딩 지하가 3, 4층

④ 지역배관 : 냉수 · 증기를 독립시킨 4관 방식

범 ■ 공급대상구역
례 ▨ 열공급생산시설

그림 4-6 나고야 SAKAE 냉난방 시설 지구

⑤ SAKAE 지구 에너지 생산공장의 개요

SAKAE 지구 에너지 생산공장은 사카에 가스빌딩 지하 3층과 4층에 설치하고 로통(爐筒) 배관식 가스 보일러에 의해 증기를 제조하여 이 증기를 동력으로 증기흡수 냉동기를 구동, 냉수를 제조한다.

한편 난방 및 급탕은 여기에서 제조한 증기를 사용자에게 보내고 사용자 측에서 쾌적한 온도로 조정하여 난방용 온수, 급탕으로 이용한다. 이와 같이 온냉열 공급은 4관방식을 채용하고 연간 종일 공급한다. SAKAE 지구 열생산 시스템에 대하여 그림 4-7 ~ 그림 4-11에 나타내고 있다.

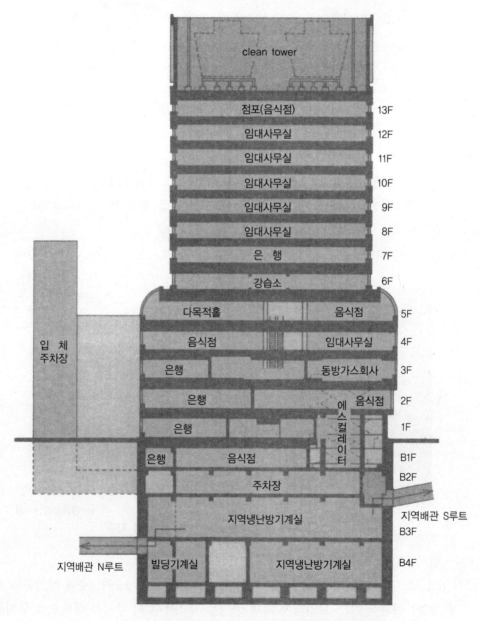

그림 4-7 SAKAE 지구 에너지 생산공장

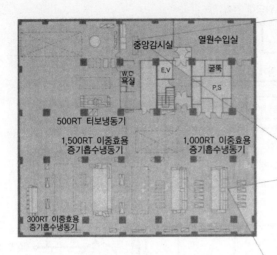

중앙감시실

이중효용증기흡수냉동기(1000RT)

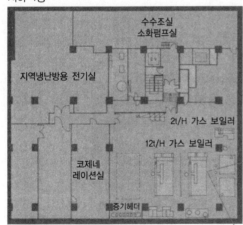

로통연관식 가스 보일러(12 T/H)

그림 4-8 시스템 기기 배치도

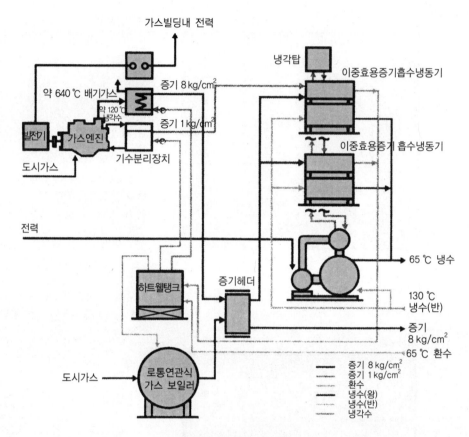

그림 4-9 열생산 시스템

그림 4-10 열수지(熱收支)도　　　　　그림 4-11 가스엔진 외관

(4) 서울 목동 지구(1987)

■ 플랜트
⊙ 서브스테이션(분배소)[65] : 22개소
— 온수공급지

그림 4-12 단지 배치도 및 서브스테이션

---

65) 분배소(substation) : 지역냉난방 시설에 있어서 중앙열원기계실에서 제조한 열매를 각 수요자가 사용하기 전에 압력, 온도, 유량 등을 조절하는 부기계실

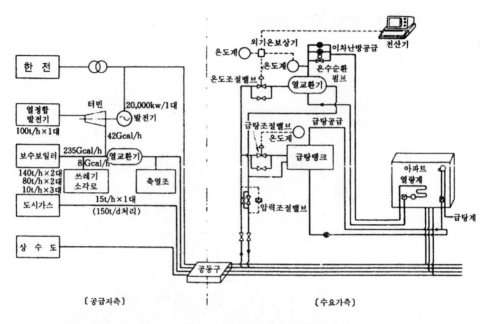

그림 4-13 에너지 공급 시스템

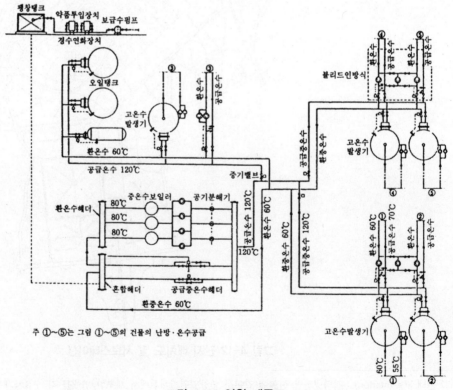

주 ①~⑤는 그림 ①~⑤의 건물의 난방·온수공급

그림 4-14 열원 계통도

제5장	공기조화방식

공기조화방식의 원형은 제1장 공기조화의 기초에서 그림 1 - 4에 나타낸 바와 같이 기계실 내에 공조기를 설치해서 이것에 의해 조화된 공기를 덕트를 통해 각 실로 이끄는 형이다. 이 방식은 공기조화가 발명된 이래 오랫동안 사용되어 왔고 현재도 이 형식을 가장 많이 사용하고 있다. 그러나 이 방식은 점차 변화되어 현재는 다른 종류의 방식도 많이 사용되고 있으며 앞으로 더욱 새로운 방식이 나타날 것으로 전망된다.

5-1 공기조화방식의 분류

공조방식의 분류방법은 여러 가지가 있지만 우선 각 실에 열을 운반하는 열매(heating medium)로 무엇을 사용할 것인가에 따라 공기조화방식은 크게 네 가지로 나눌 수 있다.

① 전공기방식(공조할 장소에 열의 매체로서 공기만을 사용하는 방식)

② 공기 - 물방식(열의 매체로서 공기와 물을 병용하는 방식)

③ 물방식(열매 중에서 열수송 능력이 가장 뛰어나다.)

④ 냉매[66]방식

또한 공조의 온습도제어가 동시에 행하여지는 제어 범위에 따라 위의 방식은 또다시 다음과 같이 셋으로 분류할 수 있다.

① 전체 제어방식

② 구역(zone)별 제어방식

③ 개별 제어방식

---

66) 냉매(refrigerant) : 냉동장치의 냉동사이클에 사용하는 증발하기 쉬운 액체를 말하며 저온부의 열을 고온부에 운반한다. 냉동기용 냉매로는 프레온 냉매, 암모니아, 아황산가스, 클로로메틸 등이 있다.

이러한 제어방식은 전체 제어보다는 구역별 제어, 구역별 제어보다는 개별 제어로 하는 쪽이 기술적으로는 고도의 기술을 요구하지만 실제 적용에는 해당 건물의 필요 상태나 비용을 감안한 종합적인 판단이 요구된다.

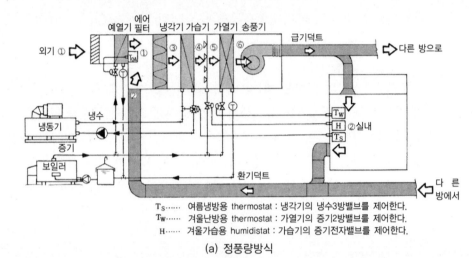

Ts······ 여름냉방용 thermostat : 냉각기의 냉수3방밸브를 제어한다.
Tw······ 겨울난방용 thermostat : 가열기의 증기2방밸브를 제어한다.
H······ 겨울가습용 humidistat : 가습기의 증기전자밸브를 제어한다.

(a) 정풍량방식

(b) 가변풍량방식

그림 5-1 단일덕트방식

더구나 각 터미널(terminal)[67]에 대해서 언제라도 자유롭게 냉수나 온수를 공급할 수가 있는지 혹은 어느 한쪽만 공급할 수밖에 없는가에 따라서

① 복열원방식

② 단열원방식

---

67) 터미널(terminal, 단자) : 전기회로의 말단부분, 전기기기의 전선을 접속하는 부분 또는 그 장치.

으로 나눌 수 있다. 또한 공조기와 열원장치가 한곳에 있는 기계실에 집중시킨 중
앙식과 공조장치를 분산해서 공조를 하는 개별식으로 대별할 수 있다.

현재 사용되고 있는 대표적인 공조방법을 제어방식과 열원방식에 따라 분류하면
표 5-1과 같이 분류할 수 있다. 또한 공조방식의 종류는 표 5-2와 같다.

표 5-1 공조방식의 분류

	방식 명칭	제어방식	열원방식
1. 전공기방식 (全空氣方式)	1) 단일덕트(일정 풍량방식)	전체 제어방식	단열원방식
	2) 단일덕트(가변 풍량방식)	개별 제어방식	단열원방식
	3) 단일덕트(터미널히트방식)	개별 제어방식	복열원방식
	4) 이중덕트방식	개별 제어방식	복열원방식
	5) 듀얼콘딧방식	개별 제어방식	복열원방식
	6) 멀티존유닛방식	개별 제어방식	복열원방식
2. 전수방식 (全水方式)	1) 2파이프방식	개별 제어방식	단열원방식
	2) 3파이프방식	개별 제어방식	복열원방식
	3) 4파이프방식	개별 제어방식	복열원방식
	4) 존4파이프방식	존 제어방식	복열원방식
3. 공기-수방식 (空氣-水 方式)	1) 유인유닛방식	개별 제어방식	복열원방식
	2) 1차 공기 팬코일유닛방식	개별 제어방식	복열원방식
	3) 1차 공기 복사냉난방방식	개별 제어방식	복열원방식
4. 냉매방식 (冷媒方式)	1) 룸쿨러방식	개별 제어방식	단열원방식
	2) 소형히트펌프 유닛방식	개별 제어방식	복열원방식
	3) 패키지 유닛방식	개별 제어방식	단열원방식

표 5-2 공조방식의 종류

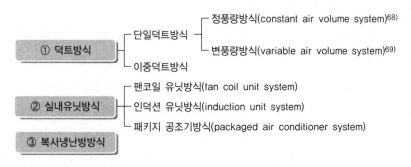

---

(68) **정풍량방식**(constant air volume system) : 분출구로부터 나오는 풍량은 일정한 것으로 분출온도를 바꿈으로
써 냉난방 능력을 조정하는 공기조화설비
(69) **변풍량방식**(variable air volume system) : VAV방식이라 한다. 분출구에서 나오는 분출온도를 일정한 것으로
하고 풍량을 바꿈으로써 냉난방 능력을 조정하는 공기조화방식

공조방식을 결정하는 요인은 다음과 같다.

① 건물의 규모, 구조, 용도

② 설비비 및 운전비 등의 경제성

③ 공조부하에 대한 적응성

④ 조닝(zoning)에 대한 적응성

⑤ 설비 및 기계류의 설치 공간

⑥ 온습도를 포함한 실내 환경 성능의 정도

⑦ 사용자 및 유지관리자의 취급과 조작성의 간단 여부

5-2 공기조화의 각종 방식

(1) 전공기방식(全空氣方式 ; all air system)

중앙의 공조기에서 만들어진 조화공기를 필요한 장소에 송기(air supply)함으로써 공기조화를 하는 방식으로 각 실에 열을 운반하는 열매로 공기만을 사용하는 방식이다. 덕트를 통해서 공기만을 사용하는 단일덕트방식, 멀티존유닛(multi-zone unit)방식, 이중덕트방식 등이 있다.

■ 단일덕트방식(single duct system ; 정풍량 · 가변풍량)

이 방식은 가장 고전적인 형태로 중앙 공조기에서 하나의 덕트만으로 각 실에 송풍하는 것으로 설비비도 다른 방식에 비하여 가장 저렴하다. 극장이나 공장과 같은 단일 사용 구획의 건물에 대한 공조방식으로 사용되는 것 외에 대규모 건축의 내주부(interior zone) 계통 혹은 중 · 소규모 건축의 전관계통 등에 잘 사용된다.

그러나 덕트 공간에 제한이 있을 경우 이것을 줄일 목적으로 이용할 때의 고속덕트방식은 풍속을 20~30 m/s로 하여 덕트경을 작게 한다. 따라서 덕트 샤프트(duct shaft : DS)[70]가 작아서 보 관통도 가능하지만 반면에 송풍기의 정압이 높아지기 때문에 동력비 · 운전 경상비가 높아진다. 그 때문에 중 · 소규모의 건물에서는 그

---

70) **덕트 샤프트**(duck shaft : DS) : 건물 안의 상하층을 접속하는 덕트를 통합하여 폐쇄한 공기 안에 수용할 수 있게 만든 상하층을 잇는 수직의 통형 부분

림 5 - 2와 같은 저속덕트방식이 많고 대규모 건축물에서는 그림 5 - 3과 같은 고속
덕트방식이 많이 사용된다.

장치의 조절은 전체 제어방식이기 때문에 각 구역·각실을 개별로 조절하는 것
은 불가능하다. 또 단열원방식이므로 겨울은 보일러에서 온수나 증기를, 여름은 냉
동기에서 냉수나 냉매를 공조기에 보내 공기를 가열 또는 냉각한다. 이 때문에 내
외 온도차에 의한 열전도 등의 외부 부하가 하루 중 (+)가 되기도 하고 (−)가 되기
도 하는 중간기에는 그 열부하에 따를 수 없으므로 충분한 기능을 다할 수는 없다.

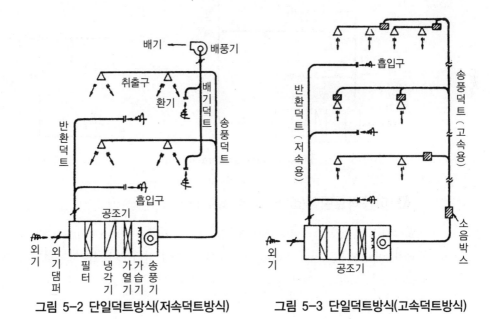

그림 5-2 단일덕트방식(저속덕트방식)   **그림 5-3 단일덕트방식(고속덕트방식)**

최근 조명설비가 눈부시게 증가하여 내주부에서도 연중 냉방운전이 필요한 곳이
있다. 현열부하의 변동에 대해 각실에 취출한 풍량을 개별적으로 제어하여 부하와
의 균형을 조절하는 방법으로 방에 설치된 서모스탯(thermostat)[71]의 지시에 의해
취출구의 자동장치가 작동하여 풍량을 증감하는 가변풍량방식[72]이 있다. 이 방식
은 단열원이면서 개별 제어를 하므로 큰 건물의 내주부 계통용으로 적합하고 소규
모 건물의 전관 단일 계통용으로도 유리하다.

---

71) 서모스탯(thermostat) : 온도를 일정한 값으로 유지하는 장치
72) 가변풍량방식(variable air volume system, VAV 방식) : 실내 부하에 따라 풍량을 바꾸는 장치이며 덕트계에
   삽입하는 것과 분출구와 일체화된 것이 있다.

② 단일덕트방식(terminal reheat · zone reheat)

각실 또는 각 취출구에 설치된 재열기(reheat)에 증기나 온수 등의 열원을 보내는 방법으로 취출공기를 필요에 따라 재열하고 희망하는 온도조정을 할 수 있는 특징이 있다. 이 방식은 대형 건물의 내주부 계통에 적합하다.(그림 5 - 4, 그림 5 - 5)

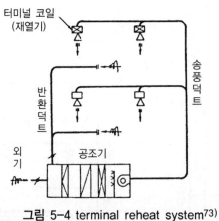

그림 5-4 terminal reheat system[73]

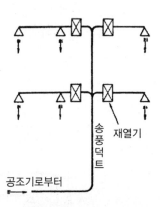

그림 5-5 zone reheat[74]

③ 이중덕트방식(dual duct system)

공조기에서 냉풍 · 온풍을 2개의 덕트로 각 실의 터미널(terminal)에 송풍하여 혼합상자(mixing box, air blender)[75]에서 부하에 따라 쌍방을 자동적으로 혼합하여 취출하는 방식이다. 부하에 대한 응답이 빠르고 서로 다른 구역(zone) 사이에서는 냉방과 난방을 동시에 할 수 있기 때문에 년간공조[76]를 위한 방식으로서 뛰어난 장점을 갖고 있지만 경제성으로 보면 운전비면에서 혼합 손실이 있고 덕트공간 (DS)도 커지기 때문에 건설비가 비싸게 되므로 종합적으로 뛰어난 장치라고는 말할 수 없다.

그림 5 - 7의 이중덕트방식은 혼합상자까지는 고속덕트[77]가 사용되었다. 취출구

---

73) 터미널리히터방식(terminal reheat system) : 정풍량단일덕트방식 등에서 덕트의 말단 부근에 재열기를 설치하여 말단마다 제어를 실행하는 방식.

74) 존 리히터(zone reheat) : 정풍량단일덕트방식 등에서 각 존 덕트의 분기부에 재열기를 설치하여 존마다 제어를 실행하는 방식. 냉방의 경우 에너지손실이 크다.

75) 혼합상자(mixing box) : 이중덕트방식의 냉풍과 온풍을 혼합시키는 장치

76) 년간공조(all year air conditioning) : 연간을 통해서 공기 조화를 하는 것을 말하며 인테리어 존(interior zone)이 많은 빌딩 건축에서는 열부하 때문에 연간을 통한 보일러나 냉동기의 운전을 필요로 한다.

77) 고속덕트(high velocity duct) : 덕트 안의 풍속이 15 m/s 이상인 덕트. 작은 덕트 스페이스로 다량의 바람을 보낼 필요가 있는 경우에 채용한다.

의 혼합유닛이 고가이기 때문에 구역(zone)마다 혼합해서 송풍하는 방법도 있지만 이 경우는 혼합상자에서 취출구까지는 저속덕트[78]를 이용한다. 그림 5-7의 방식은 전풍량을 일단 필요한 온도까지 냉각하여 온풍만을 재열하는 방식이므로 여름의 온도조정을 확실하게 할 수는 있지만 운전비가 증대한다.

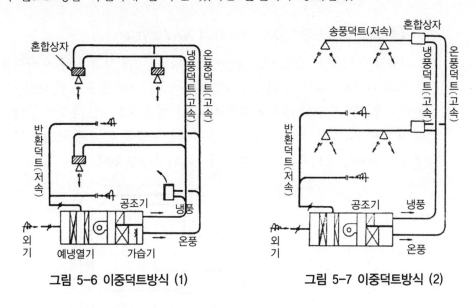

그림 5-6 이중덕트방식 (1)   그림 5-7 이중덕트방식 (2)

한편 혼합방법은 다음 방식을 채용할 수 있다. 그림 5-8의 (a)는 소용량 혼합상자를 사용하는 경우로 개별 제어는 완전에 가깝고 년간공조를 위한 방식으로서도 뛰어나다. (b)는 중용량 혼합상자 사용의 경우로 일반 사무소 건물과 같이 개별적인 제어가 필요하지 않을 때에 이와 같은 문어발식(octopus system)이 이용되고 공급원에서 실마다 조정이 가능하고 덕트공간이 크다.

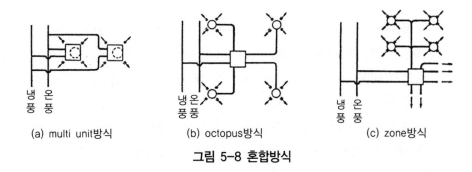

(a) multi unit방식   (b) octopus방식   (c) zone방식

그림 5-8 혼합방식

---

78) **저속덕트**(low velocity duct) : 덕트 안의 풍속이 15 m/s 미만인 덕트

(c)는 대용량 혼합상자 사용의 경우로 구역(zone)별 또는 각 층마다 하나의 혼합 상자를 사용하는 것으로 세 가지 방법 중 가장 값싸게 할 수 있는 설비이긴 하지만 작은 제어나 조절은 곤란하다. 이중덕트방식은 모듈(module)화된 사무소 건물·병원·호텔 등의 객실에 적용하고 있다.

5 콘딧변풍량방식(dual conduit VAV system)

그림 5 - 9와 같이 송풍덕트(supply air duct)를 2개 갖고 있다. 이중덕트와 유인 유닛(induction unit)의 중간치와 같은 방식으로 온풍·냉풍 구별 없이 1차 공기는 환기상 필요한 공기로 정풍량 송풍용으로 외벽을 통한 전도부하와 실내 잠열부하에 대응한 온습도를 제어 항상 일정한 풍량을 송풍한다. 송풍온도는 냉풍 또는 온풍으로 내외의 온도차 여하에 따라서 (+)나 (-)가 된다.

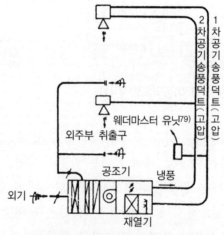

그림 5-9 콘딧변풍량 방식

2차 공기는 일조·조명·인체 등의 열부하 변동에 대응한 정온풍량방식에 대응하는 방식으로 연간을 통해 항상 (+) 부하처리에 해당한다. 연중 일정온도의 냉풍으로 보내어지고 부하의 변동에 따라 개개에 서모스탯(thermostat)의 움직임으로 자동적으로 풍량조절이 된다. 이 방식은 2차 코일이 필요없기 때문에 보수·관리면에서 이점이 있다. 중소규모의 건물에서 내외주의 조닝 비율이 현저할 때 이 방식은 확실한 개별제어가 가능한 큰 장점을 갖고 있다.

---

79) weather master unit : 인덕션 유닛(induction unit)의 대표로 알려져 있는 것으로서 미국의 캐리어사가 개발했다. 세계 각국에서는 이것을 기초로 개량하여 많은 종류를 만들어 내고 있다.

6 각층유닛방식(every floor unit system)

각 층마다 조닝하여 공조기를 설치한 단일덕트방식이다. 공조기를 분산 배치한 것으로 백화점과 같은 각 층별 부하가 확실히 다른 경향을 가진 건물이나 방송국처럼 각 층의 운전시간이 다른 건물, 중규모의 임대건물 등에 적합하다(그림 5 - 10).

각 층의 공조기는 용량이 클 때는 현장조립 공조기, 구역별로는 멀티존 유닛(multi-zone unit)이 사용되고 소규모의 경우에는 패키지 공조기(packaged air conditioner)가 사용되는 경우도 있다. 이 방식은 각 층마다 잔업 운전이 쉽고 주덕트의 수평 가설 공간이 작은 장점이 있으나 일반적으로 설비비가 비싸고 공조용 스페이스가 커진다는 것이 단점이다.

7 멀티존유닛방식(multizone unit system)

그림 5 - 11에 나타낸 것처럼 특수한 유닛을 사용하여 각 존별로 덕트를 나누어 각 계통마다 설치된 혼합댐퍼(mixing damper)[80]를 서모스탯(thermostat)[81]으로부터의 지령에 의해 자동적으로 조작해서 온풍·냉풍을 적당하게 혼합하는 조립으로 되어 있다. 이와 같은 냉온풍의 혼합에 의해 송풍온도를 제어하기 때문에 극단적인 부하변동에도 신속하게 응답할 수 있다.

하지만 변동의 범위는 각 계통의 열용량과 풍량의 여유 이내로 한정되며 이 방식은 각 존별로 각각 하나의 덕트가 필요할 뿐 이중덕트와 같이 두 개의 덕트는 필요 없으며 공조기로부터 직접 계통별로 덕트가 올라가 있으므로 소음과 차음에 주의를 기울여야 한다. 이 방식은 비교적 작은 규모(바닥면적 2,000 m² 이하)의 공조면적을 다시 작은 구역(zone)으로 나눌 때 편리하게 사용되며 각 층 유닛으로도 많이 사용된다.

그러나 한 대의 유닛에서 다수의 덕트가 나오기 때문에 덕트 스페이스(DS)는 약간 커지므로 가능하면 유닛은 공조범위의 중심에 설치하는 것이 좋다. 이중덕트방식과 마찬가지로 혼합손실이 생기므로 가열기와 냉각기를 동시에 운전할 때는 다른 방식에 비하여 냉동기 부하가 커진다. 여름과 겨울 모두 냉동기와 보일러를 운전하는 것이 원칙이지만 실내외 온도차가 큰 겨울에는 냉동기를 운전하지 않고 혼

---

80) **혼합댐퍼**(mixing damper) : 혼합상자 제어반의 하나로서 온도조절기의 지령에 따라 개폐하여 온풍과 냉풍의 혼합을 조절하는 댐퍼
81) **서모스탯**(thermostat) : 항온기로 전열은 온도조절이 자유롭고 일정온도를 유지할 수 있는 능력을 가지고 있으며 이러한 성질을 이용하여 온도를 일정한 값으로 유지하는 장치이다.

합공기를 그대로 냉풍으로 사용할 수도 있다.

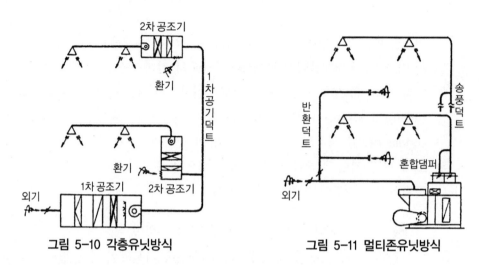

그림 5-10 각층유닛방식   그림 5-11 멀티존유닛방식

(2) 공기 - 물방식(空氣 - 水方式 ; air to water system)

열운반 매체로 공기와 물 양쪽을 사용하는 방식이다. 히트펌프방식의 한 가지로서 열원으로 공기를 이용하고 각 실에 보내는 열의 매체에는 물을 이용하며 냉매의 순환을 선택하여 냉수 또는 온수를 만들어 각 실에 보낸다.

❶ 유인(誘因)유닛방식(induction unit system)

1차 공조기에서 외기의 온도차를 중앙처리하여 고속덕트에서 각 실의 유인유닛을 사용하고 1차 공기와 2차 냉수를 도입한다. 이 1차 공기가 유닛 안의 노즐에서 고속 분출할 때 유닛 하면으로부터 실내공기를 2차 공기로 유인하여 유닛의 2차 냉온수 코일에 의해 냉각·가열되는 중 1차·2차 혼합공기를 실내에 송풍하는 방식이다.

중앙장치로부터 1차 공기는 고압·고속으로 송출되므로 통상 중앙식에 비하여 덕트 스페이스를 많이 절약할 수 있다. 이 방식의 특징으로는 연간을 통해서 충분한 온도 제어를 할 수 있고 각 실마다 조정이 가능하고 창가에 설치되므로 창가의 콜드 드래프트(cold draft)[82]를 방지할 수 있다. 이 방식은 초고층 빌딩을 포함한 대규모 오피스 빌딩·호텔·병원 등 다실 건물의 외주부에 가장 적합한 방식이다.

---

82) **콜드 드래프트(cold draft)** : 겨울철에 실내에 저온의 기류가 유입되거나 유리창 등의 벽면에 의해 차게 된 냉풍이 유하하여 이것이 인체에 닿아 불쾌감을 주는 현상

2 팬코일유닛방식(fan coil unit system)

코일, 송풍기, 공기여과기 등을 하나의 케이싱에 넣어 소형의 유닛으로 만든 공기조화장치를 말하며 설치의 형식에 따라 바닥설치형(노출형, 은폐형), 천장매달기형(노출형, 은폐형), 벽매입형 등이 있다.

이 방식은 소규모 건물로서 주택, 아파트, 여관, 호텔 등 비교적 거주 밀도가 낮은 건물의 공조로 개별 제어가 요구되는 경우에 적합하며 복열원장치로 전형적인 개별방식이다. 팬코일유닛을 사용하여 1차 공기를 저속 덕트로 보내는 이외에는 유인유닛방식과 동일하며 유닛 용량의 조정은 송풍기의 회전수 혹은 2차 물의 유량 또는 수온의 제어에 의한다.

이 방식에서는 외기만을 중앙식으로 공급하던지 유닛에 직접 도입하므로 재순환 공기가 다른 실에 들어가지 않는 이점이 있고 덕트를 필요로 하지 않으므로 설비비도 싸고 간단히 설치할 수 있어 기설 건물의 공조방식으로 적합하다. 결점으로는 재순환 공기의 여과가 완전하지 않고 보수관리가 까다롭다. 또 1차 공기를 중앙처리하지 않으면 겨울철 가습이 곤란하고 중간기의 외기 냉각도 할 수 없다.

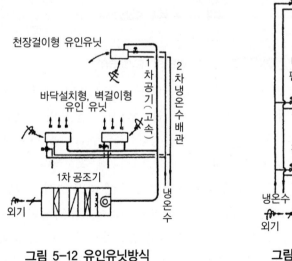

그림 5-12 유인유닛방식

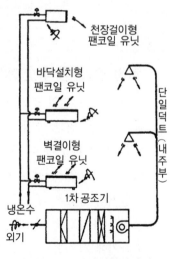

그림 5-13 팬코일유닛방식

3 복사냉난방방식(radiant heating and cooling systems : 1차 공기 병용)

실내의 바닥이나 천장을 냉각 가열하고 복사 전열에 의해 쾌적 온감을 얻는 이 방식은 바닥 또는 천장에 패널을 설치하여 냉온수를 통하여 실내 부하의 일부를 처리하고 중앙의 공조기에서 감습 냉각 또는 가열 가습한 1차 공기를 실내에 송풍한다. 단 바닥 패널에 냉수를 보낼 수 없다.

복사 패널의 위치가 적당하면 쾌감도가 아주 높은 공조효과를 얻을 수 있으며 복사냉방은 결로 문제가 있기 때문에 그다지 사용되지 않고 복사난방은 바닥 패널 히팅(floor panel heating)에 널리 사용되고 있다.

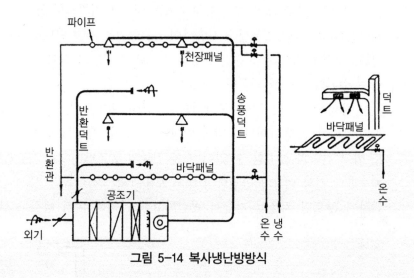

그림 5-14 복사냉난방방식

(3) 전 물방식(全 水方式 ; all water system)

이 방식은 열의 운반을 모두 물로 하기 때문에 유닛은 팬코일(fan coil)을 사용한다. 환기를 위한 공기는 틈새바람에 의지할 것인지 직접 도입할 것인지는 덕트가 필요 없기 때문에 여기에서는 두 가지를 생각한다. 주로 주택·아파트 호텔 등에 이용되고 기설 건물에 덕트 스페이스가 없을 경우에 적합하다.

열매의 공급은 배관을 사용하기 때문에 그 본수에 따라 그림 5-15처럼 2파이프 방식, 3파이프방식, 4파이프방식으로 분류한다. 2파이프방식은 단열원이기 때문에 중간기에 부적합하다. 그래서 냉온수를 따로 공급하고 유닛의 조절밸브로 필요에 따라 이것을 선택하여 사용하고 반관을 1본으로 공용시킨 것이 3파이프방식이며 냉·온수로 각각 나누어 돌아오게 하는 방법이 4파이프방식이다.

3파이프방식은 냉·온수 혼합에 의한 열손실이 있고 4파이프방식은 열손실은 없지만 운전비면에서는 조금 불리하며 건축면에서도 3파이프방식보다는 고가이다. 3~4 파이프방식은 유인유닛에도 적용할 수 있다. 일반적으로 유인유닛은 복열원방식이므로 2파이프방식으로 기능을 다할 수 있고 건설비도 아주 싸다. 따라서 필요 이상으로 고가인 방식을 채용하지 않도록 전체적으로 잘 생각하여 결정해야만 한다.

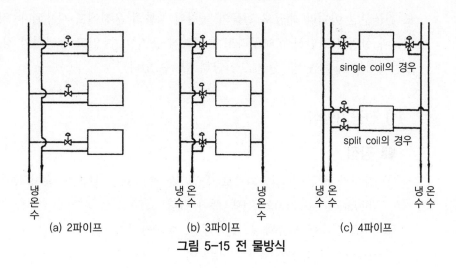

(a) 2파이프　　　　(b) 3파이프　　　　(c) 4파이프

그림 5-15 전 물방식

(4) 냉매방식(refrigerant system)

1 룸쿨러방식(room cooler system)

최소 필요한 냉방장치를 가능한 한 작게 한데 모은 유닛(unit)으로 가정이나 건물의 창 일부나 벽에 구멍을 뚫어 설치한다. 팬(fan)과 코일(coil)은 실내에 콘덴서(condenser)와 컴프레서(compressor)를 분리해서 실외에 두고 양쪽을 냉매배관으로 연결한 분리형은 유닛의 발생음이 적고 실내가 조용하다.

2 소형 히트펌프 유닛방식(heat pump unit system)

소형 히트펌프 유닛을 건물의 내외주부에 설치하여 냉각수배관(냉수배관과 겸용)으로 연결한 방식이다. 열회수방식의 일종으로 냉각수배관은 냉수배관과 겸용이므로 2본의 배관만으로 끝낸다. 냉각탑은 외기에 의한 물의 오염을 피하기 위하여 밀폐식을 이용하며 이 방식은 소형 히트펌프를 설치하는 것뿐이므로 공사는 간단하지만 유닛의 내용년수가 짧고 보수하기가 어렵다. 그러나 유닛을 다수 배관하기 때문에 1대가 고장이 나도 그 부분만 교환하면 된다.

❸ 패키지 유닛방식(packaged unit system)

패키지 유닛을 각 실에 1대 또는 각 존(zone)에 1대 설치하여 공조를 행하는 방식으로 일부는 덕트를 병용하는 경우도 있다. 상점, 레스토랑, 다방, 주택 등 소규모 건물뿐만 아니라 대규모 건물의 독립된 계통의 운전에도 사용된다. 장점으로는 취급과 설치가 간단하여 누구라도 용이하게 운전할 수 있고 공냉식의 경우 히트펌프방식에 의하여 난방 운전도 간단히 할 수 있다.

(1) 전공기방식

❶ 장점

① 장치가 중앙에 집중되므로 운전 및 유지보수 관리가 용이하고 여과방식(filtration system)의 선택 폭이 크다.
② 거주 실내에 배수배관, 전기배선, 여과장치의 설치가 불필요하다.
③ 중간기 및 동절기에 외기 냉방이 가능하다.
④ 열회수 system의 채용이 용이하며 실내의 가압이 가능하다.
⑤ 건축 중 설계 변경이나 완공 후의 실내장치 변경에도 융통성을 지닌다.
⑥ 외주부에 unit을 설치할 필요가 없으므로 바닥공간을 넓게 사용할 수 있다.
⑦ 계절변화에 따른 냉난방 자동운전 절환이 용이하며 동절기 가습이 가능하다.

❷ 단점

① 중앙기계실의 크기가 커지고 입상덕트(duct riser)에 의해 바닥면적이 줄어들며 천정 공간이 커진다.
② 동절기 비사용시간 대에도 동파방지를 위해 공조기를 운전해야 한다.
③ 정확한 에어밸런싱(air balancing)이 요구되며 재열장치 사용 시 에너지 손실이 크다.
④ 재순환 공기에 의한 실내공기 오염의 우려가 있다.

❸ 적용

① 다수의 구역(zone)을 가지며 개별 제어를 요하는 사무소, 학교, 실험실, 병원, 상가, 호텔, 선박 등.
② 고도의 온습도 청정 제어를 요하는 클린룸(clean room), 컴퓨터룸(computer

room), 병원수술실, 방적공장, 담배공장 등.

③ 극장, 스튜디오(studio), 백화점, 공장과 같은 1실 1계통의 제어.

(2) 수공기방식

1 장점

① 실별, 개별 제어가 용이하여 경제적 운전이 가능하다.

② 덕트(duct)계로는 환기용 공기만 보내므로 덕트 스페이스(duct space)가 적어진다.

③ 중앙의 공조기는 전공기방식에 비해 작아진다.

④ 제습, 필터레이션(filtration), 가습이 중앙장치에서 행해진다.

⑤ 동절기 동파방지를 위해 공조기 가동이 불필요하며 환기성이 양호하다.

⑥ 정전시 전공기방식에 비해 작은 전력으로도 비상 가동이 용이하다.

⑦ 외주부의 창 아래에 유닛(unit)을 설치하여 콜드 드래프트(cold draft)를 방지할 수 있다.

2 단점

① 외기냉방이 어렵고 자동제어가 복잡하다.

② 유인유닛(unit), FCU(Fan Coil Unit) 등은 외주부에만 적용이 가능하다.

③ 기기가 분산 설치되므로 유지보수가 어렵다.

④ 습도조절을 위해서는 낮은 냉수온도가 필요하다

⑤ 실험실 등과 같이 고도의 환기를 요구하는 실에는 적용 불가능하다.

3 적용

다수의 구역(zone)을 가지며 현열부하의 변동 폭이 크고 고도의 습도 제어가 요구되지 않는 사무소, 병원, 호텔, 학교, 아파트, 실험실 등의 외주부.

(3) 수방식

1 장점

① 공조 기계실 및 덕트 스페이스(duct space)가 불필요하며 실별 제어가 용이하다.

② 사용하지 않는 실의 열원 공급을 중단시킬 수 있다.

③ 재순환 공기에 의한 오염이 없으며 자동제어가 간단하다.

④ 기존 건물 변경 시 덕트의 설치가 불필요하므로 채용이 용이하다.

⑤ 동절기에 콜드 드래프트(cold draft)를 방지할 수 있다.

⑥ 4관식의 경우 냉난방을 동시에 할 수 있으며 냉난방의 절환이 불필요하다.

2 단점

① 기기가 분산 설치되므로 유지보수가 어렵고 습도 제어가 불가능하다.

② 각 실내 유닛(unit)은 Condensate Drain Pan과 배관, 필터(filter), 전기배관 배선설치를 필요로 하며 이에 대한 정기적인 청소가 요구된다.

③ 필터의 효율이 낮으며 자주 교환해 주어야 하며 외기냉방이 불가능하다.

④ 환기량이 건물의 Stack Effect[83], 풍향, 풍속 등에 좌우되므로 환기성이 좋지 않다.

⑤ 2관식의 경우 중간기에 냉난방 절환의 문제가 생긴다.

⑥ 소형 모터(motor)가 다수 설치되므로 동력소모가 크다.

⑦ 유닛(unit)이 실내에 설치되므로 사용 가능한 바닥면적이 줄어든다.

⑧ 습코일(wet coil)에 박테리아, 곰팡이 서식이 가능하다.

3 적용

① 고도의 습도 제어가 불필요하고 재순환 공기에 의한 오염이 우려되는 곳으로서 개별 제어가 요구되는 호텔, 모텔, 아파트, 사무소 등.

② 많은 병원에 Fan Coil System이 채용되었지만 필터의 효율이 낮고 또 유닛을 항상 청결하게 유지하기 어려우므로 병원에서의 채용은 바람직하지 못하다.

---

83) **굴뚝효과(Stack Effect)** : 건물 내외의 온도차에 의한 부력차로 인해 공기가 건물 안의 계단실 등을 통해 자연 환기되는 현상

문 제

[문제 1] 공조장치의 기본방식을 스케치하고 설명하시오.

[문제 2] 단일덕트 공조방식에 관해 스케치하고 설명하시오.

[문제 3] 단일덕트 - 가변풍량방식에 대하여 스케치하고 설명하시오.

[문제 4] 각층 유닛방식의 특성과 문제점은 무엇인가?

[문제 5] 이중 Duct방식의 특징 및 적용을 기술하시오.

[문제 6] 공기조화의 VAV방식 특징 및 적용에 대하여 기술하시오.

[문제 7] VAV system 설계시 유의사항 및 문제점을 기술하시오.

[문제 8] 멀티존유닛방식과 이중덕트방식의 다른 점에 대하여 기술하시오.

[문제 9] 유인유닛방식은 FCU방식과 어떤 점이 다른지 기술하시오.

[문제 10] FCU방식에는 어떤 것이 있는가? 또, FCU 코일의 배관방식에 대하여 스케치하고 설명하시오.

[문제 11] 전 물방식의 4파이프방식에 대하여 스케치하고 간단히 설명하시오.

[문제 12] 전 공기방식의 장·단점과 적용에 대하여 기술하시오.

[문제 13] 수공기방식의 장·단점과 적용에 대하여 기술하시오.

[문제 14] 룸쿨러방식과 소형 히트펌프방식, 패키지유닛방식의 다른 점에 대하여 기술하시오.

[문제 15] 공조방식의 결정 요인을 기술하시오.

[문제 16] 다음 용어에 대하여 간단히 설명하시오.

    ① VAV unit

    ② Mixing unit

    ③ Refrigerant

    ④ Constant Air Volume System

    ⑤ Thermostat

    ⑥ High Velocity Duct

    ⑦ Cold Draft

제6장 공기조화기기

6-1 공기조화기의 구성

공기조화기 내부에는 공기의 정화·냉각·감습·가열 및 가습 등의 작용을 하는 각종 기기가 사용목적에 따라 조합되어 있다.

① 공기여과기(AF ; air filter)
② 공기예냉기(PC ; air precooler) { 공기세정기(AW ; air washer)
③ 공기냉각감습기(AC ; air cooler) { 공기냉각코일(CC ; air cooling coil)
④ 공기예열기(PH ; air preheater) { 공기세정기(AW)
⑤ 공기재열기(RH ; air reheater) { 공기가열코일(HC ; air heater coil)
⑥ 공기가습기(AH ; air humidifier), 공기세정기(AW),
　　스프레이장치(S ; spray), 가습반(HP ; humidification panel)
⑦ Eliminator(E)
⑧ 송풍기(F ; fan)

그림 6 - 1은 가장 일반적인 공기조화기의 구성을 나타내고 있고 그림 6 - 2 (1), (2)는 공기조화기의 배열을 나타내고 있다.

공기조화기의 외판(casing)은 두께 1.2 mm 이상의 강판제가 사용되며 최근에는 샌드위치 패널(sandwitch panel)로 조립된 프리패브케이싱(prefabcasing)이 사용되는 경우가 많다. 공기조화기의 배치에서는 다음을 주의해야 한다.

① 주 덕트를 적게 한다.
② 덕트·배관 시공에 지장이 없는 공간을 가질 것.
③ 보수와 점검에 지장이 없는 공간을 확보한다.

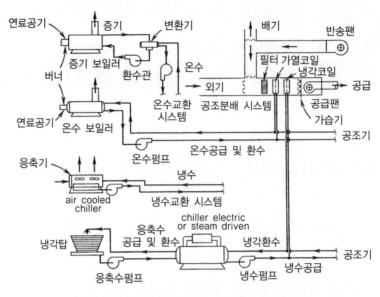

그림 6-1 공기조화설비 시스템 구성도 (1)

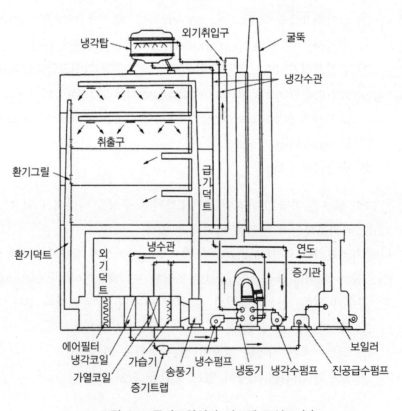

그림 6-1 공기조화설비 시스템 구성도 (2)

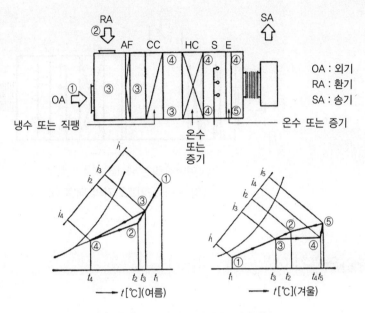

OA : 외기
RA : 환기
SA : 송기

냉수 또는 직팽 ── 온수 또는 증기

온수 또는 증기

그림 6-2 공기조화기의 배열 (1)

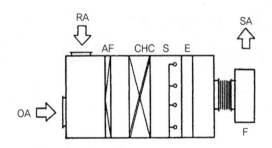

(a) 냉각 겸 가열기를 이용한 배열

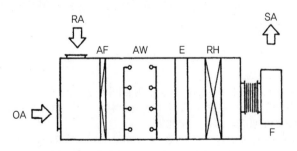

(b) 공기세정기 및 재열기를 이용한 배열

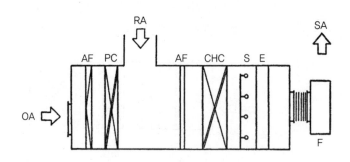

(c) 예열기 및 예냉기를 이용한 배열

그림 6-2 공기조화기의 배열 (2)

공기여과기 (AF : air filter)

공조설비에 이용되는 정화장치를 대별하면 정전(靜電)방식 · 여과방식 · 점착(粘着)방식 3종류가 있다.

(1) 공기여과기의 종류와 구조

각종 공기여과기의 성능표 중 여과효율 η_f 는

$$\eta_f = \frac{C_i - C_0}{C_i} \times 100 \, [\%] \quad \cdots\cdots\cdots\cdots\cdots\cdots\cdots\cdots\cdots\cdots\cdots \quad (6\text{-}1)$$

여기서, C_i, C_0 : 공기여과기 입구, 출구측의 진애농도

공기 중 진애농도 측정방법은 비색법(比色法)[84], 중량법(重量法)[85], 계수법(計數法)[86] 등이 있다.

---

84) **비색법**(dust spot method) : 분진측정에 있어서 에어필터의 효율을 구하는 측정법으로 청정공기 속에 시험분진을 혼입하여 필터의 상·하류에서 시험공기를 채취하여 고성능 여지를 통하여 변색도를 광학적으로 검출하고 이것을 비교하여 필터의 효율을 구한다.

85) **중량법**(weight method) : 분진을 여과, 충돌 또는 침강에 의하여 입자를 포집하여 중량을 계측하는 방법

86) **계수법**(count test method) : 공기여과기의 제진효율 측정법의 한 가지로 clean room 등과 같이 매우 깨끗한 공기를 필요로 할 때 사용되며 여과기의 입구 측과 출구 측에서 일정량의 공기를 채취하여 그 속에 들어 있는 진애의 수를 계측한다.

(2) 공기여과기의 선정

공기청정장치 선정은 그 사용목적이나 설치조건에 가장 적합한 것을 고른다. 자동세정형은 처리 풍량이 많은 곳에 적합하고 정기세정형·유닛 교환형은 비교적 풍량이 적은 곳에 적합하다.

6-3 공기냉각기 · 가열기 (air cooler · heater)

공기를 냉각(冷却)·가열(加熱)하는데는 열매와 공기를 직·간접적으로 열교환하는 방법이 있다. 코일은 후자에 의한 것이고 이 방식은 관내에는 열매를 관 외부에는 공기를 통하게 하는 것이다. 일반적으로 공기측의 열교환 면적을 증가시키는 수단으로 핀 부착관[87]이 사용되는데 평판형 핀 코일(plate fin coil)과 에어로 핀 코일(aerofin coil)이 있다. 관내를 통하는 열매에 따라 냉수(온수)코일, 증기코일, 직팽코일[88]이 있다. 열원기기로부터의 냉열원에는 공기를 냉각하는 데는 냉각코일(cooling coil)이 많이 사용되고 냉각코일에는 냉수용과 냉매용이 있다.

냉수코일은 터보 냉동기(turbo-refrigeration machine)와 칠러(chiller)[89]로부터의 냉수를 코일 내에 5~15 ℃ 정도로 통수(通水)하지만 냉매용은 냉동기로부터의 냉매를 직접 팽창형 코일로서 패키지형 공조기(packaged air conditioner)와 룸쿨러(room cooler) 등에 많이 사용한다.

(1) 종류

공기냉각코일(air cooling coil)은 관내에 물 또는 냉매를 통과시켜 이것에 의해 관외를 통과하는 공기의 냉각과 감습을 하는 장치이다. 관내에 5~15 ℃ 정도의 냉수를 통과시켜 송풍되는 공기를 냉각·감습시키는 것을 냉수코일(chilled water coil), 관내에 냉매를 직접 팽창(증발)시켜서 공기를 차게 하는 코일을 직접 팽창코일(직팽식, direct expansion 또는 DX형)이라고 한다.

---

87) **핀 부착관**(finned tube) : 관의 안쪽 또는 바깥쪽 표면에 핀 모양의 돌출부를 많이 설치하고 관 안팎의 전열 면적을 확대한 것
88) **직팽코일**(direct expansion coil) : 직접 팽창을 시키기 위하여 사용하는 코일
89) **칠러**(chiller) : 피냉각물을 동결점 이상의 온도까지 냉각하는 액체 냉각장치

이러한 코일에는 열매 측의 열전달률이 공기 측의 수십 배 큰 것에서 공기 측의 열전달률의 부족을 보충하며 전열량을 증가시키기 위하여 관 외측에는 핀(fin)이 설치되어 있다. 핀의 형상에 따라 다음과 같이 나눌 수 있다.

1 나선형 핀코일(helical fin coil)

관 주위에 핀을 나선형으로 감고 있다(그림 6 - 3).

2 판형 핀코일

몇 개의 평판 핀에 파이프를 관통시킨 것이다(그림 6 - 4).

냉각코일(cooling coil)을 흐르는 냉각수의 통로수에는 R서킷(circuit), 더블서킷 (double circuit), 하프서킷(half circuit)이 있다(그림 6 - 5).

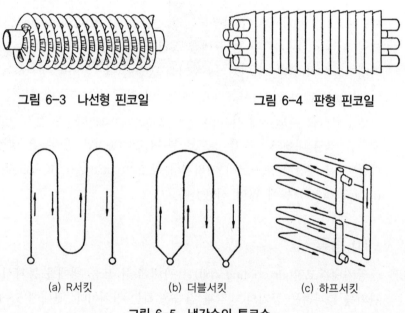

그림 6-3 나선형 핀코일   그림 6-4 판형 핀코일

(a) R서킷   (b) 더블서킷   (c) 하프서킷

그림 6-5 냉각수의 통로수

유량이 많을 때는 더블서킷(double circuit)을 이용하고 유량이 적을 때는 하프서 킷(half circuit)을 이용한다. 공기 가열코일(heat coil)은 관내에 $0.35 \sim 1 \, kg/ \, cm^2 \cdot G$ 정도의 저압증기 또는 80 ℃ 이하의 온수를 보내어 이것에 의해 관외를 통과하는 공기를 가열한다. 그리고 냉각코일과 마찬가지로 관 외측에 핀을 붙여서 표면적을 증가시킨다. 온수코일과 증기코일에는 증기코일 쪽이 열수가 적고 온수코일을 냉

수코일로 병용하는 냉온수코일 형식이 많이 사용되고 있다. 그러나 냉수코일을 증기코일로 사용할 수는 없다.

공기세정기 · 가습기 · 에어필터

(1) 공기세정기 (AW : air washer)

공기세정기는 물과 공기를 직접 접촉시켜 열교환을 하는 것으로 공기 중의 진애(dust)나 가용성 가스도 어느 정도 제거하므로 어느 정도는 정화의 역할도 한다. 구조는 루버(louver) · 분무 노즐(fog nozzle)[90] · 플러딩 노즐(flooding nozzle)[91] · 엘리미네이터(eliminate)[92] 등이 하나의 케이싱(casing)에 집약되어 그 하부에 수조(cistern)가 설치되어 있다. 세정실 입구의 노즐은 공기를 정류하기 위한 것으로 분무 노즐은 여러 본의 스탠드 파이프(stand pipe)[93]에 설치하고 스탠드 파이프 하부는 스프레이 헤드(spray head)에 접속해 있다. 분무된 물방울은 아래의 수조에 낙하하지만 일부는 기류에 의해 날아간다.

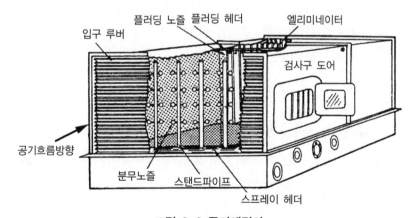

그림 6-6 공기세정기

---

90) **분무 노즐**(fog nozzle) : spray nozzle이라고도 한다. 분수용 노즐의 하나이며 안개모양으로 물을 분사한다.
91) **플러딩 노즐**(flooding nozzle) : 세척용 노즐이라고도 한다. 공기세정기의 바람이 불어가는 쪽에 부착하는 엘리미네이터에 살수하는 노즐로 엘리미네이터 표면에 항상 수막을 만든다.
92) **엘리미네이터**(eliminate) : 기류와 함께 흐르는 물방울을 제거하는 장치
93) **스탠드 파이프**(stand pipe) : 공기세정기에 있어서 세정기 속에 분무노즐을 장치한 파이프

엘리미네이터는 이것을 막아주는 것으로 판을 지그재그로 절곡하여 물방울이 여기에 닿아 기류에서 분리하도록 제작된다. 플러딩 노즐(flooding nozzle)은 엘리미네이터의 상부에 설치해서 엘리미네이터 표면에 물방울과 함께 부착한 공기 중의 진애를 씻어 내리게 하고, 기내의 기류분포를 고르게 하기 위하여 입구에 루버(louver)를 설치한다. 스프레이 헤드 수를 뱅크(bank)라 하며 1본의 것을 1뱅크, 2본의 것을 2뱅크라 한다.

분무노즐의 방향이 기류와 같은 방향의 것을 평행류, 역방향의 것을 대향류(역류)라고 한다. 이것은 장치 전체가 상당히 크기 때문에 거의 현장 조립되고 있지만 최근에는 AHU[94]와 조합시켜서 공장 생산을 하기도 하며 이를 에어워셔(air washer)형 공조기라 한다. 공기세정기의 성능은 형상, 통과풍속, 물과 공기의 비, 분무압력 등에 의해 변한다. 이 중 가장 성능에 크게 영향을 미치는 것은 물과 공기의 비이다.

물과 공기의 비란 분무 수량과 통과 공기량의 비율로 냉각감습의 경우는 1뱅크에서 0.4~1.2, 2뱅크에서 0.8~2.0, 3뱅크에서는 1.5~2.5 정도이다. 가습의 경우는 1뱅크에서 0.2~0.6, 2뱅크에서 0.4~1.2 정도로 하는 것이 좋다.

(2) 공기가습기 (AH : air humidifier)

공기가습기의 원리는 다음과 같이 나눌 수 있다.

- 냉수 또는 온수를 분무하는 법
- 증기를 분무하는 법
- 증발법

1 냉수 또는 온수를 분무하는 법

이것은 냉수 또는 온수를 직접 공기 중에 분무하기 때문에 가습량이 그다지 크지 않고 제어의 범위를 엄밀히 요하지 않는 경우에 사용된다. 장치가 간단하므로 섬유(방적)공장 등에 이용되고 있다. 그림 6 - 7은 압축공기에 의해 물을 분사하는 아토마이저형(atomizer system)[95]의 것이다.

---

94) AHU(air handling unit) : 중앙식 공조기이며 구성은 송풍기, 전동기, 냉각(가열) 코일, 가습기, 공기여과기 및 케이싱(casing)으로 되어 있다.

95) **아토마이저형**(atomizer system, 2유체식 가습기) : 압축공기를 작은 구멍으로부터 분출시킬 때 소량의 물을 동시에 흡입시키고 기류 분출구 바로 뒤에 방해판을 설치하여 미세한 물방울을 얻은 다음 이를 증발시켜 가습하는 장치

❷ 증기를 분무하는 법

직접 공기 중에 증기를 분무하는 것으로 건증기를 이용하는 경우와 습증기를 이용하는 경우가 있다. 물 스프레이와 마찬가지로 장치는 간단하다. 가습량을 자유로이 바꿀 수 있고 제어의 반응이 빠르며 설치하는 장소는 어디라도 좋다.

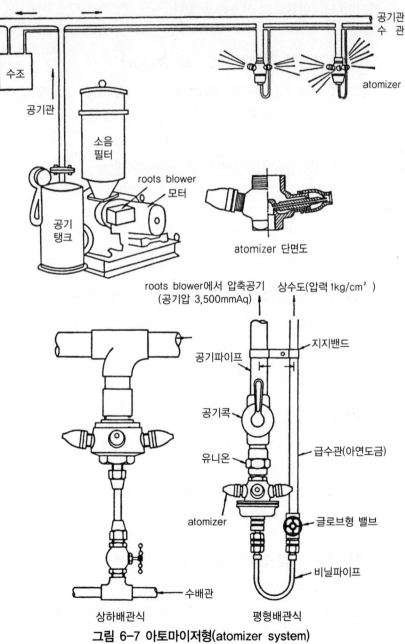

그림 6-7 아토마이저형(atomizer system)

❸ 증발법

이 방식은 수조(water tank) 또는 팬(pan)의 내부에 증기코일 또는 전열기를 통하여 물을 가열하여 증발시켜서 가습하는 것이다. 이 방식은 가장 가습의 반응이 늦어 대용량의 것에는 적합하지 않다. 패키지형 공조기 등은 대부분 이 방식으로 전기히터를 열원으로 사용하고 있다.

(3) 공기냉각 감습기(AC : air cooler)

공기의 감습방법은 다음 4항의 조작을 단독 또는 조합해서 사용한다.
 ① 냉각식 감습장치(refrigeration dehumidifier)
 ② 압축식 감습장치(pressure drying equipment)
 ③ 흡수식 감습장치(absorption dehumidifier)
 ④ 흡착식 감습장치(adsorption dehumidifier)

이 중 흡수, 흡착식을 화학적 감습법이라 하고 냉각, 압축식으로는 얻을 수 없는 낮은 노점온도를 필요로 하는 경우에 사용된다.

❶ 냉각식 감습장치(refrigeration dehumidifier)

습공기를 그 노점온도 이하까지 냉각해서 공기 중의 수증기량을 응축시켜 제거하는 방법이다. 냉방 시 유리하며 일반적인 공기조화기에 의한 냉방 시의 감습에 이 원리를 이용하고 있다.

❷ 압축식 감습장치(pressure drying equipment)

압축공기가 필요한 경우에는 압축에 따라 온도가 상승하므로 냉각과 병용해서 사용한다. 공기를 가압하면 포화증기량이 감소되는 원리를 이용 가압상태에서 발생되는 응축수를 제거한 뒤 평상압력으로 환원시키면 감습공기를 얻을 수 있다. 효율이 좋지 않아 별로 사용되지 않는다.

❸ 흡수식 감습장치(absorption dehumidifier)

리튬 염화 트리에틸렌 글리콜 등의 액상 흡습제에 의해 감습하는 것이며 연속적으로 대용량에도 적용할 수 있다. 액체 흡수제를 수용액과 습공기와 접촉시켜 감습하는 습식 감습장치와 허니콤(honey-comb)96)상의 공기의 통로를 가진 로터 (rotor)97)에 흡수제를 함침시킨 건식 감습장치가 있다.

❹ 흡착식 감습장치(adsorption dehumidifier)

공기를 실리카겔(sillicagel)98), 활성 알루미나99) 등 다공성 물질 표면에 흡착시켜 공기 중의 수분을 감소시키는 것이며 가열에 의한 탈수가 가능한 점에서 재생 사용이 가능하다. 효율은 액체에 의한 감습법보다 못하지만 매우 낮은 노점까지 감습이 가능하며 주로 소용량인 것에 사용된다.

(4) 에어필터 (AF : air filter)

에어필터는 신선외기로서 도입되는 대기 중의 진애100)와 유독가스를 제거하여 청정 공기를 도입하고 실내공기를 순환여과해서 정화하는 것이다. 진애의 부착에 의한 공조기의 성능저하를 방지하는 역할도 한다. 공조용 에어필터는 표 6 - 1과 같은 것이 있고 여재101)의 형상으로 그림 6 - 8과 같이 적당한 크기의 패널형을 한 유닛형(유닛형의 여과재로는 종이, 면, 유리섬유, 플라스틱, 스펀지 등을 사용한다.)과 제진효율과 분진 보수량이 높고 1롤당 약 1년을 사용할 수 있어 보수관리가 용이한 롤형의 여재로 그림 6 - 9와 같은 자동롤형이 있다.

표 6-1 공조용 에어필터의 종류와 성능

종 류		대상진애	집진효율 [%]	설비비	유지비
유닛형	건식 에어필터	중	50~80(중량법)	소	대
	점식 에어필터	중	30~50(중량법)	중	소
	고성능 에어필터	소	99.9 (계수법)	대	대
연속형	건식롤형	중	50~80(중량법)	중	약간 비싸다.
	점식회전형	중	30~50(중량법)	대	소
전기집진기(靜電式)		소	85~90(비색법)	대단히 비싸다.	소

96) 허니콤(honey-comb) : 벌집 모양의 냉각탑 충전재
97) 로터(rotor) : 기체를 밀어내는 작용을 행하는 회전부분으로 회전체라고도 한다.
98) 실리카겔(sillicagel) : 규산(SiO_2)을 주성분으로 하는 무미·무취·반투명한 유리형상의 입자로서 흡착제로 이용된다.
99) **활성 알루미나**(activated alumina($Al_2O_3 \cdot nH_2O$)) : 백색, 분말의 산화알루미늄을 정제모양으로 한 것으로서 수분이나 산을 흡착한다. 냉매나 공기의 건조제로 이용한다.
100) 진애(dust) : 유기·무기의 고체가 분쇄되어서 미립자로 된 것으로 「분진」이라고도 불리우며 진애의 농도는 단위 용적 중에 함유된 먼지의 중량[mg/m³] 또는 입자 수 [개/cm³]로 나타낸다.
101) 여재(filter medium) : 여과에 사용되는 다공질 재료

그림 6-8 건식필터(유닛형)

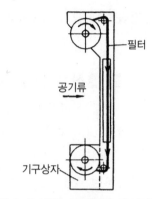

그림 6-9 건식 자동롤형 에어필터

일반적으로 진애가 많지 않은 곳에서는 값이 싸고 보수가 용이한 건식 유닛형과 자동롤형이 사용되지만 $1\mu(10^{-6})$ 이하의 미세한 진애의 제거에는 그림 6 - 10과 같은 전기집진기나 고성능 에어필터가 사용된다. 전기집진기식은 고가이지만 집진효율이 높고 미세한 분진과 함께 동시에 세균도 포집되는 이점이 있어서 병원, 고급 건물, 백화점, 정밀측정실 등에 사용된다.

그림 6-10 전기집진기의 외관

6-5 송풍기 (F : fan)

일반적으로 기체를 압송하는 장치를 송풍기라 한다. 덕트가 길어지고 그에 따라 송풍기의 압력도 높아지게 되므로 주로 원심식 송풍기가 많이 사용되며 이들 송풍기 날개는 400~600회전/min 정도로 운전된다. 통풍 압력은 일반적으로 150 mmAq 정도이며 대형 건물에서는 300 mmAq, 100마력의 대형도 사용된다.

(1) 송풍기의 성능

송풍기의 성능은 풍량 $[m^3/min]$, 압력 $[mmH_2O$ 또는 mmAq$]$에 의해 표시된다. 송풍기의 성능은 송풍기에서 취급하는 공기의 압력이나 온도에 따라 다르므로 풍량이 명기되지 않은 경우는 표준 상태 공기(온도 20 ℃, 상대습도 75 %, 기압 760 mmHg 에서 비중량 $1.2 \, kg/m^3$)의 값으로 표시되어 있다. 송풍기의 압력에는 그림 6-12에 나타낸 것과 같은 전압[102]과 정압[103]이 있고 일반적으로 정압의 값이 이용된다. 송풍기의 소요동력 $P[kW]$는 식 6-2로 구할 수 있다.

$$P = \frac{Q \cdot P_s}{6,120 \times \eta_s} \quad \text{(6-2)}$$

여기서 Q : 표준 상태의 풍량 $[m^3/min]$
P_S : 송풍기 정압 $[mmAq]$
η_S : 송풍기의 정압효율 $[\%]$

예를 들어 풍량 $200 \, m^3/min$, 정압 50 mmAq의 송풍기 소요동력을 구한다고 할 때(단, 송풍기의 정압효율은 60 %로 한다.)

$$P = \frac{200 \times 50}{6,120 \times 0.6} = 2.72 \, [kW]$$

---

[102] **전압**(fan total pressure) : 송풍기 전압으로 덕트계에서 송풍기의 운전으로 기체에 주어진 전압(全壓)으로 송풍기의 토출구와 흡입구 기체의 전압차

[103] **정압**(fan static pressure) : 송풍기 정압으로 송풍기 전압에서 토출구 기체의 동압을 공제한 압력으로 송풍기 토출구의 정압과 흡입구의 전압과의 차

(2) 송풍기의 종류와 성능

공조와 환기용에는 100 mmAq 이하의 것이 많이 사용되지만 고압의 것에서도 250 mmAq 이하가 보통이며 건물 내에 설치되기 때문에 소음과 진동이 적은 것이 요구된다. 송풍기의 종류는 표 6 - 2에 나타낸 것과 같이 대별해서 원심식 송풍기와 축류식 송풍기가 있다. 원심식은 그림 6 - 13처럼 수차와 같은 날개차를 와권형 케이싱(caslng) 내에서 회전시켜 회전 시의 원심력으로 송풍한다.

축류식에 비하여 풍량은 적지만 압력이 높고 소음이 낮으므로 덕트를 접속하여 사용하기도 하고 개별식 공조기에 많이 이용되고 있다. 축류식은 그림 6 - 14처럼 프로펠러형의 날개차를 갖고 날개차의 회전에 의해 축방향으로 공기를 송풍하는 구조로 저압력 밖에 얻을 수 없지만 소형으로 풍량을 많이 내기 때문에 환기용이나 냉각탑의 통풍용으로 이용되고 있다.

(3) 송풍기와 덕트의 접속

송풍기는 덕트나 공조기에 접속되는데 송풍기의 진동이 그대로 직접 송풍계에 전달되지 않도록 하기 위하여 송풍기의 토출 측과 흡입 측에 그림 6 - 11처럼 캔버스 이음쇠(canvas connection)를 사용한다. 캔버스 이음쇠의 폭은 약 150~300 mm 의 것을 이중으로 하여 사용한다.

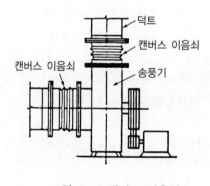

그림 6-11 캔버스 이음쇠

표 6-2 송풍기의 종류와 성능

종 류		원심 송풍기				축류 송풍기
		다익 송풍기	터보팬	날개형 송풍기	리미트로드팬	
날개의 형상		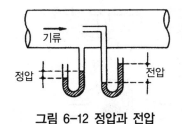				
비교	크 기	②	⑤	④	③	최소 ①
	축동력	최대 ⑤	③	①	④	②
	소 음	④	③	②	⑤	⑥
풍량 〔m³/min〕		60~3,000	20~3,000	60~3,000	20~3,200	15~10,000
정압 〔mmAq〕		10~125	30~1,000	100~150	10~150	0~55
효율 〔%〕		45~60	60~70	70~85	55~65	50~85
80폰을 나타내는 정압 〔mmAq〕		50	100	150	40	30
용 도		국소통풍 저속 덕트용	고속 덕트용	고속 덕트용	국소통풍 중속 덕트용	국소통풍냉각 탑용 냉각팬

또한 화재의 염려가 있는 곳에서는 석면포(asbestos acoustic board)를 이중으로 해서 사용하고 설치할 때에는 느슨하게 하여야 하며 침식성이 있는 기체를 취급할 경우는 유리섬유나 염화비닐제의 포를 사용한다. 송풍기에 접속하는 덕트는 급격한 단면 변화나 방향 전환을 피하고 공기의 흐름에 무리가 없도록 한다(그림 6 - 15).

그림 6-12 정압과 전압

그림 6-13 원심식 송풍기

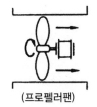

그림 6-14 축류식 송풍기

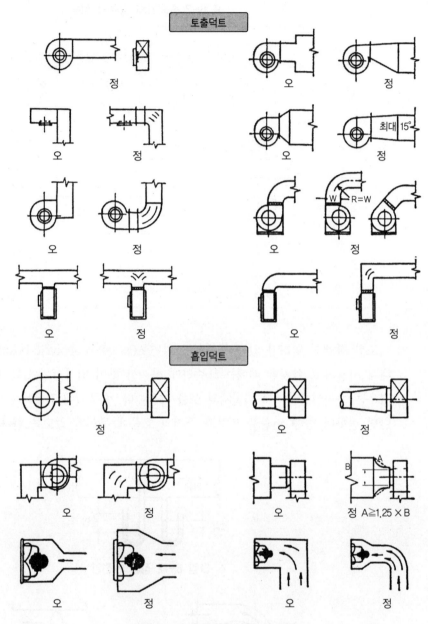

그림 6-15 송풍기와 덕트의 접속

6-6 덕트(duct)

덕트는 공기를 수송하는 데 사용하는 것이며 기계실의 공조기에서 각 실의 취출구까지 공기를 운반하는 데 쓰이는 풍도관을 에어 덕트(air duct)라 하고 단면의 형상에 따라 원형 덕트와 장방형 덕트 등으로 부른다. 또 간선이 되는 부분을 주덕트(main duct)라 하고, 지선에 접하는 부분을 분기 덕트(branch air duct)라 부른다.

(1) 덕트의 종류

덕트를 풍속, 사용목적, 형상에 따라 분류하면 다음과 같다.

■ 풍속에 따른 분류

① 저속 덕트
② 고속 덕트

❷ 사용목적에 따른 분류

① 공조용(급기 덕트, 환기 덕트)
② 환기용(급기 덕트, 환기 덕트)
③ 배연용

❸ 형상에 따른 분류

① 장방형 덕트
② 원형 덕트(스파이럴 덕트, 플렉시블 덕트)

일정량의 공기를 운송하는 장치를 덕트 또는 풍도라 하며 설치된 장소에 따라 표 6 - 3과 같이 나눌 수 있다. 덕트의 설치법에는 주관, 지관과 분기해 가는 중앙방식과 필요한 장소까지 각 1본마다 덕트를 설치하는 개별방식이 있고 일반적으로 공조나 환기용에는 2가지를 혼용하고 있다.

표 6-3 덕트의 사용 장소

덕트 용도	사용 장소
일반 환기용 덕트	① 신선공기 취입 덕트 ② 송기 덕트 ③ 배기 덕트
공조용 덕트	① 신선공기 취입 덕트 ② 송기 덕트 ③ 재순환용 환기 덕트 ④ 배기 덕트
국소 배기용 덕트	① 가스 기타 연소 후의 폐가스용 ② 취사 기타 수증기 배출용, 후드용 ③ 화학약품 취급용 드래프트챔버 등

(2) 덕트의 구조

덕트의 재료는 특수한 경우를 제외하고 일반적으로는 아연도금강판(0.5~1.2 mm)이 사용되고 그밖에 콘크리트, 염화비닐, 스텐레스, 글레스울 등이 이용되는 수도 있다.

덕트는 내부를 통과하는 풍속에 따라 저속 덕트(주덕트에서 7~15 m/s), 고속 덕트(주덕트에서 15~30 m/s)로 나눌 수 있지만 고속 덕트는 덕트 내의 압력이 높기 때문에 덕트의 강도를 크게 하고 공기빠짐을 방지하는 구조로 할 필요가 있다.

일반적으로 장방형 덕트를 저속 덕트용으로, 원형 덕트를 고속 덕트용으로 이용한다. 고속 덕트인 경우는 덕트 내의 압력이 높게 되므로 덕트의 강도를 크게 해서 공기 누설을 막는 구조로 할 필요가 있기 때문이다.

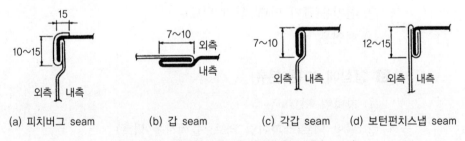

(a) 피치버그 seam	(b) 갑 seam	(c) 각갑 seam	(d) 보턴펀치스냅 seam

그림 6-16 장방형 덕트의 이중굽힘 이음(seam)

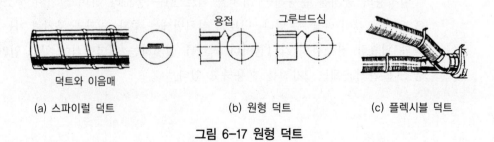

(a) 스파이럴 덕트	(b) 원형 덕트	(c) 플렉시블 덕트

그림 6-17 원형 덕트

　　장방형 덕트는 그림 6 - 16처럼 철판을 이중굽힘으로 하여 각갑휨, 갑휨, 피치버
그휨(pittsburgh seam) 등의 이음으로 접합하며 요소는 앵글이나 보강용 플랜지로
보강하고 접합은 접합플랜지를 볼트로 결속한다. 덕트의 횡축비(아스펙트비)[104]는
보통 1 : 4 정도이다.

　　공장에서 규격 치수로 만든 프리패브식의 원형 덕트는 띠상의 철판을 나선형으
로 감아서 만든 스파이럴(spiral) 덕트와 플렉시블(flexible) 덕트가 있다. 플렉시블
덕트는 주로 저압 덕트에 사용한다.

(3) 덕트의 배치

① 각 취출구에 대해서 1본의 주덕트에서 접속하는 방법이 가장 널리 이용되고
　　있다. 이 방식은 일반적으로 설비비가 싸고 시공이 용이하며 덕트 공간이
　　작아도 된다(그림 6 - 18 (a)).

② 멀티존식과 같이 계통의 수만큼 덕트를 공조기에서 유도하는 방식이 있다.
　　이 방식은 일반적으로 덕트의 본수가 증가하기 때문에 설비비가 증가하고
　　덕트 공간도 커진다. 대량 생산이 가능하여 풍량 조정도 용이할 수 있다(그
　　림 6 - 18 (b)).

③ 페리미터존(perimeter zone)[105]에 배치할 경우에 잘 이용되고 있다. 2본의
　　덕트 말단을 연결해서 루프형으로 배치할 경우는 풍량의 밸런스는 좋지만
　　계통 분리가 곤란하다(그림 6 - 18 (c)).

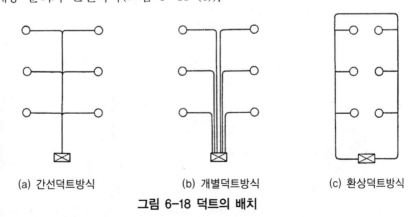

(a) 간선덕트방식　　　　　　(b) 개별덕트방식　　　　　　(c) 환상덕트방식

그림 6-18 덕트의 배치

---

104) **횡축비**(aspect ratio) : 장방향의 세로와 가로변의 치수비로 각형 덕트에서 아스펙트비가 너무 커지게 되면
　　비경제적이다.

105) **페리미터존**(perimeter zone) : 건축 평면에서 공기조화 영역을 말하며 일반적으로 외벽으로부터 3~6m 안
　　쪽부분을 말한다. 일사나 외기온도 변동에 따라 이 부분의 열부하는 시시각각으로 크게 변한다.

(4) 덕트의 지지

덕트의 지지는 수평 덕트를 천장 슬래브에 매다는 데 사용하는 행거(hanger)와 바닥 또는 벽체에 설치하는 수직 덕트 지지용 철물 등으로 나눌 수 있다. 행거는 장방형 수평 덕트의 현수철물로서 그림 6-19처럼 천장 슬래브 등에 환봉을 매달고 산형강(山形鋼)[106] 등의 형강을 수평으로 설치하여 그 형강에 덕트를 올려놓는 것이 일반적인 방법이다. 수직 덕트의 지지철물로는 그림 6-20처럼 산형강을 사용하는 것이 일반적이며 원형 덕트는 그림 6-21에서처럼 행거를 이용한다.

인서트철물
현수철물
산형강
아연철판 밴드
메탈스크류
W
W
H
H
H
L
[주기]
① $H>500$인 경우는 $W \geq 200$,
$H \leq 500$인 경우는 $W \geq 150$으로 한다.
② $L \geq 3.0\text{m}$인 경우에는 현수 볼트를 중간에 하나 더 설치한다.

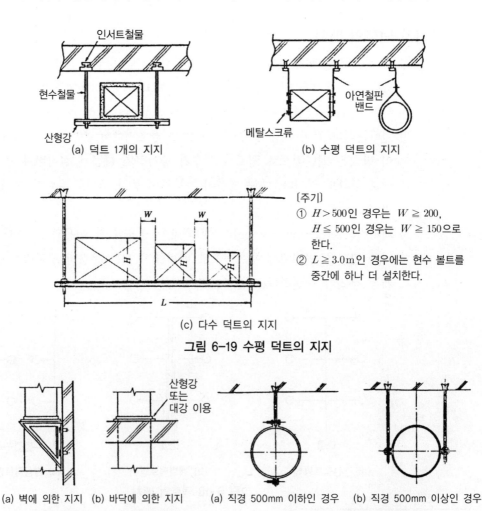

(a) 덕트 1개의 지지 (b) 수평 덕트의 지지

(c) 다수 덕트의 지지

그림 6-19 수평 덕트의 지지

산형강
또는
대강 이용

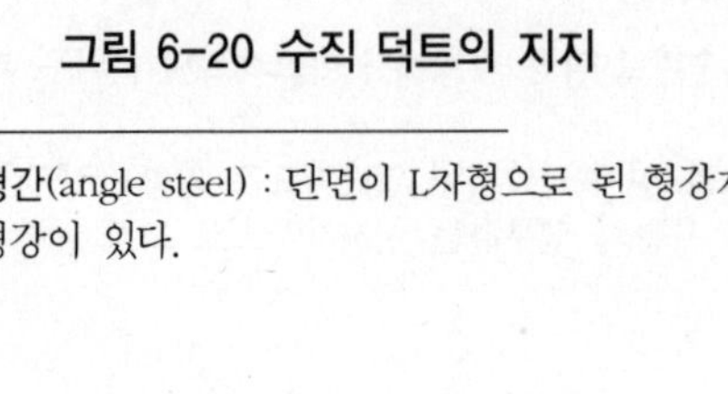

(a) 벽에 의한 지지 (b) 바닥에 의한 지지

그림 6-20 수직 덕트의 지지

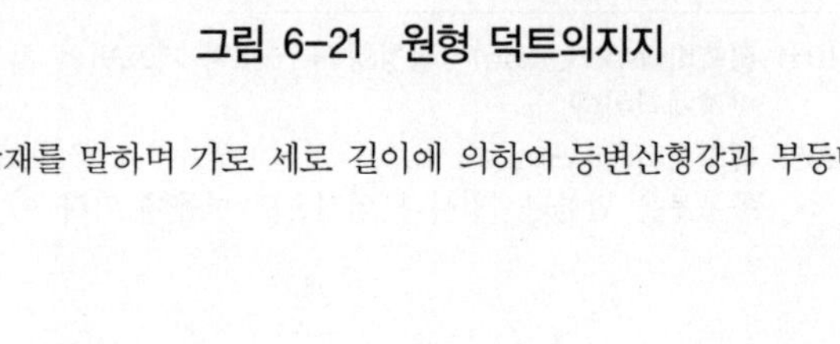

(a) 직경 500mm 이하인 경우 (b) 직경 500mm 이상인 경우

그림 6-21 원형 덕트의지지

106) 산형간(angle steel) : 단면이 L자형으로 된 형강재를 말하며 가로 세로 길이에 의하여 등변산형강과 부등변 산형강이 있다.

(5) 덕트의 저항

덕트 내를 기류가 흐를 경우 "완전유체의 유수에 있어서 하나의 유선에 따르는 속도수두·압력수두·위치수두의 총화는 일정하다."라고 하는 베르누이정리에 따라 $\frac{v^2}{2g}+\frac{P}{r}+H=$ 일정(식의 단위는 모두 [m] 단위로 높이를 나타낸다.)

공기가 흐를 경우

$$\frac{v^2}{2g}r+P+H_r = \text{일정(식의 단위는 압력)}$$

단면 ① → ②에 있어서는

$$\frac{v^2}{2g}r_1+P_1+H_1r_1 = \frac{v_2^2}{2g}r_2+P_2+H_2r_2+\Delta P_r \quad \cdots\cdots\cdots\cdots (6\text{-}3)$$

여기서 v : 풍속 [m/s]
      g : 중력의 가속도 [m/s²]
      r : 공기의 비중량 [kg/m³]
      P : 압력 [kg/m²]
      H : 기초면에서의 높이 [m]
      ΔP_r : 압력손실(마찰손실)

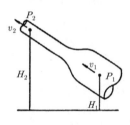

그림 6-22

식 6-3 중 $\frac{v_1^2}{2g}$, $\frac{v_2^2}{2g}$는 덕트 내 동압, P_1, P_2는 덕트 내 정압, H_1r_1, H_2r_2는 높이에 의한 압력, 즉 위치압, ΔP_r는 손실압력이다. 일반적으로는 덕트에서 공조공기의 흐름은 "공기 중의 공기의 흐름"으로 온도차가 작으므로 H_r는 0으로 본다.

ΔP_r는 공기의 점성에 따라 덕트 내벽과의 마찰손실이나 유체간의 내부마찰에 의한 손실에너지이므로 계산에 넣는다.

$$\frac{v_1^2}{2g}r_1+P_1 = \frac{v_2^2}{2g}r+P_2+\Delta P_r \quad \cdots\cdots\cdots\cdots\cdots\cdots\cdots\cdots (6\text{-}4)$$

식 6-4에서

$$\frac{v_1^2}{2g}r + P_1 = PT_1$$

$$\frac{v_2^2}{2g}r + P_2 = PT_2$$

로서 PT_i, PT_2를 각각 전압이라 하고 전압의 차가 압력손실이 된다.

$$PT_i - PT_2 = \Delta P_r \ \text{...} (6-5)$$

덕트 내에서 일어나는 압력손실 ΔP_r의 값에 대해서는 송풍기의 크기를 결정할 경우 중요한 요소가 되므로 우리는 그 성질과 계산법을 숙지해 두어야 한다. 실제의 덕트배관은 ① 직관, ② 휨, ③ 분기, ④ 변형, ⑤ 합류 등으로 구성되어 있다. ①은 마찰저항, ② 이하는 국부저항이라 부른다.

1 직관저항

$$\Delta P_r = \lambda \frac{l}{d} \cdot \frac{v^2}{2g}r \ \text{...} (6-6)$$

여기서 λ : 관로저항계수
l : 관길이 [m]
d : 관경 [m]
v : 덕트 내 평균 유속 [m/s]
g : 중력가속도 [m/s^2]
r : 공기의 비중량 [kg/m^3] = 1.2 kg/m^3

의 값은 관의 유속에 따라 정해지는 값이며 근사적으로 다음 식으로 나타낼 수 있다.

$$\lambda = 0.0055 \left[1 + \left(20,000\frac{\varepsilon}{d} + \frac{10^6}{R_e} \right)^{\frac{1}{3}} \right] \ \text{....................} (6-7)$$

여기서 ε : 관내 평균 높이 凹凸 높이
R_e : 레이놀즈 수(Reynolds number)[107] = $\frac{vd}{V}$ (V : 공기의 동점성계수)

---

107) 레이놀즈 수(Reynolds number) : 관내의 흐름이 층류로 되는가 난류로 되는가를 판정하는 값을 말하며 관내의 평균 유속을 v [m/s], 관의 내경을 d [m], 유체의 동점성계수를 V [m^2/s] 라고 하면 $R_e = v_d / V$ 라는 무차원수로 나타난다. R_e 가 약 2,000 이하로 되면 관내의 흐름이 층류로 된다는 것을 밝혀냈다.

직관부의 손실저항은 식 6-6과 식 6-7에 의해 계산할 수 있지만 일반적으로 아연인 철판제의 덕트가 많이 이용되므로 그림 6-23에 나타낸 저항선도를 이용해서 설계하는 것이 보통이다.

이 선도는 종축에 풍량, 횡축에 마찰저항을 취하고 그림 속에 직경과 풍속의 선이 기입되어 있다. 풍량이 앞에서 정해져 있으므로 뒤의 3요소 중 하나가 결정되면 덕트를 구할 수 있다(경을 일정하게 하여 구하는 등경법은 그다지 사용되지 않는다).

❷ 국부저항

덕트 도중에 휨이나 분기가 있어 이러한 부분을 공기가 통과할 때 생기는 저항이 국부저항으로 나타날 때는 동압 $v^2 r/2g$ 에 비례하는 것으로 나타내는 것과 같은 단면을 가진 직관의 마찰저항으로 환산해서 그 직관의 길이를 l_e 로 나타내는 것이 사용되고 있다. 실제 설계에서는 l_e 로 나타내는 쪽이 편리하다.

이 국부저항계수 ζ 또는 국부저항의 상당길이 l_e 를 표 6-4에 나타내고 있다. 계산식은 식 6-8과 같다.

$$\Delta P_r = \lambda \frac{l_e}{d_e} \cdot \frac{v^2}{2g} r \quad\text{.....................................} \quad (6\text{-}8)$$

(6) 덕트의 계획

덕트를 설계할 경우 건물 구조상의 문제로 덕트 공간(duct space)을 고려해야 한다. 이 경우 일반적으로 덕트 내 풍속에 따라 고속 덕트식과 저속 덕트식으로 나눌 수 있다. 이 구별은 현재 있는 곳의 덕트 내 풍속이 15 m/s 이상인지 이하인지에 따른다.

최근 고층 건축은 층고가 낮아 덕트 공간을 그다지 크게 할 수가 없으므로 보관통을 할 수 있는 고속 덕트가 채용된다. 그러나 저속식에 비하여 설비비가 높아지니까 공간을 취할 경우에는 되도록이면 저속으로 한다.

또 풍량을 줄이기 위하여 유인유닛이나 팬코일을 병용하는 방법을 많이 사용하고 있다. 고속 덕트는 원형이 가장 많이 사용되고 저속 덕트는 건물의 상태가 장방형일 때 사용되고 있다. 덕트의 휨은 곡률 반경을 되도록이면 크게 하여 가능하면 급한 휨이나 급한 속도 변화가 일어나지 않도록 직경 또는 휨의 반경과 평행인 변의 길이를 d 라 하면 $R/d = 1$ 이상으로 한다.

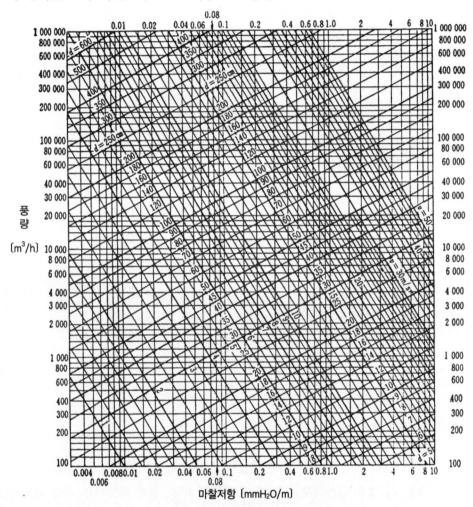

그림 6-23 덕트의 저항 도표

표 6-4 (a) 덕트의 내면 상태에 의한 수정계수

덕트의 내면상태	예	공기속도 [m/s]			
		5	10	15	20
특 히 거 칠 경 우	콘크리트 마감	1.70	1.80	1.85	1.9
거 칠 경 우	몰 탈 마 감	1.30	1.35	1.35	1.7
소독재가 붙은 경우	소 독 용 덕 트	1.33	1.42	1.47	1.5
보 통 의 경 우	아연인철판강관	1.00	1.00	1.00	1.0
특히 미끄러울 경우	비 닐 관	0.92	-	-	-

표 6-4 (b) 온도에 대한 덕트 저항의 증감률 f_t

온 도 〔℃〕	0	10	20	40	60	80	100	150	200
보정계수 f_t	1.07	1.03	1.00	0.95	0.91	0.87	0.85	0.83	0.69

R/d 가 1.5 이하일 경우 가이드 베인(guide vanes)[108]을 설치하여 국부저항을 감소시킨다. 급격하게 단면이 변화할 경우 확대부의 각도를 20° 이하로 축소부의 각도를 60° 이하로 한다. 실제로는 덕트만으로 소정 풍량으로 하는 것은 곤란하므로 덕트 도중 또는 취출구에 풍량조절댐퍼를 설치하여 조정을 하고 있지만 가능하면 덕트만으로 할 수 있는 설계를 한다.

(7) 덕트의 시공

■ 덕트의 공법

덕트는 종래에는 아연판을 써서 수공으로 가공했지만 최근에는 미국에서 도입된 SMACNA(Steel Metal & Air Conditioning Contractor's National Association) 공법을 많이 이용하고 있다. 덕트 시공은 록(lock) 혹은 심(seam) 공법으로 아연철판을 구부려서 최후에 모서리 부분에서 고정하면 덕트 모양이 된다.

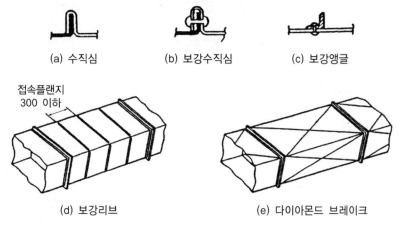

(a) 수직심   (b) 보강수직심   (c) 보강앵글

접속플랜지
300 이하

(d) 보강리브   (e) 다이아몬드 브레이크

그림 6-24 덕트의 보강

---

108) 가이드 베인(guide vanes) : 흐름의 변형부분에서 박리 등으로 인해 커다란 소용돌이가 생기기 않도록 유로 안에 삽입되는 흐름의 안내날개이며 덕트 안이나 펌프, 송풍기 등의 본체 속에 삽입되는 부속품으로 덕트의 벤트 부분의 곡률반경이 덕트 장변의 1.5배 이내일 때 저항을 줄이기 위해 설치하며 곡부 내측에 조밀하게 붙인다.

덕트의 접속 및 보강으로 장방형 덕트의 경우 긴쪽 방향으로 접속할 때는 플랜지 이음이 사용되며 접속에 보강을 겸하는 수직 심(seam)도 사용된다. 그림 6-24에 덕트의 보강을 나타내고 있다. 미국의 덕트공조업자협회에서 제작한 SMACNA 공법은 기계 가공을 하여 중량, 재료비, 제작시간을 절감하는 데 이점이 있다. SMACNA 공법에 의한 덕트의 일례를 그림 6-25에 나타내고 있다. 이와 같은 공법에 의한 접속 예를 그림 6-26과 그림 6-27에 나타내고 있다.

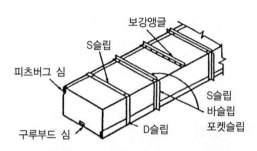

그림 6-25 SMACNA 공법 덕트

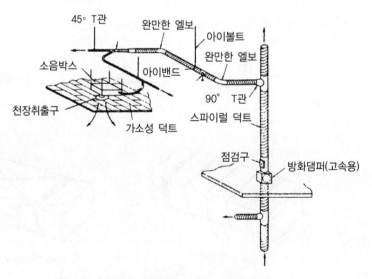

그림 6-26 원형 덕트의 접속

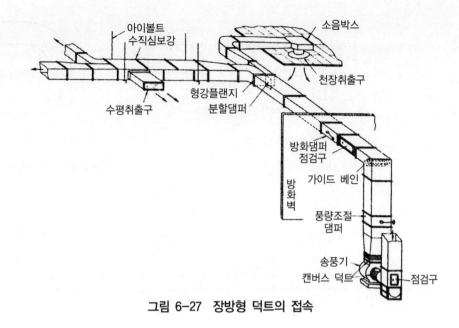

그림 6-27 장방형 덕트의 접속

❷ 덕트의 변형과 분기

덕트 굽힘부의 안쪽 반경은 덕트의 폭 이상으로 하고 최소 폭의 1/2까지는 해야 한다. 원형 덕트일 경우에는 반경 이상으로 한다(그림 6 - 26 참조). 배관 도중에서 단면을 바꿀 때는 경사를 두어서 점차로 형상을 바꾼다. 변형각도는 가급적 적을수록 좋으며 그림 6 - 28에서처럼 확대부에서 15° 이하, 축소부에서는 30° 이하가 되도록 한다.

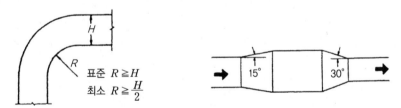

그림 6-28 덕트의 굽힘부와 변형각도

덕트를 분기할 때는 그 부분에서 기류가 흐트러지지 않도록 주의해야 하며 굽힘부 가까이에서 분기하는 것은 가급적이면 피한다. 부득이 굽힘부 가까이에서 분기를 해야 할 경우 되도록이면 길게 직선 배관하여 분기하는데 그 거리가 덕트 폭의 6배 이하일 때는 굽힘부에 안내날개[109]를 설치한 뒤 분기한다.

---

109) 안내날개(guide vane) : 덕트를 설치할 때 설치 장소 관계상 부득이 극단적으로 덕트를 굽히거나 확대 또는 축소할 경우 덕트 내에 설치하는 날개를 말하며 기류를 세분해서 소용돌이를 작게 하여 저항을 줄인다.

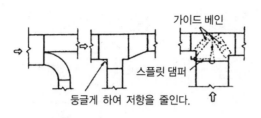
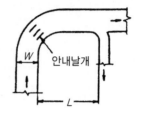

(a) 베인형	(b) 직각형	(c) T형	

(A) 장방형 덕트

(B) 굽힘부에 가까운 분기법

$L \geqq 6W$일 때는 안내날개 불필요

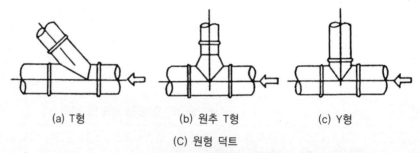

(a) T형   (b) 원추 T형   (c) Y형

(C) 원형 덕트

그림 6-29 덕트의 분기

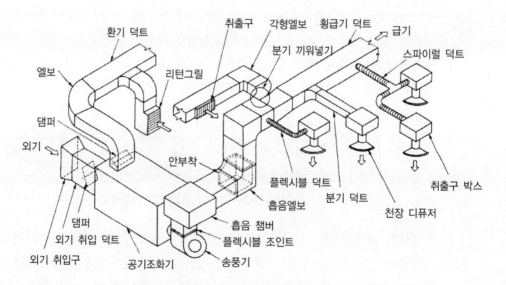

그림 6-30 덕트 시스템 계통도

❸ 덕트 시공의 실례

그림 6 - 31은 소규모 사무소 건축의 덕트 시공 실례로 덕트 계통도의 단면과 평면을 나타내고 있고 그림 6 - 32에는 그림 6 - 31에 나타낸 덕트 시공 재료와 명칭을 부위별로 알기 쉽게 나타내고 있다.

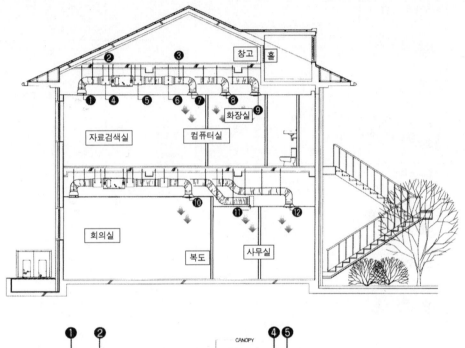

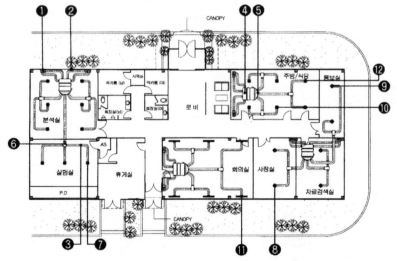

그림 6-31 사무소 건축의 덕트 시공 실례

No	자재품명 및 명칭	특성 및 기타 내용	No	자재품명 및 명칭	특성 및 기타 내용
1	흡입 grille 필터	1. 층고가 낮은 곳은 본체그릴에 filter 부착, 층고가 높은 곳은 실내기 본체에 filter 부착 2. filter 착탈 시 손쉽게 필터를 청소할 수 있도록 되어 있음. 3. 원터치 그릴 착탈식	8	원형 디퓨저	1. 360도 방향으로 취출되는 고정형임. 2. 풍량 350CMH 이상 시 외형치수가 커져야 함.(303 이상) 즉, 천장 diffuser수를 9구 미만으로 시공시 외형이 커져야 함. 3. 적정풍속 : 2~3.5 m/s이며 풍속이 3.5 m/s 이상 시 다른 diffuser 선정(소음치 증가함) 4. 부득이 3.5 m/s 이상 설치 시 diffuser 챔버를 설치할 것. 5. 냉방전용일 경우만 사용할 것.
2	flexible duct(흡음용)	1. 흡입 측에 사용 2. 반드시 난연재질을 사용할 것. 3. 보온재는 glass wool을 사용할 것.	9	팬형 디퓨저 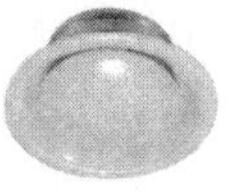	1. 360도 방향으로 취출되는 고정형임. 2. 냉방, 난방의 기류변화에 따라 팬을 조절하여 수평 및 수직 도달거리 조절 가능함.(인테리어를 중시하는 백화점, 전시장에 적용)
3	flexible duct(일반용)	1. 취출측에 사용 2. 반드시 난연재질을 사용할 것. 3. 보온재는 glass wool을 사용할 것.	10	노즐 디퓨저 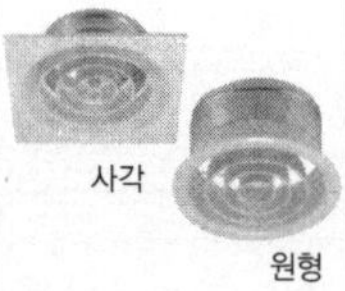 사각 원형	1. 다른 취출구에 비해 소음이 작고 도달거리가 길어야 될 층고가 높은 건물에 사용 2. 도달거리 취출 풍속에 따른 덕트 연결 구경 선정 3. 층고 5 m 이상 시 적절함. 별도 공조 설계 후 적용
4	흡입소음챔버	1. 흡입구에 설치되어 공기흐름을 원활하게 하고 소음을 감소시킴. 2. 길이에 따라 소음치가 달라짐. 3. flexible duct joint 부분은 굴곡을 주어 덕트의 빠짐을 방지	11	라인 디퓨저 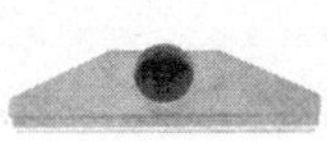	1. 날개는 조절형으로 기류의 방향을 바꿀 수 있으며 고급 인테리어에 사용 2. 풍량 450CMH 이상 시 외형치수가 커져야 함.(3 또는 4 solt) 천장 diffuser수를 6구 미만으로 시공시 외형이 커져야 함. 3. 적정풍속 : 2.5~5 m/s이며 풍속이 5 m/s 이상 시 다른 diffuser 선정(소음치 증가함)
5	취출소음챔버	1. 토출구에 설치되어 공기흐름을 원활하게 하고 소음을 감소시킴. 2. 길이에 따라 소음치가 달라짐.(길수록 소음치는 줄어듦) 3. flexible duct joint 부분은 굴곡을 주어 덕트의 빠짐을 방지	12	그릴 디퓨저 	1. 다른 취출구에 비해 소음이 작고 도달거리가 길어야 될 층고가 높은 건물에 사용. 2. 도달거리 취출 풍속에 따른 덕트 연결구경 선정 3. 층고 5m 이상시 적용함. 별도 공조 설계 후 적용
6	sound chamber (분기챔버)	1. diffuser(또는 취출 grille)에 설치되어 공기의 흐름을 분배하고 소음감소를 시키는 데 사용 2. diffuser수에 따라 1 BY 2 또는 1 BY 3를 선택하여 설치할 것. 3. 분기 후 flexible duct 길이는 최대한 등거리로 하고 덕트 길이는 최소 5m 이상으로 할 것.	부자재류	덕트 밴드 	1. 덕트 플랜지와 덕트 연결용 띠 2. 소음 챔버에 플렉시블 덕트 연결 시 반드시 밴드로 연결할 것.(테이프만으로 마감할 경우 냉난방 온도 변화로 접착성이 떨어짐.)
7	사각디퓨저	1. 360도 방향으로 취출되는 고정형임. 2. 풍량 350CMH 이상시 외형 치수가 커져야 함.(303 이상) 즉, 천장 diffuser수를 9구 미만으로 시공 시 외형이 커져야 함. 3. 적정풍속 : 2~3.5 m/s이며 풍속이 3.5 m/s 이상시 다른 diffuser 선정(소음치 증가함.) 4. 부득이 3.5 m/s 이상 설치 시 diffuser 챔버를 설치할 것. 5. 냉방전용일 경우만 사용할 것.		덕트형 마감 테이프 	1. 덕트 플랜지와 덕트 연결 시 유리솜이 밖으로 노출되는 것을 방지하고 또한 기밀의 역할을 함. 2. 3회 이상 감아 줄 것. 3. 반드시 덕트 마감용 테이프를 사용할 것.(일반 테이프 사용 금지)

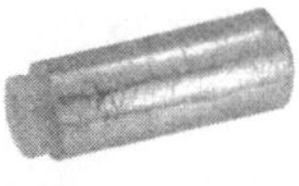

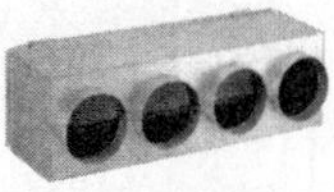

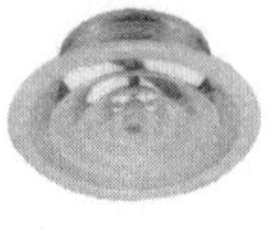

그림 6-32 덕트 시공 부품 재료와 특성

표 6-5 구형(矩形) 덕트의 원형 덕트 환산표 (1)

장변＼단변	5	10	15	20	25	30	35	40	45	50	55	60	65	70	75
5	5.50														
10	7.60	10.9													
15	9.10	13.3	16.4												
20	10.3	15.2	18.9	21.9											
25	11.4	16.9	21.0	24.4	27.3										
30	12.2	18.3	22.9	26.6	29.9	32.8									
35	13.0	19.5	24.5	28.6	32.2	35.4	38.3								
40	13.8	20.7	26.0	30.5	34.3	37.8	40.9	43.7							
45	14.4	21.7	27.4	32.1	36.3	40.0	43.3	46.4	49.2						
50	15.0	22.7	28.7	33.7	38.1	42.0	45.6	48.8	51.8	54.7					
55	15.6	23.6	29.9	35.1	39.8	43.9	47.7	51.1	54.3	57.3	60.1				
60	16.2	24.5	31.0	36.5	41.4	45.7	49.6	53.3	56.7	59.8	62.8	65.6			
65	16.7	25.3	32.1	37.8	42.9	47.4	51.5	55.3	58.9	62.2	65.3	68.3	71.1		
70	17.2	26.1	33.1	39.1	44.3	49.0	53.3	57.3	61.0	64.4	67.7	70.8	73.7	76.5	
75	17.7	26.8	34.1	40.2	45.7	50.6	55.0	59.2	63.0	66.6	69.7	73.2	76.3	79.2	82.0
80	18.1	27.5	35.0	41.4	47.0	52.0	56.7	60.9	64.9	68.7	72.2	75.5	78.7	81.8	84.7
85	18.5	28.2	35.9	42.4	48.2	53.4	58.2	62.6	66.8	70.6	74.3	77.8	81.1	84.2	87.2
90	19.0	28.9	36.7	43.5	49.4	54.8	59.7	64.2	68.6	72.6	76.3	79.9	83.3	86.6	89.7
95	19.4	29.5	37.5	44.5	50.6	56.1	61.1	65.9	70.3	74.4	78.3	82.0	85.5	88.9	92.1
100	19.7	30.1	38.4	45.4	51.7	57.4	62.6	67.4	71.9	76.2	80.2	84.0	87.6	91.1	94.4
105	20.1	30.7	39.1	46.4	52.8	58.6	64.0	68.9	73.5	77.8	82.0	85.9	89.7	93.2	96.7
110	20.5	31.3	39.9	47.3	53.8	59.8	65.2	70.3	75.1	79.6	83.8	87.8	91.6	95.3	98.8
115	20.8	31.8	40.6	48.1	54.8	60.9	66.5	71.7	76.6	81.2	85.5	89.6	93.6	97.3	100.9
120	21.2	32.4	41.3	49.0	55.8	62.0	67.7	73.1	78.0	82.7	87.2	91.4	95.4	99.3	103.0
125	21.5	32.9	42.0	49.9	56.8	63.1	68.9	74.4	79.5	84.3	88.8	93.1	97.3	101.2	105.0
130	21.9	33.4	42.6	50.6	57.7	64.2	70.1	75.7	80.8	85.7	90.4	94.8	99.0	103.1	106.9
135	22.2	33.9	43.3	51.4	58.6	65.2	71.3	76.9	82.2	87.2	91.9	96.4	100.7	104.9	108.8
140	22.5	34.4	43.9	52.2	59.5	66.2	72.4	78.1	83.5	88.6	93.4	98.0	102.4	106.6	110.7
145	22.8	34.9	44.5	52.9	60.4	67.2	73.5	79.3	84.8	90.0	94.9	99.6	104.1	108.4	112.5
150	23.1	35.3	45.2	53.6	61.2	68.1	74.5	80.5	86.1	91.3	96.3	101.1	105.7	110.0	114.3
155	23.4	35.8	45.7	54.4	62.1	69.1	75.6	81.6	87.3	92.6	97.4	102.6	107.2	111.7	116.0
160	23.7	36.2	46.3	55.1	62.9	70.0	76.6	82.7	88.5	93.9	99.1	104.1	108.8	113.3	117.7
165	23.9	36.7	46.9	55.7	63.7	70.9	77.6	83.8	89.7	95.2	100.5	105.5	110.3	114.9	119.3
170	24.2	37.1	47.5	56.4	64.4	71.8	78.5	84.9	90.8	96.4	101.8	106.9	111.8	116.4	120.9
175	24.5	37.5	48.0	57.1	65.2	72.6	79.5	85.9	91.9	97.6	103.1	108.2	113.2	118.0	122.5
180	24.7	37.9	48.5	57.7	66.0	73.5	80.4	86.9	93.0	98.8	104.3	109.6	114.6	119.5	124.1
185	25.0	38.3	49.1	58.4	66.7	74.3	81.4	87.9	94.1	100.0	105.6	110.9	116.0	120.9	125.6
190	25.3	38.7	49.6	59.0	67.4	75.1	82.2	88.9	95.2	101.2	106.8	112.2	117.4	122.4	127.2
195	25.5	39.1	50.1	59.6	68.1	75.9	83.1	89.9	96.3	102.3	108.0	113.5	118.7	123.8	128.5
200	25.8	39.5	50.6	60.2	68.8	76.7	84.0	90.8	97.3	103.4	109.2	114.7	120.0	125.2	130.1

표 6-5 구형(矩形) 덕트의 원형 덕트 환산표 (2)

장변＼단변	80	85	90	95	100	105	110	115	120	125	130	135	140	145	150
80	87.5														
85	90.1	92.9													
90	92.7	95.6	98.4												
95	95.2	98.2	101.1	103.9											
100	97.6	100.7	103.7	106.5	109.3										
105	100.0	103.1	106.2	109.1	112.0	114.8									
110	102.2	105.5	108.6	111.7	114.6	117.5	120.3								
115	104.4	107.8	110.0	114.1	117.2	120.1	122.9	125.7							
120	106.6	110.0	113.3	116.5	119.6	122.6	125.6	128.4	131.2						
125	108.6	112.2	115.6	118.8	122.0	125.1	128.1	131.0	133.9	136.7					
130	110.7	114.3	117.7	121.1	124.4	127.5	130.6	133.6	136.5	139.3	142.1				
135	112.6	116.3	119.9	123.3	126.7	129.9	133.0	136.1	139.1	142.0	144.8	147.6			
140	114.6	118.3	122.0	125.5	128.9	132.2	135.4	138.5	141.6	144.6	147.5	150.3	153.0		
145	116.5	120.3	124.0	127.6	131.1	134.5	137.7	140.9	144.0	147.1	150.3	152.9	155.7	158.5	
150	118.3	122.2	126.0	129.7	133.2	136.7	140.0	143.3	146.4	149.5	152.6	155.5	158.4	161.2	164.0
155	120.1	124.1	127.9	131.7	135.3	138.8	142.2	145.5	148.8	151.9	155.0	158.0	161.0	163.9	166.7
160	121.9	125.9	129.8	133.6	137.3	140.9	144.4	147.8	151.1	154.3	157.5	160.5	163.5	166.5	169.3
165	123.6	127.7	131.7	135.6	139.3	143.0	146.5	150.0	153.3	156.6	159.8	163.0	166.0	169.0	171.9
170	125.3	129.5	133.5	137.5	141.3	145.0	148.6	152.1	155.6	158.9	162.2	165.3	168.5	171.5	174.5
175	127.0	131.2	135.3	139.3	143.2	147.0	150.7	154.2	157.7	161.1	164.4	167.7	170.8	173.9	177.0
180	128.6	132.9	137.1	141.2	145.1	148.9	152.7	156.3	159.8	163.3	166.7	170.0	173.2	176.4	179.4
185	130.2	134.6	138.8	143.0	147.0	150.9	154.7	158.3	161.9	165.4	168.9	172.2	175.5	178.7	181.9
190	131.8	136.2	140.5	144.7	148.8	152.7	156.6	160.3	164.0	167.6	171.0	174.4	177.8	181.0	184.2
195	133.3	137.9	142.2	146.5	150.6	154.6	158.5	162.3	166.0	169.6	173.2	176.6	180.0	183.3	186.6
200	134.8	139.4	143.8	148.1	152.3	156.4	160.4	164.2	168.0	171.7	175.3	178.8	182.2	185.6	188.9
210	137.8	142.5	147.0	151.5	155.8	160.0	164.0	168.0	171.9	175.7	179.3	183.0	186.5	189.8	193.3
220	140.6	145.5	150.2	154.7	159.1	163.4	167.6	171.6	175.6	179.5	183.3	187.0	190.6	194.2	197.7
230	143.4	148.4	153.2	157.8	162.3	166.7	171.0	175.2	179.3	183.2	187.1	190.9	194.7	198.3	201.9
240	146.1	151.2	156.1	160.8	165.5	170.0	174.4	178.6	182.8	186.9	190.9	194.8	198.6	202.3	206.0
250	148.8	153.9	158.9	163.8	168.5	173.1	177.6	182.0	186.3	190.4	194.5	198.5	202.4	206.2	210.0
260	151.3	156.6	161.7	166.7	171.5	176.2	180.8	185.2	189.6	193.9	197.9	202.1	206.1	210.0	213.9
270	153.8	159.2	164.4	169.5	174.4	179.2	183.9	188.4	192.9	197.2	201.5	205.7	209.7	213.7	217.7
280	156.2	161.7	167.0	172.2	177.2	182.1	186.9	191.5	196.1	200.5	204.9	209.1	213.3	217.4	221.4
290	158.6	164.2	169.6	174.8	180.0	185.0	189.8	194.5	199.2	203.7	208.1	212.5	216.7	220.9	225.0
300	160.9	166.6	172.1	177.5	182.7	187.7	192.7	197.5	202.2	206.8	211.3	215.8	220.1	224.3	228.5

표 6-6 국부저항계수와 상당길이의 값 (1)

No	명 칭	그 림	계산식	저항계수 등					출처

No	명 칭	그 림	계산식	저항계수 등					출처
1	구형밴드 90°		$\Delta P_T = \lambda \dfrac{l_e}{d} \cdot \dfrac{v^2}{2g} r$	$\dfrac{v/W}{H/W}$	0.5	0.75	1.0	1.5	ASHRAE Guide
				0.25		12	7	3.5	
				0.50	33	16	9	4.0	
				1.00	45	19	11	4.5	
				4.00	90	35	17	6.0	
2	구형엘보 90°		상동	$H/W = 0.25$		$l_e/W = 25$			상동
				0.5		49			
				1.0		75			
				4.0		110			
3	팬설치 구형엘보 (소형팬)		$\Delta P_T = \zeta \dfrac{v^2}{2g} r$	R/W	R_1/W	R_2/W	ζ		상동
				0.5	0.2	0.4	0.45		
				0.75	0.4	0.7	0.12		
				1.0	0.7	1.0	0.10		
				1.5	1.3	1.6	0.15		
4	상동		상동	1매판의 팬 $\zeta = 0.35$ 성형한 팬 $\zeta = 0.10$					상동
5	상동 (대형팬)		$\Delta P_T = \lambda \dfrac{l_e}{d} \cdot \dfrac{v^2}{2g} r$	1매팬($R/W = 0.5$) $l_e/W = 28$ 2매팬($R_1/W = 0.3$, $R_2/W = 0.5$) $l_e/W = 22$					상동
6	임의각도 θ의 구형 밴드		－	$\theta = 90°$ 밴드의 저항에 $(\theta/90)$을 곱한다.					상동
7	원형덕트의 밴드		$\Delta P_T = \lambda \dfrac{l_e}{d} \cdot \dfrac{v^2}{2g} r$	$R/d = 0.75$		$l_e/d = 23$			상동
				1.0		17			
				1.5		12			
				2.0		10			
8	상동		상동	$\dfrac{R/d}{l_e/d}$	0.5	1.0	1.5	2.0	상동
				2피스	65	65	65	65	
				3피스	49	21	17	17	
				4피스	－	19	14	12	
				5피스	－	17	12	9.7	
9	연속밴드	(a) (b) (c)	－	① 밴드 1개 저항의 1.5배 ② 밴드 1개 저항의 2.0배 ③ 밴드 1개 저항의 2.4배					IHVE Guide

표 6-6 국부저항계수와 상당길이의 값 (2)

No	명 칭	그 림	계산식	저항계수 등								출처

10 급확대

$$\Delta P_T = \zeta \frac{v_1^2}{2g} r$$

A_1/A_2	0	0.1	0.2	0.4	0.6	0.8	Fan Eng
ζ	1	0.81	0.64	0.36	0.16	0.04	
l_e/d	60		39	22	9	2	HAHV

11 급축소

$$\Delta P_T = \zeta \frac{v_2^2}{2g} r$$

A_1/A_2	0	0.1	0.2	0.4	0.5	0.6	0.75	Fan Eng
ζ	0.5	0.48	0.46	0.37	0.32	0.26	0.18	
l_e/d	30					19	11	HAHV

12 점진확대

$$\Delta P_T = \zeta \frac{r}{2g}(v_1^2 - v_2^2)$$

θ	5	10	20	30	40	Carrier
ζ	0.17	0.28	0.45	0.59	0.73	
l_e/d	10	17	27	36	44	HAHV

13 점진축소

$$\Delta P_T = \zeta \frac{v_2^2}{2g} r$$

θ	30	45	60	Carrier
ζ	0.02	0.04	0.07	
l_e/d	1	2	4	HAHV

14 변형

$\theta \langle 14\,℃,\ \zeta = 0.15$ — Carrier

$l_e/d = 9$ — HAHV

15 원형덕트의 분류

직통관 1→2
$$\Delta P_T = \zeta_1 \frac{v_1^2}{2g} r$$

v_2/v_1	0.3	0.5	0.8	0.9
ζ_1	0.09	0.075	0.03	0

분기관 1→3
$$\Delta P_T = \zeta_2 \frac{v_3^2}{2g} r$$

v_3/v_1	0.2	0.4	0.6	0.8	1.0	1.2
ζ_2	28.0	7.5	3.7	2.4	1.8	1.5

Ashley 외

16 분류

직통관 1→2 — 15의 직통관과 동일

분기관 1→3
$$\Delta P_T = \zeta_2 \frac{v_3^2}{2g} r$$

v_3/v_1	0.6	0.7	0.8	1.0	1.2
ζ_2	1.98	1.27	0.88	0.50	0.39

상기는 $A_1/A_2 = 8.2$일 때,
$A_1/A_3 = 2$일 때는 상기보다 30 % 증가

Ashley 외

17 분류 $\theta = 45°$

직통관 1→2
$$\Delta P_T = \zeta_1 \frac{v_1^2}{2g} r$$

$\zeta_1 = 0.05 \sim 0.06$

분기관 1→3
$$\Delta P_T = \zeta_2 \frac{v_3^2}{2g} r$$

A_1/A_3 \ v_3/v_1	0.4	0.6	0.8	1.0	1.2
1.0	3.2	1.02	0.52	0.47	
3.0	3.7	1.4	0.75	0.51	0.42
8.2			0.79	0.57	0.47

Petermann

표 6-6 국부저항계수와 상당길이의 값 (3)

No	명 칭	그 림	계산식	저항계수 등						출 처

No. 18 — 분류 $\theta = 60°$ / 그림: 17과 동일 / 출처: Kinne

직통관 1→2: $\Delta P_T = \zeta_1 \dfrac{v_1^2}{2g} r$, $\zeta_1 = 0.01 \sim 0.1$

분기관 1→3: $\Delta P_T = \zeta_2 \dfrac{v_3^2}{2g} r$

v_3/v_1 \ A_1/A_3	0.4	0.6	0.8	1.0	1.2
1.0	4.0	1.6	0.95	0.65	
3.0	4.9	1.95	1.08	0.72	0.56
8.2		1.55	1.07	0.82	

No. 19 — 구형덕트의 분기 / 출처: 신진

직통관 1→2: $\Delta P_T = \zeta_1 \dfrac{v_1^2}{2g} r$

$v_2/v_1 \langle 1.0$: 무시할 수 있다.
$v_2/v_1 \geqq 1.0$: $\zeta = 0.46 - 1.24x + 0.93x^2$
$x = (v_2/v_1) \times (a/b)^{1/4}$

분기관 1→3: $\Delta P_T = \zeta_2 \dfrac{v_1^2}{2g} r$

x	0.25	0.5	0.75	1.0	1.25
ζ_2	0.3	0.2	0.3	0.4	0.65

단, $x = (v_3/v_1) \times (a/b)^{1/4}$

No. 20 — 원형덕트의 합류 (직각합류) / 출처: Vogel

직통관 1→3: $\Delta P_T = \zeta_1 \dfrac{v_3^2}{2g} r$

v_1/v_3 \ A_3/A_1	0.2	0.4	0.6	0.8	1.0	
1.0	0.5	0.4	0.3	0.18	0.04	
3.0	1.25	1.0	0.77	0.5	0.3	

합류관 2→3: $\Delta P_T = P_{T_2} - P_{T_3} = \zeta_2 \dfrac{v_3^2}{2g} r$

v_1/v_3 \ A_3/A_1	0.4	0.6	0.8	1.0	1.2	1.5
1.0	0.20	0.56	0.85	1.13		
1.5	0	0.33	0.68	1.03	1.39	
3.0	-0.32	0	0.34	0.70	1.04	1.72
4.0	-0.42	-0.18	0.21	0.48	0.88	1.48

No. 21 — 원형덕트의 합류(45° 합류) / 출처: 갈서

직통관 1→3: $\Delta P_T = \zeta_1 \dfrac{v_3^2}{2g} r$

v_1/v_3 \ A_3/A_1	0.2	0.4	0.6	0.8	1.0
1.0	-0.17	0.06	0.19	0.17	0.04
3.0	-1.50	-0.70	-0.20	0.10	0
8.2	-5.70	-2.90	-1.10	-0.10	0

합류관 2→3: $\Delta P_T = \zeta_2 \dfrac{v_3^2}{2g} r$

v_2/v_3 \ A_1/A_3	0.4	0.6	0.8	1.0	1.2
1.0	0	0.22	0.37	0.37	0.20
3.0	-0.36	-0.10	0.15	0.40	0.75
8.2	-0.56	-0.32	-0.05	0.24	0.55

No. 22 — 구형덕트의 합류 / 출처: Petermann

직통관 1→3: $\Delta P_T = \zeta_1 \dfrac{v_3^2}{2g} r$

v_1/v_3 \ A_1/A_3	0.4	0.6	0.8	1.0	1.2	1.5
0.75	-1.2	-0.3	0.35	0.8	1.1	
0.67	-1.7	-0.9	0.3	0.1	0.45	0.7
0.6	-2.1	-1.3	-0.8	-0.4	0.1	0.2

합류관 2→3: $\Delta P_T = \zeta_2 \dfrac{v_3^2}{2g} r$

v_2/v_3	0.4	0.6	0.8	1.0	1.2	1.5
ζ_2	-1.30	-0.90	-0.5	0.1	0.55	1.4

표 6-6 국부저항계수와 상당길이의 값 (4)

No	명 칭	그 림	계산식	저항계수 등						출처

23 금 망

$\Delta P_T = \zeta \dfrac{v^2}{2g} r$
$v =$ 구멍을 통과 하는 풍속

침금경	0.27	0.27	0.66	0.72	1.56	1.72
간 격	1.67	2.08	3.57	5.0	11.1	16.7
간구비	70 %	76	67	74	72	81
ζ	0.80	0.70	0.70	0.65	0.51	0.50

출처: 신진

24 관내 orifice

$\Delta P_T = \zeta \dfrac{v_2^2}{2g} r$

A_1/A_3	0.2	0.4	0.6	0.8	1.0
ζ	47.8	7.80	1.80	0.29	0

출처: Weisbach

25 관입구

상동

$\zeta = 0.5$
$l_e/d = 30$

출처: HAHV

26 관입구

상동

$\zeta = 0.85$
$l_e/d = 51$

출처: HAHV

27 관입구

상동

$t = d/20 \rightarrow \zeta = 0.50$
$t > d \rightarrow \zeta = 0.43$

출처: IHVE

28 관입구

상동

$\zeta = 0.03$
$l_e/d = 2$

출처: HAHV

29 관입구

$\Delta P_T = \zeta \dfrac{v_2^2}{2g} r$

A_1/A_2	0.4	0.6	0.8	1.0
ζ	9.61	3.08	1.17	0.48

30 관출구

$\Delta P_T = \zeta \dfrac{v^2}{2g} r$

$\zeta = 1.0$ (IHVE Guide)

$l_e/d = 60$ (HAHV)

31 관출구

$\Delta P_T = \zeta \dfrac{v^2}{2g} r$

$\zeta = 1.0$ (IHVE Guide)

$l_e/d = 60$ (HAHV)

32 관출구

$\Delta P_T = \zeta \dfrac{v_1^2}{2g} r$

A_1/A_2 \ θ	10	20	30	40
0.7	0.64	0.72	0.79	0.86
0.6	0.55	0.64	0.74	0.83
0.5	0.48	0.58	0.70	0.79
0.4	0.40	0.53	0.65	0.76
0.3	0.34	0.48	0.62	0.73

출처: IHVE Guide

표 6-6 국부저항계수와 상당길이의 값 (5)

No	명 칭	그 림	계산식	저항계수 등	출처
33	관출구		$\Delta P_T = \zeta \dfrac{v_1^2}{2g} r$	표 참조	IHVE Guide

저항계수 등 (No. 33):

A_2/A_1	0.5	0.6	0.8	1.0
ζ	7.76	4.65	1.95	1.00

No. 34 타발철판제 취출구 — $\Delta P_T = \zeta \dfrac{v_1^2}{2g} r$ (v = 면풍속) — Rietschel

v \ 자유면적비	0.2	0.4	0.6
0.5	30	6.0	2.3
1.0	33	6.8	2.7
1.5	36	7.4	3.0
2.0	39	7.8	3.2
2.5	40	8.3	3.4
3.0	41	8.6	3.7

No. 35 유니버셜형 취출구 — $\Delta P_T = \zeta \dfrac{v^2}{2g} r$ (v = 면풍속) — 상업 가이드

$\theta = 0° \rightarrow \zeta_0 = 1.12 \sim 2.22$
$\theta = 25° \rightarrow \zeta = 1.25\zeta_0$
$\theta = 50° \rightarrow \zeta = 1.5\zeta_0$

No. 36 타발철판제 흡입구 — $\Delta P_T = \zeta \dfrac{v^2}{2g} r$ (v = 면풍속) — 소림 길택

자유면적비	0.2	0.4	0.6	0.8
ζ	35	7.6	3.0	1.2

No. 37 목제 루버 흡입구 — $\Delta P_T = \zeta \dfrac{v^2}{2g} r$ (v = 면풍속) — IHVE Guide

A_1/A_2 \ 자유면적비	0.5	0.6	0.7	0.8	0.9
ζ	4.5	3.0	2.1	1.4	1.0

No. 38 흡입후드 — $\Delta P_T = \zeta \dfrac{v^2}{2g} r$ — Fan Eng

$\theta[°]$	20	40	60	90	120
원형후드	0.02	0.03	0.05	0.11	0.20
구형후드	0.13	0.08	0.12	0.19	0.27

No. 39 흡음용 내장덕트 — 상동 — 소림원

암면보온재 25mm 두께
$a \times b = 400 \times 350mm$
$l = 0.9m \rightarrow \zeta = 1.06$
$l = 1.8m \rightarrow \zeta = 1.20$

No. 40 흡음엘보 — 상동 — 상동

암면보온재 25mm 두께

			ζ
30cm	20	17.5	3.79
60cm	40	35	2.62

No. 41 흡음엘보각형 — 상동 — 상동

		내장 있음	내장 없음
10cm	20	ζ3.37	1.17
20cm	20	ζ2.92	0.98
40cm	20	ζ2.88	0.55
40cm	40	ζ2.40	0.65

표 6-6 국부저항계수와 상당길이의 값 (6)

No	명 칭	그 림	계산식	저항계수 등						출처
42	흡입셀		$\Delta P_T = \zeta \dfrac{v^2}{2g} r$	암면보온재 25 mm 두께 $a \times b = 20 \times 17.5$ cm $t = d/20 \rightarrow \zeta = 2.21$ $l = 1.8$m $\rightarrow \zeta = 3.03$						소립원
43	덕트의 파이프 관 통		$\Delta P_T = \zeta \dfrac{v_1^2}{2g} r$	E/D ζ l_e/d	0.10 0.20 12	0.25 0.55 33	0.50 2.00 120			HAHV
44	덕트의 평철봉 관 통		상 동	E/D ζ l_e/d	0.10 0.7 40	0.25 1.4 80	0.50 4.0 240			상동
45	덕트 내의 커버 관통		상 동	E/D ζ l_e/d	0.10 0.07 4	0.25 0.23 14	0.50 0.90 54			상동
46	흡음엘보각형		상 동	H/D ζ l_e/d	1.00 0.10 6	0.75 0.18 11	0.65 0.30 18	0.55 0.56 34	0.50 0.73 44	0.45 1.00 60	상동

풍량은 각 실의 열부하(냉방부하 중 현열부하)와 취출구 온도차(취출구의 온도와 실내설계온도의 차)에 의해 구하지만 여기에서는 표 6-7의 단위바닥면적당 풍량 개산(概算)값을 이용해서 구한다.

표 6-7 단위바닥면적당 풍량 개산값

범 위	단위면적당 공조면적 [m³/h·m²]
전 체	15~30
외부(perimeter)	25~40
내 부(interior)	10~15

(8) 덕트 설계법

1 순서

① 각 공간에의 송풍량을 결정한다.

② 취출구와 흡입구의 위치를 결정한다.

③ 송풍기 기타 공조용 기기의 위치와 덕트 경로를 결정한다.

④ 건물의 구조를 고려하여 방식을 결정하고 덕트 치수를 구한다.

⑤ 덕트 치수에 근거하여 덕트 설계도를 제작한다.

⑥ 제일 큰 압력손실을 나타낸 경로의 값으로 공조기 각부의 저항을 더하여 송풍기의 필요전압 또는 정압을 구한다.

2 덕트의 계산

현재 사용되고 있는 덕트 치수의 산정에는 정압법·등속법·정압재취득법 등이 있다.

1) 정압법(定壓法 : equal friction method)

등압법 또는 등마찰손실법이라고도 한다. 덕트 설계용으로 개발된 단순한 계산척으로 간단하게 덕트 치수를 결정할 수 있기 때문에 가장 널리 이용되고 있는 방법이다. 단위길이당 압력손실을 일정하게 해 놓고 덕트 치수를 결정하는 이 방법은 주 덕트의 풍속을 결정해서 풍량과 풍속에서 기준이 되는 덕트의 단위길이당 마찰저항 R값 [mmAq/m]을 구하여 모든 덕트를 이 R값과 풍량으로부터 소요단면을 개략적으로 구하는 방법이다.

[예제 1] 다음 덕트 계통도와 배치도를 참고하여 덕트 단면을 정압법을 이용하여 구하시오.

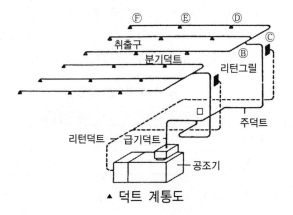

▲ 덕트 계통도

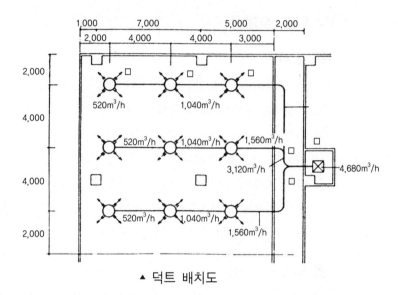

▲ 덕트 배치도

풀이 각 계통의 해당 공조면적을 구한다. 덕트 계통도와 배치도에 나타낸 것처럼 1대
의 공조기를 이용하여 2계통의 동일한 주덕트에 분기하고 있으므로, 그 중 1계
통의 덕트에 대해서 풍도 단면을 구한다.

① 덕트 배치도에서 1계통의 해당 공조 바닥면적 $S\,[\text{m}^2]$를 먼저 구한다.

$$S = 13\,\text{m} \times 12\,\text{m} = 156\,\text{m}^2$$

② 주덕트의 풍량을 표 6-7의 단위바닥면적당 풍량 개산치 표에서 전체를 대상
으로 한 단위바닥면적당의 공조면적 $30\,\text{m}^3/\text{h} \cdot \text{m}^2$를 채택하여 주덕트의 풍량
을 구하고 취출구 1개당의 풍량을 구한다.

주덕트의 풍량 $Q_1 = 156 \times 30 = 4{,}680\,\text{m}^3/\text{h}(\text{A}\sim\text{B})$

따라서 취출구 1개당의 풍량 $Q_2 = 4{,}680\,/\,9 = 520\,\text{m}^3/\text{h}$

이상의 결과에서 각 구간의 풍량을 구한다.

③ 입덕트의 풍속 $v\,[\text{m/s}]$는, 주덕트의 풍속이 소음문제 때문에 건물의 용도에
따라 다르므로 아래 권장풍속(표 6-8) 중 공공건물의 주덕트의 권장풍속 5
~6.5 m/s에서 5.75 m/s 정도를 주덕트의 풍속으로 정한다.

표 6-8 주덕트의 풍속

	주 택	공공건물	공 장
권장 풍속[m/s]	3.5~4.5	5~6.5	6~9
최대 풍속[m/s]	4~6	5.5~8	6.5~11

④ 주덕트의 단위길이당 마찰저항값 R [mmAq/m]은 주덕트의 풍량 Q_1 [m³/h]과 풍속 v [m/s]를 이용하여 그림 6 - 23에서 기준이 되는 마찰저항 R [mmAq/m]을 구한다.

주덕트의 풍량 $Q_1 =$ 4,680 [m²/h], 풍속 $v =$ 5.75 [m/s]의 경우

그림 6 - 23에서 기준 마찰저항값 $R =$ 0.08 [mmAq/m]

⑤ 각 구간의 덕트 직경을 그림 6 - 23에서 기준마찰저항값을 이용하여 구하고 표 6 - 5를 이용하여 구형(矩形) 단면으로 환산한다. ④에서 구한 덕트의 단위길이당 마찰저항값 R을 기준으로 해서 각 구간의 모든 덕트경을 표 6 - 5에서 장방형 덕트로 환산한다.

⑥ 덕트 단면 계산 결과

구 간	덕트의 풍량 [m³/h]	기준마찰저항값 [mmAq/m]	원형 덕트 [cm]	구형 덕트 [cm]	아스펙트비 (aspect ratio)
A~B	4,680	0.08	50	30 × 75	1 : 2.5
B~C	3,120	0.08	45	30 × 60	1 : 2.0
C~D	1,560	0.08	34	30 × 35	1 : 1.2
D~E	1,040	0.08	30	원형 덕트 사용	
E~F	520	0.08	23	원형 덕트 사용	

⑦ 덕트배관도

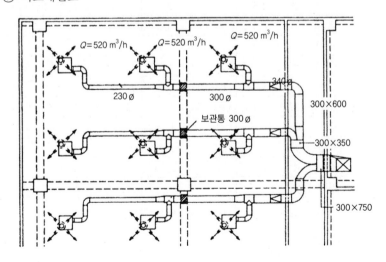

2) 등속법(等速法 : equal velocity method)

가장 간단한 설계법으로 덕트 각부의 풍속을 일정하게 하여 계산하는 방법이며 배기덕트에 이용하면 편리할 때가 있다. 이 방법은 정확한 풍량 분배를 얻을 수 없기 때문에 일반 공조에는 그다지 이용되지 않고 공장 환기 덕트 등에 주로 이용되고 있다.

일반적으로 공조설비로서는 간단하지만 저항계산을 각부에 대해서 하나씩 하나씩 하지 않으면 안 되고 각 취출구까지의 저항을 균일하게 하는 것이 거의 되지 않으므로 풍량조정은 댐퍼에 의지할 수밖에 없다. 이 때 문에 실제로는 그다지 사용하지 않는다.

3) 정압재취득법(靜壓再取得法 : static pressure regain method)

각 취출구 혹은 분기 직전의 정압을 같아지도록 하는 설계법으로 주로 고속 덕트의 계산에 채용되고 있다.

표 6-9 덕트 내 풍속

구 분	저 속 방 식						고속방식	
	권장 풍속 [m/s]			최대 풍속 [m/s]			권장	최대
	주택	공공건물	공장	주택	공공건물	공장	임대빌딩	
공기취입구*	2.5	2.5	2.5	4.0	4.5	6.0	3.0	5.00
팬 흡입구	3.5	4.0	5.0	4.5	5.5	7.0	8.5	16.5
팬 취출구	5~8	6.5~10.0	8.0~12.0	8.5	7.5~11.0	8.5~14.0	12.5	25.0
주 덕 트	3.4~4.5	5.0~6.50	6.0~9.0	4~6	5.5~8.00	6.5~11.0	12.5	30.0
분기 덕트	3.0	3.0~4.50	4.0~5.00	3.5~5.0	4.0~6.50	5~9	10.0	22.5
분기입덕트	2.5	3.0~4.50	4	3.25~4.00	4.0~6.00	5~8	–	–
필 터	1.25	1.5	1.75	1.5	1.75	1.75	1.75	1.75
히팅 코일	2.25	2.5	3.00	2.5	3.00	3.5	3.00	3.00
에어 워셔*	2.5	2.5	2.50	2.5	2.50	2.5	2.50	2.50
리턴 덕트	–	–	–	3.0	5.0~6.0	6.0	–	–

*표시는 전면적 풍속, 기타는 자유면적풍속임.

표 6-10 공기의 정압

$$P_v = \frac{v^2 r}{2g} \quad [r = 1.2014 \text{kg/m}^3 (0.0751 \text{bs/ft}^3)]$$

v	0.0	0.1	0.2	0.3	0.4	0.5	0.6	0.7	0.8	0.9
1.0	0.0615	0.0739	0.0882	0.1036	0.1024	0.1376	0.1668	0.1772	0.1989	0.2209
2.0	0.2450	0.2704	0.2970	0.3237	0.3528	0.3831	0.4147	0.4462	0.4802	0.5155
3.0	0.5520	0.5882	0.9272	0.6670	0.7081	0.7503	0.7939	0.8385	0.8845	0.9326
4.0	0.9801	1.0302	1.0816	1.1326	1.1859	1.2409	1.2973	0.3525	0.4113	0.4713
5.0	1.5326	1.5926	1.6863	1.7212	1.7875	1.8523	1.9209	1.9909	2.0621	2.1316
6.0	2.2052	2.2792	2.3547	2.4311	2.5091	2.6879	2.6683	2.7496	2.8325	2.9162
7.0	3.0016	3.0878	3.1755	3.2642	3.3544	3.4455	3.5382	3.6317	3.7268	3.8228
8.0	3.9204	4.0188	4.1177	4.2197	4.3222	4.4256	4.5305	4.6363	4.7437	4.8519
9.0	4.9618	5.0724	5.1847	5.2978	5.4126	5.5281	5.6454	5.7634	5.8831	6.0035
10.0	6.1256	6.2485	6.3731	6.4984	6.6255	6.7532	6.8828	7.0130	7.1449	7.2776
11.0	7.4120	7.5421	7.6889	7.8215	7.9609	8.1009	8.2426	8.3851	8.5293	8.6742
12.0	8.8209	8.9682	9.1174	9.2672	9.4188	9.5710	9.7250	9.8797	10.0362	10.1933
13.0	10.3523	10.5119	10.6733	10.8353	10.9992	11.1636	11.3300	11.4968	11.6656	11.8350
14.0	12.0062	12.1780	12.3517	12.5259	12.7021	12.8788	13.0574	13.2365	13.4176	13.5991
15.0	13.7827	13.9667	14.1526	14.3391	14.5275	14.7164	14.9073	15.0987	15.2920	15.4858
16.0	15.6816	15.8778	16.0761	16.2748	16.4755	16.6767	16.8798	17.0833	17.2890	17.4950
17.0	17.7031	17.9115	18.1220	18.3330	18.5459	18.7593	18.9747	19.1905	19.4084	19.6262
18.0	19.8470	20.0667	20.2905	20.5137	20.7389	20.9645	21.1922	21.4202	21.6504	21.8809
19.0	22.1135	22.3464	22.5815	22.8168	23.0544	23.2922	23.5322	23.7725	24.0149	24.2578
20.0	24.5025	24.7476	24.9950	25.2426	225.4924	25.7424	25.9949	26.2472	26.5019	26.7566
21.0	27.0140	27.2713	27.5310	27.7908	28.0529	28.3152	28.5797	28.8444	29.1114	29.3786
22.0	29.6480	29.9176	30.1895	30.4616	30.7359	31.0104	31.2872	31.5641	31.8434	32.1228
23.0	32.4046	32.6864	32.9706	33.2548	33.5414	33.8182	34.1173	36.4064	34.6980	34.9896
24.0	35.2836	35.5776	35.8741	36.4961	36.4695	36.7685	37.0698	37.3712	37.6750	37.9789
25.0	38.2852	38.5914	38.9002	39.2089	39.5201	39.8312	40.1449	40.4585	40.7746	41.0907
26.0	41.4092	41.7277	42.0487	42.3697	42.6931	43.0165	43.3424	43.6683	43.9569	44.3250
27.0	44.6558	44.9879	45.3198	45.6543	46.3257	46.6626	47.0020	47.3413	47.3413	47.6832
28.0	48.0249	48.3692	48.7134	49.0602	49.4068	49.7561	50.1052	50.4569	50.8084	51.1625
29.0	51.5165	51.8731	52.2295	52.5886	52.9475	53.3090	53.6703	54.0343	54.3980	54.7644
30.0	55.1306	55.4995	55.8682	56.2395	56.6106	56.9844	57.3579	57.7342	58.1101	58.4888
31.0	58.8673	59.2484	59.6293	60.0129	60.3962	60.7823	61.1680	61.5566	62.0156	62.3358
32.0	62.7264	63.1198	62.5129	63.9728	64.3044	64.7027	65.1007	65.5015	65.9019	66.3052
33.0	66.7081	67.1138	67.5191	67.9273	68.3350	68.7457	69.1559	69.5689	69.9816	70.3971
34.0	70.8122	70.2302	71.6478	72.0682	72.4882	72.9111	73.3335	73.7589	74.9838	74.6116
35.0	75.0389	75.4692	75.8989	76.3317	76.7639	77.1991	77.6337	78.0714	78.5085	78.9486
36.0	79.3881	79.8307	80.2726	80.7176	81.1621	81.6095	82.0564	82.5972	82.9557	83.4084
37.0	83.8598	84.3146	84.7688	85.2261	85.6828	86.1425	86.6016	87.0638	87.5754	87.9900
38.0	88.4540	88.9211	89.3876	89.8571	90.3260	90.7980	91.2694	91.7438	92.2176	92.6945
39.0	93.1708	93.6501	94.1288	94.6106	95.0918	95.5760	95.0596	96.5463	97.0324	97.5216
40.0	98.0110	98.5017	98.9926	99.4867	99.9800	100.4766	100.9724	101.4714	101.9698	102.4711

[예제 2] 그림 6 - 33과 같은 계통도에 의한 저속 덕트를 계산하시오.

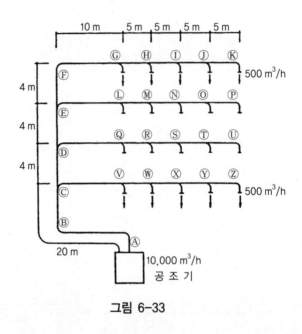

그림 6-33

풀이 (1) 표 6 - 11을 만들어 구분 · 풍량 · 마찰손실 · 길이를 기입한다. 마찰손실값은 보통 0.1 mmAq/m 전후를 취하므로 0.1 mmAq로 한다.

(2) 그림 6 - 25의 덕트 저항 도표에서 그림 6 - 34와 같은 선도의 교차점을 구한다.

(3) 원형 덕트를 표 6 - 5를 이용하여 각덕트로 환산한다. 이 경우 될 수 있으면 높이를 맞추는 것이 좋다. 또 아스펙터비[110]에도 신경을 쓴다.

(4) 표 6 - 6의 각 국부저항계수의 값에서 분기 · 엘보의 저항 · 상당길이를 구한다. 엘보의 상당길이는 계산표 No.1에서 v / W를 1.0으로 하고

$$H / W = 500 / 720 = 0.695$$

표 6 - 6의 No.1 $v / W = 1.0$, $H / W = 0.5$로부터

$$l_e / W = 9$$

상당길이 $l_e = 9 \times W = 9 \times 0.72 = 6.48 \text{ m}$

가 되며 A~C까지는 2개소가 있으므로

---

110) 아스펙터비(aspect ratio) : 장방형의 세로와 가로변의 치수비로 각형 덕트에서 아스펙트비가 너무 커지게 되면 비경제적이며 4 : 1 이하이다.

$l_e = 6.48 \times 2 = 12.96$이 된다.

분기 C는 표 6-6의 19항의 장방형 덕트를 사용하여

$$x = \left(\frac{v_3}{v_1}\right) \times \left(\frac{a}{b}\right)^{\frac{1}{4}} = \frac{5.8}{8.2} \times \left(\frac{500}{180}\right)^{\frac{1}{4}} = 0.91$$

$x = 0.91$이기 때문에 표의 $x = 1.0$을 사용하여 $\zeta_2 = 0.4$임에 전압기준을 정압기준으로 변환하면

$$\zeta_s = \zeta_r - 1 + \left(\frac{v_2}{v_1}\right)^2 = 0.4 - 1 + \left(\frac{5.8}{8.2}\right)^2 = -0.10$$

(5) 합계길이 ΔP_r을 계산하여 기입한다.

$(\Delta P_r = 합계길이 \times P_r,\ \Delta P_r = \zeta_s \times P_V)$

(6) 송풍기에서 가장 먼 곳까지 계통의 압력손실이 이 덕트계의 압력손실이다.

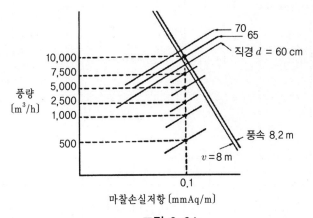

그림 6-34

덕트의 저항 도표로부터 덕트를 구한다.

표 6-11 저속 덕트 저항 계산 예(정압법에 의함)

구 분		A-C	C-D	D-E	E-F	F-G	G-H	H-I	I-J	J-K	C		D		E	
풍량 Q [m³]		10,000	7,500	5,000	2,500	2,500	2,000	1,500	1,000	500	2,500		2,500		2,500	
마찰손실 P_r [mmAq]		0.1	0.1	0.1	0.1	0.1	0.1	0.1	0.1	0.1	0.1		0.1		0.1	
풍속 V [m/s]		8.2	7.8	7.0	5.8	5.8	5.5	5.2	4.8	3.9	8.2	5.8	7.8	5.8	7.0	5.8
동압 P_v [mmAq]		4.02	3.73	3.00	2.06	2.06	1.85	1.69	1.41	0.93	4.02	–	3.73	–	3.00	–
덕트 크기	ϕ	650	580	510	380	380	360	330	280	220	380		380		380	
	$W \times H$	720 × 500	720 × 400	620 × 360	420 × 300	420 × 300	380 × 300	320 × 300	300 × 300	300 × 150	420 × 320 720↔ 500 180		420 × 300 720↔ 400 240		420 × 300 620↔ 360 310	
국부저항		$r/W = 1.0$ $H/W = 0.5$ (2개소)	$r/W = 1.0$ $H/W = 0.5$			$r/W = 1.0$ $H/W = 0.5$					장방형 덕트 분기 $X = 0.92$ $\zeta_T = 0.4$ $\zeta_B = 0.4$ $\zeta_S = -0.05$		장방형 덕트 분기 $X = 0.84$ $\zeta_T = 0.4$ $\zeta_B = 0.4$ $\zeta_S = -0.05$		장방형 덕트 분기 $X = 0.86$ $\zeta_T = 0.4$ $\zeta_B = 0.4$ $\zeta_S = -0.09$	
상당길이 l_e [m]		$l_e/W = 9$ $l_e = 6.48$ 6.48×2	$l_e/W = 9$ 3.78			$l_e/W = 9$ 2.7										
길이 l [m]		20	4	4	4	10	5	5	5	5						
합계길이 $l+l_e$ [m]		32.96	4.0	4.0	7.78	10.0	5.0	5.0	5.0	7.7						
ΔP_r [mmAq]		3.296	0.4	0.4	0.778	1.0	0.5	0.5	0.5	0.77	-0.4		-0.19		0.27	

(9) 댐퍼(damper)

댐퍼에는 덕트 속을 통과하는 풍량을 조절하기 위한 풍량조절댐퍼와 공기의 통과를 차단하기 위한 방화 댐퍼, 배연 댐퍼 등이 있다.

1) 풍량조절 댐퍼(air volume control damper)

 ㉠ 루버 댐퍼(louver damper)

 ㉡ 버터플라이 댐퍼(butterfly damper)

 ㉢ 슬라이드 댐퍼(slide damper)

 ㉣ 스플릿 댐퍼(split damper)

 ㉤ 릴리프 댐퍼(relief damper)

 ㉥ 정풍량 댐퍼(constant air volume damper)

2) 방화 댐퍼(fire protection damper)

3) 배연 댐퍼(smoke control damper)

1 풍량조절 댐퍼(air volume control damper)

덕트 속에 설치하여 풍량의 개폐 또는 가감에 사용하는 댐퍼로서 단면적을 변화시킴으로써 유체의 흐름을 조절(공기의 유량조정)하는 판을 말하며 버터플라이 댐퍼[111], 다익 댐퍼, 스플릿 댐퍼[112], 베인 댐퍼 등이 있다.

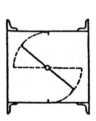

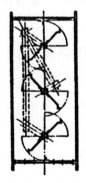

그림 6-35 butterfly damper 그림 6-36 louver damper

---

111) **버터플라이 댐퍼**(butterfly damper) : 구조가 가장 간단하며 중심에 회전축을 가진 1매의 날개를 쓴다.

112) **스플릿 댐퍼**(split damper) : 덕트의 분기부에 설치해서 풍량의 분배를 하는 데 사용한다.

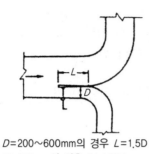

$D=200\sim600mm$의 경우 $L=1.5D$
$D>600mm$의 경우 $L=1.25D$

그림 6-37 split damper

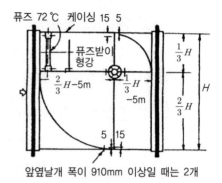

퓨즈 72 ℃ 케이싱 15 5
퓨즈받이 형강
$\frac{2}{3}H-5m$ $\frac{1}{3}H-5m$ $\frac{1}{3}H$ $\frac{2}{3}H$ H
5 15
앞옆날개 폭이 910mm 이상일 때는 2개

그림 6-38 fire protection damper(pivot type)

❷ 방화 댐퍼(fire protection damper)

건물 내부가 몇 개의 방화구획으로 방화벽에 의해 구획되어 있을 때 방화벽을 관통하고 있는 덕트에는 방화 댐퍼가 설치된다. 이 경우 인접해 있는 방화구획에서의 연소를 방지하기 위하여 법규상 판의 두께는 1.6mm 이상으로 한다.

덕트 내의 기류온도가 70 ℃가 되면 날개를 지탱하고 있던 가용판이 녹아서 자동적으로 닫히도록 되어 있다. 방화 댐퍼는 반드시 방화벽 또는 바닥의 중심에 설치하고 그 가까이에 내부 점검용의 점검구를 설치한다.

6-7 취출구 · 흡입구

(1) 취출구(air outlet, diffuser)

송풍 덕트의 도중 또는 말단에 조화공기를 공급하기 위한 개구부가 취출구이다. 취출구는 취출기류의 방향과 형상에 따라 축류취출구와 복류취출구로 대별되며 또 설치 위치에 따라 천정용, 벽용, 창대용 및 바닥용으로 나눌 수 있다.

취출구는 취출한 공기가 거주역(바닥보다 1.5 m 이하의 높이)에 도달하기 전에 실내공기를 유인해서 적당한 공기분포가 되도록 그 형식, 개수, 위치, 풍속, 풍량을 선정해야 하는데 거주자의 드래프트(draft)[113]감이나 체류감(滯流感)을 고려하여 표 6-12와 같은 취출풍속이 이용되고 있다.

---

113) 드래프트(draft) : 인체가 불쾌하게 느끼는 기류로서 틈새바람이나 겨울철 창문으로부터의 자연대류 냉풍 등을 말한다.

표 6-12 취출구의 허용풍속

건물의 종류	허용취출풍속 [m/s]	건물의 종류	허용취출풍속 [m/s]
방 송 국	1.5~2.50	일반 사무실	5.0~6.25
개인 사무소	2.5~4.00	상 점	7.5~10.0
영 화 관	4.0~5.00		

1 축류 취출구

1) 노즐(nozzle)형

취출 기류의 도달거리가 길고 발생소음도 적으므로 극장이나 체육관과 같은 대공간이나 천장이 높은 실에 적합하다.

2) 펑커루버(punkah louver)형

수동으로 취출 방향을 바꿀 수 있도록 한 구조로 된 노즐형 취출구로 풍량·풍향 조절이 용이해서 국소냉방(spot cooling) 등에 주로 사용된다. 자유롭게 목이 펴지고 기류의 방향조절이 가능하기 때문에 공장, 주방, 미용실, 영사실 등에 잘 이용된다.

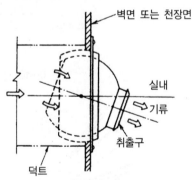

그림 6-39 펑커 루버

3) 슬릿형(slit type)

길고 가는 틈새형의 취출구로 창 아래 또는 창대에 설치하여 창에서의 복사열이나 출입구의 외기차단 등에 사용되기도 하고 조명기구와 조합하여 이용되기도 한다.

4) 격자날개형(universal type)

벽걸이 취출구로 가장 많이 이용되며 날개 각도를 변화시킴에 따라 취출기류의 방향을 상하좌우로 조절하기도 하고 기류의 퍼짐을 조절할 수 있다.

❷ 복류 취출구

1) 공기 흡출구(air diffuser, anemostat type)

사방에 방사형으로 기류를 취출하는 형식으로 천장이 낮은 실에 적합하다. 주로 천장용이지만 벽용으로도 사용된다.

2) 팬형 취출구(pan type diffuser)

천장용으로 1매의 평판을 가지고 급기를 수평방향으로 바꾸어 주위로 취출하는 형식이다. 중앙의 판을 상하로 함에 따라 기류방향과 풍량을 바꿀 수 있는 형식도 있다. 이러한 취출구의 설치위치를 그림 6-41에 나타내고 있다.

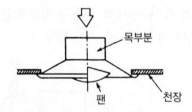

그림 6-40 팬형 취출구

① 노즐형   ② 펑커루버형   ③ 스리트형   ④ 유니버셜형
⑤ 아네모형   ⑥ 팬형   ⑦ 그릴형   ⑧ 도어그릴형

그림 6-41 취출구의 설치 위치

(2) 흡입구(air inlet)

흡입구는 그림 6 - 42에 나타낸 것처럼 고정 날개격자(그릴), 펀칭철판(punching metal outlet)이 많이 이용되고 있다. 흡입구의 위치는 일반적으로 벽면에 많지만 그림 6 - 42에 나타낸 것처럼 문이나 벽면에 그릴 또는 언더컷(undercut)[114]를 설치하여 복도를 환기의 경로로 흡입하는 것도 있다.

천정면의 흡입구는 회의실과 같이 흡연이 많을 경우에 적당하다. 바닥면 흡입구는 천정 취출구에 대해 기류 분포상으로는 좋지만 바닥의 진애가 환기 중에 혼입되는 것에 주의를 요한다. 흡입구의 풍속은 천장 부근에서 4 m/s, 도어그릴 · 도어의 언더컷 또는 벽걸이 흡입구에서는 1~2 m/s 정도이다.

(a) 유니버셜 취출구와 언더컷

(b) 아네모스탯 취출구와 도어그릴

그림 6-42 취출구와 흡입구의 상대위치

(3) 취출구와 흡입구의 상대위치

취출구와 흡입구는 항상 일대일의 관계를 갖고 있으므로 서로 상대위치에 따라 실내의 공기분포가 변화한다. 그림 6 - 42 (a)는 벽걸이 취출구를 설치한 경우로 복도 천정에 덕트를 수납하여 도어의 언더컷을 흡입구로 한 것이므로 거주지역에는 유인공기와 흡입공기가 유동하여 냉난방 시 모두 좋은 결과를 얻을 수 있다.

그러나 한냉지에서는 창측의 콜드 드래프트(cold draft)가 커지기 때문에 이중유리로 하든지 그림 6 - 43처럼 방열기나 팬코일 유닛을 창 아래에 설치한다. 그림 6 - 42 (b)는 천장 설치 취출구를 설치한 경우로 아네모스탯형 취출구(anemo type

---

114) 언더컷(undercut) : 공기의 출입을 위해서 문짝의 하부를 5~10 cm 정도 바닥에서 떨어지게 달아 간극을 만드는 것을 말하며 변소, 욕실과 같은 작은 방에 강제 배기설비를 설치할 때의 공기 취입구 또는 복도의 환기 통로로 이용된다.

diffuser)[115]와 같은 유인형의 것을 사용하면 좋은 결과를 얻을 수 있지만 유리면이 크면 콜드 드래프트(cold draft)가 일어난다.

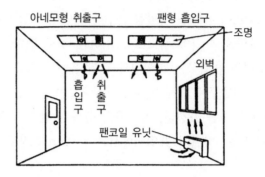

아네모형 취출구　　팬형 흡입구

조명

외벽

흡입구　취출구

팬코일 유닛

그림 6-43 취출구, 흡입구, 유닛의 배치 예

6-8 냉동기 (refrigeration machine)

(1) 냉동기의 작용

공조용 냉동기는 직팽(直膨)코일(direct expansion coil)의 냉매를 순환하던지 냉각코일에 순환할 냉수의 냉각작용을 한다. 그림 6 - 44의 왕복식 냉동기의 작용원리는 압축기에서 가압된 고온고압의 냉매 가스가 응축기에서 냉각하면(물 또는 공기를 이용) 액화한다.

이 냉매액을 팽창밸브를 통해서 저압으로 증발기내(냉각기)에서 증발시켜 주위의 증발잠열을 빼앗아 냉각작용을 하게 된다. 증발한 냉매가스는 다시 압축기에 흡입되어 순환을 되풀이하여 냉동작용을 하게 된다.

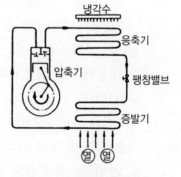

냉각수

응축기

압축기

팽창밸브

증발기

열　열

그림 6-44 냉동기의 원리

---

115) **취출구**(anemo type diffuser) : 천장에 부착하는 분출구로 몇 장의 콘형 날개를 겹친 형상의 것으로 분출공기와 실내공기의 혼합상태가 양호하며 많은 풍량을 공급하는데 적합하며 둥근형과 각형이 있다.

(2) 냉동기의 종류

공조용으로 이용되어지고 있는 냉동기의 종류를 표 6-13에 나타내고 있다. 냉동기의 용량을 나타내는데는 냉동톤[116]이 이용되며 1냉동톤은 0 ℃의 물 1,000 kg을 24시간에 0 ℃의 얼음으로 만드는 데 필요한 열량으로 3,320 kca1/h 에 상당한다.

1미국냉동톤(US Ref ton)은 2,000 파운드(약 907 kg)를 단위로 하고 있으므로 3,024 kcal/h에 상당한다. 냉동기에 이용되고 있는 냉매는 왕복식, 터보식 모두 일반적으로 프론가스(R로 표시)[117]를 사용하지만 R-12, R-22는 냉동기 운전 시에는 고압 (2 kg/cm² 이상)이 되고 공조용으로 이용되는 냉동기에서 35냉동톤 이상의 것은 냉동기 관리자를 필요로 한다.

이것에 대하여 터보냉동기에 사용하는 R-11, R-114는 저압으로 운전할 수 있기 때문에 자격은 필요 없다. 표 6-14에 일반적으로 사용하고 있는 주요 냉매를 나타내고 있다.

표 6-13 냉동기의 종류

형 식		특 성	공조용으로서 용량
가 스 압 축 식	왕복동식 (레시프로식)[118]	압축비가 높을 경우에 적합하며 냉동 및 중소용량의 공조용임.	100냉동톤 이하
	원심력식 (터보식)	대용량의 공조 및 냉동에 사용된다.	30~7,000냉동톤
	회전식 (스크루식)	압축비가 높을 경우에 적합(히트펌프용), 냉동 및 중소용량에 사용된다.	~200냉동톤
흡 수 식		증기, 고온수를 열원으로 하기 때문에 전력이 소요량이 된다.	50~1,000냉동톤

---

116) **냉동톤**(ton of refrigeration) : 1톤의 0℃인 물을 24시간 걸려 0℃의 얼음으로 만드는 데 필요한 시간당의 열량(냉동능력)

$$1냉동톤 = 144 \times 2,000 = 288,000 \text{ BTU/24h} = 12,000 \text{ BTU/h} = 200 \text{ BTU/min}$$
$$= 0.252 \times 288,000 = 72,576 \text{ kcal/24h} = 3,024 \text{ kcal/h}$$

117) **프론가스**(fron gas) : 탄화수소의 일부 수소원자가 불소와 치환한 화합물로 이루어지는 냉매이며 분자식에 따라 열특성이나 물성이 다르며 약 10종류가 사용되고 있다. R을 머리글자로 표시한다.

118) **레시프로식**(reciprocating refrigeration machine)

표 6-14 주요냉매의 종류와 용도

냉매 명칭	주요 용도	사용온도 범위	압축기 종류	비 고
암모니아	냉장, 동결, 제빙	중, 저	왕복, 흡수	
R-12	냉장, 동결, 냉방	고, 중, 저	왕복, 터보	
R-22	일반냉동공업	고, 중저, 초저	왕 복	• 고 : 0 ℃ 이하
R-500	냉장, 냉방	고, 중	왕 복	• 중 : 0~ −20 ℃ 정도
R-21	냉방, 화학공업	고, 중	왕복, 터보	• 저 : −20~−60 ℃ 정도
R-114				• 초저 : −60
R-11	냉 방	고	터 보	
R-113				
물	냉방, 화학공업	고	흡수, 증기분사	

1 왕복식 냉동기

그림 6 - 45와 같이 피스톤으로 냉매가스를 압축하는 형식으로 왕복압축기, 응축기, 전동기를 조합시킨 것을 콘덴싱 유닛(condensing unit), 여기에 수냉각용에 수냉각기 (증발기)를 붙인 그림 6 - 46을 칠링 유닛(chilling unit, chiller)[119]이라 부른다.

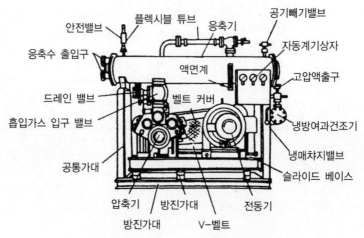

안전밸브　플렉시블 튜브　응축기　공기빼기밸브
응축수 출입구　자동계기상자
액면계　고압액출구
드레인 밸브　벨트 커버
흡입가스 입구 밸브
냉방여과건조기
공통가대
냉매챠지밸브
슬라이드 베이스
압축기　방진가대　전동기
방진가대　V-벨트

그림 6-45 고속 다기통형 왕복식 냉동기

---

119) **칠링 유닛**(chilling unit, chiller) : 일반적으로 소형 냉동기에 있어서 냉매배관기가 모두 공장에서 유닛 안에 조립 완료되어 있는 것을 말하며 유닛 안의 증발기에 물을 공급하면 냉수를 얻을 수 있다.

그림 6 - 45는 V-벨트(belt)[120]에 의해 구동되는데 그림 6 - 46은 압축기와 전동기를 케이싱(casing)에 밀폐화한 것으로 터보 냉동기나 소형 냉동기에 많이 이용되고 있다. 또 이 밖에 소형 쿨러에 이용되는 로터리식이나 대형 히트펌프용의 냉동기로 스크류식이 이용되는 것도 있다.

❷ 터보 냉동기

터보 냉동기도 그림 6 - 46과 같이 터보 압축기, 응축기, 증발기(수냉각기), 플로트밸브(팽창밸브의 역할을 한다) 및 전동기(증기터빈, 가스엔진도 있다)를 일체로 조립한 것이며 일반적으로 칠러 유닛(chiller unit)으로 공조기용의 냉수를 만들기 위하여 운반된다.

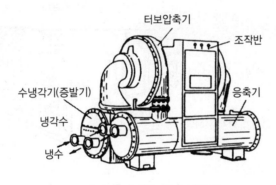

그림 6-46 터보 냉동기

❸ 흡수식 냉동기

흡수식 냉동기는 가스 압축시의 왕복식, 터보식과 다르며 그림 6 - 47처럼 증발기, 흡수기, 재생기, 응축기의 4가지 요소로 구성되어 있다. 냉매로는 물을 사용하고 흡수액은 취화리튬(LiBr)[121]을 사용하고 있다.

냉매사이클은 진공펌프로 감압한 증발기에서 증발한 수증기를 흡수기에서 농도 진한 취화리튬액에 흡수시켜 농도가 묽어진 흡수액(물을 흡수하면 열이 나와 냉각한다)으로 재생기에 보내어 가열해서 수증기를 방출시킨다.

---

120) V-벨트(belt) : 회전력을 전달하는 가요성의 단면을 V형으로 만든 이음이 없는 둥근 모양의 벨트를 말한다.
121) 취화리튬(lithium bromide 〔LiBr〕) : 무색, 중성, 휘발성이 없고 물에 잘 녹는 성질을 갖고 있으며 흡수 냉동기의 흡수용 용매로 이용된다.

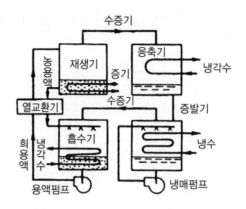

그림 6-47 흡수식 냉동기의 원리

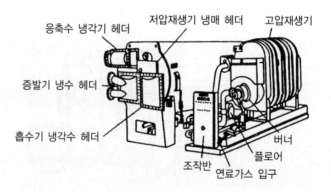

그림 6-48 이중 효용식 흡수식 냉동기

이 수증기를 응축기에서 냉각하면 물이 되고 이것을 다시 증발기에 보낸다. 또한 재생기에서 수증기를 방출하여 진하게 된 흡수액은 펌프해서 흡수기로 들어간다. 흡수식 냉동기의 운전에는 증기, 고온수 및 가스나 기름연료 땔감에 의한 열원이 필요하여 형상이나 중량은 커지지만 전력은 펌프용으로 얼마 되지 않고 진동과 소음의 문제가 없으므로 최근에 많이 이용되고 있다.

6-9 냉각탑 (cooling tower)

냉각탑은 냉동기에서 온도가 상승한 냉매를 냉각하기 위해 사용되는 물의 온도를 낮추는 것으로 물과 공기를 직접 접촉시키면서 물의 증발작용과 전열작용을 이용한다. 냉각탑은 물을 사용하는 자연통풍식과 강제통풍식이 있고 공기를 사용하는 대기식이 있으나 일반적으로 송풍기를 사용하는 강제통풍식을 많이 사용한다.

강제통풍식은 분무식과 충진식이 있는데 분무식은 상방으로부터 분무된 물을 낙하시켜 공기를 송풍기에 의해 강제적으로 보내는 방법이며 충진식은 충진물의 표면을 흐르는 물과 공기의 접촉에 의해 열의 이동이 이루어지는 것으로 장시간에 걸쳐 접촉해야 하고 접촉면적이 커야 한다. 강제통풍식을 분류하면 다음과 같다.

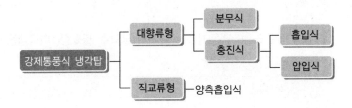

(1) 냉각탑의 원리

공조용 냉동기의 응축기 냉각에 물을 이용 그림 6 - 49와 같이 냉각수를 순환 재사용하기 위하여 냉각탑(cooling tower)을 사용한다. 냉각탑의 원리는 냉각수와 공기류와 잘 접촉되게 하기 위하여 충진재 사이를 물방울 또는 수막형으로 낙하시키며 냉각에 의한 수온 저하는 물의 증발에 의한 증발잠열이 대부분이다.

냉각탑에서 냉각할 수 있는 수온은 통풍하는 입구공기의 습구온도에 의해 결정되며 통상 입구공기의 습구온도는 27 ℃이므로 그보다 4~5 ℃ 높은 온도 결국 31~32 ℃에서 냉각할 수가 있다. 또한 냉각탑 입구와 출구의 수온차는 5 ℃ 정도로 설계되고 있다.

냉각수의 온도는 우물물에 비하여 높기 때문에 냉각수의 필요량은 표 6 - 15처럼 수온에 따라 다르지만 냉동능력 1미국냉동톤당 20 ℃의 우물물로 7 l/min, 냉각탑 사용의 32 ℃, 냉각수에서는 13 l/min 가 필요하다.

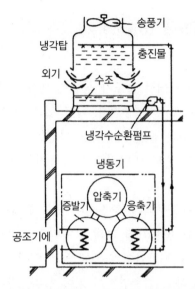

그림 6-49 흡입식 대향류형 냉각탑의 구조와 냉동기의 관계

표 6-15 냉동기용 응축기의 냉각수 필요량(1미국냉동톤당)

냉각수 온도 〔℃〕	20	25	30	32
냉각수량 〔 l/min〕	7	9.5	12	13

냉각탑과 냉동기 사이를 순환하는 냉각수는 증발에 의해 잃어버린 수분과 공기류에 의해 비산하는 수막이 있으므로 일반적으로는 순환수량의 1~3 %가 보급수량으로 공급된다. 또한 통풍용 공기량은 수량 1에 대해 거의 중량비로 0.8~1.2(이것을 수공기비[122] 1 : 0.8~1.2 라고 말한다)가 필요하다.

지금 수공기비를 1 : 1이라 하면 수량 13 l/min에 대한 공기량이 13 kg/min, 용적단위로 환산해서 13 kg/min × 0.9 m³/kg (통풍공기의 비용적) ≒ 12 m³/min 가 필요풍량이 되고 수량(水量)에 비교해서 대량의 공기가 필요한 것을 알 수 있다. 덧붙여 냉각탑의 설치는 통풍조건이 좋은 옥상으로 하는 경우가 많다.

공조용에 사용하고 있는 왕복식, 터보식 냉동기용 냉각탑의 용량은 냉동능력 × (1.2~1.3)배가 필요하다. 이를테면 1냉동톤(3,320 kcal/h)의 냉동능력에 대한 냉각탑의 용량은 3,320 × 1.2 = 3,984 kcal/h가 필요하다. 또한 흡수식 냉동기는 냉동능력 × 2~2.5배 정도가 되고 전자에 비하여 대용량의 냉각탑이 필요하다.

---

122) 수공기비(water air ratio) : 냉각탑에서 매시간당의 순환수량과 흡입되는 공기량의 비

(2) 냉각탑의 구조

냉각탑에는 여러 가지 형식의 것이 있지만 일반적으로 사용하고 있는 것은 송풍기를 이용하는 기계통풍식이 있다. 그림 6 - 50에 나타낸 것처럼 송풍기, 전동기, 산수장치, 충진물, 수조, 자동급수장치 및 탑 본체로 구성되어 있다.

송풍기는 풍량을 많이 필요로 하기 때문에 프로펠러식을, 충진물은 목재, 도관 및 합성수지의 형성품이 사용되고 있다. 또한 탑 본체는 외관을 덮는 것과 쉘구조의 것이 있는데 최근에는 부식과 내구성을 고려하여 유리섬유 강화플라스틱 제품(FRP)이 많이 사용되고 있다.

냉각탑의 형식은 공기와 물을 접촉시키는 방법에 따라 그림 6 - 49와 같은 향류식[123]과 그림 6 - 50과 같은 직교류식[124]이 있으며 전자는 소용량에 적합하고 후자는 중·대용량에 높이의 제한이 있을 때 많이 이용되고 있다.

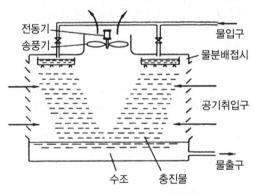

그림 6-50 직교류식 냉각탑의 구조

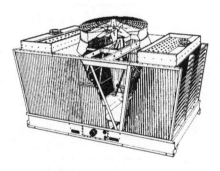

그림 6-51 직교류식 냉각탑

그림 6-52 흡입식 대향류 냉각탑

---

123) 향류식(counter flow) : 역류(back flow)로 별도의 흐름에 대하여 반대쪽으로 흐르는 것을 말한다.
124) 직교류식(cross flow) : 냉각수의 흐름과 이것을 냉각하는 공기의 흐름이 직각으로 교차하여 흐르는 것을 말한다.

표 6-16에 각각의 냉각탑 특징을 나타내고 있다.

표 6-16 향류형 냉각탑과 직교류형 냉각탑의 비교

종류 항목	향류형 냉각탑	직교류형 냉각탑
효　율	물과 공기는 향류접촉을 하기 때문에 열교환 효율이 좋다.	수량과 열교환계수 ka값이 동일하다고 가정하면 풍류형보다 20 % 용적을 크게 할 필요가 있다.
산수장치	기류중에 있기 때문에 저항이 되어 송풍기 동력이 커지고 보수점검이 불편하다.	송풍기 동력에 관계없이 간단한 구조이므로 보수점검이 용이하다.
급수압력	흡입구 또는 송풍기 높이만큼 압력이 높아진다.	향류형보다 낮아진다.
탑내기류분포	탑 높이에 영향이 없다.	탑이 높아질수록 나빠진다.
송풍기동력	물방울과 공기의 상대속도가 향류 때문에 커지고 공기 측의 저항이 커진다.	향류형보다 작다.
탑의　높이	입구루버, 엘리미네이터 등 때문에 전체적으로 높아진다.	충진물 높이가 그대로 탑 높이라고 생각되어 낮아진다.
소요면적	탑의 단면적은 그대로 열교환부의 유효면적으로 생각한다.	탑의 단면적은 송풍기 부분이 포함되어 있기 때문에 향류형보다 크다.
수　조	수조 내의 수온은 어디라도 일정하다.	수조 내의 수온은 인정하지 않고 단부로부터 중심부로 향할수록 구배를 가진다.

(3) 냉각탑 설치

냉각탑의 설치는 소음을 피하기 위하여 옥상이나 옥탑이 좋고 외기가 잘 유통하는 장소에서 송풍기 출구에 장애물이 없는 장소로 해야만 한다. 외관상 루버 등으로 가려야 할 경우는 공기 유통에 충분한 개구부나 유입로를 확보해 주어야 한다.

냉각탑의 굴뚝 상호 위치에 대해서 배기 중의 가스를 흡입하지 않도록(아연산가스가 냉각수 속에 녹으면 응축기를 부식할 수 있다) 굴뚝의 통상 바람 방향보다 아래 측이 되도록 하고 굴뚝의 개구부는 냉각탑보다 5 m 이상 높게 할 필요가 있다. 또한 주방 등 고온 공기의 배기구 가까이에는 설치하지 않도록 한다.

6-10 공조설비의 방음 · 방진

공조설비에서 소음 발생원은 냉동기 · 보일러 · 펌프 · 송풍기 · 냉각탑 외에 덕트 내부 · 취출구 · 흡입구 등에서 기류에 의한 것과 물 · 증기배관 속 유체의 흐름 때문에 일어나는 것이 있다. 이러한 소음은 그림 6 - 53처럼 실내로 전달되기도 하고 옥외로 방출되기도 한다. 공조설비에서 소음문제는 다음과 같은 경우에 발생한다.

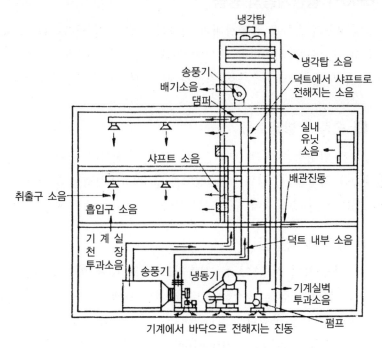

그림 6-53 공조설비의 소음전파 경로

① 소음원이 실내에 있어 직접 실내로 소음이 방출 확산되는 경우
② 기계실의 벽체로부터 거실에 소음이 투과하는 경우
③ 송풍기 소음이 덕트를 통하여 실내로 방출되는 경우
④ 냉각탑과 같이 옥외에 설치된 기기의 소음이나 외기 도입구 · 배기구 등에서 옥외로 방출되는 소음
⑤ 기기의 진동이 건물 구조체에 전달되어 실내에서 2차적으로 소음이 발생하는 경우

옥내·외 소음 감소 대책은

① 소음발생 감소 방법 : 발생 소음이 적은 기기 선정, 기기개량, 운전상태 변경
② 건축적 방법 : 실내 흡음재 사용, 벽체와 문, 창호 등의 차음강화, 기계기초
및 바닥보강
③ 소음기(消音器)[125] 설치 및 방진재 사용

6-10-1 송풍계통의 방음

송풍계통의 소음은 공조설비의 소음문제 중 가장 중요하다. 송풍기에서 발생한 소음의 대부분은 접속하는 덕트에 전해진다. 덕트 내에 소음이 전파되는 동안에 흡수, 투과 등에 의해 소음이 감소하지만 기류에 의해 발생하는 소음은 더해진다.

■ 송풍기 발생소음

송풍기 발생소음은 그 종류, 구조, 능력, 운전상태 등에 따라 다르다. 송풍기의 발생소음 측정은 ① 덕트 내 측정법과 ② 자유공간법이 있으며 ①은 대형 송풍기에, ②는 소형 송풍기에 주로 적용한다.

1) 덕트 내 측정법

송풍기에 시험덕트를 접속하고 덕트 내에 마이크로폰을 압입하여 일정 간격으로 6점을 측정하고 다음 식으로 발생소음의 파워레벨(power level, PWL)[126]을 구한다.

$$PWL = SPLm + 10\log 10\, S \quad \cdots\cdots\cdots\cdots\cdots\cdots\cdots\cdots\cdots (6\text{-}9)$$

$$= SPLm + 20\log 10\, D - 1 \quad \cdots\cdots\cdots\cdots\cdots\cdots\cdots (6\text{-}10)$$

여기서 PWL : 송풍기에서 덕트로 방출되는 소음의 파워레벨 〔dB〕
$SPLm$: 측정점의 평균 음압레벨 〔dB〕(측정점 6점 값의 산술평균)
S : 덕트 단면적 〔m²〕
D : 덕트의 직경 〔m〕

---

125) **소음기**(sound absorber) : 공명을 이용한 머플러형 소음기, 음의 확산·흡수를 이용한 소음상자 등이 있다.
126) **파워레벨**(power level, PWL) : 음원의 음향출력의 크기를 나타내는 것으로 음출력 W와트의 파워레벨에서는 기준의 출력으로 10^{-12}와트를 잡고 다음 식으로 나타낸다.

$$PWL = \frac{10\log W}{10^{-12}} \ \text{〔dB〕}$$

2) 자유공간법

접속 덕트 개구단 주변의 공간에서 측정하며 파워레벨은 다음 식으로 구한다.

$$PWL = SPLm + 20\log10 R + 11 + E \quad\cdots\cdots\cdots\cdots\cdots\quad (6\text{-}11)$$

$$= SPLm + 20\log10 D + 21 + E \quad\cdots\cdots\cdots\cdots\cdots\quad (6\text{-}12)$$

여기서 R : 개구단에서 측정점까지의 거리(반경) [m]
E : 개구단 반사감쇄량 [dB]

2 덕트 내 발생소음

덕트 내 발생소음은 기류의 압력변동에 의한 철판의 진동에 따라 일어난다. 특히 엘보우나 단면 확대부·분기부·댐퍼 등 기류가 일어나는 곳의 발생이 크다. 이와 같은 발생소음은 덕트 내의 풍속에 따라 크게 달라지며 저속의 경우는 송풍기로부터의 소음에 비해 매우 적으므로 무시해도 좋다. 식 6-13은 ASHRAE[127]의 엘보 및 분기부 발생소음 추정식이다.

$$PWL = F + G + H \quad\cdots\cdots\cdots\cdots\cdots\cdots\cdots\cdots\cdots\cdots\quad (6\text{-}13)$$

여기서 PWL : 발생소음의 옥타브밴드 파워레벨 [dB]
F : 주파수 분포계수 [dB]
G : 속도계수 [dB]
H : 옥타브밴드폭 계수 [dB]

6-10-2 공조기기의 방음·방진

1 기기 소음의 차음

1) 기기 주변의 차음

기기 주변의 소음을 감소시키는 데는 기기를 케이싱이나 벽체로 싸서 차음하는 것이 유효하다. 기계에서 발생하는 소음이 벽체를 투과하는 것 외에도 기계의 진동이 바닥에 전해져서 바닥 진동에 의한 소음이 더해지

---

127) ASHRAE(미국난방냉동공조학회) : American Society of Heating, Refrigerating and Air-conditioning Engineers

므로 기계 기초에 방진재를 압입하는 것도 소음 감소에 효과가 있다. 또한 기계에 환기를 하기 위하여 차음벽에 구멍을 뚫으면 차음효과가 현저히 떨어지게 되므로 개구부에는 내장 덕트와 같은 소음기(消音器)를 붙여야 한다.

2) 기계실의 차음

기계실의 차음도를 높이려면 벽체에 투과손실이 큰 것을 사용하여야 한다. 일반적으로 콘크리트벽이 쓰이나 블록벽을 쓸 때는 특히 상부에 틈이 없도록 하고 벽면을 플라스틱 등으로 마무리하여 틈을 메꿀 필요가 있다. 또한 기계실에서는 덕트나 배관이 벽체를 관통하므로 관통부의 틈을 충진재로 밀폐하지 않으면 차음효과가 감소하게 되므로 주의해야 한다.

3) 옥외로 전하는 소음

옥외에 놓인 냉각탑이나 외벽면에 설치된 배기구 등에서의 소음은 옥외 공간을 따라 인접 건물에 도달하게 된다. 옥외의 소음전파는 주위 상황이나 풍향에 따라 영향을 받게 되므로 정량적으로 추정하기는 곤란하지만 음원에서 그렇게 멀지 않은 곳에 주변 건물에 의한 반사의 영향이 적을 때는 식 6-14에 의해 개략적으로 구할 수 있다.

$$SPL = PWL + 10 \log 10 \frac{Q}{4\pi r^2} \quad \cdots\cdots\cdots\cdots\cdots\cdots\cdots\cdots (6\text{-}14)$$

여기서 SPL : 대상점에서의 음압레벨 [dB]
PWL : 음원의 파워레벨 [dB]
Q : 지향계수
r : 음원에서 대상점까지의 거리 [m]

단, 위 식은 바람에 의한 영향을 고려하지 않은 경우임.

② 기기의 진동

1) 방진 기초

기기가 설치된 바닥에 전해지는 진동을 적게 하기 위해서 기기의 가대

(架臺)[128]와 바닥면 사이에 금속스프링이나 방진고무와 같이 스프링정수 (定數)[129]가 적은 방진 재료를 압입한 방진 기초가 사용된다.

2) 방진 재료

방진재는 진동절연을 하기 위해 적은 스프링정수를 갖는 것이라야 하나 기계적 강도나 내구성도 요구된다. 일반적으로 쓰이는 방진 재료는 금속 스프링이나 방진고무가 많으나 코르크나 공기스프링도 쓰인다. 금속스프 링에는 코일스프링, 원추스프링, 판스프링 등이 있으나 코일스프링이 많이 쓰인다.

❸ 기기의 방진법

1) 냉동기

원심 냉동기는 용량이 크며 가진력[130]도 크므로 절연효율이 요구되지만 회전수가 많으므로 방진은 비교적 용이하고 방진고무 등이 사용된다.

대형기는 하중이 크므로 이중슬래브 바닥 위에 설치할 경우에는 바닥 아래 보강이 필요하다. 왕복 냉동기는 용량에 비해 가진력이 크며 진동수 도 적은 것이 많으므로 충분한 방진이 필요하다. 방진재에는 금속스프링 또는 방진고무가 쓰이며 대용량의 것에는 가대에 콘크리트의 부가하중을 더해주는 것이 좋다.

2) 펌프

지하실이나 견고한 바닥에 설치되는 펌프는 소형의 것은 방진을 요하지 않는 것도 있으나 대형의 것이나 경구조의 바닥에 설치되는 것에는 방진 이 필요하다. 방진재는 금속스프링 또는 방진고무가 쓰인다. 대형 펌프에 는 그림 6 - 54에서처럼 부가하중(附加荷重)을 쓰면 진폭을 적게 하는 데 유효하다.

3) 송풍기

소형 저회전은 가진력도 적고 고무패드[131] 등으로 소음절연만 하면 된

---

128) **가대**(frame) : 기기 등을 상부에 얹어 고착시키고 하부를 뼈대 또는 땅 속에 고착시키는 구조물
129) **스프링정수**(spring constant) : 스프링에 단위의 변형을 생기게 하는 데 필요한 힘(통상단위 : kgf/cm)
130) **가진력**(vibratory force) : 강제 진동에 있어서 진동계에 계외로부터 가해지는 주기적 외력
131) **고무패드**(rubber pad) : 고무제의 진동방지 패드

다. 대형 송풍기에서는 방진고무 또는 방진스프링 등이 쓰인다. 특히 저회전의 것에서는 필요한 고유 진동수(natural frequency of pipe line)가 적게 되므로 주의해야 한다. 또한 송풍기의 진동이 덕트로 전달되면 소음이 발생되므로 접속부에는 그림 6 - 55처럼 캔버스커넥션이 사용된다.

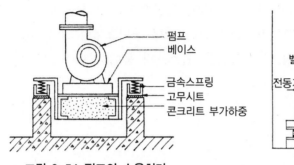

그림 6-54 펌프의 소음처리

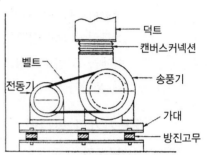

그림 6-55 송풍기 소음처리

4) 배관

배관의 진동은 펌프 진동이 배관에 전해지는 것과 관내의 유체진동이 있다. 펌프에서 전달되는 진동을 방지하는 데는 플렉시블 이음(flexible joint)이 사용된다.

플렉시블 이음쇠는 축에 직각 방향의 진동 감소율은 크지만 축방향의 감소율은 적으므로 큰 감소율이 요구될 때는 그림 6 - 56과 같이 2개의 플렉시블 이음쇠를 직각으로 사용하는 경우가 있다. 방진재는 필요한 방진효율에 따라 달라지나 그림 6 - 57과 같이 방진고무를 쓰는 경우가 많다.

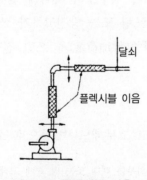

그림 6-56 플렉시블 이음

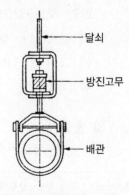

그림 6-57 방진고무 사용

문 제

[문제 1]   공화조화기의 시스템 구성을 스케치하면서 설명하시오.

[문제 2]   공기조화기의 감습장치 방법을 종류별로 기술하시오.

[문제 3]   덕트의 종류를 풍속, 사용목적, 형상에 따라 기술하고 설명하시오.

[문제 4]   덕트의 배치를 스케치하면서 설명하시오.

[문제 5]   덕트의 지지에 대하여 기술하시오.

[문제 6]   덕트의 공법 중 장방형 덕트의 접속을 스케치하면서 설명하시오.

[문제 7]   덕트의 공법 중 원형 덕트의 접속을 스케치하면서 설명하시오.

[문제 8]   덕트 시공의 실례를 스케치하면서 부속 자재에 대한 특성을 기술하시오.

[문제 9]   덕트의 설계 순서를 기술하시오.

[문제 10]   그림과 같은 계통도에 의한 저속 덕트를 계산하시오.

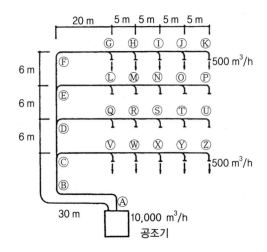

[문제 11]　예제 1의 덕트 배치도에서 취출구의 간격을 5 m로 해서 덕트의 단면을 계산하시오.

[문제 12]　댐퍼의 종류를 기술하시오.

[문제 13]　강제통풍식 냉각탑을 분류해서 기술하시오.

[문제 14]　공조설비의 소음발생원과 그 대책에 대하여 기술하시오.

[문제 15]　다음 용어에 대하여 간단히 설명하시오.

　　　　① chiller

　　　　② eliminate

　　　　③ air handling unit

　　　　④ aspect ratio

　　　　⑤ guide vanes

　　　　⑥ undercut

　　　　⑦ PWL

참고문헌

1) 小笠原 祥五 외 : 建築設備, 市ヶ谷出版社 (1987)

2) 石福 昭 외 : 建築設備, オ-ム社 (1986)

3) 吉田 燦 : 建築設備槪論, 章國社 (1985)

4) 井上宇市 : 建築設備計劃法, コロナ社 (1966)

5) 崔英植 : 建築設備設計計劃, 世進社 (1997)

6) 松本敏南 외 : 建築設備, 學獻社 (1982)

7) 中島康孝 외 : 建築設備, 朝倉書店 (1983)

8) 小原淳平 編 : 100万人の空氣調和, オ-ム社 (1990)

9) 小原淳平 編 : 續100万人の空氣調和, オ-ム社 (1990)

10) 牧野彰一 외 : 空氣調和衛生設備の基礎, 章國社 (1989)

11) 空氣調和・衛生工學會編 : 快適な溫熱環境のメカズム, 丸善 (1997)

12) 金井邦助 : 空氣調和技術讀本, オ-ム社 (1979)

13) 空氣調和・衛生工學會編空氣調和設備の實務の知識, オ-ム社 (1989)

14) 空氣調和・衛生工學會編 : 空氣調和衛生工學便覽ⅠⅡⅢ, 空氣調和・衛生工學會 (1975)

15) 井上宇市 외 : 建築設備ハンドブシク, 朝倉書店 (1981)

16) 中島康孝 외 : 建築設備設計施工資料集成, 大光書林 (1977)

17) 吉村武 외 : 繪建築設備, オ-ム社 (1983)

18) 建築設備大系編委員會編 : 建築設備設計 ⅠⅡ, 章國社 (1965)

19) 配管工學硏究會編 : 配管ハンドブシク, 産業圖書 (1973)

20) 歙野香 : 特殊設備, 鹿島出版會 (1978)

21) 日本建築學會編 : 建築設計資料集成(設備計劃編), 丸善 (1977)

22) オ-ム社編 : 建築設備配管の實務讀本, オ-ム社 (1993)

23) 戶岐重弘 외 : 建築設備演習, オ-ム社 (1984)

24) 日本生氣象學會編 : 生氣象學の事典, 朝倉書店 (1992)

25) 空氣調和・衛生工學會編 : 空氣調和・衛生用語事典, オ-ム社 (1990)

26) 空氣調和・衛生工學會用語委員會編 : 空氣調和・衛生用語集, 空氣調和・衛生工學會 (1989)

27) 建築設備用語大事典 編纂委員會編 : 建築設備用語大事典, 技文堂 (1997)

28) 空氣調和・衛生工學會編 : 建築設備集成, オ-ム社 (1988)

29) 정광섭・김광우 공저 : 건축공기조화설비, 기문당 (1993)

30) Faye C. McQuiston, Jerald D. Paker : Heating, Ventilating And Air Conditioning, John Wiley & Sons, Inc. (1994)

부록

참 고 표

찾 아 보 기

참　고　표

표 1 (a)　기본 key word 101

옥 외 환 경	Outdoor Environment	수 처 리	Water Rreatment
실 내 환 경	Indoor Environment	배 수 처 리	Wastewater Treatment
열 역 학	Thermodynamics	오 물 처 리	Night Soil Treatment
열 전 달	Heat Transfer	상 수 도	Water Works
물 질 이 동	Mass Transfer	하 수 도	Sewerage
연 소	Combustion	원 동 기	Prime Movers
유 체 역 학	Fluid Mechanics	압 축 기	Compressors
재 료 역 학	Strength of Materials	송 풍 기	Fans & Blowers
진 동	Vibration	펌 프	Pumps
음	Sound	열 교 환 기	Heat Exchangers
광	Light	수 조	Water Tanks
열	Heat	제 어 기 기	Control Devices
공 기	Air	냉 동 기	Refrigerating Mchine
물	Water	히 트 펌 프	Heat Pumps
에 너 지	Energy	보 일 러	Boilers
측 정	Meaurement	냉 각 탑	Cooling Towers
전산기 이용	Computer Utilization	난 방 기 기	Heating Units
자 동 제 어	Automatic Control	공기조화기	Air Handling Units. Air Conditioners
총 합 계 획	General Planning	가 습 장 치	Humidifiers
환 경 계 획	Environmental Planning	감 습 장 치	Dehumidifiers
건 축 계 획	Architecturl Planning	취 출 구	Air Outlets
설 비 계 획	System Planning	흡 출 구	Air Inlets
공 조 계 획	Air Conditioning system Planning	공기정화장치	Air Cleaning Equipment
급배수 · 위생계획	Plumbing System Planning	설비유니트	Unitary Equipment
시 공 계 획	Installation Planning	위 생 기 구	Sanitary Fixtures
부 하 계 산	Load Estimation (Calculation)	소 화 기 구	Fire Extinguisher
에너지 절약	Energy Conservation	가 스 기 구	Gas Apparatus
자 원 절 약	Resources Conservation	주 방 기 구	Kitchen Equipment
지역냉난방	District Heating and Cooling	배 관 재 료	Piping Materials
태양열이용	Solar Energy Utilization	닥 트 재	Air Duct Materials
축 열	Heat Storage	판 재	Sheet Materials
방 음	Noise Control	단 열 재	Thermal Insulator
방 진	Vibration Control	도 료	Paint
방 식	Corrosion Control	품 질 관 리	Quality Control
내 진	Aseismatic Design	유 지 관 리	Maintenance
공 조 설 비	Air Conditioning Systems	시 험 · 검 사	Test & Inspection
난 방 설 비	Heating Systems	법 규 · 규 격	Laws & Standards
환 기 설 비	Ventilating Systems	시 운 전 조 정	Trial Working and Adjustments
열 원 설 비	Heat Source Systems	경 제 성 평 가	Economic Evaluation
방 배 연 설 비	Smoke Control Systems	성 능 평 가	Performance Evaluation
송 풍 계	Air Duct Systems	시 공 법	Installation Methods
배 관 계	Pioing Systems	사 무 소	Offices
전 기 설 비	Electrical Systems	호 텔	Hotels
중 앙 관 제	Centralized Control Systems	주 택	Residences
급 배 수 설 비	Plumbing Systems	점 포	Shops & Stores
급 수 설 비	Water Supply Systems	학 교	Schools
급 탕 설 비	Hot-water Systems	병 원	Hospitals
배 수 설 비	Drainage Systems	집 회 장	Places of Assembly
소 화 설 비	Extinguishment systems	교 통 기 관	Traffic Facilities
가 스 설 비	Cas Installation	공 장	Factories
쓰레기처리	Refuse Treatment		

出典：空氣調和 · 衛生工學會編：空氣調和 · 衛生工學, 59-5(1985), 日本空氣調和 · 衛生工學會

표 1 (b) 한국설비공학회 주요어(key words) 목록

absorber	흡수기	block diagram	블록선도
absorption	흡수, 흡수식	blower	송풍기
absorption chiller-heater	흡수식 냉온수기	boiler	보일러
absorption heat pump	흡수식 열펌프	boiling	비등
absorption refrigeration	흡수식 냉동	bubble	기포
absorption solution	흡수용액	building	건물, 건축물
acoustic	음향	buoyancy	부력
activated charcoal	활성탄	burner	버너
additive	첨가제	burnout	번아웃
adiabatic	단열	calorimetry	열량측정법
adsorption	흡착	capacity	용량
adsorption refrigerator	흡착식 냉동기	capillary tube	모세관
aerodynamic	공기역학적	cascade	캐스케이드, 익렬
aerosol	에어로졸	CAV	정풍량 방식
air	공기	cavitation	캐비테이션, 공동
air chamber	에어챔버, 공기실	ceiling	천장
air cleaner	공기청정기, 공기정화기	centrifugal	원심식
air cleaning	공기청정, 공기정화	CFC	염화불화탄소
air conditioner	공기조화기	chamber	챔버
air conditioning	공조, 공기조화	characteristics	특성
air conditioning system	공조시스템,	charging	하전, 충전
	공기계통, 공조방식	chemical	화학적
air cooling	공기냉각	chilled water	냉수
aircraft	항공기	chiller	냉각기
air curtain	에어커튼	chimney	굴뚝
air distribution	공기분포	circulating pump	순환펌프
airflow	기류	classification	분류
airfoil(aerofoil)	익형	clathrate	포접화합물
air leakage	공기누설	clean room	청정실, 클린룸
air pollutants	공기오염물질	closed type	밀폐형
alternative refrigerant	대체냉매	code	표준
ammonia	암모니아	cogeneration	열병합발전
aquifer	지하대수층	coil	코일
architecture	건축	cold	냉(冷), 저온
aspect ratio	종횡비, 가로세로비	collection	포집
atmosphere	대기	collector	집열기
atomization	무화	combined heat and mass transfer	
attenuation	감쇄		복합 열 및 물질전달
auditorium	강당	combustion	연소
automotive	자동차	combustion-driven oscillation	
available energy	가용에너지		연소진동
average heat transfer coefficient		comfort	쾌적
	평균 열전달계수	commercial	상업적
axial	축류식	compressible	압축성
azeotrope	공비혼합물	compression	압축
azeotropic refrigerant mixture		compressor	압축기
	공비 혼합냉매	computer	컴퓨터
balancing	밸런싱	computer simulation	컴퓨터 모사,
bin method	빈법		컴퓨터 시뮬레이션
binary mixture	이원 혼합물	concentration	농도

condensate	응축액
condensation	응축
condenser	응축기
conduction	전도
conduit	도관
conjugate heat transfer	공액열전달
consumption	소비
contamination	오염
continuous heating control	연속난방제어
control	제어
convection	대류
cool down process	초기냉방과정
cooler	냉각기
cooling	냉각
cooling load	냉동부하, 냉방부하
cooling tower	냉각탑
cooling water	냉각수
coordinate system	좌표계
COP	성능계수
correlation	상관관계, 상관식
corrosion	부식
counterflow	대항류
cross flow	횡류, 직교류
cryogenic	극저온
cryogenic refrigerator	극저온냉동기
crystallization	결정화
cycle	사이클
damping	감쇠
database	데이터베이스
dead time compensation	지연시간 보상
defrost	제상, 서리제거
degradation	저하
degree of superheat	과열도
dehumidification	제습
dehydration	탈수
density	밀도
density inversion	밀도역전
deposition	침착
desiccant	건조제
design	설계
desorption	탈착
dielectric fluid	전기 비전도유체
diffuser	디퓨져
diffusion	확산
DVSC	디지털 가변구조제어
distillation	증류
district heating	지역난방
domestic	가정용
draft	통풍(력), 드래프트
drag	항력
dropwise condensation	액적응축
drying	건조
duct	덕트
dynamic	동적

dynamic characteristic	동특성
economic analysis	경제분석
eddy viscosity	와점성계수
education	교육
efficiency	효율
electric	전기식
electronic	전자식
electronic packaging	전자장비 실장
electrostatic	정전식
elevator	엘리베이터, 승강기
enclosure	밀폐공간
energy	에너지
energy calculation	에너지계산
energy conservation	에너지보존
energy consumption	에너지소비
energy storage	에너지저장
engine	기관, 엔진
enhancement	촉진
envelope	외피
environment	환경
equation of state	상태방정식
equilibrium	평형
eutectic	공융, 공정
evacuated powder panel	진공분말패널
evaporation	증발, 증발량
evaporator	증발기
exergy	엑서지, 유효에너지
exhaust	배기
expansion	팽창
expansion device	팽창장치
expansion valve	팽창밸브
experiment	실험
extended surface	확장표면
extraction	추출
factory	공장
fan	팬, 송풍기
feedback	피이드백
fenestration	창면, 채광면
FOM	환산비
film	막, 필름
film condensation	막응축
filmwise condensation	막응축
filter	필터, 여과기
filtration	여과
fin	핀
finite volume method	유한체적법
finned-tube	핀-관
fire	화재
floor	바닥
flow pattern	유동양식
flow rate	유량
flow visualization	유동가시화
flue gas	연도가스
fluid flow	유체유동
fluidics	유체소자, 플루이딕스

fluidized bed	유동층	HVAC system	HVAC 시스템
food	식품	hydrocarbon	탄화수소
forced convection	강제대류	IAQ(indoor air quality)	실내공기질
free convection	자연대류	ice	얼음
freeze drying	동결건조	ice storage	빙축
freeze protection	동결방지	ice-slurry	아이스슬러리
freezing	응고, 동결	illumination	조명
Freon	프레온	immersion	액침
frequency	진동수, 주파수	impeller	임펠러
frequency response	주파수 응답	impinging jet	충돌제트
friction	마찰	incineration	소각
friction factor	마찰계수	incinerator	소각로
frost	서리	indoor air quality	실내공기질
frost formation	착상	industrial	산업(용)
fuel cell	연료전지	infiltration	침입공기
fuel oil	연료유	insolation	일사, 일광
furnace	노(爐)	instability	불안정성
gas	기체,가스	installation	설치
gas analysis	가스분석	instrumentation	계측, 계장
gas-fired	가스연소	insulation	단열, 차단, 절연
gas hydrate	기체수화물	intermittent heating	간헐난방
gas turbine	가스터빈	inverter	인버터, 가변전압가변
generator	발생기,발전기		주파수장치
geometry similitude method		irreversibility	비가역성
	상사실험기법	jet	제트
geothermal	지열	laminar	층류
glass	유리	latent heat	잠열
gravity	중력	LDV	레이저 도플러 유속계
groundwater	지하수	leakage	누설
HCFC	염화불화탄화수소	LiBr	리튬브로마이드
health	보건, 건강	lighting	조명
heat	열	liquefaction	액화
heat and mass transfer	열 및 물질전달	liquefied gas	액화가스
heat capacity	열용량	liquid	액체
heat exchanger	열교환기	lithium bromide	리튬브로마이드
heat flux	열유속	LMED	대수평균엔탈피차
heating	가열, 난방	LMTD	대수평균온도차
heating load	가열부하, 난방부하	LNG	액화천연가스
heat pipe	히트파이프	load calculation	부하계산
heat pump	열펌프	louver fin	루버핀
heat recovery	열회수	low temperature	저온
heat transfer	열전달	lubrication	윤활
heat transfer coefficient	열전달계수	maintenance	유지관리, 정비
helium	헬륨	marangoni convection	마랑고니대류
hermetic	밀폐형	mass transfer	물질전달
HFC	불화탄화수소	measurement	측정, 계측
highrise	고층	melting	융해
holography	홀로그래피	metastable state	준안정상태
hood	후드	methanol	메타놀
horizontal	수평	microbiology	미생물학
hospital	병원	mixed convection	혼합대류
hot water	온수	mixing	혼합
humidification	가습	mixture	혼합물
humidifier	가습기	modeling	모델링
humidity	습도	moist air	습공기

moisture	습기	premixed combustion	예혼합 연소
molecular sieve	건조제, **흡습제**	pressure	압력
monitoring	모니터링	pressure drop	압력강하
Monte-Carlo Method	몬테카를로법	pressure loss	압력손실
motor	모터, 전동기	pressure vessel	압력용기
muffler	머플러	product	제품
natural circulation	자연순환	propeller fan	프로펠러 팬
natural convection	자연대류	property	성질, 상태량
natural lighting	자연조명	proportional	비례
Newtonian fluid	뉴톤유체	psychrometric	습공기
noise	소음	public	공공
noise radiation	소음방사	pulsation	맥동
non-azeotropic	비공비혼합물	pulse combustion	맥동연소
non-condensable gas	불응축가스	pulse tube	맥동관
non-Newtonian fluid	비뉴턴유체	pulse tube refrigerator	맥동관냉동기
nucleate boiling	핵비등	pump	펌프
numerical analysis	수치해석	quality	건도
odor	냄새	radiant heating	복사난방
office building	사무용건물	radiant heating panel	복사난방패널
oil-fired	기름연소	radiation	복사
ondol	온돌	radiator	방열기, 라디에이터
open type	개방형	radioactive	방사성
operation	운전, 동작	radon	라돈
optimization	최적화	rating	정격
optimum design	최적설계	real gas	실제기체
orifice	오리피스	receiver	리시버
oscillation	진동	reciprocating	왕복형
overturning angle	전복각	reciprocating compressor	왕복동압축기
ozone	오존	recirculation zone	재순환구역
panel	패널	refrigerant	냉매
paraffin	파라핀	refrigerant mixture	혼합냉매
parallel flow	평행류	refrigerant oil	냉동기유
parameter	변수, 파라미터	refrigeration	냉동
particle	입자	refrigerator	냉동기, 냉장고
particle image velocimetry		regenerator	재생기
	입자영상 유속측정장치	relative humidity	상대습도
partition	격판	research	연구
passive solar	자연형태양열	residential	가정용
PCB	인쇄회로기판	resonator	공명관
PCM	상변화물질	reveberation	잔향
periodic	주기적, 정기적	roof	지붕, 옥상
phase change	상변화	rotary	회전식
phase change material	상변화물질	rotary compressor	로터리압축기
PID control	PID 제어	roughness	조도, 거칠기
piping	배관	safety	안전
plastic	플라스틱	sanitary	위생
pneumatic	공기식	saturation	포화
pollution	오염	screw compressor	스크류 압축기
pool boiling	풀비등	scroll compressor	스크롤 압축기
porosity	공극률	seal	밀봉
porous medium	다공질 매체	sealed tube	밀봉관
power plant	발전소	secondary flow	2차 유동
precipitator	침전기, 집진기	sedimentation	침강, 침전
precooling	예냉각	semiconductor	반도체
prediction	예측	sensible heat	현열

sensor	센서	thermal resistance	열저항
sewage	하수	thermal response	열적반응
shading	차폐	thermal storage	축열
shelter	대피소	thermal storage material	축열재, 축열물질
short tube orifice	단관오리피스	thermoacoustic	열음향
simulation	시뮬레이션, 모사	thermodynamic	열역학적
sizing	치수	thermoelectric	열전
slurry	슬러리	thermostat	온도조절기, 서모스탯
smoke control	배연, 방연	thermosyphon	열사이폰, 써모사이폰
snow	눈	throttling	교축, 쓰로틀
software	소프트웨어	transfer function	전달함수
solar energy	태양에너지	transformer	변압기
solar system	태양열시스템	transient	과도
solidification	응고	transport	운송, 수송
solubility	용해도	treatment	처리
solvent	용매	tube	관, 튜브
sound	음, 소리	turbine	터빈
sound pressure	음압	turboexpander	터보팽창기
specification	시방서	turbulence	난류
spiral	스파이럴식, 나선식	turbulent intensity	난류강도
spray	분무	two-phase	2상
stadium	경기장	two phase flow	2상 유동
stagnation point	정체점	underground	지하
standards	표준	unsteady state	비정상상태
static pressure	정압	utility	상용, 유틸리티
steady state	정상상태	vacuum	진공
steam	(수)증기	vacuum pump	진공펌프
stenotic tube	협착관	valve	밸브
sterilization	멸균	vane	베인, 깃
Stirling cycle	스터링 사이클	vapor	증기
Stirling refrigerator	Stirling냉동기	vapor barrier	방습층
storage	저장	vaporizer	기화기
strainer	여과기	vapor pressure	증기압
stratification	성층	variable air volume	변풍량
stress analysis	응력해석	VAV	가변풍량방식
subcooling	과냉, 과냉과냉각	ventilation	환기
sublimation	승화	vertical	수직
suction	흡입	vibration	진동
super-charged	과급	viscosity	점성계수, 점도
superheat	과열	VM heat pump	VM 열펌프
super-lean	초희박	void fraction	보이드율
surface tension	표면장력	volute	벌류트
surfactant	계면활성제	vortex	와류
surge	서지	warehouse	창고
swirl	선회	waste	폐기물
swirling	선회	waste heat	폐열
system	시스템	water	물, 수(水)
temperature	온도	water hammer	수격
testing	시험	water heating	가열, 급탕
theoretical analysis	이론해석	water treatment	수처리
thermal	열적	weather data	기상데이터
thermal comfort	온열 쾌적도	wind	바람
thermal conductivity	열전도도	wind tunnel	풍동
thermal insulation	단열	window	창문
thermal performance	열성능	zoning	조닝

표 2 단위 환산표

길 이	면 적	체 적	중량·질량	압 력	유속·질량	기 타
1 mm = 0.03937 in 1 in = 1 / 12 ft 　= 25.400 mm 1 m = 3.2808 ft 　= 3.30 尺 1 ft = 1 / 3 yd 　= 0.3048 m 1 km = 0.6214 mile 1 mile = 1.60934 km 1 yd = 3 ft = 36 in 　= 0.9144 m 1 間 = 6 尺 　= 1.8182 m 1 μm=1 μ (미크론) 　= 0.001 mm 1 mil = 0.001 in 　= 0.0254 mm	1 cm² = 0.1550 in² 1 in² = 6.4514 mm² 　= 645.14 mm² 1 m² = 10.7643 ft² 　= 1.1960 yd² 1 ft² = 0.0926 m² 1 평 = 3.3058 m² 1 a (아르) = 100 m² 1 ha (헥타아르) 　= 10.000 m² 　= 2.471 acre 1 평방마일 　= 2.590 km² 1 町 = 10 段 　= 3.000 평 　= 0.9917 ha	1 cm³ (cc) = 0.06102 in³ 1 lit = 0.03531 ft³ 　= 0.26428 미 gal 　= 0.21998 영 gal 1 ft³ = 28.318 lit 1 미 gal = 3.785 lit 1 영 gal = 4.546 lit 1 in³ = 16.3870 cm³ 1 m³ = 1 kℓ 　= 35.3166 ft³ 1 Nm³ (노말입방미터) (암닥 / atm, 온도0℃ 에서의 기체의 용적)	1 g = 15.432 그레인 1 그레인 = 1 / 7,000 lb 　= 0.0648 g 1 kg = 2.2046 lb (폰드) 1 lb (폰드) 　= 16 oz (온스) 　= 7,000 그레인(gr) 　= 0.4536 kg 1,000 kg = 0.984 영톤 　= 1.102 미톤 1 영톤 = 2,240 lb 　= 1.016 kg 1 미톤 = 2,000 lb 　= 907.2 kg 1 N (뉴우톤) = 10^5 dyne 　= 1 / 9.80665 kgf 　(중량킬로그램)	1 kg / cm² 　= 14.223 lb / in² 　= 2,048.1 lb / ft² 1 기압 14.696 lb / in² 　= 760 mmHg 　= 10.34 mAq 1 lb / in³ (psi) 　= 0.0703 kg / cm² 　= 144 lb / ft² 1 inAq (16.66℃) 　= 0.0361 lb / in² 1 inAq (0℃) 　= 0.491 lb / in² 1 kg / cm² 　= 10 mAq 　= 10,000 mmAq	1 m / sec = 3.2808 ft / sec 　= 196.854 ft / min 　= 2.23698 mile / hr 1 ft / min 　= 0.005080 m / s 　= 18.287 m / hr 1 mile / hr 　= 0.44703 m / sec 1 lit / sec 　= 15.8514 미 gal / min 　= 13.197 영 gal / min 1 미 gal / min 　= 0.0630861 lit / sec 1 영 gal / min 　= 0.075775 lit / sec 1 m³ / min = 264.19 　미 gal / min 　= 2,119 ft³ / hr 1 ft³ / hr = 0.47188 　lit / min 　= 0.007865 lit / sec 10,000 석 / 24 hr 　= 75.17 m³ / hr	에너지 1 kcal = 3.968 BTU 1 BTU = 0.252 kacl 1 ps = 75 kg·m / s 　= 0.9863 HP 1 HP = 55 ft lb / sec 　= 1.014 ps 1 국제 kw 일전도율 1 kcal / mhr ℃ = 102.0 kg / ms = 1.360 ps = 860 kcal / hr = 738.3 ft lb/s = 1.341 HP = 3.413 BTU 열전도율 1 kcal / mhr ℃ = 0.6719 BTU / hrft℉ = 8.063 BTU / hrft²℉ / in 1 BTU / ft³hr℉ / in. = 0.1240 kcal / hrm℃ 압력강하 1 mmAq / m = 1.200 inAq / 100 ft 1 inAq / 100 ft = 0.833 mmAq / m

(주) [접두어]

T (테라) : 10^{12}　　k (킬로) : 10^3　　d (데시) : 10^{-1}　　μ (마이크로) : 10^{-6}　　G (기가) : 10^9　　h (헥토) : 10^2
C (센티) : 10^{-2}　　n (나노) : 10^{-9}　　M (메가) : 10^6　　da (데카) : 10^1　　m (밀리) : 10^{-3}　　p (피코) : 10^{-12}

표 3 국제단위계 SI 단위 환산표

항 목	SI 단위	종래단위를 SI단위로 한 환산률		SI단위를 종래단위로 한 환산률	
힘	N(뉴톤)	dyn → N	1×15^{-5}	N → dyn	1×10^5
		kg f[1] → N	9.807	N → kg f	0.1020
압 력	Pa(파스칼)	bar[2] → Pa	1×10^5	Pa → bar	1×10^{-5}
		mmAq → Pa	9.807	Pa → mmAq	0.1020
		mmHg → Pa	1.333×10^2	Pa → mmHg	7.501×10^{-3}
		kg f/cm² → Pa	9.807×10^4	Pa → kg f/cm²	1.020×10^{-5}
		kg f/cm² → kPa	98.07	kPa → kg f/cm²	1.02×10^{-2}
		atm → Pa	1.013×10^5	Pa → atm	9.869×10^{-6}
		atm → MPa	0.1030	MPa → atm	9.869
점 도	Pa · s (파스칼 · 초)	P → Pa · s	1×10^{-1}	Pa · s → P	10
에 너 지 일 열 량 전 력 량	J(주울)	kcal[3] → J	4.186×10^3	J → kcal	2.389×10^{-4}
		kcal → kJ	4.186	kJ → kcal	0.2389
		kg f · m → J	9.807	J → kg f · m	0.1020
		kW · h → J	3.6×10^6	J → kW · h	2.778×10^{-7}
		kW · h → MJ	3.6	MJ → kW · h	0.2778
동 력 전 력 열 류	W(와트)	kg f m/s → W	9.807	W → kg f m/s	0.1020
		PS[4] → W	7.355×10^2	W → PS	1.360×10^{-3}
		PS → kW	0.7355	kW → PS	1.360
		kcal/h → W	0.163	W → kcal/h	0.860
		kcal/h → kW	1.163×10^{-3}	kW → kcal/h	8.60×10^2
열전도율	W/(m · K)	kcal/m · h · ℃ → W/(m · k)	1.163	W/(m · K) → kcal/m · h · ℃	0.860
열통과율 열전도계수	W/(m · K)	kcal/m · h · ℃ → W/(m² · k)	1.163	W/(m² · K) → kcal/m² · h · ℃	0.860
비 중 비엔탈피	J/(kg · K)	kcal/kg · ℃	4.186×10^3	J/(kg · k) → kcal/kg · ℃	2.389×10^{-4}
비엔탈피 비 잠 열	J/kg	kcal.kg → J/kg	4.186×10^3	J/kg → kcal/kg	2.389×10^{-4}

SI : Systeme International

표 4 기 호

압 력	at : kg/cm² ata : kg/cm² 절대 atg : kg/cm² 게이지 m Aq : 미터수주	속 도	m/s (매초입방미터)
열 량	kcal/h : 매시킬로칼로리 Mcal(메가칼로리)=1,000 kcal Gcal(기가칼로리)=10^6 kcal RT : 미국제 냉동톤=3,024 kcal/h	사용수량	ℓ/c · d : 매일, 1인당 리터 ℓ/m²h : 매시, 연면적 m² 당리터 m³/m² · a : 매년, m² 당입방미터
유 량	ℓ/min : 매분리터 ℓ/h : 매시리터 kg/h : 매시킬로그램 m³/h : 매시입방미터	공기조건	t : 건구온도(℃) t' : 건구습도(℃) t'' : 노점온도(℃) h : 엔탈피(kcal/kg) x : 절대습도(kg/kg) φ^R 또는 φ : 상대습도(%) γ : 비중(kg/m³)

표 5   포화증기표(일본기계학회, 1968)

압력(ata)	온도(℃)	비용적(m³/kg)		비중량(kg/m³)	엔탈피(kcal/kg)		
p	t	v'	v''	$1/v''$	h'	h''	r
0.0062	0	0.0010002	206.31	0.004847	- 0.01	597.5	597.5
0.010	6.699	0.00100006	131.62401	0.0075974	6.72	600.42	593.70
0.050	32.55	0.00100511	28.7184	0.034821	32.560	611.68	579.12
0.10	45.45	0.00101006	14.9467	0.066904	45.438	617.20	571.76
0.20	56.66	0.00101696	7.79127	0.12835	59.637	623.18	563.54
0.30	68.68	0.00102206	5.32592	0.18776	68.650	626.89	558.24
0.40	75.42	0.00102621	4.06715	0.24587	75.400	629.62	554.22
0.50	80.86	0.00102976	3.30001	0.30303	80.855	631.79	550.94
0.60	85.45	0.00103291	2.78214	0.35994	85.465	633.60	548.13
0.70	89.45	0.00103574	2.40834	0.41522	89.474	635.15	545.68
0.80	92.99	0.00103834	2.12544	0.47049	93.034	636.51	543.48
1.00	99.09	0.00104299	1.72495	0.57973	99.172	638.81	539.64
1.03323	100.00	0.00104371	1.67300	0.59773	100.092	639.15	539.06
1.05	100.45	0.00104406	1.64799	0.60680	100.547	639.32	538.77
1.10	101.76	0.00104510	1.57780	0.63379	101.869	639.81	537.94
1.15	103.03	0.00104611	1.51353	0.66071	103.143	640.27	537.13
1.20	104.25	0.00104710	1.45445	0.68754	104.373	640.72	536.35
1.25	105.42	0.00104805	1.39995	0.71431	105.561	641.15	535.59
1.30	106.56	0.00104899	1.34952	0.74101	106.711	641.57	534.86
1.35	107.67	0.00104991	1.30270	0.76764	107.826	641.97	534.14
1.40	108.74	0.00105080	1.25912	0.79421	108.907	642.35	533.45
1.45	109.78	0.00105167	1.21845	0.82072	109.958	642.73	532.77
1.50	110.79	0.00105253	1.18041	0.84717	110.980	643.09	532.11
1.60	112.73	0.00105419	1.11123	0.89990	112.943	643.78	530.84
1.70	114.57	0.00105579	1.04994	0.95243	114.809	644.43	529.62
1.80	116.33	0.00105734	0.995249	1.0048	116.588	645.04	528.45
1.90	118.01	0.00105883	0.946134	1.0569	118.290	645.62	527.33
2.00	119.61	0.00106028	0.901776	1.1089	119.921	646.18	526.26
2.10	121.16	0.00106169	0.861508	1.1608	121.487	646.70	525.22
2.20	122.64	0.00106305	0.824784	1.2124	122.995	647.20	524.21
2.50	126.79	0.00106693	0.731704	1.3667	127.211	648.59	521.38
3.00	132.88	0.00107284	0.616754	1.6214	133.417	650.56	517.15
3.50	138.19	0.00107819	0.533697	1.8737	138.850	652.23	513.38
4.00	142.92	0.00108312	0.470785	2.1241	143.702	653.66	509.96
4.50	147.20	0.00108770	0.421426	2.3729	148.100	654.92	506.82
5.00	151.11	0.00109202	0.381632	2.6203	152.131	656.03	503.90
6.00	158.08	0.00109997	0.321345	3.1119	159.338	657.93	498.90
7.00	164.17	0.00110723	0.277768	3.6001	165.672	659.49	493.82
8.00	169.61	0.00111396	0.244751	4.0858	171.347	660.81	489.46
9.00	174.53	0.00112026	0.218840	4.5696	176.508	661.93	485.42
10.00	179.04	0.00112622	0.197945	5.0519	181.252	662.90	481.65

(주) v', h' : 포화수의 비용적, 엔탈피
v'', h'' : 포화증기의 비용적, 엔탈피
r : 증발잠열

표 6 습공기표(습구가 물로 쌓여 있는 경우)

$t\,(℃)$	P_w (kg/cm^2)	P_s (mmHg)	x_s (kg / kg(DA))	h_s (kcal/kg (DA))	v_s $(m^3/kg$ (DA))	h_a (kcal/kg)	v_a (m^3/kg)
-10.0	2.919×10^{-3}	2.147	1.716×10^{-3}	- 1.355	0.7476	- 2.40	0.7455
-9.0	3.158×10^{-3}	2.323	1.907×10^{-3}	- 1.029	0.7506	- 2.16	0.7483
-8.0	3.414×10^{-3}	2.511	2.062×10^{-3}	- 0.6955	0.7536	- 1.92	0.7512
-7.0	3.689×10^{-3}	2.713	2.229×10^{3}	- 0.3557	0.7567	- 1.68	0.7540
-6.0	3.983×10^{-3}	2.930	2.407×10^{3}	- 0.00864	0.7598	- 1.44	0.7568
-5.0	4.298×10^{-3}	3.161	2.598×10^{3}	0.3461	0.7628	- 1.20	0.7597
-4.0	4.635×10^{3}	3.409	2.802×10^{3}	0.7090	0.7659	- 0.96	0.7625
-3.0	4.995×10^{3}	3.674	3.021×10^{3}	1.081	0.7690	- 0.72	0.7653
-2.0	5.379×10^{3}	3.957	3.255×10^{3}	1.461	0.7722	- 0.48	0.7682
-1.0	5.790×10^{3}	4.259	3.505×10^{3}	1.852	0.7753	- 0.24	0.7710
0.0	6.228×10^{3}	4.581	3.772×10^{-3}	2.253	0.7785	0.00	0.7738
1.0	6.696×10^{3}	4.925	4.057×10^{-3}	2.665	0.7817	0.24	0.7766
2.0	7.194×10^{3}	5.292	4.361×10^{3}	3.089	0.7849	0.48	0.7795
3.0	7.724×10^{3}	5.681	4.685×10^{3}	3.524	0.7882	0.72	0.7823
4.0	8.289×10^{3}	6.097	5.030×10^{3}	3.974	0.7915	0.96	0.7851
5.0	8.890×10^{3}	6.539	5.398×10^{3}	4.463	0.7948	1.20	0.7880
6.0	9.530×10^{3}	7.010	5.790×10^{3}	4.914	0.7982	1.44	0.7908
7.0	1.0209×10^{2}	7.5093	6.207×10^{3}	5.407	0.8016	1.68	0.7936
8.0	1.0931×10^{2}	8.0404	6.651×10^{3}	5.916	0.8050	1.92	0.7965
9.0	1.1698×10^{2}	8.6045	7.123×10^{3}	6.443	0.8084	2.16	0.7993
10.0	1.2512×10^{2}	9.2033	7.625×10^{3}	6.988	0.8120	2.40	0.8021
11.0	1.3375×10^{2}	9.8381	8.157×10^{3}	7.552	0.8155	2.64	0.8050
12.0	1.4290×10^{2}	10.511	8.723×10^{3}	8.137	0.8191	2.88	0.8078
13.0	1.5260×10^{2}	11.225	9.324×10^{3}	8.743	0.8228	3.12	0.8106
14.0	1.6288×10^{2}	11.981	9.962×10^{3}	9.372	0.8265	3.36	0.8135
15.0	1.7375×10^{2}	12.780	10.64×10^{3}	10.03	0.8303	3.60	0.8163
16.0	1.8526×10^{2}	13.627	11.36×10^{3}	10.70	0.8341	3.84	0.8191
17.0	1.9743×10^{2}	14.522	12.12×10^{3}	11.41	0.8380	4.08	0.8220
18.0	2.1030×10^{2}	15.469	12.92×10^{3}	12.14	0.8419	4.32	0.8248
19.0	2.2390×10^{2}	16.469	13.78×10^{3}	12.91	0.8460	4.56	0.8276
20.0	2.3826×10^{3}	17.525	14.68×10^{-3}	13.70	0.8501	4.80	0.8305
21.0	2.5343×10^{3}	18.641	15.64×10^{3}	14.53	0.8542	5.04	0.8383
22.0	2.6942×10^{3}	19.817	16.65×10^{3}	15.39	0.8585	5.28	0.8361
23.0	2.8630×10^{3}	21.059	17.73×10^{3}	16.29	0.8629	5.52	0.8390
24.0	3.0409×10^{3}	22.368	18.86×10^{3}	17.23	0.8673	5.76	0.8418
25.0	3.2284×10^{3}	23.747	20.06×10^{3}	18.20	0.8719	6.00	0.8446
26.0	3.4259×10^{3}	25.199	21.33×10^{3}	19.23	0.8765	6.24	0.8475
27.0	3.6339×10^{3}	26.729	22.67×10^{-3}	20.29	0.8813	6.48	0.8503
28.0	3.8527×10^{-3}	28.339	24.09×10^{3}	21.41	0.8862	6.72	0.8531
29.0	4.0830×10^{-3}	30.033	25.59×10^{3}	22.57	0.8912	6.96	0.8560

표 6 계 속

$t(℃)$	P_w (kg/cm²)	P_s (mmHg)	x_s (kg/kg(DA))	h_s (kcal/kg (DA))	v_s (m³/kg (DA))	h_a (kcal/kg)	v_a (m³/kg)
30.0	4.3251×10^{-3}	31.814	27.17×10^{-3}	23.79	0.8963	7.20	0.8588
31.0	4.5796×10^{-3}	33.686	28.85×10^{-3}	25.07	0.9016	7.44	0.8616
32.0	4.8471×10^{-3}	35.653	30.62×10^{-3}	26.40	0.9070	7.68	0.8645
33.0	5.1280×10^{-3}	37.719	32.48×10^{-3}	27.80	0.9126	7.92	0.8673
34.0	5.4229×10^{-3}	39.889	34.45×10^{-3}	29.26	0.9183	8.16	0.8701
35.0	5.7324×10^{-3}	42.165	36.54×10^{-3}	30.79	0.9242	8.40	0.8700
36.0	6.0571×10^{-3}	44.553	38.73×10^{-3}	32.39	0.9303	8.64	0.8758
37.0	6.3976×10^{-3}	47.058	41.06×10^{-3}	34.07	0.9366	8.88	0.8786
38.0	6.7546×10^{-3}	49.684	43.51×10^{-3}	35.84	0.9431	9.12	0.8814
39.0	7.1286×10^{-3}	52.435	46.10×10^{-3}	37.69	0.9498	9.36	0.8843
40.0	7.5204×10^{-3}	55.317	48.83×10^{-3}	39.63	0.9568	9.60	0.8871
41.0	7.9307×10^{-3}	58.335	51.71×10^{-3}	41.66	0.9639	9.84	0.8899
42.0	8.3601×10^{-3}	61.490	54.76×10^{-3}	43.80	0.9714	10.08	0.8928
43.0	8.8095×10^{-3}	64.799	57.98×10^{-3}	46.05	0.9791	10.32	0.8956
44.0	9.2795×10^{-3}	68.256	61.37×10^{-3}	48.41	0.9871	10.56	0.8984

(주) P_w : 포화수증기압

P_s : 포화공기중의 수증기의 수증기분압이며 P_w와 같다.

x_s, h_s, v_s : 포화공기의 절대습도, 엔탈피, 비용적

h_a, v_a : 건공기의 엔탈피, 비용적

(공기조화·위생공학편람, 개정 10판)

표 7 동판중량표(kg)

종 류 두께 mm	915×1,830 (3'×6')	1,220×2,440 (4'×8')	1,530×2,440 (5'×10')	중 량 kg/m²	량 kg/ft²
1.0	13.10	23.30	36.50	7.785	0.73
1.6	21.00	37.30	58.40	12.56	1.71
2.0	26.30	46.70	73.00	15.70	1.46
2.3	30.20	53.70	83.90	18.05	1.68
3.2	42.00	74.70	117.00	25.12	2.33
4.0	52.50	93.30	146.00	31.378	2.92
5.0	65.60	117.00	182.00	39.2	3.65
6.0	78.80	140.00	219.00	47.1	4.38
8.0	105.00	187.00	292.00	62.8	5.83
10.0	131.00	233.00	365.00	78.5	7.29
12.0	158.00	280.00	438.00	94.2	8.75
16.0	210.000	373.00	584.00	125.6	11.7
19.0	249.000	444.00	693.00	149.2	13.9

표 8 압력환산표

bar	kg / cm² (at)	1b / in²	atm (기압)	수은주(0℃)		수 주(15℃)			Pa (파스칼)
				mm	in	m	in	ft	
1	1.0197	14.50	0.9869	750.0	25.53	10.197	401.46	33.46	10^5
0.980667	1	14.223	0.9678	735.5	28.96	10.00	393.7	32.81	98,067
0.06895	0.07031	1	0.06804	51.71	2.0355	0.7037	27.7	2.309	6,894.8
1.0133	1.0333	14.70	1	760	29.921	10.34	407.2	33.93	101,325
1.3333	1.3596	19.34	1.316	1.000	39.37	13.61	535.67	44.64	133,322
0.03386	0.03453	0.4912	0.03342	25.4	1	00.3456	13.61	1.134	3,386.4
0.09798	0.09991	1.421	0.0967	73.49	2.893	1	39.37	3.281	9,806.65
$0.0_2 2489$	0.022538	0.03609	$0.0_2 2456$	1.867	0.07349	0.0254	1	0.08333	249.08
0.02986	0.03045	0.4332	0.02947	22.4	0.08819	0.3048	12	1	2,989.0
$0.0_4 1$	1.0197×10^{-5}	1.4504×10^{-4}	9.869×10^{-6}	7.500×10^{-3}	2.953×10^{-4}	1.0197×10^{-74}	4.0146×10^3	3.346×10^{-5}	1

표 9 유량환산표

ℓ/s	ℓ/min	m³/h	m³/min	m³/s	British gal/min	U.S. gal/min	ft³/h	ft³/min	ft³/s
1	60	3.6	0.06	0.001	13.197	15.8514	127.14	2.119	0.035317
1.106666	1	0.06	0.001	$0.0_4 16666$	0.21995	0.26419	2.119	0.035317	$0.0_3 5886$
0.27777	16.666	1	0.016666	$0.0_2 27777$	3.66583	4.40316	35.3165	0.58861	$0.0_2 9801$
16.666	1,000	60	1	0.016666	219.95	264.19	2,119	35.3165	0.58861
1,000	60×10^3	3,600	60	1	13,198	15,851	127,150	2,119	35.3165
0.075775	4.5465	0.27279	$0.0_2 45465$	$0.0_4 75775$	1	1.20114	9.6342	0.16057	$0.0_2 2676$
0.063086	3.7852	0.22711	$0.0_2 37852$	0.063086	0.83254	1	8.0208	0.13368	$0.0_2 2228$
$0.0_2 7865$	0.47188	0.028315	$0.0_3 47188$	$0.0_5 78647$	0.103798	0.12467	1	0.016666	$0.0_3 27777$
0.47183	28.3153	1.6989	0.028315	$0.0_3 47188$	6.22786	7.48055	60	1	0.016666
28.3153	1689.9	101.935	1.6989	0.028315	373.6716	448.833	3,600	60	1

표 10 속도비교표

m/s	m/min	km/h	ft/s	ft/min	mile/h	knot
1	60	3.6	3.28091	196.854	2.23698	1.9426
0.016667	1	0.06	0.05468	3.28091	0.03728	0.03237
1.27778	16.66667	1	0.91136	54.6815	0.62138	0.53962
0.30479	18.2874	1.09725	1	60	0.68182	0.59211
$0.0_2 50798$	0.30479	0.018287	0.016667	1	0.011364	$0.0_2 98684$
0.44703	26.8215	1.60931	1.46667	88	1	0.86842
0.51478	30.8367	1.8531	1.68889	101.337	1.15152	1

표 11 일 및 열량환산표

joule	kgm	ft lb	kWh	metrice H. P. h	British H. P. h	kcal	Btu.
1	0.10197	0.73756	0.0_6 27778	0.0_6 37767	0.0_6 37251	0.0_3 2389	0.0_3 9486
9.80665	1	7.23314	0.0_5 27241	0.0_5 37037	0.0_5 36528	0.0_2 2342	0.0_2 9293
1.35582	0.13825	1	0.0_6 37661	0.0_5 51203	0.0_6 50505	0.0_3 3239	0.0_2 1285
36×10^5	367,100	2,655,200	1	1.35963	1.34101	859.98	3,412
$2,684 \times 10^3$	27×10^4	1,952,900	0.73549	1	0.98635	632.42	2,509.7
2,684,500	273,750	198×10^4	0.74569	1.01383	1	641.33	2,544.4
4,186.8	426.85	3,087.4	0.0_2 11628	0.0_2 15809	0.0_2 15576	1	3.96832
1,055.1	107.582	778.168	0.0_3 29843	0.0_3 39843	0.0_3 39258	0.251996	1

(주) 1 Gcal = 1×10^9kcal = 1×10^6kcal 1 Mcal = 1×10^6cal = 1×10^3kcal 1 MW = 0.860 Gcal/h

1 kJ(킬로 주울) = 0.23884 kcal, 1 kcal = 4.1868 kJ

1 therm = 100,000 Btu   MBH = 1,000 Btu/h

1 ps(미터 제마력) = 75kg m/s = 0.7355kW

1HP(영국 제마력) = 33,000ft 1b/min

표 12 제 단 위

냉 동 열 량	1 일본냉동 톤 = 3,320 kcal/h = 13,174 Btu/h = 3,860 kW 1 미국냉동 톤(Usrt) = 12,000 Btu/h = 3,024 kcal/h 3.519 kW
보 일 러 열 량	1 m^2 EDR(상당방열면적) (증기) = 650 kcal/h 1 ft^2 EDR(상당방열면적) (증기) = 240Btu/h 1 kg / h 환산증발량 = 539.64 kcal/h = 0.8320 m^2 EDR 1 lb / h 표준증발량 = 970.2 Btu/h = 4.04 ft^2 EDR 1 보일러마력 = 33,479 Btu/h = 8,434 kcal/h = 34.6 lb/h
방 열 량	1 kcal/m^2 = 0.3687 Btu/ft^2 = 4.187 kJ/m^2 1 kcal/m^2 = 3.306 kcal/평 = 0.3687 Btu/ft^2 1 Btu/ft^3 = 8.899 kcal/m^3
비 열	1 kcal/m^3 ℃ = 0.06243 Btu/ft^3 °F = 4.187 kJ/m^3K 1 Btu/U.S.gal °F = 7.481 Btu/ft^3 °F = 119.8 kcal/m^3 ℃
열 전 도 율	1 kcal/hm ℃ = 0.6719 Btu/h ft °F = 8.063 Btu/h Btu/h ft^2 °F /in = 1.1628W/mK 1 Btu/h ft^2 °F/in = 0.1240 kcal/hm ℃ = 0.1442W/mK
열 관 류 율	1 kcal/m^2h ℃ = 0.2048 Btu/ft^2h °F = 1.1628W/m^2K 1 Btu/ ft^2h °F = 4.883 kcal/m^2h ℃ = 5.687W/m^2K
엔 탈 피	1 kcal/kg = 1.800 Btu/lb = 4.1868 kJ/kg
압 력 강 하	1 mmAq/m = 1.197 in/100 ft = 0.012 in/ft = 9.8066 Pa/m 1 lb/in^2/100 ft = 23.069 mmAq/m = 0.231kg/cm^2 · 100 m 1 oz/in^2/100 ft = 0.0144kg/cm^2/100
물질이동계수 (용적기준)	K_a : 1 Btu/ft^3 h lb/lb = 8.899 kcal/m^3 h kg/kg a_a : 1 Btu/ft^3 h °F = 16.02 kcal/hm^3 ℃
점 성 계 수	1 스토우크스 = 1 cm^2/s = 100센티스토우크스 1 poise = 1 g/cm s = 0.1 kg/m s 고점도에서는 1 스토우크스 = 0.00260×(레드우드 s)

표 13 배관용 탄소강강관관(가스관) JIS G 3,452-1962

관의 호칭법		외 경 mm	근사내경 mm	두 께 mm	소켓이 포함되지 않은중량 kg / m	관 내 단면적 cm³ *	유속 1m/s 일때의유량 m³/h *	유량1m³/h 일때의중속 m/s *
(A)	(B)							
6	1/8	10.5	6.5	2.0	0.419	0.332	0.1195	8.376
8	1/4	13.8	9.2	2.3	0.652	0.665	0.2394	4.177
10	3/8	17.3	12.7	2.3	0.851	1.267	0.4561	2.193
15	1/2	21.7	16.1	2.8	1.31	2.036	0.7330	1.364
20	3/4	27.2	21.6	2.8	1.68	3.664	1.319	0.7582
25	1	34.0	27.6	3.2	2.43	5.982	2.154	0.4643
32	11/4	42.7	35.7	3.5	3.38	10.01	3.604	0.2775
40	11/2	48.6	41.6	3.5	3.89	13.59	4.892	0.2044
50	2	60.5	52.9	3.8	5.31	21.98	7.913	0.1264
65	21/2	76.3	67.9	4.2	7.47	36.21	13.04	0.07669
80	3	89.1	80.7	4.2	8.79	51.15	18.41	0.05431
90	31/2	101.6	93.2	4.2	10.1	68.20	24.56	0.04072
100	4	114.3	105.3	4.5	12.2	87.09	31.35	0.03190
125	5	139.8	130.8	4.5	15.0	134.37	48.37	0.02267
150	6	165.2	155.2	5.0	19.8	189.18	68.10	0.01468
175	7	190.7	180.1	5.3	24.2	254.75	91.71	0.01090
200	8	216.3	204.7	5.8	30.1	329.10	118.48	0.00844
225	9	241.8	229.4	6.2	36.0	413.31	148.79	0.00672
250	10	267.4	254.2	6.6	42.4	507.51	182.70	0.00547
300	12	318.5	304.7	6.9	53.0	729.18	262.50	0.00381
350	14	355.6	339.8	7.9	67.7	906.85	326.47	0.00306

(주) 1. 관의 호칭방법은 (A) 및 (B)의 어느 하나를 쓴다.단 필요에 따라서 (A)에 의할 경우에는 A, (B)에 의할 경우에는 B의 부호를 각각 숫자 뒤에 붙여서 구분한다.
2. 관1개의 길이는 3.600m 이상으로 한다.
  *표는 저자가 계산한 것이다.

표 14 수도용 동관의 치수와 상용압력(JWWA H 101) (단위 : mm)

형구분	호 칭 경 (공칭내경)	외 경	두 께	구멍단면적 cm²	외측의 표면적 m²/m	참고중량 kg/m	상용압력 kg f/cm²
1형	10	12	0.85	0.833	0.0377	0.266	51
	13	15	0.85	1.39	0.0471	0.338	40
	20	23	1.00	3.46	0.0723	0.618	31
	25	28	1.25	5.31	0.0880	0.758	25
	30	33	1.25	7.31	0.104	1.115	27
	40	43	1.50	12.6	0.135	1.748	24
	50	53	1.65	19.4	0.167	2.380	22

표 14 계속   (단위 : mm)

형구분	호 칭 경		외 경	두 께 및 허 용 차			
				L 타 입		M 타 입	
				두 께	허 용 차	두 께	허 용 차
2 형	10 A	⅜ B	12.70	0.89	±0.13	0.64	±0.10
	15 A	½ B	15.88	1.02	±0.15	0.71	
	20 A	¾ B	22.22	1.14		0.81	±0.15
	25 A	1 B	28.58	1.27		0.89	
	32 A	1¼ B	34.32	1.40		1.07	
	40 A	1½ B	41.28	1.52	±0.18	1.24	
	50 A	2 B	53.93	1.78	±0.22	1.47	±0.22

표 15 일반용 폴리에틸렌관(JIR K 6,761)

호 칭 경	외 경		두 께		길이	참 고	
	기본치수	평균외경의 허용차	치수	허용차	길이 (m)	내경	질량 (kg/m)
제 1 종	10	17.0	±0.20	2.0	±0.20	120	13	0.088
	13	21.5	±0.20	2.7	±0.25	120	16	0.145
	20	27.0	±0.25	3.0	±0.25	120	21	0.210
	25	34.0	±0.35	3.0	±0.25	90	28	0.272
	30	42.0	±0.40	3.5	±0.30	90	35	0.394
	40	48.0	±0.50	3.5	±0.30	90	41	0.455
	50	60.0	±0.60	4.0	±0.35	60	52	0.654
	65	76.0	±1.10	5.0	±0.40	5	66	1.04
	75	89.0	±1.30	5.5	±0.45	5	78	1.34
	100	114	±1.45	6.0	±0.50	5	102	1.89
	125	140	±1.80	6.0	±0.55	5	127	2.53
	150	165	±2.00	7.0	±0.60	5	151	3.23
	200	216	±2.30	8.0	±0.65	5	200	4.86
	250	267	±2.70	9.0	±0.75	5	249	6.78
	300	318	±3.20	10.0	±0.80	5	298	8.99
제 2 종	10	17.0	±0.20	2.0	±0.20	120	13	0.090
	13	21.5	±0..20	2.4	±0.20	120	17	0.138
	0	27.0	±0.25	2.4	±0.20	120	22	0.178
	25	34.0	±0.35	2.6	±0.25	90	29	0.246
	30	42.0	±0.40	2.8	±0.25	90	36	0.331
	40	48.0	±0.50	3.0	±0.25	90	42	0.407
	50	60.0	±0.60	3.5	±0.30	60	53	0.596
	65	76.0	±1.10	4.0	±0.35	5	68	0.869
	75	89.0	±1.30	5.0	±0.40	5	79	1.27
	100	114	±1.45	5.5	±0.45	5	103	1.80
	125	140	±1.80	6.5	±0.55	5	127	2.62
	150	165	±2.00	7.0	±0.60	5	151	3.34
	200	216	±2.30	8.0	±0.65	5	200	5.02
	250	267	±2.70	9.0	±0.75	5	249	7.00
	300	318	±3.20	10.0	±0.80	5	298	9.29

표 16 일반용 경질염화비닐관(JIS K 6,741)

구분 mm 호칭경	V P (10atg)							V U (5atg)					
	외 경			두 께		근사 내경 (mm)	1m당 의무게 그 램 (참고)	외 경		두 께		근사 내경 (mm)	1m당 의무게 그 램 (참고)
	기본 치수 (mm)	최대·최소외경의허용차 (mm)	평 균 외경의 허용차 (mm)	최소 치수 (mm)	허용 차 (mm)			기본 치수 (mm)	평 균 외경의 허용차 (mm)	최소 치수 (mm)	허용 차 (mm)		
13	18	±0.2	±0.2	2.2	+0.6	13	174	-	-	-	-	-	-
16	22	±0.2	±0.2	2.7	+0.6	16	256	-	-	-	-	-	-
20	26	±0.2	±0.2	2.7	+0.6	20	310	-	-	-	-	-	-
25	32	±0.2	±0.2	3.1	+0.8	25	448	-	-	-	-	-	-
30	38	±0.3	±0.2	3.1	+0.8	31	542	-	-	-	-	-	-
40	48	±0.3	±0.2	3.6	+0.8	40	791	48	±0.2	1.8	±0.4	44	413
50	60	±0.4	±0.2	4.1	+0.8	51	1,122	60	±0.2	1.8	±0.4	56	521
65	76	±0.5	±0.3	4.1	+0.8	67	1,445	76	±0.3	2.2	±0.6	71	825
75	89	±0.5	±0.3	5.5	+0.8	77	2,202	89	±0.3	2.7	±0.6	83	1,159
100	114	±0.6	±0.4	6.6	+1.0	100	3,409	114	±0.4	3.1	±0.6	107	1,737
125	140	±0.8	±0.5	7.0	+1.0	125	4,464	140	±0.5	4.1	±0.8	131	2,739
150	165	±1.0	±0.6	8.9	+1.4	146	6,701	165	±0.6	5.1	±0.8	154	3,941
200	216	±1.3	±0.8	10.3	+1.4	194	10,129	216	±0.8	6.5	±1.0	202	6,572
250	267	±1.6	±1.0	12.7	+1.8	240	15,481	267	±1.0	7.8	±1.2	250	9,758
300	318	±1.9	±1.1	15.1	+2.2	286	21,962	318	±1.1	9.2	±1.4	298	13,701
350	-	-	-	-	-	-	-	370	±1.3	10.5	±1.4	348	18,051
400	-	-	-	-	-	-	-	420	±1.5	11.8	±1.6	395	23,059
450	-	-	-	-	-	-	-	470	±1.7	13.2	±1.8	442	28,875
500	-	-	-	-	-	-	-	520	±1.9	14.6	±2.0	489	35,346
600	-	-	-	-	-	-	-	630	±3.2	17.8	±2.8	592	52,679
700	-	-	-	-	-	-	-	732	±3.7	21.0	±3.2	687	72,018
800	-	-	-	-	-	-	-	835	±4.2	23.9	±3.8	783	93,781

표 17 아연철판(JIS G 3,302)

두께 (번수)	두께 (mm)	아연부착량 g/m²	판 의 크 기						단위 중량 kg/m²
			3×6판의 길이 1,829 mm 판의 폭 914 mm	3×7 2,134 914	3×8 2,438 914	3×9 2,743 914	3×10 3,048 914	1m×2m 2,000 1,000	
			1 매 의 중 량 (kg)						
28	0.397	214	5.42	6.32	7.22	8.12	9.03	6.48	3.240
26	0.476	244	6.51	7.59	8.67	9.75	10.8	7.78	3.891
24	0.635	305	8.69	10.1	11.6	13.0	14.5	10.4	5.200
22	0.794	305	10.8	12.6	14.4	16.2	18.0	12.9	6.448
20	0.953	305	12.9	15.0	17.1	19.3	21.4	15.4	7.696
18	1.270	381	17.2	20.0	22.9	25.7	28.6	20.5	10.261
16	1.590	381	21.4	24.9	28.5	32.0	35.6	25.5	12.771

(주) 두께는 아연도금 직전의 것
아연부착량은 위생공업협회제정의 닥트용 아연철판에 지정된 최소량을 표시한다.
1장의 중량 및 단위중량은 각 아연부착량에 대한 것

표 18 등변산형동 중량표(JIS 에서 발췌)

폭　mm	두께　mm	중량　kg/m	폭　mm	두께　mm	중량　kg/m
20 × 20	3	0.885	50 × 50	8	5.780
25 × 25	3	1.120	60 × 60	5	4.550
25 × 25	5	1.760	60 × 60	7	6.210
30 × 30	3	1.360	60 × 60	9	7.850
30 × 30	5	2.160	65 × 65	6	5.910
35 × 35	3	1.600	65 × 65	8	7.660
35 × 35	5	2.560	65 × 65	10	9.420
40 × 40	3	1.830	70 × 70	6	6.380
40 × 40	5	2.950	70 × 70	8	8.290
45 × 45	4	2.740	70 × 70	10	10.200
45 × 45	6	3.960	75 × 75	6	6.850
45 × 45	8	5.150	75 × 75	9	9.960
50 × 50	4	3.060	75 × 75	12	13.000
50 × 50	6	4.430			

표 19 기체의 물성표 〔압력 : 1kg/cm^2 (포화수증기 제외)〕

물질	온도 (℃)	비중량 γ (kg/m^3)	비열 c_p $\left(\dfrac{kcal}{kg℃}\right)$	점성계수 η (kg s/m^2)	동점성계수 ν (m^2/s)	열전도율 λ $\left(\dfrac{kcal}{m\,h℃}\right)$	온도전도율 a (m^2/h)	플란틀수 Pr
공기				$\times 10^{-6}$	$\times 10^{-4}$			
	−100	1.984	0.241	1.21	0.060	0.0135	0.0281	0.77
	−50	1.533	0.240	1.49	0.095	0.0172	0.0468	0.73
	−20	1.348	0.240	1.65	0.120	0.0193	0.0597	0.73
	0	1.251	0.240	1.76	0.138	0.0207	0.0689	0.72
	20	1.166	0.240	1.86	0.156	0.0221	0.0789	0.71
	40	1.091	0.241	1.95	0.175	0.0234	0.0892	0.71
	60	1.026	0.241	2.05	0.196	0.0247	0.100	0.71
	80	0.968	0.241	2.14	0.217	0.0260	0.111	0.70
	100	0.916	0.242	2.23	0.239	0.0272	0.123	0.70
	120	0.869	0.242	2.32	0.262	0.0285	0.135	0.70
포화수증기				$\times 10^{-6}$	$\times 10^{-4}$			
	100	0.598	0.501	1.22	0.200	0.0207	0.0691	1.04
	120	1.121	0.521	1.31	0.115	0.0223	0.0382	1.08
	140	1.966	0.539	1.38	0.0688	0.0242	0.0228	1.09
	160	3.258	0.577	1.45	0.0436	0.0262	0.0139	1.13
	180	5.16	0.619	1.52	0.0289	0.0284	0.00890	1.17

出典 :日本機械學會:傳熱工學資料, 1962

표 20 각종 재료의 열관류율 〔kcal/m²·h·℃〕

벽 구 조			단위 면적당 중량 [kg/m²]	여 름	겨 울
목구조	외면몰탈　20mm　　　졸 대　　3mm 내면몰탈　20mm　　　공기층　75mm		70	2.70	2.80
콘크리트벽	외면타일붙임　5mm　　외면몰탈　15mm 내면몰탈　15mm　　　플라스터　3mm				
	콘크리트(주구조) ┬ 두께　120mm 　　　　　　　　├ 두께　150mm 　　　　　　　　└ 두께　200mm		335 400 510	3.15 2.95 2.67	3.32 3.10 2.79

지 붕 구 조			단위 면적당 중량 [kg/m²]	여 름	겨 울
목조지붕(슬레이트, 반자 - 12mm 하드텍스)			40	1.66	2.32
콘크리트지붕	표면몰탈　20mm　　신더콘크리트　65mm 아스팔트　10mm				
	콘크리트(주구조) ┬ 두께 120mm ┬ 천장있음[1] 　　　　　　　　│　　　　　　└ 천장없음 　　　　　　　　└ 두께 150mm ┬ 천장있음[1] 　　　　　　　　　　　　　　　└ 천장없음		495 525 560 590	1.23 2.12 1.20 2.03	1.56 2.56 1.51 2.42

천 장 · 바 닥 구 조			단위 면적당 중량 [kg/m²]	상향열류	하향열류
목구조	마루널(10mm), 보, 노송나무 바닥널(18mm) 공기층, 천장널(바닥널 및 하드텍스 12mm)		110	1.36	1.16
콘크리트구조	아스타일붙임　5mm　　몰탈　15mm				
	콘크리트(주구조) ┬ 두께 100mm ┬ 천장있음[1] 　　　　　　　　│　　　　　　└ 천장없음 　　　　　　　　└ 두께 150mm ┬ 천장있음[1] 　　　　　　　　　　　　　　　└ 천장없음		270 300 280 410	1.57 2.71 1.48 2.49	1.31 2.01 1.25 1.88

칸 막 이 벽				단위 면적당 중량 [kg/m²]	열관류율
목구조	일중벽 : 양면 졸대 위 플라스터 마감 이중벽(중공) : 양면 졸대 위 플라스터 마감			20 40	2.4 1.3
콘크리트구조	주구조 : 콘크리트 또는 콘크리트 블록 양 면 : 몰탈 15mm, 플라스터 3mm 마감	콘크리트	100mm 120mm	290 335	2.8 2.7
		콘크리트 블 록	100mm 150mm	210 240	1.9 1.8

(주) 천장이 있는 경우 : 콘크리트의 밑에 공기층을 두고 하드텍스 12mm 정도의 천장을 한다.
　　천장이 없는 경우 : 콘크리트의 밑에 몰탈 15mm, 플라스터 3mm로 마감한다.

표 21 각종 재료의 비중(ρ),열관류율(λ),비열(C),실험온도(t)

재 료 명	ρ [kg/m³]	λ [kcal/m·h·℃]	C [kcal/kg·℃]	t [℃]
알 루 미 늄	2,560~2,750	173~176	0.21~0.228	6~100
납 (純)	11,300	27.6~29.5	0.031	0~100
강철(C=0.1% 이하)	7,850	29~47	0.12	100~900
강철(C=1~1.5% 이하)	7,680~7,750	25~32	–	100~900
주 철	6,850~7,280	42~53.6	–	30
연 철	7,800	38~48.2	0.12~0.14	0~400
동 (純)	8,840	332~326	0.091	0~200
동 (不純)	–	45~122	–	20
아 스 팔 트	2,000	0.6	–	20~30
흙	1,890	0.482	–	45
모래(細粒, 乾)	1,520	0.26~0.28	0.22	0~20
자 갈	1,850	0.29~0.32	–	0~20
콘 크 리 트	2,270	1.10~1.40	0.211	–
신더 콘크리트	1,557	0.6	–	24
철근 콘크리트	–	1.3~1.4	–	0~20
보통 벽돌벽	–	0.62	–	–
화 강 암	2,810	2.9	0.2	41
대 리 석	2,700	1.10~2.90	0.21	–
목 재	–	1.14	–	–
판 유 리	2,490~2,600	0.60~0.70	–	20~100
고 무 (경 질)	1,190	0.13~0.14	0.339	0~50
리 노 륨	1,200	0.16	–	20
고무타일(0.6cm 두께)	1,780	0.34	0.38	–
아스팔트타일(0.3cm 두께)	1,830	0.28	–	–
두 꺼 운 종 이	625	0.22	–	20
셀 룰 로 이 드	1,400	0.18	0.31	30
석 면 판	930	0.10~0.140	–	40
코 르 크 판	200	0.045~0.05	–	0~50
지붕 슬레이트	2,240	1.09	–	43
텍 스	209~264	0.052~0.103	–	33~37
하 드 텍 스	494	0.082~0.125	–	–
톱 밥 (乾)	190~215	0.050~0.060	–	0~20
짚	140	0.039~0.043	–	0~20
다 다 미	229	0.055~0.113	0.3	–
시 멘 트 몰 탈	–	1.1~1.49	–	–
보 통 회 벽	–	0.54~0.6	–	–
공기(습도 33%)	1.17	0.026	–	27
아 연 철 판	7,860	37.40	–	50
루 핑 페 이 퍼	1,020	0.0976	–	45

찾아보기

■ 최 영 식 (崔 英 植) ■

▶ 약   력   영남대학교 건축공학과 및 동 대학원 졸업(공학사, 공학석사)
일본 국립 나고야공업대학 대학원 건축학과 졸업(공학박사)
해군본부 시설감실 건축설계담당관(예비역 중위)
대구광역시 건축기술심의위원회 위원
경상북도 문화재위원회 위원
문화재청 문화재위원회 전문위원
조달청 기술평가위원회 위원
(사)한국산업응용학회 회장
영남이공대학교 건축과 교수

▶ 학회활동   대한건축학회·공기조화냉동공학회·한국산업응용학회
한국건축설비학회·한국건축역사학회·일본건축학회
일본공기조화위생공학회·일본생리인류학회·ASHRAE

▶ 저   서   건축설비설계계획, 세진사, ISBN 978-89-7121-711-5
건축설계제도, 건기원, ISBN 89-88731-42-5
건축설비, 건기원, ISBN 89-88731-07-7
건축급배수위생·전기설비, 건기원, ISBN 89-5843-098-2
건축환경, 보성각, ISBN 978-89-7839-662-2

■ 최 현 상 (崔 鉉 相) ■

▶ 약   력   중앙대학교 건축공학과 졸업(공학사)
연세대학교 대학원 건축공학과 졸업(건축학석사)
연세대학 대학원 건축공학과 박사과정 수료

최신 건축설비

정가 25,000원

• 공 저   최   영   식
         최   현   상
• 발 행 인   차   승   녀

• 2014년   5월   30일   제1판   제1인쇄발행
• 2021년   9월   10일   제1판   제2인쇄발행

ⓦ 도서출판 건기원

(등록 : 제11-162호, 1998. 11. 24)
경기도 파주시 연다산길 244(연다산동 186-16)
TEL : (02)2662-1874~5   FAX : (02)2665-8281

ISBN   979-11-85490-41-0   93540